普通高等教育"十一五"国家级规划教材

地理信息系统数据库

（第二版）

张新长　马林兵　张青年　编著

获第六届全国高等学校优秀测绘教材二等奖

科学出版社
北　京

内 容 简 介

本书全面、系统地论述GIS数据库的基本原理、应用方法、最新理论与发展趋势，以及在国土规划与管理、水资源规划与管理等方面的许多应用实例，所涉及的主要内容和相关关键技术是目前GIS数据库研究与开发最需要考虑的技术问题之一。全书共七章，内容包括：绪论；空间数据的表达与管理；GIS数据库设计；Web GIS数据库技术；GIS数据库标准化；GIS数据库基础应用；GIS数据库发展前沿。

本书可作为地理信息系统、软件工程、测绘工程等专业高年级本科生和研究生的教材，亦可供城市规划、国土管理等相关专业研究和开发人员参考。

图书在版编目(CIP)数据

地理信息系统数据库/张新长，马林兵，张青年编著.—2版.—北京：科学出版社，2010.3

普通高等教育“十一五”国家级规划教材

ISBN 978-7-03-026864-8

Ⅰ.①地… Ⅱ.①张… ②马… ③张… Ⅲ.①地理信息系统-数据库-高等学校-教材 Ⅳ.①P208

中国版本图书馆CIP数据核字(2010)第033663号

责任编辑：杨 红 刘希胜 / 责任校对：包志虹
责任印制：张 伟 / 封面设计：耕者设计工作室

科 学 出 版 社 出版
北京东黄城根北街16号
邮政编码：100717
http://www.sciencep.com

北京九州迅驰传媒文化有限公司 印刷

科学出版社发行 各地新华书店经销

*

2005年2月第 一 版 开本：B5(720×1000)
2010年3月第 二 版 印张：20 1/2
2023年8月第十二次印刷 字数：413 000

定价：59.00元

(如有印装质量问题，我社负责调换)

第二版前言

随着地理信息技术的快速发展和应用领域的不断拓展，地理信息系统及其数据库正在融入IT技术的主流，成为IT技术的重要组成部分。

目前，人类正在步入以知识经济为特征的信息社会，世界各国都把发展信息产业、信息基础建设和培养信息建设人才作为重要的发展战略。面对信息技术的快速发展，面对地理信息系统充满生机与活力的前景，近年来，我国很多高等院校设立了“地理信息系统”本科专业，很多与地理信息系统相关的专业，如城市规划、国土资源、土地利用、环境保护、水文水利、农林规划、交通规划等，纷纷开设了地理信息系统系列课程。在研究生教学中，很多学科把地理信息系统及其数据库技术作为学位课程和选修课程。由于地理信息系统数据库是本学科重要的核心课程之一，与空间信息打交道的各行各业在建立本部门地理信息系统时，首先需要解决的问题就是如何建立地理信息系统数据库平台，而目前我国还没有一种比较全面和系统地介绍地理信息系统数据库方面的适合高等院校学生使用的教材。在这种形势下，加速对地理信息系统学科全面建设，培养能全面掌握地理信息系统数据库理论和技术方法的人才，已成为高等院校地理信息系统领域的教师义不容辞的责任。

本书为第二版是在第一版基础上增补、修改和删除了部分章节编写而成，更贴合实际应用。全书共七章。第1章：绪论，首先从GIS数据库概念入手，论述了GIS数据库的基本特征、对它的认知、作用及研究意义；简单介绍了GIS数据库研究的历史发展过程，以及GIS数据库的DBMS概念和RDBMS的基本特征；同时着重论述了GIS数据库突出特点和目前所面临的主要问题。第2章：空间数据的表达与管理，主要包括空间分布的基本概念、空间数据表达、空间结构与组织、空间索引、空间数据管理和GIS数据库查询语言等基本技术和方法；通过对空间数据方方面面的介绍，说明了空间数据是GIS的核心内容之一；本章还介绍了GIS数据库的空间分布类型、各种数据结构、空间数据挖掘的基本类型、面向对象数据库方式等与GIS数据库有关的一些理论和技术方法。第3章：GIS数据库设计，在第2章的基础上，从研究GIS数据库技术与方法角度出发，研究和探讨了GIS数据库设计和建立的技术路线。其中主要包括：GIS数据库的概念设计、关系型数据库设计、面向对象的数据库设计、地理信息元数据的设计、基于Geodatabase的数据库设计；并对空间数据采集建库等技术和方法进行了探讨。第4章：Web GIS数据库技术，从Web GIS数据库的基本特征入手，全面系统地论述了Web GIS数据库网络技术基础、Web GIS数据库应用服务器和Web GIS数据库应用服务器实现技术；通过对 Web GIS 数据库设计规划可行性分析，制订 GIS 数据库开发计划；同时介绍了 Web GIS 数据库设计的概念、目标等内容，从而为系统设计、实施提供有力保障。第 5 章：GIS 数据库标准化，从 GIS 数据库标准体系研究入手，全面制订了 GIS 标准体系的编制原则和方法、GIS 标准体系的构成；通过对 GIS 数据分类与编码的分析，制订 GIS 数据库的数据质量和 GIS 数据库的安全与保密措施，为 GIS 数据库标准化实施提供了可参考的规范。第 6 章：GIS 数据库基础应用，介绍了 GIS 数据库在 GIS 中的作用、GIS 数据库应用模式、GIS 数据库基础应用实例；详细介绍了 GIS 数据库在城乡地形地籍数据建库中的应用、在国土资源基础地理信息建库中的应用以及在地形数据库更新中的应用等案例。通过对几个具有典型示范案例的基本情况介绍，从不同侧面详细地论述了 GIS 数据库的具体实现技术和方法，以及一些有待完善的方面。第 7 章：GIS 数据库发展前沿，在上述理论、技术与应用的基础上，从 GIS 数据库国内外应用现状出发，全面论述 Open GIS 标准与 GIS 互操作等 GIS 数据库发展前沿状况；进一步研究和探讨了空间数据仓库、智能 GIS 数据库、定制 Web GIS 数据库和面向对象 GIS 数据库等有待完善的技术与方法。

本书由张新长策划并拟定编写大纲，第 1 章、第 6 章、第 7 章和第 4 章部分内容由张新长编写；第 2 章、第 5 章和第 4 章部分内容由马林兵编写；第 3 章由张青年编写。全书由张新长统稿。在本书编写过程中，中国科学院院士、香港大学叶嘉安教授给予热情指导和帮助并为本书写序；华东师范大学张超教授，北京大学邬伦教授，中山大学许学强教授、黎夏教授和陈晓宏教授，武汉大学龚健雅教授和刘耀林教授都给予了多方面的帮助；特别值得一提的是，中国科学院地理信息产业发展中心主任钟耳顺教授对本书给予了大力支持和协助，并提供了很多极其宝贵的素材；中山大学地图学与 GIS 专业硕士研究生熊湘琛等协助整理了文字及图片；作者在编写过程中还参阅和引用了国内外学者的很多论著，书中仅列出了主要部分，在此一并表示衷心感谢。

本书有幸入选普通高等教育“十一五”国家级规划教材，同时得到了中山大学优秀教材项目的资助。

由于作者水平有限，加之时间仓促，书中不足之处在所难免，敬请广大读者批评指正。

作　者
2009 年 12 月于广州中山大学

第一版序

自20世纪90年代以来，无论是在理论探索、教育培养还是行业应用领域，GIS在我国都取得了飞速的发展。GIS数据库是地理信息系统的核心，虽然GIS数据库在设计、建立、管理、质量控制、应用、发布等方面已取得了一系列的研究和应用成果，但还有很多不尽如人意的地方，值得进一步探讨和研究。目前，国内有关GIS的教材有很多，但大多数的内容面面俱到，而专门以GIS数据库为主要内容的著作或教材尚不多见。

GIS处理的往往是海量的空间数据，一个地理信息系统工程项目成功与否，是同GIS系统数据库建设得好坏密切相关的，在这方面，国内已有不少失败的例子和经验教训。中山大学遥感与地理信息工程系张新长教授、马林兵讲师、张青年副教授三位具有博士学位的专家，结合他们多年的教学、科研和工程项目实践经验，以GIS数据库为中心，系统总结了国内外已取得的研究成果，紧跟当前最新的研究动态，从全面实用的角度出发，编写了这部GIS数据库教材，是非常令人欣喜和鼓舞的。纵观全书，它以GIS数据库为纲领，向GIS的多个领域辐射和延伸，结构清晰，体系完整。

全书共七章，各章之间互有关联，又各有侧重，既有理论，也有实践。从理论上讲，该书系统讲解了空间对象及定义、空间数据的结构与组织、空间数据管理方式、GIS数据库的设计、GIS数据库的建立方法、GIS数据库标准化理论和数据质量模型、Web GIS数据库理论与方法等；从实践上讲，该书涉及了大型遥感影像数据库和数字高程模型数据库的建立、国家标准“地球空间数据交换格式”介绍、Oracle Spatial的介绍，以及GIS数据库系统在城乡地形地籍数据建库中的应用、在国土资源基础地理信息建库中的应用和在水资源规划管理中的应用等。另外，该书还介绍了GIS互操作、开放式GIS、空间元数据、空间数据挖掘、空间数据仓库、时态GIS、GIS建模等前沿性的研究内容。

可以说，该书的成果是对当前国内外GIS数据库理论与应用的集大成，是对我国GIS研究领域、教育界、相关应用行业的一大贡献。该书不仅可以作为高年级本科生、研究生的教材，也可以作为GIS工程技术人员、企事业单位的地理信息数据管理维护人员的参考指南。可以相信，该书的出版将会促进我国GIS的研究、教育和工程应用的发展。同时，希望作者继续广泛收集国内外的相关资料，跟踪GIS数据库的新方法、新技术、新应用、新动向，在将来的后续再版中，不断充实该书的内容，完善该书的体系，使该书成为GIS领域内优秀的教材和参考书。

中国科学院院士
香港大学讲座教授
叶嘉安
2004年10月8日

第一版前言

随着地理信息技术的快速发展和应用领域的不断拓展，地理信息系统及其数据库正在融入 IT 技术的主流，成为 IT 的重要组成部分。

目前，人类正在步入以知识经济为特征的信息社会，世界各国都把发展信息产业、信息基础建设和培养信息建设人才作为重要的发展战略。面对信息技术的快速发展，面对地理信息系统充满生机与活力的前景，近年来，在我国的很多高等院校设立了“地理信息系统”本科专业，很多同地理信息系统相关的专业，如城市规划、国土资源、土地利用、环境保护、水文水利、农林规划、交通规划等，纷纷开设了地理信息系统系列课程。在研究生教学中，很多学科把地理信息系统及其数据库技术作为学位课程和选修课程。由于地理信息系统数据库是本学科重要的核心课程之一，与空间信息打交道的各行各业在建立本部门地理信息系统时，首先需要解决的问题就是如何建立地理信息系统数据库，而目前我国还没有一套比较全面和完整的介绍地理信息系统数据库方面的高等院校教材。在这种形势下，如何加速对地理信息系统学科全面建设，培养能掌握地理信息系统数据库的理论和技术方法的人才，已成为高等院校地理信息系统领域的教师义不容辞的责任。

本书全面、系统地论述了地理信息系统数据库的基本理论、技术方法、实践应用、最新理论与发展趋势，所涉及各方面的主要内容及关键技术是当前地理信息系统数据库研究与开发的主要问题。全书共分七章，内容包括：第 1 章，绪论。首先从 GIS 数据库概念入手，论述了 GIS 数据库的基本特征、对它的认知、作用及研究意义；简单介绍了 GIS 数据库研究的历史发展过程，以及 GIS 数据库的 DBMS 概念和 RDBMS 的基本特征；着重论述了 GIS 数据库突出特点和目前所面临的主要问题。第 2 章，空间数据的表达与管理。主要包括空间分布的基本概念、空间数据表达、空间数据挖掘、空间数据管理、空间索引和 GIS 数据库查询语言等基本技术和方法，通过对空间数据的介绍，说明了空间数据是 GIS 的核心内容之一；介绍了 GIS 数据库的空间分布类型、各种数据结构、空间数据挖掘基本类型、面向对象数据库方式等与 GIS 数据库有关的一些理论和技术方法。第 3 章，GIS 数据库设计与建立。在第 2 章的基础上，从研究 GIS 数据库技术与方法角度出发，研究和探讨了 GIS 数据库设计和建立的技术路线，其中主要包括 GIS 数据库的概念设计、关系型数据库设计、面向对象的数据库设计、地理信息元数据的设计、基于 Geodatabase 的数据库设计，以及空间数据采集建库等技术和方法。第 4 章，Web GIS 数据库技术。从 Web GIS 数据库的基本特征入手，全面系统地论述了 Web GIS

数据库网络技术基础、Web GIS 数据库应用服务器和 Web GIS 数据库应用服务器实现技术；通过对 Web GIS 数据库设计规划可行性分析，制订 GIS 数据库开发计划；介绍了 Web GIS 数据库设计的概念、设计的目标等内容，从而为系统设计、系统实施提供了有利的保障。第 5 章，GIS 数据库标准化。从 GIS 数据库标准体系研究入手，全面制订了 GIS 标准体系的编制原则和方法、GIS 标准体系的构成；通过对 GIS 数据分类与编码的分析，制定 GIS 数据库的数据质量和 GIS 数据库的安全与保密措施；介绍了国土资源部颁布的《县(市)级土地利用规划数据库标准》，为 GIS 数据库标准化实施提供了可参考的规范。第 6 章，GIS 数据库基础应用。介绍了 GIS 数据库在 GIS 中的作用、GIS 数据库应用模式、GIS 数据库基础应用实例；详细介绍了在城乡地形地籍数据建库中的应用、在国土资源基础地理信息建库中的应用和在水资源规划管理中的应用的案例；通过对几个具有典型示范案例的基本情况介绍，从不同侧面详细地论述了 GIS 数据库的具体实现技术和方法以及一些有待完善的方面。第 7 章，GIS 数据库发展前沿。在上述理论、技术与应用的基础上，从 GIS 数据库国内外应用现状出发，全面论述 Open GIS 标准与 GIS 互操作等 GIS 数据库发展前沿状况；进一步研究和探讨了空间数据仓库、智能 GIS 数据库、定制 Web GIS 数据库和面向对象 GIS 数据库等有待完善的技术与方法。

本书由张新长策划并拟定编写大纲，第 1 章、第 6 章、第 7 章由张新长编写，第 2 章、第 5 章由马林兵编写，第 3 章由张青年编写，第 4 章由张新长和马林兵合作编写，全书由张新长统稿。本书在编写过程中，得到了全国高等学校测绘学科教学指导委员会主任委员、中国工程院院士、武汉大学宁津生教授的关心和支持，并将其作为全国高等学校测绘学科教学指导委员会“十五”规划教材；中国科学院院士、香港大学叶嘉安教授也给予了热情指导和帮助，并为本书作序；华东师范大学张超教授，北京大学邬伦教授，中山大学许学强教授、黎夏教授、陈晓宏教授，武汉大学龚健雅教授和刘耀林教授都给予了多方面的帮助。特别一提的是，本教材的编写得到了中国科学院地理信息产业发展中心主任钟耳顺教授的大力支持和协助，并提供了很多极其宝贵的素材；中山大学地图学与 GIS 专业硕士研究生叶圣涛、黄秋华、李照、唐桢等协助文字和图片整理等工作。本教材在编写过程中还参阅和引用了国内外学者的很多论著，书中仅列出了主要部分。在此一并表示衷心感谢。

由于作者水平有限，加之时间仓促，书中不足之处在所难免，敬请广大读者批评指正。

张新长

2004 年 10 月于广州中山大学

目　　录

第1章 绪 论

1.1 GIS数据库概述

作为计算机软件的一个重要分支,数据库技术一直是备受业界关注的焦点。从20世纪60年代末开始,数据库技术经历了层次数据库、网状数据库和关系数据库而进入数据库管理系统(database management system,DBMS)阶段至今,数据库技术的研究也不断取得进展。

1.1.1 GIS数据库定义

数据库系统的个体含义是指一个具体的数据库管理系统软件和用它建立起来的数据库;它的学科含义是指研究、开发、建立、维护和应用数据库系统所涉及的理论、方法、技术所构成的学科。在这一含义下,数据库系统是软件研究领域的一个重要分支,常称为数据库领域。数据库研究跨越计算机应用、系统软件和理论三个领域,其中应用促进新系统的研制开发,新系统带来新的理论研究,而理论研究又对前两个领域起着指导作用。数据库系统的出现是计算机应用的一个里程碑,它使得计算机应用从以科学计算为主转向以数据处理为主,从而使计算机得以在各行各业乃至家庭普遍使用。为了实现对任意部分数据的快速访问,就要研究许多优化技术。这些优化技术往往很复杂,而提供给用户的是简单易用的数据库语言。由于对数据库的操作都由数据库管理系统完成,所以数据库就可以独立于具体的应用程序而存在,从而使数据库又可以为多个用户所共享。

GIS数据库对GIS的意义不言而喻,但是全面、准确的GIS数据库的定义,在各种文献中很少有,或者很简单,如GIS数据库是用来存储空间数据的数据库;或者因太注重细节而不够全面,如GIS数据库是空间数据集合,它实现对具有一定地理要素特征的相关空间数据集合的统一管理,空间数据间紧密联系共同反映现实世界中某一区域内综合信息或专题信息间的联系,主要应用于地理空间数据处理和分析(潘瑜涛等,2003)。

在综合了目前国内外学术界的基本观点的基础上,本书对GIS数据库的定义是:GIS数据库是指以特定的信息结构(如国土、规划、环境、交通等)和数据模型(如关系模型、面向对象模型等)表达、存储和管理从地理空间中获取的某类空间信息,以满足Internet/Intranet上的不同用户对空间信息需求的数据库。

上述定义涉及几个术语，它们是理解 GIS 数据库的关键。

地理空间：指在现实世界中，地球上大气圈、水圈、生物圈、岩石圈和土壤圈交互作用的部分，地球上最复杂的物理过程、化学过程、生物过程和生物地球化学过程就发生在该范围中；同时地理空间还可以认为是物质、能量、信息存在形式在形态、结构、过程、功能关系上的分布方式和格局及其在时间上的延续（陈述彭等，2000）。

空间信息：指在信息世界中有关地理空间信息。这是对现实世界的第一次抽象，即从现实世界到信息世界。

信息结构和数据模型：指在计算机世界中，通过抽象、建模形成不同数据种类的表示形式，通过 GIS 数据库所建立的数据模型（如关系数据模型）来进行存储、获取、表达和管理。这是对现实世界的第二次抽象，即从信息世界到计算机世界。

1.1.2　GIS 数据库特征

用传统的数据库系统的概念来管理空间数据，存在以下不足之处：

1）传统的数据库管理的是不连续的、相关性较小的数字或者字符，而空间数据是连续的，并且有很强的空间相关性。

2）传递的数据库管理的实体类型较少，并且实体类型间只有简单的、固定的空间关系，而 GIS 数据库的实体类型繁多，实体间存在复杂的空间关系。

3）传统数据库中存储的数据通常为等长记录的数据，而空间数据的目标坐标长度不定，具有变长记录，并且数据项可能很多，很复杂。

4）传统数据库只操作和查询数字和文字信息，而 GIS 数据库需要大量的空间数据操作和查询。

空间数据具有一定的特殊性，它不仅具有普通对象的属性特征，而且具有与位置有关的空间特征，难以在关系模型中直接表达，因此，利用关系数据库来存储空间数据在理论和技术上都具有实际意义。GIS 数据库是空间数据有组织的集合，所以，GIS 数据库除了一般数据特征外，还具有一些区别于其他一般数据库的特征，这些特征表现在以下七个方面。

1. 空间特征

空间特征是空间数据最主要的特征，它描述了空间物体的位置、形态，甚至需要描述物体的空间拓扑关系。例如，描述一条河流，一般数据侧重于河流的流域面积、水流量、枯水期；而空间数据则侧重于描述河流的位置、长度、发源地等和空间位置有关的信息，复杂一点的还要处理河流与流域内各河流间的距离、方位等空间关系。

2. 抽象特征

空间数据描述的是真实世界所具有的综合特征，非常复杂，必须经过抽象处理。不同主题的GIS数据库，人们所关心的内容也有差别。在不同的抽象中，同一自然地物可能会有不同的语义，如既可以被抽象成水系要素，也可以被抽象成行政边界，如省界、县界等。

3. 空间关系特征

空间数据除了空间坐标隐含了空间分布关系外，空间数据中也记录了拓扑数据结构表达的多种空间关系。这种拓扑数据结构一方面方便了空间数据的查询和空间分析，另一方面也给空间数据的一致性和完整性维护增加了复杂程度。特别是有些几何对象，没有直接记录空间坐标的信息，如拓扑的面状目标仅记录组成它的弧段的标识，因而进行查找、显示和分析操作时都要操纵和检索多个数据文件。

4. 多尺度与多态性

不同观察尺度具有不同的比例尺和精度，同一地物在不同情况下会有形态差异。例如，任何城市在地理空间都占据一定范围的区域，可以被作为面状空间对象。在比例尺较小的GIS数据库中，城市是作为点状空间对象来处理的。

5. 非结构化特征

在当前通用的关系数据库管理系统中，数据记录一般是结构化的，即它满足关系数据模型的第一范式要求，也就是说每一条记录是定长的，数据项表达的只能是原始数据，不允许嵌套记录。而空间数据则不能满足这种结构化要求。若将一条记录表达成一个空间对象，它的数据项可能是变长的。例如，1条弧段的坐标，其长度是不可限定的，它可能是2对坐标，也可能是10万对坐标；此外，1个对象可能包含另外的1个或多个对象。例如，1个多边形，它可能含有多条弧段。若1条记录表示1条弧段，在这种情况下，1条多边形的记录就可能嵌套多条弧段的记录，所以它不满足关系数据模型的范式要求，这也就是为什么空间图形数据难以直接采用通用的关系数据管理系统的主要原因之一。

6. 分类编码特征

一般而言，每一个空间对象都有一个分类编码，而这种分类编码往往属于国家标准，或行业标准，或地区标准，每一种地物的类型在某个GIS中的属性项个数是相同的。因而在许多情况下，一种地物类型对应于一个属性数据表文件。当然，如果几种地物类型的属性项相同，也可以有多种地物类型共用一个属性数据表文件。

7. 海量数据特征

空间数据量是巨大的，通常称海量数据。之所以称为海量数据，是指它的数据量比一般的通用数据库要大得多。一个城市 GIS 的数据量可能达几十个 GB，如果考虑影像数据的存储，可能达几百个 GB 乃至 TB 级。这样的数据量在城市管理的其他数据库中是很少见的。正因为空间数据量大，所以需要在二维空间上划分块或者图幅，在垂直方向上划分层来进行组织。

GIS 中空间数据的存储方式有两类：①空间数据的文件方式管理加属性数据的关系数据库管理；②空间数据和属性数据的全关系数据库管理。目前，基于数据库的 GIS 系统已经实现了图形数据和属性数据的无缝结合：所有空间、属性及栅格影像数据都存储于中央数据库中，既方便了数据的维护，又确保了数据的完整性和一致性。基于关系数据库或者对象关系数据库(ORDB)的空间数据管理已经成为 GIS 发展的趋势。

1.1.3　GIS 数据库作用

通常，一个实体对象的作用是指这个实体对象在整体中的地位，也就是整体与部分之间的关系。所以，要考察 GIS 数据库的作用，必须将它放在特定的整体中，才能显示出来。

1) 从信息抽象体系来看，GIS 数据库是从现实世界的真实地球到计算机世界中的映射。信息流是有关人流、物质流和能量流的性质、特征和状态的表征，它依附于人流、物质流和能量流而存在，即以人流、物质流和能量流为载体。因此可以通过研究地球系统信息流来认识、理解和模拟地球人流、物质流和能量流的运动规律。

2) 从空间信息技术体系的构成看，空间信息技术体系可以分为三个部分：空间信息获取技术，空间信息处理技术，空间信息应用技术。GIS 数据库作为对现实地理空间的抽象，必将成为上述三种技术的基础和核心。空间信息的获取技术是指利用测量、摄影、遥感和 GPS 等技术从现实的地理空间中获取信息的技术。而要想使获取来的信息能够为以后使用，则必须使这些信息以某种特定格式存储起来。空间信息处理技术是指基于特定格式的空间信息集上的某种算法；空间信息应用技术是指从现有的空间数据集中，通过空间分析和模型计算，分析出某一空间对象的现状结构和变化趋势的技术。因此，建设 GIS 数据库在整个空间信息技术体系中都具有重要的作用。

3) 从社会需求体系的构成看，社会的信息需求中有很多是与空间有关的。就目前的情况来看，主要是政务需求。空间信息基础设施建设已经成为电子政务建设的重要组成部分。现在正在建设的电子政务体系中的12个业务子系统(办公业务资源系统、宏观经济管理、金关、金税、金财、金卡、金审、金盾、社会保障、金农、金水和金质)都有一个共同的特点:就是各子系统都基于相同的基础空间数据。建立一个开放、共享的GIS数据库对电子政务的实现具有重要的意义。在个人对空间信息的需求,如旅游、公交换乘等方面,国内也开始有公司从事这一行业,如北京图行天下信息咨询有限责任公司等。

4) 从国际空间战略来看,地理空间已作为各个国家共享的资源,对地理空间的数字化管理具有高度战略意义,在军事防御、环境监测、资源管理等方面也具有非常重要的意义。"数字地球"作为一个战略目标,当然现在还未能实现。但是从它的技术框架来看,GIS数据库是其中一个很重要的组成部分。

传统地理数据主要是由地图以及属性资料文件组成,这种数据方式既不利于大量数据的保存,更不可能对其属性进行分析,而普通地理数据库是随着计算机的发展而逐步发展起来的,其管理对象主要是地理空间数据,其中包括空间数据和非空间数据,适用于大量空间数据的集合和数据处理。它的属性特征由属性数据表示,位置特征由几何数据表示,时间和其他等特征则只能在说明资料中表示。地理数据库是GIS数据库发展的基础,而GIS数据库是建立在地理数据库的基础上发展起来的。由于地理数据库的数据量十分庞大,GIS数据库必须具有对海量数据的管理能力。同时,GIS数据库可被某个DBMS接受,在DBMS的支持下运行数据模型与处理模型。GIS数据库具有强大的空间分析功能。与其他数据库数据不同,GIS数据库主要有以下四点突出作用。

第一,对海量数据的管理能力。由于地理数据涉及地球表面信息、地质信息、大气信息等多种极其复杂的信息,描述信息的数据量十分巨大,容量通常达到GB级。GIS数据库解决了数据库冗余问题,大大加快了访问速度,防止了由于数据量过大而引起的系统"瘫痪"等。

第二,空间分析功能。空间分析功能是GIS最独特的特点之一。它实现了对空间数据进行属性数据查询、地理空间目标查询、缓冲区分析、坐标变换、区域变换、叠置分析、趋势面分析等多种分析功能。这不仅要求软件具有空间分析功能,数据库也必须支持空间分析,也就是说数据库要有拓扑关系。早期空间分析功能主要是在二维空间内进行,现在三维空间分析技术也正在迅速发展中。

第三,设计方式灵活,满足用户要求。GIS数据库的应用范围非常之广,对于不同的用户群,其要求和使用方式以及所需数据也非常不同。设计者可根据不同用户的要求,选用不同的专题地理信息数据库和不同的数据模型,设计出最适合用户使用的系统。

第四,支持网络功能。网络技术的发展,使得信息的交流与共享变得更加便捷。这正解决了海量地理信息存储的不便,大大扩展了空间信息的共享范围。

当然现阶段 GIS 数据库也存在一些问题，主要表现在：

(1) 数据共享问题

1) 数据文件格式统一性。随着越来越多的 GIS 软件被开发，不同的 GIS 平台，其数据文件格式自然不同，如何确定数据文件应包括的数据文件及其数据类型，以保证不同系统的数据可以共享，使已建立的基础数据库的数据可以得以利用。这样就需要一个统一的标准作为基础，且基本保证各种 GIS 软件的数据在转换中不受损失。

2) 地理信息的标准化。地理信息标准是通过约定或统一规定来表述客观世界的。由于地理信息标准是对地理客体的模拟、抽象和简化过程，最后使标准离开它所反映的地理实体就越来越远。为统一人们对事物和概念的认识及利用，就必须通过约定或规定，才能使地理信息真正共享。当前的地理信息标准存在着推荐性标准与强制性标准之分。

3) 数据共享的政策。地理信息共享政策是一种人们必须遵守的行为准则或行为规范，其调整内容涉及社会经济的各个领域，在不同的社会环境中有着不同的政策。由于数据的采集与整理需要投入大量的人力、物力和财力，在数据共享方面存在着服务性与商业性的矛盾。在欧美地区国家的数据共享政策是服务性与商业性相结合的，一般都含有有偿使用，按照商业活动方式运作，由商业部门自主决定数据价格及使用限制条款的部分。我国对地理信息共享政策的制定是从全国最大多数用户利益出发，但其中仍存在着多数用户利益与少数用户利益、长远利益与眼前利益的冲突。

(2) 数据“瓶颈”问题

随着 GIS 应用的范围越来越广，数据量越来越大，尽管数据的压缩、储存与管理等技术在不断地进步，海量空间数据输入的高额费用仍然是 GIS 应用及发展中的一大障碍。这其中当然有目前各个 GIS 软件的数据格式不统一的问题，但根本问题是两种数据模型本身的限制。采用矢量数据结构能准确地表示其位置及空间拓扑关系，便于查询，但数字化工作非常繁琐；栅格数据结构的空间数据输入方便，并能方便、快速地与获取空间信息的遥感技术相连接，但提高准确性同时带来巨大的存储量，且不能实现空间拓扑关系。栅格向矢量的转换功能的不完善大大增加了处理的工作量，影响精确度与可靠性。此外随着 Web GIS 的发展，网络“瓶颈”问题也越来越受到人们的关注。Web GIS 所需传输的数据量很大，因此对网络带宽、速度等要求非常高。这个问题严重影响了 Web GIS 在实际生活中的应用与发展，是目前急需解决的问题之一。

(3) 数据更新问题

地理信息数据一般时效性非常强，因此就要求人们不断更新数据库。GIS 空间数据更新是通过 GIS 信息服务平台，用现势性强的现状数据或变更数据更新数据中非现势性的数据，达到保持GIS现状数据库中空间信息的现势性和准确性或提高数据精度；同时将被更新的数据存入历史数据库供查询检索、时间分析、历史状态恢复等。因此GIS空间数据的更新并不是简单的删除替换，这其中又涉及数据的整体更新、局部更新、数据采集的途径、时效性、保持原有数据的不变、更新数据与原有数据正确连接等多方面问题，是GIS数据库发展中亟待解决的问题之一。

(4) 数据安全问题

在Web GIS逐渐成为GIS数据库的主要发展方面的同时，数据的安全性也随之成为一个不可忽视的问题。早期的GIS应用中，客户端一般采用文件共享的方式访问服务器上的空间数据文件。这样从客户端就极易盗取和修改数据文件，因此带来了重大的安全隐患，所以数据库系统管理员必须设定不同用户群的访问权限，避免用户直接访问服务器上的共享文件，使用户只能按照规定方式访问GIS数据库。此外，还需要采用适合的网关、防火墙等系统安全技术，最大限度地防止外部的攻击。

GIS数据库是GIS最基本且重要的组成部分之一。在一个项目的工作过程中，它往往发挥着核心的作用。数据库的布局和存取能力对GIS功能的实现和工作的效率影响极大，数据库技术的发展也推动着GIS的不断前进。在GIS数据库技术不断完善的今天，仍存在着很多不利因素制约着GIS的发展，还有很多问题有待人们去思考和解决。

1.2 GIS数据库的形成与发展

1.2.1 数据库发展综述

1969年美国IBM公司开发了第一个数据库系统IMS。这是一个层次数据库系统，在数据库系统发展史上占据了重要的地位。同年，美国的数据系统语言委员会(CODASYL)下属的数据库任务组提出了著名的DBTG报告，并在1970年提出了该报告的修订版。这份报告定义了数据库操纵语言、模式定义语言和子模式定义语言的概念。数据库操纵语言用于编写操纵概念视图的应用程序，模式定义语言用来编写概念视图和内部视图相结合的模式程序。在20世纪70年代，开发了许多遵循DBTG报告的网状数据库系统，如IDMS、IDS、DMSIIOO等。20世纪70年代初，E. F. Codd提出了关系数据模型的概念和关系代数及关系演算。在整个70年代，关系数据库从理论到实践都取得了辉煌成果。在理论上，确立了完整的关系理论、数据依赖理论以及关系数据库的设计理论等；在实践上，开发了许多著名的关系数据库系统，如SYSTEM、INGRES、ORACLE等。1986年美国国家标准协会(ANSI)通过了关系数据库查询语言SQL的文本标准。进入20世纪80

年代以后，随着计算机硬件技术的提高，计算机应用得到不断深入，产生了许多新的应用领域，如计算机辅助设计、计算机辅助教学、计算机辅助制造、计算机集成制造、办公自动化、地理信息处理、智能信息处理等。这些新的应用领域对数据库系统提出了新的要求。由于没能设计出一个统一的数据模型来表示这些新型数据及其相互联系，因此出现了百家争鸣的局面，产生了演绎数据库（逻辑数据库、知识库）、面向对象数据库、工程数据库、时态数据库、地理数据库、模糊数据库、主动数据库等新型数据库。从 20 世纪 80 年代后期到目前为止，出现了面向对象数据库系统，如 GemStone、ORION、Iris 等，但真正的新一代数据库系统还没有出现。

在数据库技术当前及未来的发展历程中，数据仓库以及基于此技术的商业智能无疑将是大势所趋。IBM 的实验室在这方面进行了十多年的研究，并将研究成果发展成为商用产品。除了用于联机分析处理（OLAP）的后台服务器 DB2OLAP Server 外，IBM 还提供了一系列相关的产品，包括前端工具，形成一整套解决方案。其他数据库厂商在数据仓库领域也毫不示弱，方法各有不同。Informix 在其动态服务器 IDS（informix dynamic server）中提供一系列相关选件，如高级决策支持选件（advanced decision support option）、OLAP 选件扩展并行选件（extended parallel option）等，并认为这种体系结构严谨，管理方便，索引机制完善，并行处理的效率更高，其中数据仓库和数据库查询的 SQL 语句的一致使用户开发更加简便；而微软则是在其 SQL Server 中集成了代号为柏拉图（Plato）的 OLAP 服务器。与上述公司不同的是，Sybase 提供了专门的 OLAP 服务器 Sybase IQ，并将其与数据仓库相关工具打包成 Warehouse Studio。

1.2.2 GIS 数据库历史发展

在 1.1 节中，初步探讨了 GIS 数据库的定义、特征、作用及存在的问题等几方面内容，从宏观上树立了 GIS 数据库的印象。本节通过对 GIS 数据库现状和发展趋势的介绍，进一步探讨影响 GIS 数据库发展的几个关键因素。它们分别是：GIS 数据库的计算平台、空间数据模型、GIS 数据库的组织管理模式等。由于 GIS 数据库所包含的知识较多，因此在不同层次都有各自不同的发展历史和发展趋势。

1. GIS 数据库的计算平台的发展

计算平台的变化大致经历了三个阶段：集中式系统阶段、经典的客户/服务器系统阶段和分布式计算系统阶段，如图 1.1 所示。

在集中式系统阶段，GIS 数据库往往是集中于大型的基于主机的管理模式，具有各自独特的数据结构、文件格式，只能以重复备份或脱机拷贝的方式在不同的系统之间交换数据。随着计算机功能的提高和网络技术的发展，这种高成本、低效率

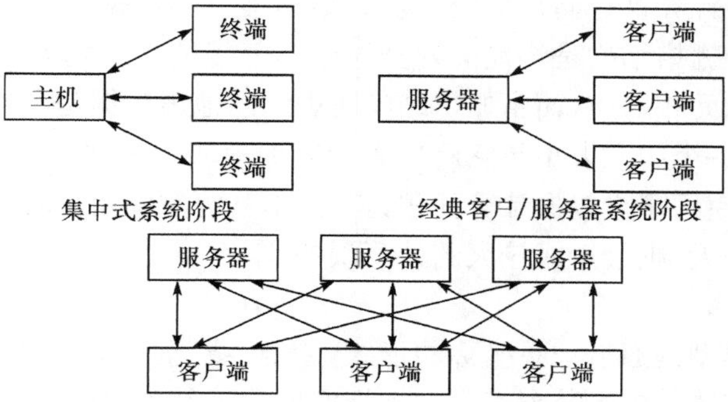

图1.1 分布式计算系统阶段

的大系统很快让位于基于客户/服务器模式的软件系统。

在经典的客户/服务器系统阶段，以统一、完整的GIS数据库系统存储和管理海量地理空间数据为主体，这种数据库可以在整个局域网范围内共享。将功能模块和图形显示等功能放在客户端，大大提高了GIS数据库在通信子网范围内的统一，与集中式系统相比是一大进步。

在分布式计算系统阶段，多种不同类型的地理数据分布在成千上万的通信子网站点上，形成多层嵌套、无限延展和异常复杂的地理信息空间。因此，分布式异型地理相关数据的组织、管理、搜索、定位、传输、查询、显示与分析、应用，是互联网平台下GIS所要解决的一系列重大问题之一。现在正是各方面的理论和技术储备阶段，实现在互联网环境中的地理信息资源的共享已经是指日可待。

2. 空间数据模型的发展

在数据库系统的发展史上，曾经出现过关系模型、层次模型和网状模型。它们与本书所指的数据模型有一定的区别。后者指的是空间数据从源域到目标域的映射方式，而前者指的是映射到目标域的数据以哪种结构进行组织。空间数据模型大致经历栅格模型、矢量模型、对象模型和约束模型四个阶段。只要弄清基本模型就不难理解其他的变化形式。如果把基本的空间数据模型看成是一个映射函数，那么其他的一些模型可以看成是一个复合函数。例如，矢栅一体化模型、三维数据模型、时空数据模型等都可以看成上述模型的组合或扩展。

(1) 栅格模型

栅格模型是最简单和最直观的空间数据模型，它将地面划分为均匀的网格，每个网格作为一个像元，像元的位置由所在行、列号确定，像元所含有的代码表示其属性类型或仅是与其属性记录相联系的指针。在GIS中，扫描数字化数据、遥感数据和数字地面高程模型(DTM)等都属栅格数据。由于栅格结构中的行列阵列的形式很容易为计算机存储、操作和显示，给地理空间数据处理带来极大的方便，受到普遍欢迎。栅格结构是将地面划分成相互邻接的大小均匀格网方块，每一地块与一个栅格像元相对应，而由栅格结构所表示的地表数据是不连续的，是经过量化的离散值，每一个像元大小与它所代表的实地地块大小之比就是栅格数据的比例尺。这样，在使用栅格数据计算面积、长度、形状等空间指标时，若像元所代表的实地地块尺寸较大，则会造成较大的计算误差。

(2) 矢量模型

矢量数据模型是通过记录坐标的形式，用点、线、面等基本要素尽可能精确地表示各种地理实体。矢量数据表示的坐标空间是连续的，因此可以精确定义地理实体的任意位置、长度、面积等。矢量数据的精度主要受数字化设备的精度和数值记录字长的限制。矢量数据结构直接以几何空间坐标为基础，记录取样点坐标，可以将目标表示得精确无误。对于一个数字制图系统而言，按照这种简单的记录方式，在适当增加目标的注记名称、输出的线型和符号等，在矢量绘图仪上就可以得到精美的地图。另外，该结构还可以对复杂数据以最小的数据冗余进行存储，相对于栅格结构来说，它还具有数据精度高、存储空间小等特点，是一种高效的图形数据结构。在GIS软件中，主流是矢量格式，如占GIS市场份额最大的ESRI公司的ArcInfo等。

(3) 对象模型

面向对象的方法起源于面向对象的编程语言(object-oriented program language，OOPL)，如Smalltalk和C++等。面向对象的方法是分析和解决问题的新方法，其基本出发点是尽可能按照人们认识世界的方法和思维方式来分析和解决问题。客观世界是由许多具体的事物或事件，抽象的概念、规则等组成的。因此，可以将任何感兴趣的事物概念都统称为“对象”。面向对象的方法正是以对象作为最基本的元素，它也是分析问题、解决问题的核心。由此可见，面向对象方法很自然地符合人的认识规律。计算机实现的对象与真实世界具有一对一的对应关系，不需要做任何转换。面向对象方法更易于为人们所理解、接受和掌握，所以有着广泛的应用。面向对象的定义是指无论怎样复杂的实体都可以准确地由一个对象表示，这个对象是一个包含了数据集和操作集的实体。除数据与操作的封装性以外，面向对象数据模型还涉及分类(classification)、概括(generalization)、聚集(aggregation)和联合(association)四个抽象概念，以及继承(inheritance)和传播(propagation)两个语义模型工具。面向对象的数据模型是当前研究的一个热点，虽然它还不能完全应用于GIS各种应用层面中，但很多GIS软件正努力发展自己的面向对象数据模型。

(4) 约束数据模型

随着数据库应用的不断深入，对数据库技术也提出了越来越高的要求，对

GIS、CAD、多媒体数据库等的应用就要求数据库处理海量、多维、异构空间、时间序列等有别于一般关系数据库的字母、数字类数据。而现有的一些系统仅能对某一特定类型数据有效，不能满足有多种数据源的事务处理，也不利于数据的查询优化，甚至难以进行有效的查询。人们期待一种广义元组，它能以一种简单的框架来非常自然地表示各种不同类型的数据。约束数据库模型有望实现这一目的。约束数据库关键思想是把数据看作约束，也把约束看作数据。尽管它简单明了，但这种思想为数据库研究开阔了视野。它提供了清晰、功能强大的数据模型来统一表示各种类型的数据，并方便查询评价。广义元组是 P. C. Kanellakis1990 年在 ACM SIGMOD 会议上的一篇文章中首先提出来的，在这篇学术论文中，作者在扩展数据库元组内涵的基础上提出了一个约束数据库框架。它们的广义元组形式如下：$P_j(X_1 \cdots X_k)\ /C$，C 是数据 X_k 上的约束，k 是广义元组的元，注意，简单的广义元组仅允许表示凸对象，很明显，关系数据库元组是广义元组的一个特例。传统的有 n 个属性的关系是元为 n 的广义元组的有限集，而且它的约束都是等式约束。这种推广就是利用一个简单约束就能标识整个数据集合，如一段时间内的数据。另外，一个简单的约束可以涉及多个属性。例如，要存储一间屋子里所有对象的三维形状，不必把它们表示成语义不明的孤立的点集，使用广义元组可以用更清晰的方式表示实体的三维整体。

简单的文字类数据可以表示为等式约束，空间、时间数据表示为线性约束，更复杂的约束，涉及多项式或不等式约束表达的广义元组，用来支持复杂的应用。演绎和面向对象的数据模型也能以同样的方式广义化。所以，约束数据可用于文字、时间、空间数据的管理。

3. 管理模式的发展

由于空间数据的复杂性和特殊性，一般的商用数据库管理系统难以满足要求。因而，围绕空间数据管理方法出现了五种不同的模式。

(1) 文件与关系数据库混合管理系统

由于空间数据具有与一般数据不同的特征，市场上通用的关系数据库管理系统难以满足要求。因而，大部分 GIS 软件采用混合管理模式，即用文件系统管理几何图形数据，用商用关系数据库管理系统管理属性数据，它们之间的联系通过目标标识或者内部连接码进行连接。

GIS 中图形数据与属性数据的连接在这种管理模式中，几何图形数据与属性数据除它们的 OID(标识)作为连接关键字段以外，两者几乎是独立地组织、管理与检索。就几何图形而言，由于 GIS 系统采用高级语言编程，可以直接操纵数据文件，所以图形用户界面与图形文件处理是一体的，中间没有裂缝。但对属性数据来说，则因系统和历史发展而异。早期系统由于属性数据必须通过关系数据库管理系统，图形处理的用户界面和属性的用户界面是分开的，它们只是通过一个内部码连接。导致这种连接方式的主要原因是早期的数据库管理系统不提供编程的高级语言如Fortran或C语言的接口，只能采用数据库操纵语言。这样通常要同时启动两个系统(GIS图形系统和关系数据库管理系统)，甚至两个系统来回切换，使用起来很不方便。

最近几年，随着数据库技术的发展，越来越多的数据库管理系统提供高级编程语言C和Fortran等接口，使得GIS可以在C语言的环境下直接操纵属性数据，并通过C语言的对话框和列表框显示属性数据，或通过对话框输入SQL语句，并将该语句通过C语言与数据库的接口查询属性数据库，并在GIS的用户界面下，显示查询结果。这种工作模式，并不需要启动一个完整的数据库管理系统，用户甚至不知道何时调用了关系数据库管理系统，图形数据和属性数据的查询与维护完全在一个界面之下。在开放性数据库连接协议(ODBC)推出之前，每个数据库厂商提供一套自己的与高级语言的接口程序，这样，GIS软件商就要针对每个数据库开发一套与GIS的接口程序，所以往往在数据库的使用上受到限制。在推出了ODBC之后，GIS软件商只要开发GIS与ODBC的接口软件，就可以将属性数据与任何一个支持ODBC协议的关系数据库管理系统连接。无论是通过C语言，还是通过ODBC与关系数据库连接，GIS用户都是在一个界面下处理图形和属性数据，它比前面分开的界面要方便得多，这种模式称为混合处理模式。

采用文件与关系数据库管理系统的混合管理模式，还不能说建立了真正意义上的GIS数据库管理系统，因为文件管理系统的功能较弱，特别是在数据的安全性、一致性、完整性、并发控制以及数据损坏后的恢复方面缺少基本的功能。多用户操作的并发控制比起商用数据库管理系统来要逊色得多，因而GIS软件商一直采用商用数据库管理系统来同时管理图形和属性数据。

(2) 全关系型GIS数据库管理系统

全关系型GIS数据库管理系统是指图形和属性数据都用现有的关系数据库管理系统进行管理。关系数据库管理系统的软件厂商不做任何扩展，由GIS软件商在此基础上进行开发，使之不仅能管理结构化的属性数据，而且能管理非结构化的图形数据。用关系数据库管理系统管理图形数据有两种模式，一种是基于关系模型的方式，图形数据按照关系数据模型组织。这种组织方式由于涉及一系列关系连接运算，相当费时。例如，为了显示一个多边形，需要找出组成多边形的采样点坐标，它要涉及四个关系表，做多次的连接映射运算。由此可见，关系模型在处理空间目标方面效率不高。用关系数据库管理系统管理图形数据的另一种方式是将图形数据的变长部分处理成Binary二进制块Block字段。目前大部分关系数据库管理系统都提供了二进制块的字段域，以适应管理多媒体数据或可变长文本字符。GIS利用这种功能，通常把图形的坐标数据当作一个二进制块，交由关系数据库管理系统进行存储和管理。这种存储方式,虽然省去了前面所述的大量的关系连接操作,但是二进制块的读写效率要比定长的属性字段慢得多,特别是牵涉到对象的嵌套,速度会更慢。

(3) 对象-关系数据库管理系统

因为直接采用通用的关系数据库管理系统的效率不高,而非结构化的空间数据又十分重要,所以许多数据库管理系统的软件商纷纷在关系数据库管理系统中进行扩展,使之能直接存储和管理非结构化的空间数据,如 Ingres、Informix 和 Oracle 等都推出了空间数据管理的专用模块,定义了操纵点、线、面、圆、长方形等空间对象的 API 函数。这些函数,将各种空间对象的数据结构进行了预先的定义,用户使用时必须满足它的数据结构要求,用户不能根据 GIS 要求(即使是 GIS 软件商)再定义。例如,这种函数涉及的空间对象一般不带拓扑关系,多边形的数据是直接跟随边界的空间坐标,那么 GIS 用户就不能将设计的拓扑数据结构采用这种对象-关系模型进行存储。这种扩展的空间对象管理模块主要解决了空间数据变长记录的管理,由于由数据库软件商进行扩展,效率要比前面所述的二进制块的管理高得多。但是它仍然没有解决对象的嵌套问题,空间数据结构也不能由用户任意定义,使用上仍然受到一定限制。

(4) 面向对象 GIS 数据库管理系统

面向对象模型最适应于空间数据的表达和管理,它不仅支持变长记录,而且支持对象的嵌套、信息的继承与聚集。面向对象的 GIS 数据库管理系统允许用户定义对象和对象的数据结构以及它的操作。这样,可以将空间对象根据 GIS 的需要,定义出合适的数据结构和一组操作。这种空间数据结构可以是不带拓扑关系的面状数据结构,也可以是拓扑数据结构。当采用拓扑数据结构时,往往涉及对象的嵌套、对象的连接和对象与信息聚集。当前已经推出了若干个面向对象数据库管理系统,如 O2、Object-storeotorn 等,也出现了一些基于面向对象的数据库管理系统的 GIS,如 GDE 等。但由于面向对象数据库管理系统还不够成熟,价格又昂贵,目前在 GIS 领域还不太通用。相反基于对象-关系的 GIS 数据库管理系统将可能成为 GIS 空间数据管理的主流趋势。

(5) 面向对象的矢栅一体化 GIS 数据库管理系统

以上所述 GIS 数据库管理系统主要是针对图形矢量空间数据的管理而采取的方案。目前,除图形矢量数据以外,还存在大量影像数据和 DEM 数据,如何将矢量数据、影像数据、DEM 数据和属性数据进行统一管理,已成为 GIS 数据库的一个重要研究方向。一种实现方案是采用面向对象矢栅一体化空间数据模型。下面简要介绍这一模型及其实现方法。面向对象的矢栅一体化数据模型是面向对象技术与 GIS 数据库技术相结合的产物,面向对象数据模型和面向对象的空间数据管理一直是 GIS 领域所追求的目标。自 20 世纪 80 年代末、90 年代初,人们就相当重视面向对象技术在 GIS 领域中的应用,软件技术也在不断发生变革,较早推出的面向对象 GIS 软件 System9，对面向对象方法在 GIS 中的应用起了较大推动作用，之后的 SmallWorld 和近年推出的 ArcInfo 8.3 已使面向对象 GIS 达到了普及应用阶段。武汉大学(原武汉测绘科技大学)开发的 GIS 软件 GeoStar 从一开始设计就采用面向对象数据模型和面向对象技术，中国的地球空间数据交换格式也是以面向对象的逻辑模型为主要设计思想的。在面向对象数据模型中，其核心是对象(object)，对象是客观世界中的实体在问题空间的抽象。空间对象是地面物体或者说地理现象的抽象。空间对象有两个明显的特征：一个是几何特征，它有大小、形态和位置；另一个是物理特征，即地物要素的属性特征，它是道路，还是河流或房屋。就物理特征来说，一般将空间对象进行编码，国家亦有空间要素的分类编码标准。从几何特征而言，空间对象在二维 GIS 中可以抽象为零维对象、一维对象和二维对象。实际上，将零维对象均抽象为点对象，一维影像、矢量、DEM 集成化 GIS 数据库实际管理时仍然划分为三个子库。三个数据库可以分别建库，亦即采用三种类型数据库管理系统。在建立了各种类型的数据库之后，可以分别进行空间数据的查询、分析与制图。另外，为了与其他两种类型的数据集成管理，可各自提供一套动态链接库函数，使之能在矢量数据库管理系统中调用影像数据库和 DEM 数据库。同样在 DEM 数据库管理模块中也可以通过动态链接库调用矢量数据库和影像数据库，进行深层次、多数据源的空间查询、分析与制图。

1.2.3　GIS 数据库基础性与共享性

由图 1.2 可见，数据库根据不同条件进行分类，所得到的分类结果是不同的。按照信息源分类有 GIS 数据库、人口数据库、基因数据库等；按照数据结构分类有关系数据库、层次数据库、面向对象数据库等；按照应用目的分类有军事数据库、政务数据库、财经数据库等。

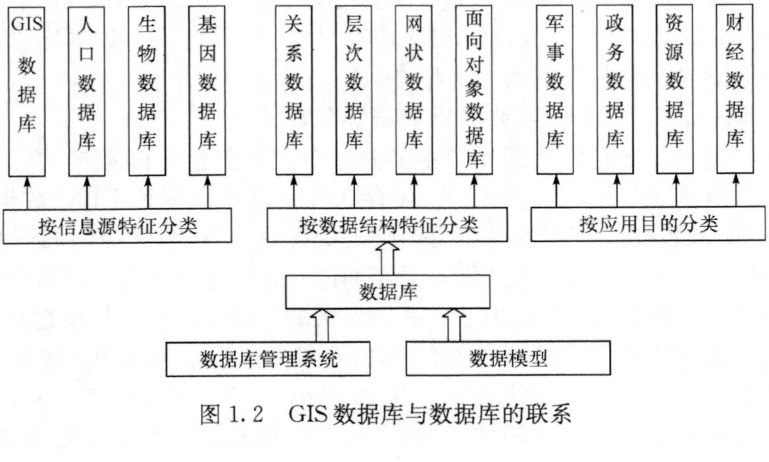

图 1.2　GIS 数据库与数据库的联系

GIS数据库与其他不同数据库相比,具有基础性作用。据悉,80%的信息都与空间有关。所以GIS数据库往往是进行其他数据库建设的一个重要组成部分。也就是说,在进行军事数据库、政务数据库、财经数据库、资源数据库、人口数据库等的建设时往往离不开GIS数据库的建设。

空间信息的复杂性,给GIS数据库的建设带来了一定的难度。但正因为如此才使更多的研究集中在对空间信息的表达和管理上,从而推动数据库技术的快速发展,促使人们设计出更先进的数据模型。

实现地理空间信息的共享,是众多从事地理空间信息研究者、生产者、管理者和使用者多年来的梦想。然而要想实现这一梦想,必须具备三个条件:①在整个互联网环境内搭建一个畅通无阻的流通平台;②所有与空间信息打交道的人员使用同一种语言进行交流;③所有空间信息使用同一种规范或标准进行表达。这就好像人与人之间的交流,首先要建立一个能够通信的渠道,其次要建立一种双方都能理解的语言,最后两者对谈话的内容都能理解,缺少这三个条件,人与人之间就无法沟通。纵观当今信息技术、计算机技术、网络技术和通信技术的发展状况,上述三个条件基本上都已经具备。

1)以.net和Java为代表的分布式计算平台,为空间信息在互联网舞台上的表演打下了坚实的基础。分布式计算平台,也就是Internet/Intranet计算平台将成为新的GIS数据库体系结构设计的一个重要因素。这一趋势是空间数据资源共享客观要求的结果,如何在最大限度和范围内发挥空间数据的价值,只有变革其计算平台才能找到出路。

2)XML、GML新一代网络语言的出现和发展为空间信息的交流提供了相同的语言。

3)OpenGIS规范的出台,规定了空间信息表达的基本类型,统一的空间数据模型、统一的应用服务模型,为空间信息的理解提供了决定性的条件。OpenGIS规范的将成为GIS数据库设计的指导原则,空间数据要能在整个互联网环境内畅通无阻,离不开统一的标准指导。

4)元数据在GIS数据库建设中将发挥巨大的作用。

5)面向对象的多维一体化数据模型的建立。首先,空间数据本质上是四维的(时间维+三维空间),这需要建立能满足多维空间数据要求的数据模型。其次,空间数据有两种不同的基本抽象形式:基于域的和基于对象的,两者在不同的应用领域具有各自的优势,如何一体化存储具有重要的意义。空间数据的复杂性和面向对象技术的先进性决定了要采用面向对象技术进行数据模型的设计。

1.3 GIS 数据库与 DBMS 原理和关系模型

GIS 作为一种采集、存储、管理、分析、显示与应用地理信息的计算机系统，它是分析和处理海量地理数据的通用技术，在资源环境调查、资源环境评估、区域和城市发展规划、公共设施管理、交通管理和安全等领域发挥着日益重要的作用。随着我国国民经济的持续发展、信息技术的进步，人们对于信息、物资的交流将更加频繁。在这些频繁的交流中，有 80％的信息与空间位置有关，因而必然要求对这些信息进行有效的管理与分析。GIS 数据库作为一种有效的工具，可以很好地满足人们对空间数据的管理和查询的需要，它作为一种应用技术从数据库技术中分化出来，其目的是为用户对空间数据的查询和操作提供便捷的服务。GIS 数据库是数据库技术和程序设计语言、软件工程和人工智能等技术相互融合、共同发展的结果。它把被管理的地理空间数据从一维推向二维、三维甚至更高维。

1.3.1 GIS 数据库基本概念

数据库是数据管理的最新技术，是计算机科学的重要分支。今天，信息资源已成为各个部门的重要财富和资源。建立一个满足各级部门信息处理要求的和行之有效的信息系统也成为一个企业或组织生存和发展的重要条件。因此，作为信息系统核心和基础的数据库技术得到越来越广泛的应用，从小型单项事务处理系统到大型信息系统，从联机事务处理到联机分析处理，从一般企业管理到计算机辅助设计与制造(CAD/CAM)、计算机集成制造系统(CIMS)、办公信息系统(OIS)、地理信息系统(GIS)等，越来越多新的应用领域采用数据库存储和处理它们的信息资源。对于一个国家来说，数据库的建设规模、数据库信息量的大小和使用频度已成为衡量这个国家信息化程度的重要标志之一，而 GIS 数据库的建设将在整个数据库的建设中扮演着举足轻重的角色。为了更充分地认识 GIS 数据库的重要概念，下面首先介绍一下有关数据库的基本概念，主要包括数据、数据库、数据库管理系统和数据库系统等与数据库技术密切相关的四个基本概念。

1. 数据

数据(data)是数据库中存储的基本对象。数据在大多数人头脑中的第一个反应就是数字。其实数字只是最简单的一种数据，是对数据的一种传统和狭义的理解。广义的理解，数据的种类很多，文字、图形、图像、声音、学生的档案记录、货物的运输情况等，这些都是数据。可以对数据作如下定义：描述事物的符号记录称为数据。描述事物的符号可以是数字，也可以是文字、图形、图像、声音、语言等，数据有多种表现形式，它们都可以经过数字化后存入计算机。

2. 数据库

数据库(database，DB)，顾名思义是存放数据的仓库。只不过这个仓库是在计算机存储设备上，而且数据是按一定的格式存放的。所谓数据库是长期储存在计算机内的、有组织的、可共享的数据集合。数据库中的数据按一定的数据模型组织、描述和储存，具有较小的冗余度、较高的数据独立性和易扩展性，并可为各种用户共享。

3. 数据库管理系统

如何科学地组织和存储数据？如何高效地获取和维护数据？完成这个任务的是一个系统软件——数据库管理系统(DBMS)。数据库管理系统是位于用户和操作系统之间的一层数据管理软件。它的主要功能包括以下几个方面：数据定义功能、数据操作功能、数据库的运行管理、数据库的建立和维护功能。数据库管理系统是数据库系统的一个重要组成部分。

4. 数据库系统

数据库系统(database system，DBS)是指在计算机系统中引入数据库后的系统，一般由数据库、数据库管理系统(及其开发工具)、应用系统、数据库管理员和用户构成。应当指出的是，数据库的建立、使用和维护等工作只靠一个 DBMS 远远不够，还要有专门的人员来完成，这些人被称为数据库管理员(database administrator，DBA)。

GIS 数据的定义是多维的，如经度、纬度、海拔和时间，主要用来描述特殊区域或目标的地理或地面特征；而 GIS 数据库是一类重要的、特殊的数据库，除了常规的属性数据外，GIS 数据库中还含有大量的图形数据，其数据结构和存取方法比一般关系数据库和事务数据库更加复杂，从而也有着更加丰富和复杂的语义信息，隐藏着丰富的知识，其中主要包括：①信息(information)是用数字、文字、符号、语言等介质来表示事件、事物、现象等的内容、数量或特征。信息向人们(或系统)提供关于现实世界事实的重要内容，作为生产、管理、经营、分析和决策的依据。信息具有客观性、适用性、可传输性和共享性等特征。②地理信息是指与所研究对象的空间地理分布有关的信息，它表示地表物体及环境固有的数量、质量、分布特征、联系和规律。从地理实体到地理数据，再到地理信息的发展，反映了人类认识的巨大飞跃。③GIS 是一种特定而又十分重要的空间信息系统，它是以采集、储存、管理、分析和描述整个或部分地球表面(包括大气层在内)与空间和地理分布有关的数据的空间信息系统。④地理信息数据库能对 GIS 的空间数据和信息进行采集、存储、加工和再现，并能回答用户一系列问题，它主要包含了对空间数据的采集、管理、分析和表达。

GIS 数据库是 GIS 的核心，GIS 几次重大的技术革命都是与 GIS 数据库管理系统的技术发展相关的。20 世纪 80 年代，文件系统与关系数据库管理系统结合的空间数据管理方式和 90 年代末出现的对象关系数据库管理系统都代表着当时 GIS 软件的基本特征。目前，面向对象的 GIS 数据库的研究成为一个重要的研究方向。

由于地球是人们赖以生存的基础，因此 GIS 是与人类的生存、发展和进步密切关联的一门信息学与技术，受到人们愈来愈广泛的重视。关于 GIS 数据库的定义和特征前面已有详细介绍，在此不再作解释。

1.3.2 DBMS 的基本原理

1. 数据库管理系统

数据库管理系统(DBMS)是位于用户与操作系统之间的一层数据管理软件，它的主要功能包括以下四个方面。

(1) 数据定义

DBMS 提供数据定义语言(DDL)，用户通过它可以方便地对数据库中的数据对象进行定义。

(2) 数据操纵

DBMS 还提供数据操纵语言(DML)，用户可以使用 DML 操纵数据实现对数据库的基本操作，如查询、插入、删除和修改等。

(3) 数据库运行管理

数据库在建立、运用和维护时由数据库管理系统统一管理、统一控制，以保证数据的安全性、完整性、多用户对数据的并发使用及发生故障后的系统恢复。

(4) 数据库的建立和维护

它包括数据库初始数据的输入、转换功能，数据库的转储、恢复功能，数据库的重组功能和性能监视、分析功能等，这些功能通常是由一些实用程序完成的。

数据库管理系统是数据库系统的一个重要组成部分。

2. DBMS 的层次结构

和操作系统一样，可以将 DBMS 划分成若干层次。清晰、合理的层次结构不仅利于更清楚地认识 DBMS，更重要的是大大有助于 DBMS 的设计和维护。许多 DBMS 实际上就是通过分层实现的。例如，IBM 公司最早研制的著名的 DBMS 实施系统 System R，其核心分为两层，即底层的关系存储系统 RSS 和上层的关系数据系统 RDS。RDS 本质上是一个语言翻译和执行层，完成包括语法检查与分析、优化、代码生成、视图实现、合法性检查等功能。RSS 则是一个存取方法层，其功能包括空间、设备管理，索引、存取路径管理，并发控制，运行日志管理和恢复等。

图 1.3 给出了一个关系数据库管理系统(RDBMS)的层次结构示例，这个层次结构是按照处理对象的不同，依最高级到最低级的次序来划分的，具有普遍性。图中包括了与 RDBMS 密切相关的应用层和操作系统。

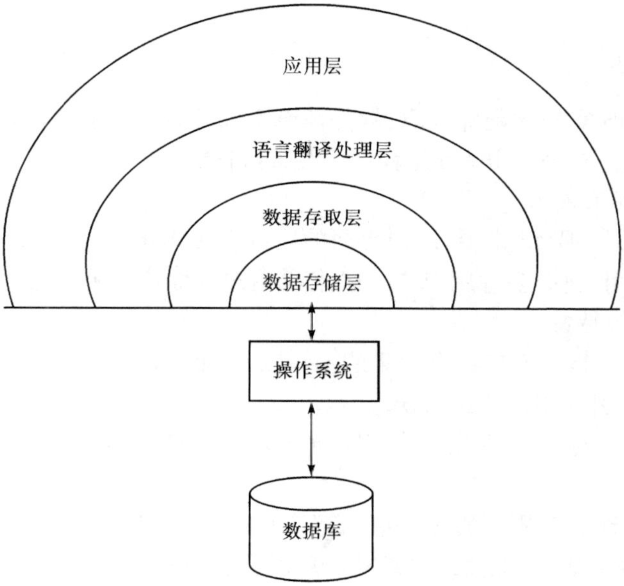

图 1.3 RDBMS 的层次结构

第一层是应用层，位于 DBMS 核心之外。它处理的对象是各种各样的数据库应用，如用开发工具开发的或用宿主语言编写的应用程序，终端用户通过应用接口发出事务请求或各种查询要求。该层是 DBMS 与终端用户和应用程序的界面层。

第二层是语言翻译处理层。它处理的对象是数据库语言，如 SQL。向上提供的数据接口是关系、视图，即元组的集合。其功能是对数据库语言的各类语句进行语法分析、视图转换、授权检查、完整性检查、查询优化等。通过对下层基本模块的调用，生成可执行代码。这些代码的运行即可完成数据库语句的功能要求。

第三层是数据存取层。该层处理的对象是单个元组。它把上层的集合操作转换为单记录操作，执行扫描(如表扫描)、排序、元组的查找、插入、修改、删除、封锁等基本操作，完成数据记录的存取、存取路径维护、并发控制、事务管理等工作。

第四层是数据存储层。该层处理的对象是数据页和系统缓冲区。它执行文件的逻辑打开、关闭、读页、写页、缓冲区读和写、页面淘汰等操作，完成缓冲区管理、内外存交换、外存的数据管理等功能。

操作系统是 DBMS 的基础，它处理的对象是数据文件的物理块，执行物理文件的读写操作，保证 DBMS 对数据逻辑上的读写真实地映射到物理文件上。操作系统提供的存取原语和基本的存取方法通常作为和 DBMS 存储层的接口。

以上所述的 DBMS 层次结构划分的思想具有普遍性。当然具体系统在划分细节上会是多种多样的，这可以根据 DBMS 实现的环境，系统地规划、灵活地处理。

3. DBMS 的目标

由于 DBMS 实现的硬件资源、软件环境不同，DBMS 的功能和性能便有差异，但不管有多少差异，均应该尽量满足以下系统目标。

(1) 用户界面友好

对一个实用 DBMS 来说，用户界面的质量直接影响其生命力。DBMS 的用户接口应面向应用、面向多种用户。一般来说用户界面应具有可靠性、易用性、立即反馈和多样性等特性。

1) 可靠性。指界面要具有一定的容错能力，能及时正确地给出运行状态指示和出错信息，并引导用户改正错误。

2) 易用性。尽量减少用户负担，操作方式简单，容易记忆，输出/输入容易理解。

3) 立即反馈。对用户的应用请求都应在用户心理许可的时间范围内给出响应，即使不能得到结果，也应给出某种信息以缓和用户等待心理。

4) 多样性。根据用户背景的不同，提供多种用户接口，以适应不同层次用户的需要。

对于初级用户或初学者，提供以机器为主导的回话形式，DBMS 应给出较多的提示信息；对于熟练用户应采用以人为主导的对话形式，无需机器过多地提示，这样可提高处理效率；对于应用程序员等高级用户则应提供应用开发接口，其功能要全面，方式要灵活，以满足应用开发的需要。目前，许多 DBMS 都提供交互式 SQL、嵌入式 SQL、表格语言接口和函数调用接口等多种形式以方便用户使用。

(2) 功能完备

DBMS 核心功能随系统的大小而异。大型 DBMS 功能完全，小型 DBMS 功能弱一些。DBMS 主要功能包括数据库定义、数据库数据存取、数据库运行管理、数据库组织和存储管理、数据库建立和维护等。

(3) 效率高

DBMS 应该具有高的系统效率和高的用户生产率。系统效率包括两个方面：一是计算机系统内部资源的利用率，即能充分利用资源(包括盘空间、设备、CPU

等)，并注意使各种资源的负载均衡以提高整个系统的效率；二是 DBMS 本身的运行效率，根据系统目标确定恰当的体系结构、数据结构和算法，保证 DBMS 运行的高效率。由于关系数据库管理系统(RDBMS)承担了为用户查询自动选择存取路径的任务，RDBMS 必须进行查询优化，即采取各种策略，寻找最佳查询执行方案，提高查询效率。这是 RDBMS 实现的关键和困难所在。另外，是提高用户生产率。所谓用户生产率是指用户设计和开发应用程序的效率。关系数据库系统由于提供了严格而简明的数据类型，高度非过程化的数据语言，把基于数据的应用程序设计提高到了一个新的水平。RDBMS 还为用户提供了一个良好的应用开发环境，进一步提高了应用开发的效率和质量。正是由于 RDBMS 大大提高了用户生产率，才使得它获得了强大的生命力。

(4) 结构清晰

DBMS 是一个复杂的系统软件，涉及面广，包括向上与用户的接口，向下与操作系统及其他软、硬件资源的接口。其实现技术复杂，需要程序设计、编译原理、操作系统、数据结构等许多软件知识和技术的支持。因此，应该使 DBMS 内部结构清晰、层次分明。这样既便于 DBMS 支持其外层开发环境的构造，也便于自身的设计、开发和维护。清晰的结构也是 DBMS 具有开放性的一个必要条件。

(5) 开放性

所谓开放性是指符合标准和规范，如 SQL 标准、ODBC 标准等。遵循标准可以大大提高 DBMS 的互操作性和可扩展性，从而为建立以 DBMS 为核心的软件开发环境和企业级大规模的(跨地区、跨国家)信息系统提供基础。

1.3.3　RDBMS 的基本特征

全关系型的系统应该完全地支持关系模型的所有特征。关系模型的奠基人 E. F. Codd 具体地给出了全关系型的关系系统应具有的 13 条基本特征，从实际意义上看，它是对关系数据模型的具体而又深入的论述，是从理论和实际紧密结合的高度对 RDBMS 的评述。

1) 一个 RDBMS 必须能完全通过它的关系能力来管理数据库。

2) 信息准则。RDBMS 的所有信息都应在逻辑上用一种方法即表中的值来表示。

3) 保证访问准则。依靠表名、主码和列名的组合，保证能以逻辑方式访问关系数据库中的每个数据项(分量值)。

4) 空值的系统化处理。RDBMS 应支持空值的概念，并用系统化的方式处理空值。

5) 基于关系模型的动态的联机数据字典。数据库的描述在逻辑级上应该和普通数据采用同样的表示方式，使得授权用户可以使用查询一般数据所用的关系语言来查询数据库的描述信息。

6）统一的数据子语言准则。一个关系系统可以具有几种语言和多种终端使用方式（如表格填空方式、命令方式等）。但必须有一种语言，它的语句可以表示为具有严格语法规定的字符串，并能全面地支持以下功能：数据定义、视图定义、数据操作（交互式或程序式）、完整性约束、授权、事务处理功能（事务开始、提交、回滚）。

7）视图更新准则。所有理论上可更新的视图也应该允许由系统更新。

8）高级的插入、修改和删除操作。关系系统的操作对象是单一的关系。以关系为操作对象不仅简化了用户查询，提高了用户生产率，而且也为系统提供了很大的余地来进行查询优化，提高了系统的运行效率。它允许系统来选择存取路径，以便得到最有效的运行代码。

9）数据物理独立性。无论数据库的数据在存储表示或存取方法上做任何变化，应用程序和终端活动都保持逻辑上的不变性。

10）数据逻辑独立性。当对基本关系进行理论上信息不受损害的任何改变时，应用程序和终端活动都保持逻辑上的不变性。

11）数据完整性的独立性。关系数据库的完整性约束条件必须是用数据库语言定义并存储在数据字典中的，而不是在应用程序中加以定义的。

12）分布独立性。RDBMS 具有分布独立性。

13)无破坏准则。如果一个关系系统具有一个低级（指一次一个记录）语言，则这个低级语言不能违背或绕过完整性准则。

以上是 E. F. Codd 给出的衡量一个 RDBMS 的 13 条特征，这 13 条特征都以第 1 条特征为基础。但仅有特征 1 是不够的，因为它不支持信息准则，不保证访问准则，不支持空值准则和数据字典准则，所以不能保证数据库的完整性。和早期的 DBMS 相比，这四条特征使数据的管理和控制达到了更高的标准。特征 9）～12）要求 RDBMS 具有四种独立性，其中数据的物理独立性和逻辑独立性已为大家所熟知，而数据完整性的独立性和分布独立性也已为大家所重视。特征 11）、特征 12)已变得和特征 9)、特征 10)同等重要。

思考题

1. GIS 数据库的定义是什么？该定义涉及的几个术语是什么？
2. GIS 数据库空间数据的基本特征有哪些？
3. GIS 数据库的主要作用有哪些？目前 GIS 数据库还存在哪些主要问题？
4. 影响 GIS 数据库的发展的几个关键因素是什么？
5. 为什么说 GIS 数据库具有基础性和共享性？
6. 论述 DBMS 的层次结构和 RDBMS 的基本特征。

主要参考文献

陈述彭,鲁学军,周成虎. 2000. 地理信息系统导论. 北京:科学出版社
龚健雅. 2001. GIS数据库管理系统的概念与发展趋势. 测绘科学,(9):4-10
刘宇,朱仲英等. 2000. GIS数据库的数据模型和查询语言. 微型电脑应用,(4):5-7
潘瑜涛,钟耳顺,梁军. 2003. 基于GIS数据库技术的地籍管理系统研究. 地理研究,22(3):237-244
潘雨青,陈天滋. 2002. 基于GML的地理空间数据模型. 江苏大学学报(自然科学版),(11):82-85
邵佩英. 2000. 分布式数据库系统及其应用. 北京:科学出版社
邬伦,张毅. 2002. 分布式多GIS数据库系统的集成技术. 地理学与国土研究,(2):6-10
Goodchild M F. 2002. Geographic Information System and Science. New York: John Wiley & Sons
Ozsu M T, Valduriez P. 1999. Principles of Distributed Database Systems. Englewood Cliffs: Prentice Hall

第 2 章　空间数据的表达与管理

2.1　空间数据的表达

2.1.1　地理系统与地理现象

1. 地理系统

地理系统是开放的复杂系统。地理系统是指某一个特定时间、特定空间的，由两个以上相互区别又相互联系、相互制约的地理要素或过程所组成的，并具有特定功能和行为，与外界环境相互作用，并能自动调节和具有自组织功能的整体。地理系统是一种宏观范围的时空有序结构，具有自组织功能。这种功能表现在地理系统形成、发展的整体过程中。地球上的空间上至大气电离层，下至地幔莫霍面，有着广阔的范围，但一般地理空间指的是地球表层，其基准是陆地表面和大洋表面，它是人类活动频繁发生的区域，是人地关系最为复杂、密切的区域。地理系统主要涉及地球表层空间，可以归结为两大方面：自然环境系统和社会经济环境系统，其中自然环境系统主要涉及地貌、土壤、气候、土地利用、水文、生物、海洋等因素；社会经济环境系统主要涉及人口、工业、农业、交通运输、建筑、商业、贸易、科学、教育、卫生、体育、金融、财政、旅游等。无论是自然环境因素还是社会经济环境因素都与地理空间位置有关。综合研究地理系统中的生物圈、水圈和岩石圈三大要素的空间分布规律及其相互关系和相互影响是地理科学的重要任务。

2. 地理现象

地理世界是非常复杂的，要正确认识和掌握这些复杂、海量的信息，需要进行去粗取精，去伪存真的加工，对复杂对象的认识是一个从感性认识到理性认识的抽象过程。地理系统表现出来的各种各样的地理现象代表了现实世界。GIS 即是人们通过各种地理现象的观察、抽象、综合取舍，得到实体目标，然后对实体目标进行定义、编码结构化和模型化，以数据形式存入计算机内。

在地理空间世界中，被抽象的地理现象都有一个自然的维度——0、1、2、3，这取决于它们被抽象成点、线、面、体。抽象后的地理现象被称为空间目标或空间实体。

1）点。0 维空间实体，不能说这些点状空间实体全部分布在一个点位上，其中可区分出单个点位、集中连片和分散状态等不同情况，若从较大的空间规模上来观测这些地理现象，就能把它们抽象成点状分布的空间实体，可以用一个点位的坐标（平面或地理坐标）来表示其空间位置；另一方面，如果从较小的空间尺度上来观察这些地理现象，或者说描述它们的真实状态，它们中绝大多数将可以用线状或面状特征进一步描述。例如，在小比例尺图上作为一个点描述的城市，在大比例尺地图上则通过表示十分详细的城市道路、建筑物分布来描述该城市。

2）线。1 维空间实体，它们也有单线、双线和网状之分，有时候，它们可以用狭长的面来表示，也可以用一线状坐标串或封闭坐标串来表示其空间位置。

3）面。2 维空间实体，它们有大范围连续分布的特征。有些面状目标有确切的边界，如建筑物、水塘等，有些面状目标在实地上没有明显的边界，如土壤。描述面状目标的空间数据一定是封闭坐标串，通常面状目标称为多边形。面状目标在较小比例尺下也可能用一个点来描述。

4）体。3 维空间实体，它们除了平面大小以外，还有厚度或高度，由于对 3 维空间实体研究不够，一般将 3 维目标处理成 2 维目标。表 2.1 列出一些常见的地理现象被抽象成某一种空间实体。

表 2.1　抽象成空间实体的地理现象

维度	空间实体	地理现象
0 维	点	城镇、乡村居民地、交通枢纽、车站、码头、工厂、学校、医院、写字楼、机关、火山口、山峰、景点、隘口、基地等
1 维	线	河流、海岸、铁路、公路、地下管网、行政边界等
2 维	面	土壤、耕地、森林、草原、沙漠、行政区域等
3 维	体	云、水体、矿体、地铁站、高层建筑等

空间维度构成了空间实体之间的物理划分，点、线、面状实体在分布位置上是可以划分的，即使在重叠的情况下，也很容易在知觉的主动作用下形成不同的实体划分。从地理现象到空间实体的抽象并不是一个可逆过程，同一个地理现象，它根据不同的抽象尺度（比例尺）、实际应用和视点被抽象成不同的空间实体。

2.1.2　空间对象及其定义

将地理现象进行抽象处理后，就得到空间对象（有的教科书上称为几何实体），空间对象可分为简单空间对象和复合空间对象两类，复合空间对象是由一个或多个其他简单空间对象或复合空间对象组成。根据空间特性，简单空间对象可分为 0 维空间对象、1 维空间对象、2 维空间对象、3 维空间对象。在不同的软件系统、标准和教科书中，空间对象的定义是不同的。

目前，开放 GIS 联盟（Open GIS Consortium，OGC）在 GIS 领域的影响越来越

大,得到许多软件厂商和研究机构的支持。OGC 推出了许多标准,其中也包括空间(几何)对象定义的标准,本节在这里详细介绍 OGC 提出的几何对象模型。

1. Geometry

Geometry 是几何对象层次模型的根类(图 2.1),它是一个抽象类(不可实例化)。在 2 维坐标空间中,Geometry 的可实例化的子类被限制定义为 0 维、1 维、2 维几何对象。在 OGC 的说明中,所有可实例化的几何对象的定义都包括其边界的定义,也就是说它们是拓扑闭合的。

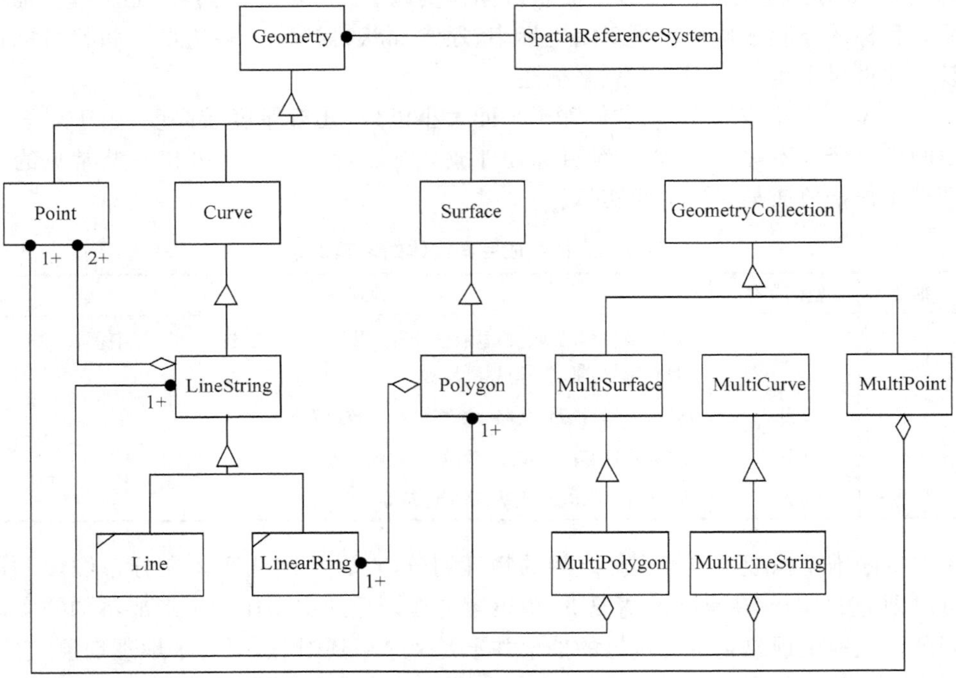

图 2.1 Geometry 类层次结构图

2. Geometry Collection

Geometry Collection 是一个或多个 Geometry 对象的集合。这个集合中的所有元素都必须有同样的空间参考,这个空间参考也就是 Geometry Collection 的空间参考。Geometry Collection 对它的元素没有其他限制。但是,Geometry Collection的子类可能在元素的维数或元素间的空间重叠度方面增加限制。

3. Point

Point 是 0 维几何对象，表示空间中单个的位置信息。Point 对象包含 X 坐标值和 Y 坐标值，点的边界是一个空集。

4. MultiPoint

MultiPoint 是 0 维几何对象的集合，MultiPoint 中的元素必须是 Point，Point 之间不是相连的或是有序的。若没有任何两个点是等同的(有一样的坐标值)，则 MultiPoint 是“简单”的，MultiPoint 的边界是空集。

5. Curve

Curve 是 1 维的几何对象，通常作为一序列点来存储。OGC 定义了一个 Curve 子类 LineString，LineString 在两点之间采用线性插值。

从拓扑的角度看，Curve 是 1 维几何对象，它与真实图像是同形的。如果它没有经过同一个点两次，则 Curve 是“简单”的。如果起始点和终点是等同的，则 Curve 是闭合的。如果 Curve 是“简单”的并且是闭合的，则它是一个 Ring(环)。

一个没有闭合的 LineString 的边界是它的两个端点。

6. LineString、Line 和 LinearRing

LineString 是 Curve 的子类，它在两点之间采用线性插值。每一对连续点都是一条线段。Line 是只有两个点的 LineString。LinearRing(线环)是一个闭合的、“简单”的 LineString。图 2.2 描述了几种 LineString 和 LinearRing。

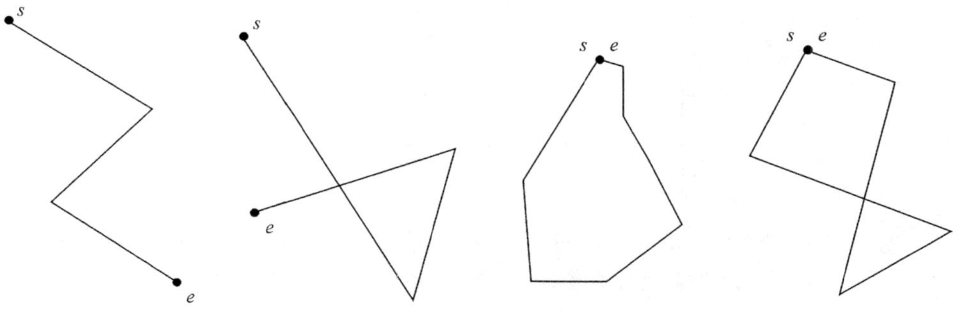

a　“简单”　　b　不“简单”　　c　“简单”、闭合的　　d　不“简单”、闭合的

图 2.2　几种 LineString 和 LinearRing

7. MultiCurve

MultiCurve 是一个 1 维的几何对象集合，其元素都是 Curve。在 OGC 的说明中，MultiCurve 是不可实例化的类，其子类定义了一些方法，这些方法是可扩展的。

在 MultiCurve 的元素中，所有元素都是“简单”，并且任何两个元素的交集（如果有交集）仅在两个元素的边界上，则 MultiCurve 对象也是简单的。

MultiCurve 的边界应用“模 2”并集法则得到，即 MiltiCurve 的边界是由元素的边界的序号为奇数的点组成。如果所有的元素都是闭合的，则 MultiCurve 也是闭合的，闭合的 MultiCurve 的边界为空集。

8. MultiLineString

当 MultiCurve 的所有元素都是 LineString 时，它可被定义为 MultiLineString。图 2.3 是几个 MultiLineString 的示例。其中，图 2.3a 的边界是$\{s_1, e_2\}$，图 2.3b 的边界是$\{s_1, e_1\}$，图 2.3c 的边界是空。

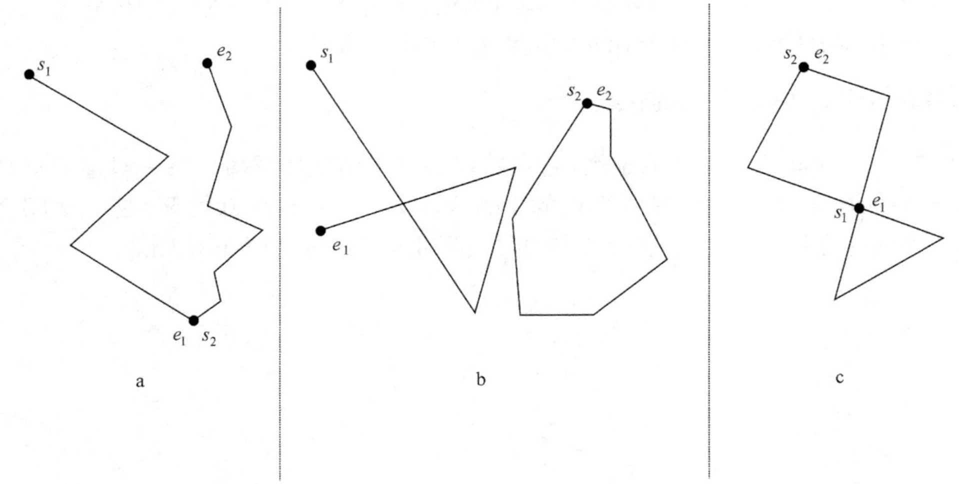

图 2.3 a“简单”的 MultiLineString b 不“简单”的有 2 个元素的 MultiLineString
c 不“简单”的、闭合的有 2 个元素的 MultiLineString(LinearRing)

9. Surface

Surface 是 2 维的几何对象。OGC 定义了一个“简单”的 Surface：它是由一个单独的 Patch(小片)组成，Patch 关联一个外圈，0 个或多个内圈。在 3 维空间中，“简单”的 Surface 等价于平面的 Surface。二维空间的多面体是通过将 Surface 的边界“缝合”形成的，而三维空间的多面体不会是平面的。

“简单”的 Surface 的边界是由相关于它的外圈和内圈的闭合的 Curve 组成。Surface 唯一可实例化的子类是 Polygon，它是一个简单的、平面的 Surface。

10. Polygon

Polygon 对象是平面的 Surface，是由一个外圈和 0 个或多个内圈组成。每个内圈被认为是 Polygon 的一个“岛”。关于 Polygon 的一些定义如下：

1）Polygon 是拓扑闭合的；

2）Polygon 的边界是由一组 LinearRing 组成，这些 LinearRing 形成它的外边界和内边界；

3）在 Polygon 的边界中，任意两个 LinearRing 都不是相互穿越的，这些 LinearRing 可以相切于一点：

$$\forall P \in \text{Polygon}, \forall c_1, c_2 \in P.\text{Boundary}(), c_1 \neq c_2,$$
$$\forall p, q \in \text{Point}, p, q \in c_1, p \neq q, [p \in c_2 \Rightarrow q \notin c_2]$$

4）Polygon 不可以有切线、峰值和穿孔：

$$\forall P \in \text{Polygon}, P = \text{Clsore}(\text{Interior}(P))$$

5）每个 Polygon 的内部是连续的点集；

6）有一个和多个“岛”的 Polygon 的外部是不连通的，每个岛定义了一个 Polygon的外部的连通分量。

在上面的声明中，内部、外部、闭合都有标准的拓扑定义。1)、3)使得 Polygon 是一个规则的、闭合的点集。Polygon 是简单的几何对象。

图 2.4 是一些 Polygon 的例子。图 2.5 是一些违反了上述声明的几何对象，它们不能表示一个单独的 Polygon。图 2.5a 和图 2.5d 可以表示为两个分离的 Polygon。

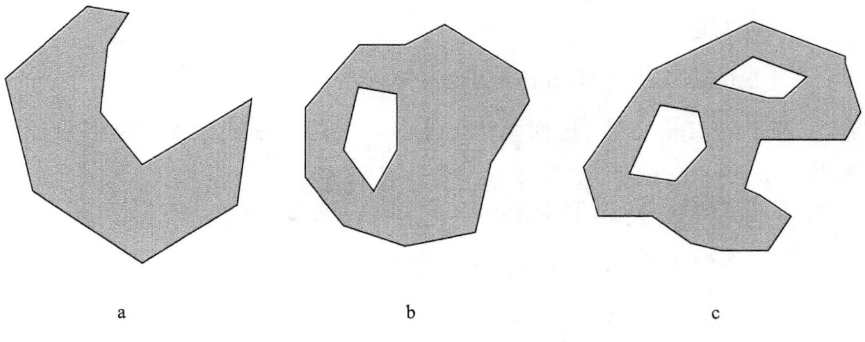

图 2.4　有 1、2、3 个环的 Polygon

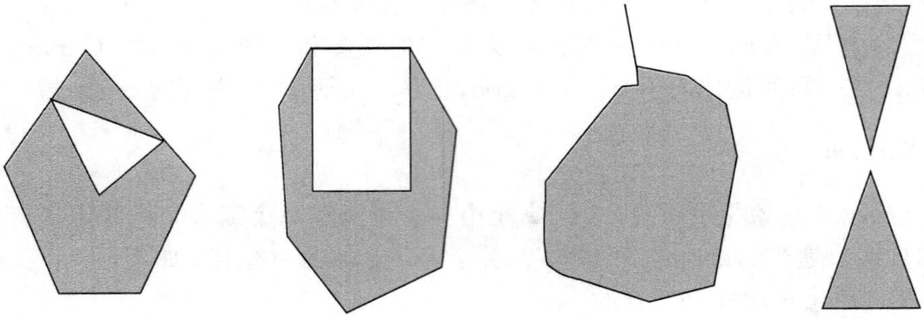

a　　b　　c　　d

图 2.5　几个违反 Polygon 定义的几何对象

11. MultiSurface

MultiSurface 是 2 维的几何对象集合，它的元素都是 Surface。在 MultiSurface 中，任意两个 Surface 的内部都不可以相交，任何两个元素的边界可以相交于有限的点。

在 OGC 的说明中，MultiSurface 是不可实例化的类，其子类定义了一些方法，这些方法是可扩展的。MultiSurface 可实例化的子类是 MultiPolygon，它是 Polygon 的集合。

12. MultiPolygon

当 MultiSurface 的所有元素都是 Polygon 时，它可被定义为 MultiPolygon。关于 MultiPolygon 的声明如下：

1）在 MultiPolygon 中，两个 Polygon 元素的内部是不能相交的：

$$\forall M \in \text{MultiPolygon}, \forall P_i, P_j \in M.\text{Geometries}(), i \neq j,$$

$$\text{Interior}(P_i) \cap \text{Interior}(P_j) = \varnothing$$

2）在 MultiPolygon 中，任何两个 Polygon 的边界不能相互穿越但可以相交于有限的点：

$$\forall M \in \text{MultiPolygon}, \forall P_i, P_j \in M.\text{Geometries}(),$$

$$\forall c_i \in P_i.\text{Boundary}(), c_j \in P_j.\text{Boundary}(),$$

$$c_i \cap c_j = \{p_l \cdots p_k \mid p_i \in \text{Point}, 1 \leqslant i \leqslant k\}$$

3）MultiPolygon 是拓扑闭合的；

4）MultiPolygon 不可以有 cutlines，spikes 和 punctures，是规则的、闭合的

点集：

$$\forall M \in \text{Polygon}, M = \text{Clsore}(\text{Interior}(M))$$

5) 有多于一个 Polygon 的 MultiPolygon 的内部是不连通的，MultiPolygon 内部的连通分量的编号等于 MultiPolygon 中 Polygon 元素的编号。

MultiPolygon 的边界由一些 Curve（LineString）组成，这些 Curve（LineString）是 MultiPolygon 中每一个 Polygon 元素的边界。

图 2.6 是一些合法的 MultiPolygon 的例子，它们分别有 1、3、2、2 个 Polygon 元素。

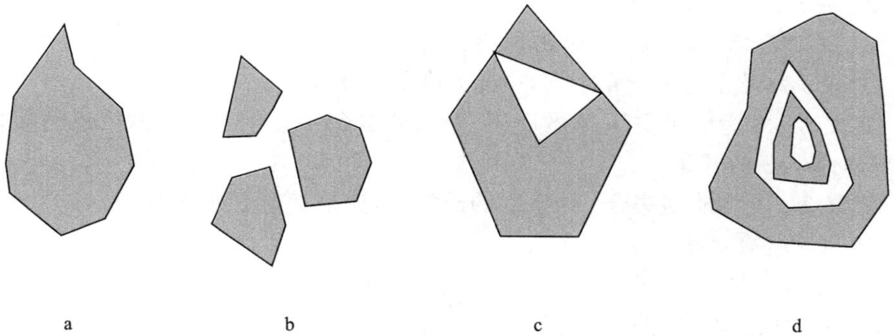

图 2.6　几个 MultiPolygon 的例子

图 2.7 是几个不能作为单个 MultiPolygon 的实例。

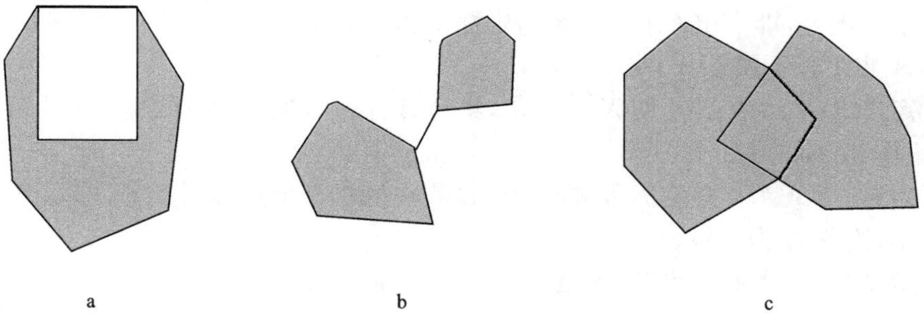

图 2.7　几个不能作为单个 MultiPolygon 的实例

2.1.3　空间对象关系和表达

在研究两个以上的空间物体时，空间关系是其中重要的研究内容，空间关系是空间物体之间由空间物体的几何特性（位置、形状）所决定的关系（郭仁忠，2000）。我们在所做的空间关系研究中，实际上是在地理空间世界中进行的，而不是在现实空间中进行，也就是说地理现象先被抽象成空间对象，再研究这些空间对象之间的空间关系。

1. 点集拓扑学

拓扑学是研究图形在拓扑变化下不变的性质。它是 GIS 空间关系的理论基础，为空间点、线、面之间的空间关系描述提供直接的理论基础。

定义 1 X 为一非空集合，$\rho: X\times X\rightarrow R$ 为一映射，如对于任意的 $x,y,z\in X$，有

1) $\rho(x,y)=0$，并且 $\rho(x,y)=0$ 当且仅当 $x=y$；

2) $\rho(x,y)=\rho(y,x)$；

3) $\rho(x,z)\leqslant\rho(x,y)+\rho(y,z)$；

则称 ρ 为 X 的度量，偶对(X,ρ)称为度量空间。

定义 2 A 为度量空间 X 的子集，如果 A 的每一点都有一个球形邻域包含于 A，则称 A 为 ρ 的开集。

定义 3 X 为非空集合，A 为 X 的子集族，如果满足下列条件：

1) X 和空集$\varnothing$属于 A；

2) 若 $A1$，$A2$ 属于 A，则 $A1$ 与 $A2$ 的交集属于 A；

3) A 中任意两个元素的并仍为 A 中元素；

则称 A 为 X 的拓扑。如果 A 为集合 X 的拓扑，则称偶对(X,A)为拓扑空间。

定义 4 A 为拓扑空间 X 的子集。如果点 x 属于 X 的每一邻域 U 中都有 A 中异于 x 的点，即 $\mathrm{Un}(A\sim\{x\})\neq\varnothing$，则称 x 为 A 的聚点或极限点。A 的聚点可以属于 A 也可以不属于 A。

定义 5 A 为拓扑空间 X 的子集，集合 A 的所有聚点构成的集合称为 A 的导集，记作 $\mathrm{d}X(A)$或 $\mathrm{d}(A)$。

定义 6 A 为拓扑空间 X 的子集，如果 A 的每一聚点都属于 A，即 $\mathrm{d}(A)$为 A 的子集，则称 A 为闭集。

定义 7 X 为拓扑空间，X 的子集 A 与 A 的导集 $\mathrm{d}(A)$的并集 $A\cup\mathrm{d}(A)$称为 A 的闭包，记作 $C(A)$。

定义 8 A 为 X 为拓扑空间 X 的子集，如果 A 是点 x 属于 X 的邻域，即存在 X 的开集 U 使得 x 属于 U，U 为 A 的子集，则称点 x 为集合 A 的内点。集合 A 的所有内点构成集合，则为 A 的内部，记作 $I(A)$。

定义 9 A 为 X 为拓扑空间 X 的子集，对于点 x 属于 X，如果在 x 的任一邻域 U 中既有 A 的点又有$\sim A$ 的点，则称 x 为集合 A 的边界点。集合 A 的所有边界点的集合称为集合 A 的边界，记作 $B(A)$。

定义 10 A 为 X 为拓扑空间 X 的任意子集，则

$$C(A)=\sim I(\sim A)=I(A)\cup B(A)$$
$$I(A)=\sim C(\sim A)=C(A)\sim B(A)$$
$$B(A)=C(A)\cap C(\sim A)=\sim(I(A)\cup I(\sim A))=B(\sim A)$$

2. 扩展 9-交模型

Enenhofer(1993)提出了 9-交模型(9-Intersection Model)来研究两个空间判断两个空间实体(A、B)间拓扑关系的基本方法是对它们的内部(A°、B°)、边界(∂A、∂B)和外部(A^-、B^-)的 9 种组合关系进行分类，确定其中有地理意义的组合施加叠置运算，然后分析运算结果。

$$I(A,B)=\begin{bmatrix} A^\circ\cap B^\circ & A^\circ\cap \partial B & A^\circ\cap B^- \\ \partial A\cap B^\circ & \partial A\cap\partial B & \partial A\cap B^- \\ A^-\cap B^\circ & A^-\cap\partial B & A^-\cap B^- \end{bmatrix}$$

通过引进点集的余，9-交模型增强了面/线，线/线空间关系的唯一性，但它仅仅用“空”与“非空”来区分两个目标的边界、内部、余，对面/面，点/点、点/线、点/面的空间关系的描述并无多大改进。

运用维数扩展法，将 9-交模型进行扩展，利用点、线、面的边界、内部、余之间的交集的维数作为空间关系描述的框架。对于空间对象的边界，它是比其更低一维的空间对象的集合。因此，点的边界为空集；线的边界为线的两个端点，当线为闭曲线时，线的边界为空；面的边界由构成面的所有线构成。若设 P 为一个点集，定义点集的求维函数 DIM 如下。

扩展 9-交模型求维函数表

$\mathrm{DIM}(B(A)\cap B(B))$	$\mathrm{DIM}(B(A)\cap I(B))$	$\mathrm{DIM}(B(A)\cap E(B))$
$\mathrm{DIM}(I(A)\cap B(B))$	$\mathrm{DIM}(I(A)\cap I(B))$	$\mathrm{DIM}(I(A)\cap E(B))$
$\mathrm{DIM}(E(A)\cap B(B))$	$\mathrm{DIM}(E(A)\cap I(B))$	$\mathrm{DIM}(E(A)\cap E(B))$

根据扩展 9-交模型，对于点集拓扑空间 X，当需要进行关系判别时，可对矩阵的 9 元取值进行分析、比较。令 C 为各单元交的点集，其取值 P 可能为$\{T,F,{}^*,0,1,2\}$。各个取值的具体含义为

$P=T=>\dim(x)\in\{0,1,2\}$, i

$P=F=>\dim(x)=-1$, i. e. $x=\varnothing$

$P=*=>\dim(x)\in\{-1,0,1,2\}$, i. e. Don't Care

$P=0=>\dim(x)=0$

$P=1=>\dim(x)=1$

$P=2=>\dim(x)=2$

图 2.8 是一个两个 Polygon 对象在重叠情况下的扩展 9-交模型的描述结果。

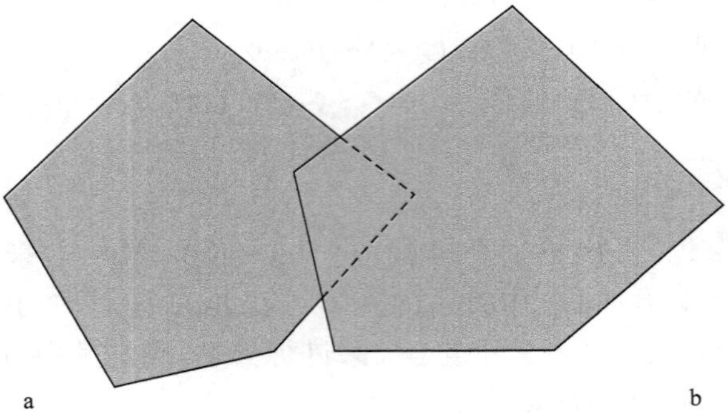

空间实体	内部	边界	外部
内部	2	1	2
边界	1	0	1
外部	2	1	2

图 2.8 扩展 9-交模型示例

3. 基于扩展 9-交模型的空间关系谓词描述

扩展 9-交模型中各元素通过取值{T,F,$*$,0,1,2},产生大量的空间关系描述结果,通过进行归纳和分类,得出五种基本的空间关系,这五种空间关系可以用可命名的谓词来表示,它们是:相离关系(disjoint),相接关系(touch),相交关系(cross),内含关系(within),重叠关系(overlap)。

(1) 相离关系

根据扩展 9-交模型表示如下:

$a.\mathrm{Disjoint}(b)\Leftrightarrow(I(a)\cap I(b)=\varnothing)\wedge(I(a)\cap B(b)=\varnothing)\wedge(B(a)\cap I(b)=\varnothing)\wedge(B(a)\cap B(b)=\varnothing)$

$$\Leftrightarrow a.\mathrm{Relate}(b,\text{“}FF^{*}FF^{****}\text{”})$$

(2) 相接关系

根据扩展 9-交模型表示如下:

$a.\mathrm{Touches}(b)\Leftrightarrow(I(a)\cap I(b)=\varnothing)\wedge((B(a)\cap I(b)\neq\varnothing)\vee(I(a)\cap B(b)\neq\varnothing)\vee B(a)\cap B(b)\neq\varnothing)$

$$\Leftrightarrow a.\mathrm{Relate}(b,\text{“}FT^{*******}\text{”})\vee a.\mathrm{Relate}(b,\text{“}F^{**}T^{*****}\text{”})\vee a.\mathrm{Relate}(b,\text{“}F^{***}T^{****}\text{”})$$

图 2.9 是几个相接关系的例子。

(3) 相交关系

相交关系应用于点/线,点/面,线/线,面/面几种情况。根据扩展 9-交模型表示如下:

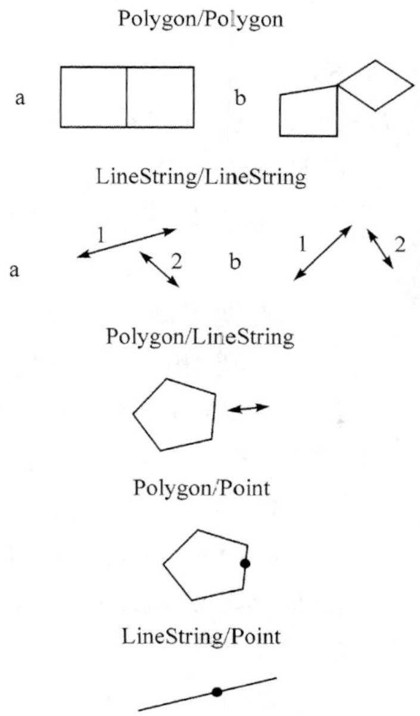

图 2.9　相接关系示例

Case $a \in P, b \in L$ or Case $a \in P, b \in A$ or Case $a \in L, b \in A$：

a. Crosses(b)$\Leftrightarrow(I(a) \cap I(b) \neq \varnothing) \wedge (I(a) \cap E(b) \neq \varnothing) \Leftrightarrow a$. Relate($b$,"T*T******")

Case $a \in L, b \in L$：

a. Crosses(b)$\Leftrightarrow \dim(I(a) \cap I(b)) = 0 \Leftrightarrow a$. Relate($b$,"0********")；

图 2.10 是几个相交关系的例子。

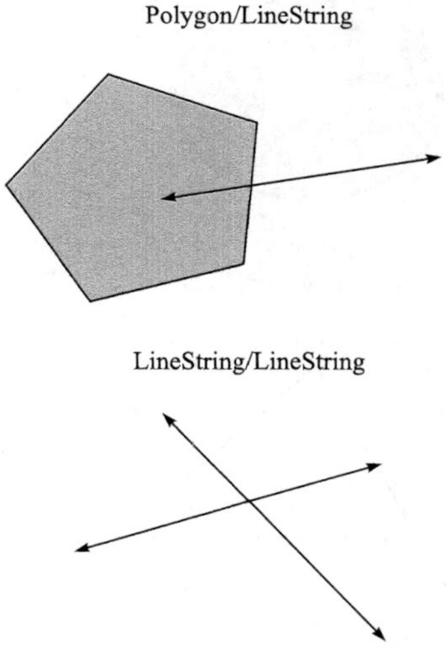

图 2.10　相交关系示例

(4) 内含关系

根据扩展 9-交模型表示如下：

$a.\mathrm{Within}(b) \Leftrightarrow (I(a) \cap I(b) \neq \varnothing) \wedge (I(a) \cap E(b) = \varnothing) \wedge (B(a) \cap E(b) = \varnothing) \Leftrightarrow a.\mathrm{Relate}(b, \text{“}TF^{*}F^{*****}\text{”})$

图 2.11 是几个内含关系的示例。

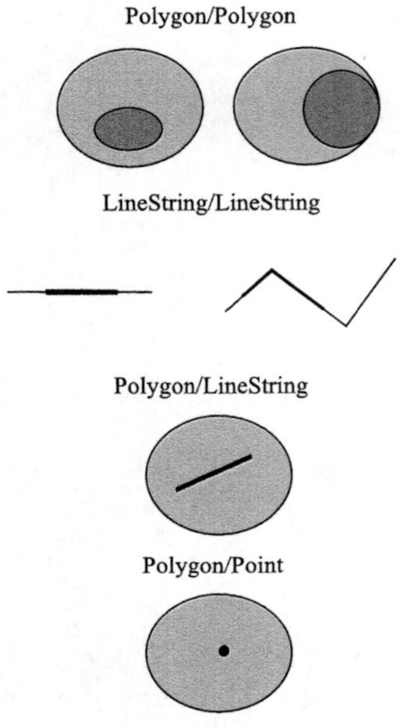

图 2.11　包含关系示例

(5) 重叠关系

根据扩展 9-交模型表示如下：

$a.\mathrm{Within}(b) \Leftrightarrow (I(a) \cap I(b) \neq \varnothing) \wedge (I(a) \cap E(b) = \varnothing) \wedge (B(a) \cap E(b) = \varnothing) \Leftrightarrow a.\mathrm{Relate}(b, \text{“}TF^{*}F^{*****}\text{”})$

Case $a \in P, b \in P$ or Case $a \in A, b \in A$：

$a.\mathrm{Overlaps}(b) \Leftrightarrow (I(a) \cap I(b) \neq \varnothing) \wedge (I(a) \cap E(b) \neq \varnothing) \wedge (E(a) \cap I(b) \neq \varnothing) \Leftrightarrow a.\mathrm{Relate}(b, \text{“}T^{*}T^{***}T^{**}\text{”})$

Case $a \in L, b \in L$：

$a.\mathrm{Overlaps}(b) \Leftrightarrow \dim(I(a) \cap I(b) = I) \wedge (I(a) \cap E(b) \neq \varnothing) \wedge (E(a) \cap I(b) \neq \varnothing) \Leftrightarrow a.\mathrm{Relate}(b, \text{“}I^{*}T^{***}T^{**}\text{”})$

图 2.12 是几个重叠关系的示例。

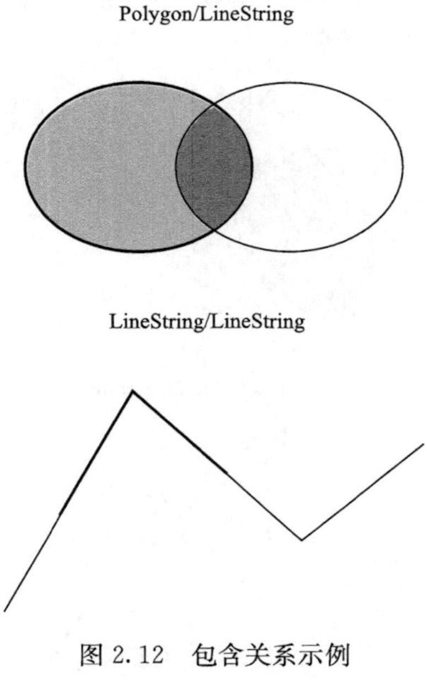

图 2.12　包含关系示例

为了方便，还定义了两个附加的空间关系命名谓词。

(6) 不相离关系(intersect)

$$a.\text{Intersects}(b) \Leftrightarrow !\ a.\text{Disjoint}(b)$$

(7) 包含关系(contain)

$$a.\text{Contains}(b) \Leftrightarrow b.\text{Within}(a)$$

4. 方向关系表达

空间方向关系又称为方位关系、延伸关系，它定义了空间实体之间的方位，如"河北省在河南省的北面"就描述了方向关系。为了定义空间实体之间的方向关系，首先定义点目标之间的关系。给定定位参考，即相互垂直的 X、Y 坐标轴，方向关系的定义采用垂直于坐标轴的直线为参考。令 P_I 为目标 P 的点(P 为原目标)，Q_J 为目标 Q 的点(Q 为参考目标)，X 与 Y 函数返回点的 X、Y 坐标。则 P 与 Q 在 2 维空间中具有以下 8 种可能关系，并提供了一个完整关系覆盖。这些关系定义为

$$\text{Restricted\_East}(P_I, Q_J) \Leftrightarrow X(P_I) > X(Q_J) \text{ And } Y(P_I) = Y(Q_J)$$

$$\text{Restricted\_South}(P_I, Q_J) \Leftrightarrow X(P_I) = X(Q_J) \text{ And } Y(P_I) < Y(Q_J)$$

$$\text{Restricted\_West}(P_I, Q_J) \Leftrightarrow X(P_I) < X(Q_J) \text{ And } Y(P_I) = Y(Q_J)$$

$$\text{Restricted\_North}(P_I, Q_J) \Leftrightarrow X(P_I) = X(Q_J) \text{ And } Y(P_I) > Y(Q_J)$$

$$\text{North\_West}(P_I, Q_J) \Leftrightarrow X(P_I) < X(Q_J) \text{ And } Y(P_I) > Y(Q_J)$$

$$\text{North\_East}(P_I, Q_J) \Leftrightarrow X(P_I) > X(Q_J) \text{ And } Y(P_I) > Y(Q_J)$$

$$\text{South\_West}(P_I, Q_J) \Leftrightarrow X(P_I) < X(Q_J) \text{ And } Y(P_I) < Y(Q_J)$$

$$\text{South\_East}(P_I, Q_J) \Leftrightarrow X(P_I) > X(Q_J) \text{ And } Y(P_I) < Y(Q_J)$$

以点目标之间的空间关系为基础，其余目标之间的方向关系可类似定义。

2.2　空间数据结构与组织

描述空间对象的数据组织方法，称为空间数据内部结构。空间数据结构主要分为两大类:矢量结构和栅格结构。两类结构都可以描述点、线、面这三种基本的空间对象类型。

矢量结构中，地理现象被抽象成点、线、面来表达。矢量方法强调地理现象的离散性，即所有的地理现象都有边界，而这些边界在实际上可能不存在，即一条线可以表示为一条道路，一个多边形可以表示成一片居民区等。矢量结构的空间对象与要表达的地理现象具有一定的对应关系。

栅格结构中，空间被规则地划分为栅格(通常为正方形)。地理现象的位置和状态是用它们占据栅格的行号和列号来定义，每个栅格的大小代表定义的空间分解力，它代表一个特定的空间位置，栅格的值表达了这个位置的状态。最小的栅格单元与它表达的真实世界没有直接的对应关系。栅格数据模型中的空间实体单元不是通常概念上理解的物体，它们只是彼此分离的栅格。例如，道路作为明确的栅格是不存在的，道路是被具有道路属性值的一组栅格表达的。这两种基本的空间数据模型的特点比较如表 2.2 所示。

表 2.2　矢量数据模型与栅格数据模型比较(边馥玲，1996)

栅格结构	矢量模型
优点： 1. 数据结构简单 2. 叠加操作易实现，更有效 3. 能有效表达空间可变性 4. 栅格图像便于图像的有效增强	优点： 1. 提供更严格的数据结构 2. 提供有效的拓扑编码，因而对需要拓扑信息的操作更有效，如网络分析 3. 图形输出美观，接近手绘
缺点： 1. 数据结构不严密不紧凑，需用压缩技术解决这个问题 2. 难以表达拓扑关系 3. 图形输出不美观，线条有锯齿，需用增加栅格数据来克服，但会增加数据文件	缺点： 1. 比栅格数据结构复杂 2. 叠加操作没有栅格有效 3. 表达空间变化性能差 4. 不能像数字图像那样做增强处理

本节将在这两种基本空间数据模型基础上，对多种有代表性的空间数据模型进行阐述。

2.2.1　栅格数据模型

1. 栅格数据的概念

栅格数据模型以规则的像元阵列来表示空间地物或现象的分布的数据结构，其阵列中的每个数据表示地物或现象的属性特征。换句话说，栅格数据结构就是像元阵列，用每个像元的行列号确定位置，用每个像元的值表示实体的类型、等级等的属性编码。栅格数据所表示的空间对象很容易隐含在文件的存储结构中，且行列坐标可以容易地转为其他坐标系下的文件。在文件中每个代码本身明确地代表了空间对象的属性和属性编码。

在栅格数据模型中：

1) 点实体——表示为一个像元，如以下(a)所示。

2）线实体——表示为在一定方向上连接成串的相邻像元的集合，如以下（b）所示。

3）面实体——表示为聚集在一起的相邻像元的集合，如以下（c）所示。

0 0 0 0 0 0 0 0	0 0 0 0 0 0 0 0	0 0 0 0 4 4 4 0
0 0 0 1 0 0 0 0	0 3 3 0 0 0 0 0	0 0 0 4 4 4 4 0
0 0 0 0 0 0 0 0	0 0 0 3 0 0 0 0	0 0 0 4 4 0 0 0
0 0 0 0 0 2 0 0	0 0 0 0 3 0 0 0	0 0 0 4 5 5 0 0
0 0 3 0 0 0 0 0	0 0 0 0 3 3 0 0	0 0 0 0 5 5 5 0
0 0 0 0 0 0 0 0	0 0 0 0 0 3 0 0	0 0 0 5 5 5 0 0
(a)	(b)	(c)

栅格数据表示的是二维表面上的地理数据的离散化数值。在栅格数据中，地表被分割为相互邻接、规则排列的矩形方块（有时也可以是三角形、六边形等），每个地块与一个像元相对应。因此，栅格数据的比例尺就是栅格（像元）的大小与地表相应单元的大小之比，当像元所表示的面积较大时，对长度、面积等的量测有较大影响。每个像元的属性是地表相应区域内地理数据的近似值，因而有可能产生属性方面的偏差。

栅格数据记录的是属性数据本身，而位置数据可以由属性数据对应的行列号转换为相应的坐标。栅格数据的阵列方式很容易被计算机存储和操作，不仅很直观，而且易于维护和修改。由于栅格数据的数据结构简单，定位存取性能好，因而在 GIS 中可与影像数据和 DEM 数据进行联合空间分析。

2. 栅格数据的组织

对于栅格数据结构而言，假设地理空间可以用平面笛卡儿空间来描述，而每个像元只能有一个属性值，同一像元要表示多种地理属性时则需要多个笛卡儿平面，每个笛卡儿平面表示一种地理属性或同一属性的不同特征。这种平面称为“层”。对于给定一个用户笛卡儿叠置层组成的栅格数据文件，在计算机内组织分层栅格数据的方法一般有三种。

1）以像元为记录序列，不同层上同一个像元位置上的各属性表示为一个列数组（图 2.13a）；

2）以层为基础，每一层又以像元顺序记录它的坐标和属性值，一层记录完后再记录第二层。该方法简单但需要的存储空间最大（图 2.13b）；

3）以层为基础，每一层内则以多边形（也称制图单元）为序记录多边形的属性值和充满多边形的各像元的坐标（图 2.13c）。

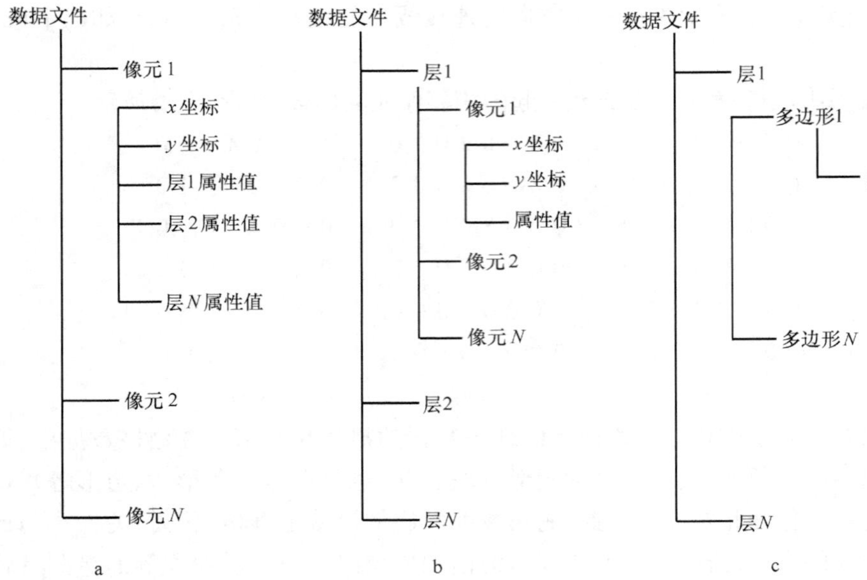

图 2.13　栅格数据组织方法

栅格文件一般很大,需要进行压缩存储。由于栅格单元与其邻近的栅格单元往往有相同的值,因此,常采用的压缩方法有游程编码法和四叉树编码法等。

2.2.2　矢量数据模型

矢量数据模型是一种表达空间数据的常用的数据结构,它通过记录坐标的方式尽可能精确地表达呈点、线、面分布的空间对象。矢量数据模型不仅要记录空间对象的空间地理位置,为了便于空间分析,还必须记录空间对象间的空间关系。对于二维矢量数据模型而言,空间对象的空间关系主要通过拓扑结构来表达。拓扑结构使得做一些空间分析时,可以仅仅使用拓扑结构中记录的空间关系信息就可以完成,不必使用坐标数据。这样,可以极大简化空间分析操作的复杂度,提高效率。但是,由于在 GIS 数据库中记录了空间关系,增加了数据存储量,并给数据更新增加了难度,因此随着计算机计算速度越来越快,越来越多的系统把空间关系的表达放在即时操作计算上,而不在数据结构中存储空间关系,如 MapInfo、MGE、ArcView 等。

1. 无拓扑关系的矢量模型——Spaghetti

Spaghetti 模型仅记录空间对象位置坐标和属性信息(图 2.14),而不记录它的拓扑关系,即:

1) 点对象:唯一标识码,要素编码,(X,Y);

2）线对象：唯一标识码，要素编码，(X_1,Y_1)，(X_2,Y_2)，…，(X_n,Y_n)；

3）面对象：唯一标识码，要素编码，(X_1,Y_1)，(X_2,Y_2)，…，(X_n,Y_n)，(X_1,Y_1)。

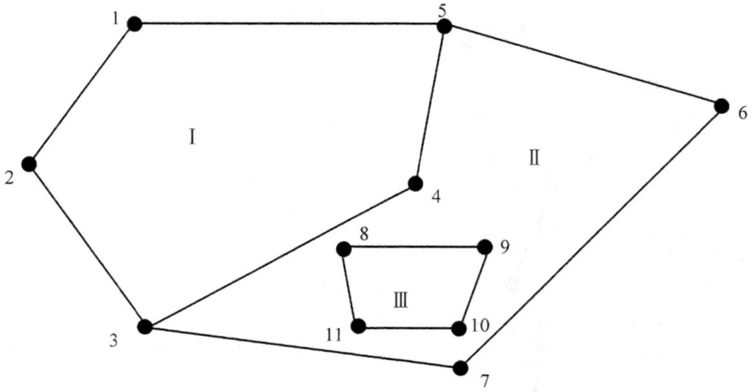

多边形	数据项
Ⅰ	$X_1,Y_1;X_2,Y_2;X_3,Y_3,X_4,Y_4;X_5,Y_5,X_1,Y_1$
Ⅱ	$X_5,Y_5;X_4,Y_4;X_3,Y_3;X_7,Y_7;X_6,Y_6;X_5,Y_5$
Ⅲ	$X_8,Y_8;X_9,Y_9;X_{10},Y_{10};X_{11},Y_{11};X_8,Y_8$

图 2.14　无拓扑的矢量结构

这种模型的优点是编码容易，数字化操作简单，数据编码直观，显示速度快。缺点是相邻的公共边界数字化两次，造成数据的冗余，可能出现重叠或裂缝（图 2.15），引起数据不一致，缺少拓扑关系，空间分析较困难。

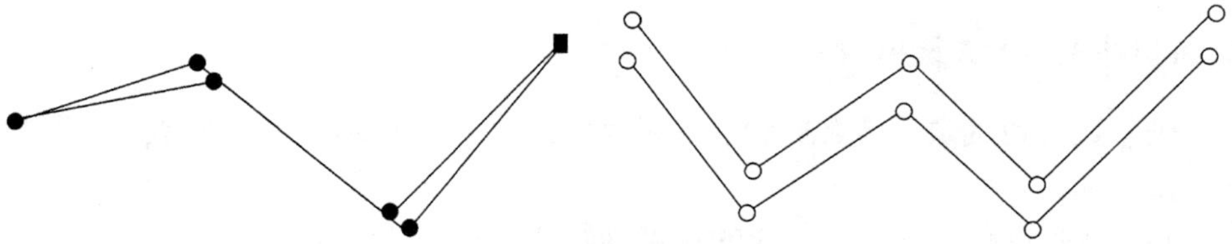

图 2.15　数据的裂缝与重叠

2. 无拓扑关系的矢量模型点位字典法

为了克服 Spaghetti 模型的缺点，推出了公用点位字典法，点位字典包含地图上每一个边界点的坐标，然后建立点、线、多边形的边界表（图 2.16），它们由点位序号组成。

1）点位字典：点号，(X,Y)；

2）点对象：唯一标识码，要素编码，点号；

3）线对象：唯一标识码，要素编码，（点号 1，点号 2，…，点号 n）；

4）面对象：唯一标识码，要素编码，（点号 1，点号 2，…，点号 n，点号 1）。

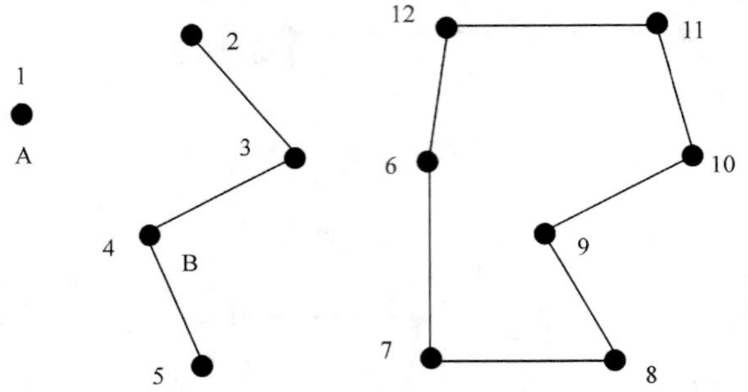

点号	坐标
1	X_1, Y_1
2	X_2, Y_2
3	X_3, Y_3
4	X_4, Y_4
5	X_5, Y_5
……	……

目标	序号
A	1
B	2,3,4,5
C	6,7,8,9,10,11,12

图 2.16　无拓扑的矢量结构——点位字典法

点位字典法消除了多边形边界的裂隙和坐标数据的重复存储，但它仍然没有建立各个多边形对象间的空间关系。

3. 有拓扑关系的矢量模型

矢量数据可抽象为点（结点）、线（链、弧段、边）、面（多边形）三种要素，称为拓扑元素。

1）点（结点）——孤立点、线的端点、面的首尾点、链的连接点等；

2）线（链、弧段、边）——两结点间的有序弧段；

3）面（多边形）——若干条链构成的闭合多边形。

有拓扑关系的矢量模型主要表示关联和邻接两种基本空间关系。在目前的 GIS 系统中，这种拓扑数据模型的表示方法不尽相同。下面举一个典型的节点-弧段-多边形的矢量拓扑关系的例子，如图 2.17 所示，其中，多边形与弧段的拓扑关系见表 2.3，弧段与节点的拓扑关系见表 2.4，节点与弧段的拓扑关系见表 2.5，弧段与多边形的关系见表 2.6。

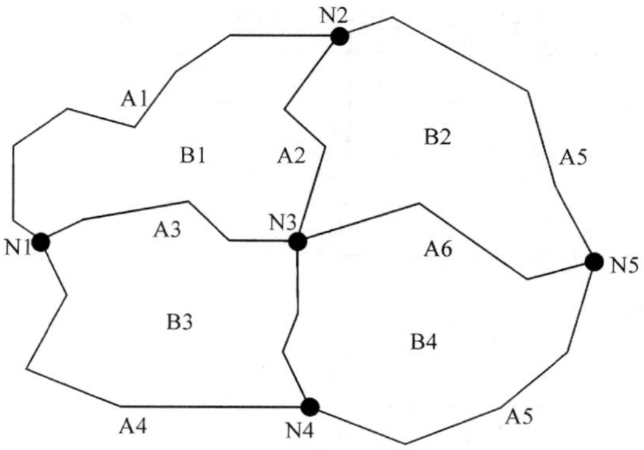

图 2.17　节点-弧段-多边形间的拓扑关系

表 2.3　多边形-弧段的拓扑关系

多边形	弧段
B1	A1　A2　A3
B2	A2　A5　A6
B3	A3　A4　A7
B4	A6　A7　A8

表 2.4　弧段-节点的拓扑关系

弧段	起点	终点
A1	N1	N2
A2	N2	N3
A3	N1	N3
A4	N1	N4
A5	N2	N5
A6	N3	N5
A7	N3	N4
A8	N4	N5

表 2.5　节点-弧段的拓扑关系

多边形	弧段
N1	A1　A3　A4
N2	A1　A2　A5
N3	A2　A3　A6　A7
N4	A4　A7　A8
N5	A5　A6　A8

表 2.6 弧段-多边形的拓扑关系

弧段	左多边形	右多边形
A1	0	B1
A2	B2	B1
A3	B1	B3
A4	B3	0
A5	0	B2
A6	B2	B4
A7	B4	B3
A8	B4	0

有拓扑关系的矢量模型的优点是数据结构紧凑，数据冗余小，拓扑关系明晰而使得拓扑查询、拓扑分析效率高。缺点是对单个空间对象操作效率低，难以表达复杂的空间对象，查询效率低，局部更新困难。

2.2.3 栅格-矢量一体化数据模型

栅格模型和矢量模型是空间数据结构的两种基本模型。在很长一段时间，对这两种数据模型的研究是分开进行的。随着遥感、数字高程模型在 GIS 领域中的应用越来越深入，在同一个系统中，栅格数据与矢量数据往往需要同时进行管理。因此，栅格、矢量一体化数据模型的研究被广大研究人员所关注。国内著名学者龚健雅教授在这方面做了开创性的研究，可参看他的有关文献和著作。

栅格-矢量一体化数据模型有重要的理论与方法意义。以该理论与方法发展一体化结构建立 GIS 系统，具有较多优点：①遥感数据是建立在栅格基础上的，因此很容易实现 RS 与 GIS 的一体化；②大部分的空间分析，基于栅格形式比较高效，因此可以有比较强的空间分析能力；③有助于采用面向对象的程序设计方法，提高系统的功能。

2.2.4 数字高程模型

从数学的角度，高程模型是高程 Z 关于平面坐标 X，Y 两个自变量的连续函数，数字高程模型(digital elevation model，DEM)只是它的一个有限的离散表示。高程模型最常见的表达是相对于海平面的海拔高度，或某个参考平面的相对高度，所以高程模型又叫地形模型。实际上地形模型不仅包含高程属性，还包含其他的地表形态属性，如坡度、坡向等。

数字地形模型是地形表面形态属性信息的数字表达，是带有空间位置特征和地形属性特征的数字描述。数字地形模型中地形属性为高程时称为数字高程模型。高程是地理空间中的第三维坐标。由于传统 GIS 的数据结构都是二维的，数字高程模型的建立是一个必要的补充。DEM 通常用地表规则网格单元构成的高程矩阵表示，广义的 DEM 还包括等高线、三角网等所有表达地面高程的数字表示。在 GIS 中，DEM 是建立 DTM 的基础数据，其他的地形要素可由 DEM 直接或间接导出，称为“派生数据”，如坡度、坡向。数字高程模型是以数字形式存储的表示物体位置高程值的集合，是表示区域 D 上地形的三维向量的有限序列$\{V_i=(X_i,Y_i,Z_i),i=1,2,3,\cdots,n\}$，其中$(X_i,Y_i\in D)$是平面坐标，$Z_i$ 是(X_i,Y_i)对应的高程。

在 GIS 中，DEM 是一个重要的数据源，它主要有三种表示模型：规则网格模型、等高线模型、不规则三角网模型。

1. 规则网格模型

规则网格，通常是正方形，也可以是矩形、三角形等规则网格。规则网格将区域空间切分为规则的格网单元，每个格网单元对应一个数值。数学上可以表示为一个矩阵，在计算机实现中则是一个二维数组。每个格网单元或数组的一个元素，对应一个高程值，如图 2.18 所示。

91	78	63	50	53	63	44	55	43	25
94	81	64	51	57	62	50	60	50	35
100	84	66	55	64	66	54	65	57	42
103	84	66	56	72	71	58	74	65	47
96	82	66	63	80	78	60	84	72	49
91	79	66	66	80	80	62	86	77	56
86	78	68	69	74	75	70	93	82	57
80	75	73	72	68	75	86	100	81	56
74	67	69	74	62	66	83	88	73	53
70	56	62	74	57	58	71	74	63	45

图 2.18　格网 DEM

对于每个格网的数值有两种不同的解释。第一种是格网栅格观点，认为该格网单元的数值是其中所有点的高程值，即格网单元对应的地面面积内高程是均一的高度，这种数字高程模型是一个不连续的函数。第二种是点栅格观点，认为该网格单元的数值是网格中心点的高程或该网格单元的平均高程值，这样就需要用一种插值方法来计算每个点的高程。计算任何不是网格中心的数据点的高程值，需使用周围 4 个中心点的高程值，采用距离加权平均方法进行计算，当然也可使用样条函数和克里金插值方法。

规则格网的高程矩阵，可以很容易地用计算机进行处理，特别是栅格数据结构的 GIS。它还可以很容易地计算等高线、坡度坡向、山坡阴影和自动提取流域地形，使得它成为 DEM 最广泛使用的格式，目前许多国家提供的 DEM 数据都是以规则格网的数据矩阵形式提供的。格网 DEM 的缺点是不能准确表示地形的结构和细部，为避免这些问题，可采用附加地形特征数据，如地形特征点、山脊线、谷底线、断裂线，以描述地形结构。格网 DEM 的另一个缺点是数据量过大，给数据管理带来不方便，通常要进行压缩存储。

2. 等高线模型

等高线是通过对地球表面的水平切割而产生的连续曲线。在相同曲线上的高程值相同，相同高程的等高线至少有一条或多条。等高线通常被存成一个有序的坐标点对序列，可以认为是一条带有高程值属性的简单多边形或多边形弧段。由于等高线模型只表达了区域的部分高程值，往往需要一种插值方法来计算落在等高线外的其他点的高程，又因为这些点是落在两条等高线包围的区域内，所以，通常只使用外包的两条等高线高程进行插值。

等高线通常可以用二维的链表存储。另外一种方法是用图来表示等高线的拓扑关系，将等高线之间的区域表示成图的节点，用边表示等高线本身。此方法满足等高线闭合或与边界闭合、等高线互不相交两条拓扑约束。这类图可以改造成一种无圈的自由树。图 2.19 为一个等高线图和它相应的自由树。其他还有多种基于图论的表示方法。

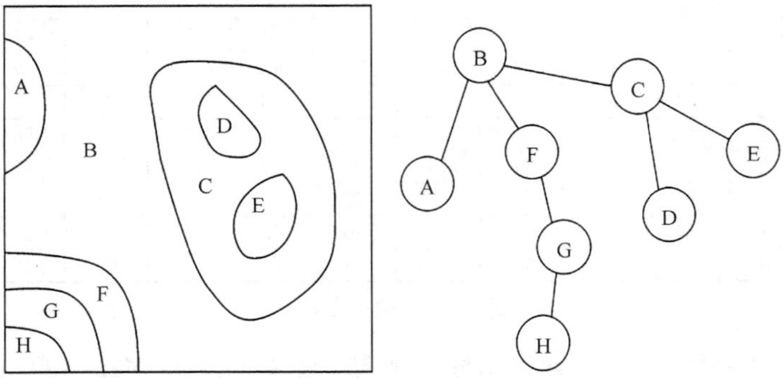

图 2.19　等高线和相应的自由树

3. 不规则三角网模型

对于非规则离散分布的特征点数据，可以建立各种非规则的数字地面模型，如三角网、四边形网或其他多边形网，但其中最简单的还是三角网。不规则三角网(triangulated irregular network，TIN)，是按一定规则将离散点连接成覆盖整个区域且互不重叠、结构最佳的三角形，实际上是建立离散点之间的空间关系。

TIN 的数据存储方式比格网 DEM 复杂，它不仅要存储每个点的高程，还要存储其平面坐标、节点连接的拓扑关系，三角形及邻接三角形等关系。TIN 模型在概念上类似于多边形网络的矢量拓扑结构，只是 TIN 模型不需要定义“岛”和“洞”的拓扑关系。

有许多种表达 TIN 拓扑结构的存储方式，一种简单的记录方式是：对于每一个三角形、边和节点都对应一个记录，三角形的记录包括三个指向它三个边的记录的指针；边的记录有四个指针字段，包括两个指向相邻三角形记录的指针和它的两个顶点的记录的指针；也可以直接对每个三角形记录其顶点和相邻三角形(图 2.20)。每个节点包括三个坐标值的字段，分别存储 X、Y、Z 坐标。这种拓扑网络结构的特点是对于给定一个三角形查询其三个顶点高程和相邻三角形所用的时间是定长的，在沿直线计算地形剖面线时具有较高的效率。当然可以在此结构的基础上增加其他变化，以提高某些特殊运算的效率，如在顶点的记录里增加指向其关联的边的指针。

1	X	Y	Z
2	X	Y	Z
3	X	Y	Z
4	X	Y	Z
5	X	Y	Z
6	X	Y	Z
7	X	Y	Z
8	X	Y	Z

点文件

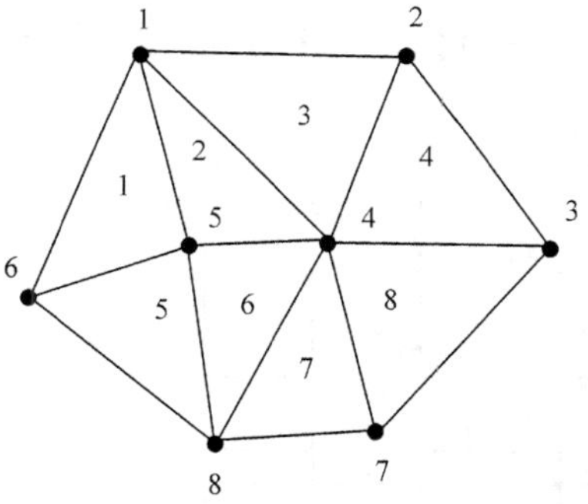

	顶点			邻接三角形		
1	1	5	6	2	5	X
2	1	4	5	1	3	6
3	1	2	4	X	4	2
4	2	3	4	3	X	8
5	5	6	8	1	X	6
6	4	5	8	2	5	7
7	4	7	8	6	8	X
8	3	4	7	4	7	X

三角形文件

图 2.20　三角网的一种存储方式

不规则三角网数字高程由连续的三角面组成，三角面的形状和大小取决于不规则分布的测点，或节点的位置和密度。不规则三角网与高程矩阵方法不同之处是随地形起伏变化的复杂性而改变采样点的密度和决定采样点的位置，因而它能够避免地形平坦时的数据冗余，又能按地形特征点如山脊、山谷线、地形变化线等表示数字高程特征。

2.3　空间索引

空间索引，也称为空间访问方法(spatial access method，SAM)，就是指依据空间对象的位置和形状或空间对象之间的某种空间关系按一定的顺序排列的一种数据结构，其中包含空间对象的概要信息，如对象的标识、外接矩形及指向空间对象实体的指针。作为一种辅助的空间数据结构，空间索引介于空间操作算法和空间对象之间，它通过筛选作用，大量与特定空间操作无关的空间对象被排除，从而提高空间操作的速度和效率。

空间索引性能的优劣直接影响 GIS 数据库和 GIS 的整体性能，它是 GIS 数据库的一项关键技术。常见的空间索引一般是自顶向下、逐级划分空间的各种数据结构空间索引，比较有代表性的包括 BSP 树、KDB 树、R 树、R+树、CELL 树和四叉树等，比较常见的有格网索引等。

2.3.1 格网索引

将工作区按照一定的规则分成大小相等或不等的格网，记录每一个格网所包含的空间对象。当用户进行空间查询时，首先计算出用户查询对象所在格网，然后再在该格网中快速查询所选空间实体。为了便于建立空间索引对象的线性表，一般将空间格网按 Morton 码或称 Peano 键进行编码，建立 Peano 键与空间对象的关系，如图 2.21 所示。

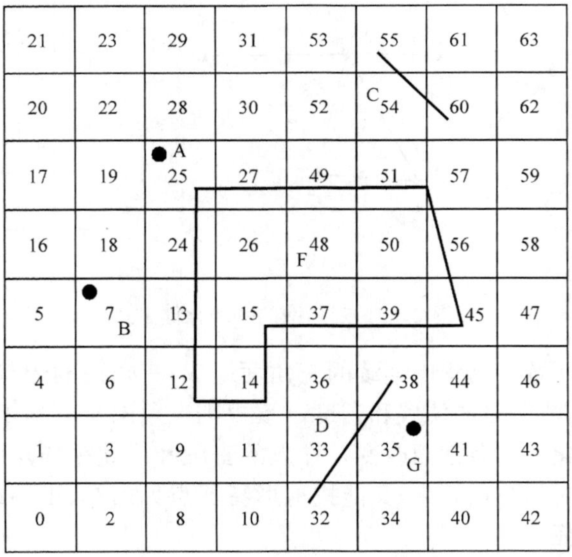

图 2.21　基于 Peano 键的格网空间索引

空间索引

Peano 键	空间对象
7	B
14	E
15	E
25	A
26	E
32	D
33	D
35	D,F
37	E
38	D
39	E
48	E
50	E
54	C
55	C
60	C

对象索引

空间对象	Peano 键集
A	25－25
B	7－7
C	54－55
C	60－60
D	32－33
D	35－35
D	38－38
E	14－15
E	26－26
E	37－37
E	39－39
E	48－48
E	50－50
F	35－35

图 2.21(续)

2.3.2　四叉树索引

四叉树是建立在对区域循环分解原则之上的一种层次数据结构，在计算机图形处理、图像处理及地理信息系统中有广泛的应用。

1. 点四叉树

点四叉树的提出主要是针对空间点的存储表达和索引。对于 k 维数据空间而言，点四叉树的每个结点存储了一空间点的信息及 2^k 个孩子结点的指针，且隐式地与一索引空间相对应。以该空间为划分点，将其对应索引空间分为两两不相交的 2^k 个子空间，依次与它的 2^k 个孩子结点相对应。对于位于某一子空间的点，则分配对应的子树，图 2.22 是二维空间的一棵四叉树的例子。

以图 2.22 为例，点四叉树的构造过程如下：

1）输入空间点 A，由于四叉树为空，因此 A 作为四叉树的根结点，其隐式对应的索引空间为整个空间。以 A 点为原点，将对应的空间索引划分为 4 个子空间，

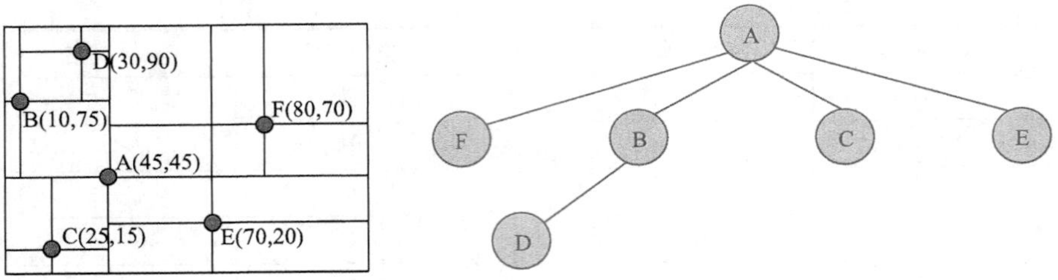

图 2.22　一棵二维的点四叉树例子

NE、NW、SW、SE 依次为 4 个孩子结点隐式对应的子空间。

2) 输入空间点 B,由于 B 落入 A 的 NW 象限且 A 的 NW 孩子结点为空,因此 B 作为 A 的 NW 孩子结点,同样 C 作为 A 的 SW 孩子结点。

3) 输入空间点 D,由于 D 落入 A 的 NW 象限,继续往下级查找,D 落入 B 的 NE 象限且 B 的 NE 孩子结点为空,因此,D 作为 B 的 NE 孩子结点。

4) 空间点 E、F 分别作为 A 的 SE、NE 孩子结点。

尽管点四叉树的构造过程非常简单,但当删除一个点时,该点对应的所有子树结点必须重新插入到四叉树中,效率很差。对于精确的查询,查找的路径只有一条,且最大查找结点数为四叉树的深度,查找效率较高。

点四叉树的优点是结构简单,对于精确点查找性能较高;树的动态性差,删除结点处理复杂;树的结构由点的插入顺序决定,难以保证树深度平衡;区域查询的性能差;对于非点状空间目标,必须采用目标近似与空间映射技术,效率较差;不利于树的外存存储与页面调度;每个结点必须存储 2^k 个指针域且其中叶子结点中包含许多空指针,空间存储开销大,空间利用率低。

2. Matrix 四叉树

MX 四叉树将每个空间点看成是区域四叉树的一个黑像素,或当作一方阵(square matrix)中的非零,称为 MX 四叉树。MX 四叉树的叶子结点为黑结点或空结点,分别表示数据空间某一位置空间点的存在与否。图 2.23 是二维空间的一棵 MX 四叉树的例子。

由 MX 树的结构可知,对于 k 维空间而言,树的构造过程是对整个数据空间重复进行 2^k 次等分直到每一空间点都位于某一象限的最左下角,空间中的每一点都属于某一象限且位于该象限的最左下角,每一象限均只与一个空间点相关联,如图 2.23 所示。

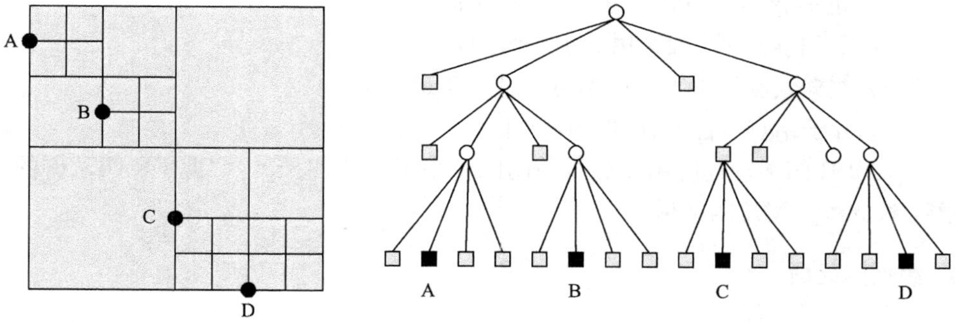

图 2.23　一棵二维的 MX 四叉树例子

MX 四叉树有如下特点：

1）所有点都位于叶子结点，树的深度是平衡的；

2）空间的划分是等分，划分生成的每个象限都具有相同的大小；

3）可以采用线性四叉树的存储结构，避免指针域的存储，提高空间利用率。

MX 四叉树有如下缺点：

1）插入（删除）一个点可能导致树的深度增加（减少）一层或多层，所有的叶子结点都必须重新定位；

2）树的深度很大，会影响查找效率。

3. PR 四叉树

PR(Point Region)四叉树：与 MX 四叉树的区别是叶子结点或者为空，或者包含一数据点。图 2.24 是二维空间的一棵 PR 四叉树的例子。

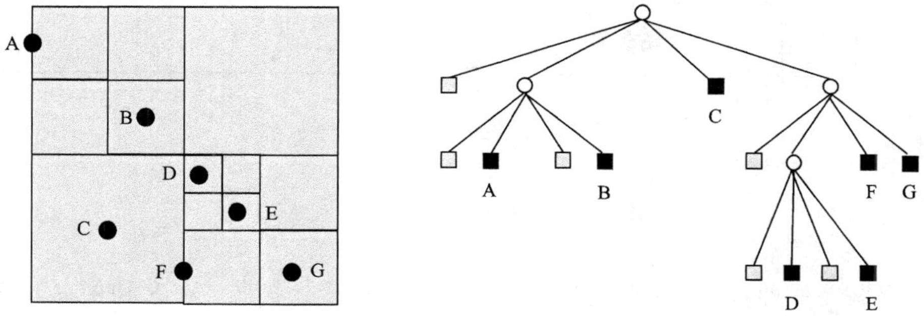

图 2.24　一棵二维的 PR 四叉树例子

PR 四叉树与 MX 四叉树的构造过程类似，不同的是当分解到一个象限只包含一个点时，不需要继续分解使该点位于某一子象限的最左下角。另外插入和删除一个点也不会影响到其他分支，操作简单。

PR 四叉树与 MX 四叉树的主要区别是：

(1) 数据点位于象限内而不再要求位于最左下角；

(2) 叶子结点可能不在同一层次上；

(3) PR 四叉树的叶结点数及数的深度小于 MX 四叉树，因此 PR 四叉树的检索效率要高于 MX 四叉树。

4. 线性四叉树

对于线性四叉树，先采用 Morton 码(Peano 键)，然后根据空间对象覆盖的范围，进行四叉树的分割。如图 2.25 所示，空间对象 E，它的最大最小范围，涉及由叶节点 0 开始的 4×4 个节点，所以索引表的第一行，Peano keys＝0，边长 side length＝4，空间对象标识为 E。空间对象 D 也有一直线，它虽然仅通过 0、2 两个格网，但对线性四叉树来说，它涉及 0、1、2、3 四个节点是不可再细分的，即它需要覆盖一个 2×2 的节点表达。同理，面状对象 C 也需要一个 2×2 的节点表达。对于点状对象，A、F、G 一般可以用最末一级节点进行索引。这样就可以建立 Peano keys 与空间对象的索引关系。当进行空间数据检索时，根据 peano keys 和边长就可以检索得到某一范围内的空间对象。

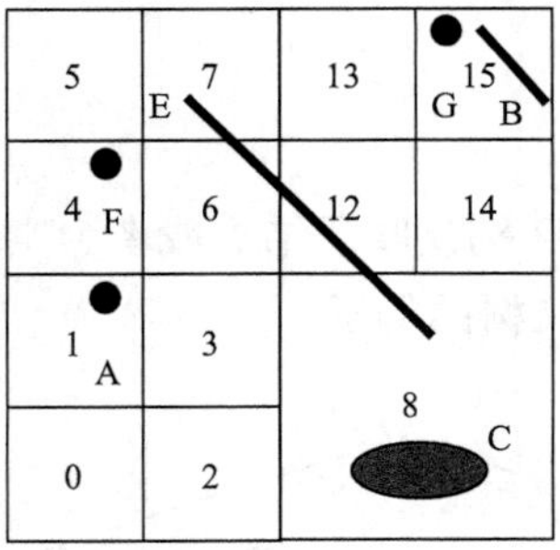

Peano 键集	边长	空间对象
0	4	E
0	2	D
1	1	A
4	1	F
8	2	C
15	1	B,G

图 2.25　线性四叉树的空间索引

2.3.3　R 树和 R+树空间索引

R 树是一种多级平衡树，它是 B 树在多维空间上的扩展。在 R 树中存放的数据并不是原始数据，而是这些数据的最小边界矩形(MBR)，空间对象的 MBR 被包含于 R 树的叶结点中。在 R 树空间索引中，设计一些虚拟的矩形目标，将一些空间位置相近的目标，包含在这个矩形内，这些虚拟的矩形作为空间索引，它含有所包含的空间对象的指针。该矩形的数据结构如下。

RECT(Rectangle-ID, Type, MinX, MaxX, MinY, MaxY)矩形之间尽可能少的重叠;虚拟矩形还可以进一步细分,即可以再套虚拟矩形形成多级空间索引,图 2.26a 是一个 R 树索引的例子。其中虚拟矩形 A 包含空间对象 D、E、F、G,虚拟矩形 B 包含 I、J、K、H,虚拟矩形 C 包含 M、N、L。在进行空间数据检索时,首先判断哪些虚拟矩形落在检索窗口内,再进一步判断哪些目标是被检索的内容。

在 R 树的构造中,要求虚拟矩形一般尽可能少的重叠,并且一个空间对象通常仅被一个虚拟矩形包含。实际上,这种情况是很难保证的。空间对象千姿百态,它们的最小矩形范围经常重叠,包含它们的虚拟矩形也难免有重叠。于是,有人提出了 R+树改进 R 树的空间索引,为了平衡,它允许虚拟矩形相互重叠,并允许一个空间目标被多个虚拟矩形包含。如图 2.26b 所示空间对象 D 分别被虚拟矩形 F 和 G 所包含。

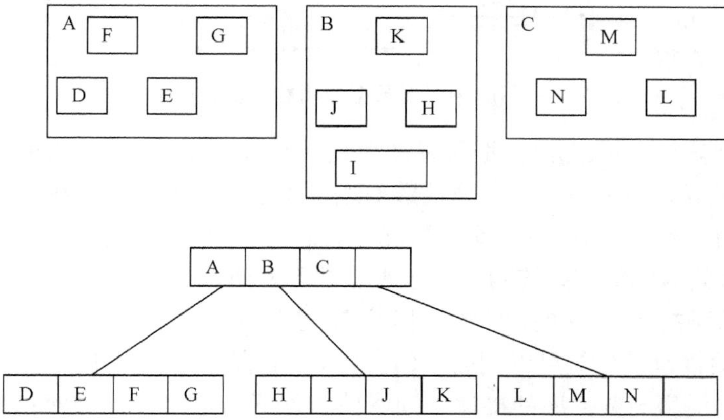

a

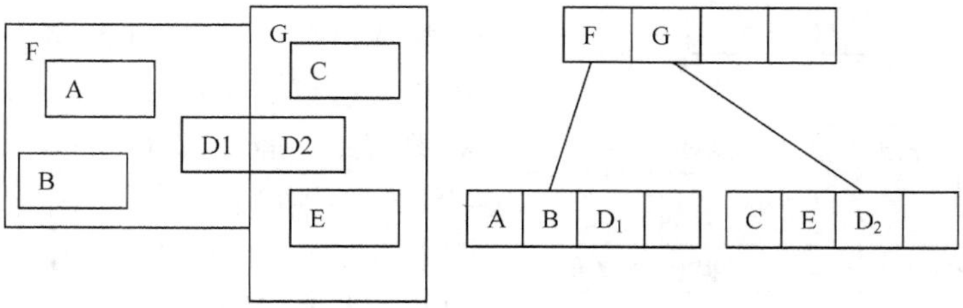

b

图 2.26　R 树空间索引 a 和 R+树空间索引 b

2.4　空间数据管理

2.4.1　文件与关系数据库混合管理方式

由于空间数据的非结构化，早期 GIS 数据库都采用文件与关系数据库混合方式管理空间数据，比较典型的是 ArcInfo，有的系统也采用纯文件方式管理空间数据，如 MapInfo。这种方式用一组文件来存储地理空间数据及其拓扑关系，利用关系数据库来存放属性数据，通过唯一标识符建立它们之间的连接（图 2.27）。

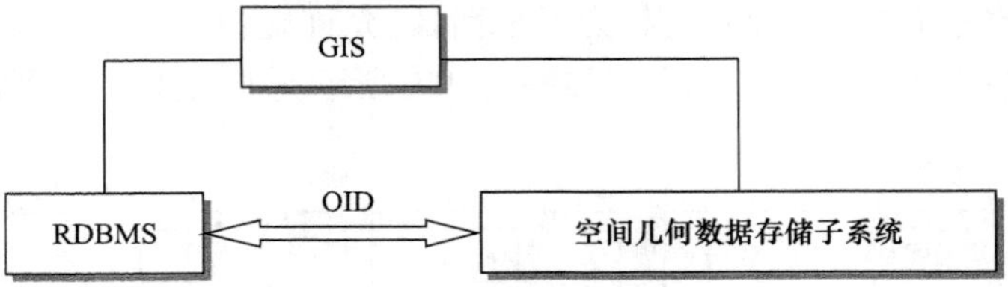

图 2.27　GIS 中图形数据与属性数据的连接

在这种混合方式下，几何数据与属性数据各自独立组织、管理与检索，仅仅通过 OID 进行关联。早期系统由于属性数据通过关系数据库管理系统，图形处理界面和属性的用户界面是分开的，这种情况下，往往需要同时启动两个系统（GIS 图形系统和关系数据库管理系统），使用起来非常不方便。

随着数据库技术的发展，许多数据库管理系统提供与高级程序语言 C 和 FORTRAN 的接口，这样，可以用高级语言（如 C 语言）开发出 GIS 图形界面，同时又可以通过 C 语言与数据库的接口查询属性数据库。这样，图形界面和属性用户界面就统一起来。但是，由于每个数据库厂商推出的数据库与高级语言的接口不一样，使得 GIS 软件必须分别针对不同的数据库开发一套接口程序。开放式数据库连接协议（ODBC）推出后，由于几乎所有数据库厂商都遵守 ODBC 标准，推出了 ODBC 的接口驱动程序，因此，GIS 软件商只要开发 GIS 与 ODBC 的接口软件，就可以将属性数据与任何一个支持 ODBC 协议的关系数据库管理连接系统（图 2.28）。

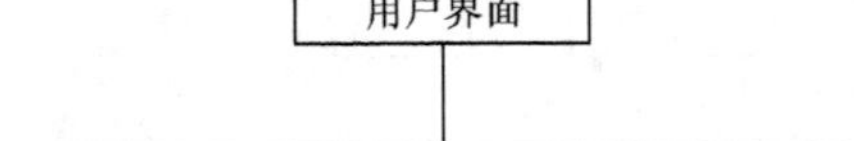

图 2.28　图形与属性结合方式

这种文件与关系数据库混合管理方式，存在一些不足之处：文件管理系统的功能弱，特别是在数据的安全性、一致性、完整性、并发控制以及数据损坏后的恢复方面缺少基本的功能。多用户操作的并发控制比商用数据库管理系统要逊色。

2.4.2　纯关系型数据库管理方式

在纯关系型数据库管理方式下，图形数据与属性数据都采用现有的关系型数据库来存储，使用关系数据库的标准连接机制来实现空间数据与属性数据的连接。对于变长结构的空间几何数据，一般采用如下两种方法处理：

1）按照关系型数据库组织数据的基本原则，对变长的几何数据进行关系范式的分解，分解成定长记录的数据表进行存储。显然，根据关系模型的分解与连接原则，在处理一个空间对象时，如面对象，需要进行大量的连接操作，非常费时，影响效率。

2）将图形数据的变长部分处理成 Binary 二进制 Block 块字段。目前，大部分关系数据库管理系统都提供了二进制块的字段域。例如，Oracle 公司引入的 Long Raw 数据类型；Informix 4. x 以上版本引入的 BLOB（二进制数据块）数据类型；Microsoft Foxpro 中的 General 数据类型；SQL Server 中的 IMAGE 数据类型。变长二进制对象存储的数据最大可达 4GB。在 SQL3 中，BLOB 被定义为一种新的数据类型，目前的通用数据访问接口（ADO、ODBC）都支持 BLOB 类型数据的访问，通过这些访问接口可以对其进行读取、增加、删除和修改操作，对 BLOB 类型数据的所有操作和运算都需要相应的应用程序来支持。在 GIS 软件系统中，把图形坐标当作一个二进制块（BLOB），交由关系数据库进行存储管理，但二进制块的读写效率比定长的属性字段要低很多。

2.4.3　对象-关系数据库管理方式

由于 GIS 的应用日益广泛，GIS 数据呈海量趋势。为了处理非结构化的空间数据，对象-关系数据库成为目前最为流行的空间数据管理方式。

对象-关系数据库管理系统是最近几年发展起来的一种用于空间几何对象数据管理的专用软件模块。它是在传统关系数据库管理系统之上，进行扩展使之能够同时管理矢量图形数据和属性数据。扩展的方式有两种：一种是 GIS 软件商在传统关系数据库管理系统之上进行扩展，外加一个空间数据管理引擎，如 ERSI 公司的 ArcSDE、MapInfo 公司的 Spatial Ware 等；另一种是数据库管理系统的软件商自己在关系数据库管理系统中进行扩展，使之能直接存储和管理矢量空间数据，如 Ingres、Informix 和 Oracle 等都推出了空间数据管理的扩展模块。但两种扩展方式的基本原理都是一致的，主要原理是 BLOB 字段存储空间对象的坐标数据。

对象-关系数据库的管理方式有以下特点：

1）在关系数据库管理系统基础上扩展；

2）采用对象关系数据模型；

3）将空间坐标存在变长记录中；

4）增加空间数据管理的操纵函数；

5）不支持拓扑关系；

6）建立高效的空间索引。

由于对象-关系数据库在数据库开发商方面提供了对于非结构化的数据管理的扩展，其效率比纯关系型数据库管理方式高很多，同时，它又具有数据的安全性、一致性、完整性、并发控制以及数据损坏后的恢复等基本功能，支持海量数据管理，因此成为目前大型 GIS 系统常用的数据管理方式。

2.4.4 Oracle Spatial 介绍

Oracle Spatial 是 Oracle 数据库公司的一个扩展产品，是在原有关系数据库的基础上增加了空间数据对象，将空间几何数据和属性数据共同存储在一张表中，它具有专门的空间数据管理功能。Oracle Spatial 基于数据库管理系统提供了一个完全开放的空间数据管理机制，并且完全集成于数据库服务器端。数据库用户可以通过 SQL 语句定义和操纵空间数据，同时也能访问标准的 Oracle 数据库。Oracle Spatial 除了空间数据管理的特殊功能以外，具有关系数据库管理系统 Oracle的所有特性，如标准的 SQL 查询、页面缓冲、并发控制、多层结构的分布式管理、高效稳定的数据管理工具、高级语言过程调用等，并能确保数据的完整性、安全性和可恢复性。Oracle Spatial 提供了 SQL 几何类型、空间元数据模式、空间索引以及一整套函数和过程集合，使在 Oracle 中对空间数据的存储、访问和分析更加快捷和高效。这意味着空间数据和属性数据能在一个物理数据库中进行管理，因而提高了查询效率并减少了同步异步数据处理与集成的复杂度。通过使用 Oracle 8i 或 9i 扩展的索引特征，Oracle Spatial 获得了比以前版本更佳的性能。

1. Oracle Spatial 的数据模型

（1）基本数据模型

Spatial 数据模型是阶梯形结构，有元素、几何图形和层组成。层由几何图形组成，而几何图形又由元素组成。

（2）几何图形数据类型

Oracle Spatial 中用 SDO.GEOMETRY 对象类型来存储几何图形数据。

SDO.GEOMETRY 对象类型定义如下：

```
CREATE TYPE sdo.geometry AS OBJECT(
```

```
SDO.GTYPE NUMBER,          // 表明几何图形的类型
SDO.SRID NUMBER,           // 标识与几何图形相关的坐标系统
SDO.POINT SDO.POINT.TYPE        // 存储点图形,以优化存储
// 解释存储在 SDO.ORDINATES 中的坐标
SDO.ELEM.INFO MDSYS.SDO.ELEM.INFO.ARRAY
// 存储空间几何对象的边界坐标值
SDO.ORDINTE MDSYS.SDO.ORDINATE.ARRAY)
```

(3) Spatial 支持关系模型和对象关系模型

关系模型支持点和点簇、直线串、直多边形等基本几何类型在关系模型中,空间几何图形数据以多行多列的形式存储在表中,每个几何图形由 GID 唯一识别,几何图形通过 GID 与其他属性数据相关联。关系模型支持数据库复制、分布式数据库、表分割和并行索引加载。

对象关系模型除了支持关系模型中所支持的基本几何图形外,还支持弧线串、弧多边形、复合多边形、复合线串、圆、矩形。空间几何图形由表中的 SDO. GEOMETRY 对象列来表示,在表中占单行单列,并且空间索引的建立、维护和查询更容易,性能大大提高。

2. Oracle Spatial 的索引机制和查询

(1) 空间索引

Spatial 的一个关键特性是将空间索引能力引入到 Oracle 数据库引擎中。就像其他索引一样,空间索引提供了表内(数据空间)限定搜索机制,这种机制基于空间的标准,如交叉、包容。空间索引应符合以下要求:找到索引数据空间内的对象,它与一个给定点或者是关心(area-of-interest)的区域(窗口查询)重叠。在两个索引数据空间内找到成对的对象在空间上互相交叉(空间连接),空间索引被认为是逻辑上的索引。在坐标空间的空间索引项目是由几何图形的位置确定的,但是索引值是在不同的域内。索引项目从一个线性的、规则的整数域内取值,而一个几何图形的坐标可能是成对的整数、浮点数或者是双精度数。

Spatial 使用一种线性的四叉树模式,也被称作是 Z 轴次序,下面描述它的运行机制。坐标空间(对所有有几何对象的层而言的)受一个称为棋盘形布置过程的制约,对每个存储几何图形,这个棋盘形布置过程定义了唯一的完全覆盖块。棋盘形是通过一种规则的等级方式分解坐标空间而形成的。坐标范围(坐标空间)被看作是一个矩形。在第一级分解中,沿着产生 4 块的每个坐标系矩形被分成两部分。同被用棋盘形布置的几何图形相交的每一块再进一步分解成 4 块。继续这个过程直到符合要求为止,如块的大小,或者覆盖几何图形的块的最大数被满足。

Spatial 既能使用固定大小又能使用可变大小的块去覆盖一个几何图形。固

定大小的块是受块的分辨率控制的,可变大小的块是由提供最大数量的块的值控制的。假如分辨率是唯一的控制因素,当坐标空间被分解到特定的次数时,棋盘形布置过程就终止了。因此,每块的大小和形状是固定的。假如每个几何图形的块数 N 是唯一控制因素,当 N 块被用作覆盖给定的几何图形时,棋盘形布置过程也将终止。用作覆盖一个几何图形的固定大小的块的分辨率和可变大小的块的块数是使用者可选择的参数,分别称作 SDO_LEVEL 和 SDO_NUMTILES。更小的固定大小的块或者更多的可变大小的块提供了更好的几何近似值。与此相反,则提供更粗略的近似值。

(2) 空间查询

Spatial 使用两步查询模型来解决空间查询和空间连接,两步查询分别称为初级过滤器和二次过滤器。

初级过滤器在候选记录中快速选择,将结果传给二次过滤器。初级过滤器仅仅比较几何图形的相似性,减少了计算的复杂度,是一种低成本的过滤器。Spatial 使用线性四叉树空间索引来实现初步过滤器。二次过滤器对由初级过滤器得到的几何图形进行确切的计算,产生空间查询的精确结果。

Spatial 并不要求同时使用初级和二级过滤器。在某些情况下,仅仅用初级过滤器就够了。初级过滤器的目的就是快速形成数据的一个子集,减轻二次过滤器的处理负担。

(3) 空间连接

空间连接与通常的连接是相同的。在 Spatial 中,将一层中所有几何图形与另一层的所有几何图形比较时要使用空间连接。查询窗口只是将一个几何图形与一层中所有几何图形相比。进行空间连接的表在几何对象列上必须具有相同的索引类型(R 树索引或四叉索引)。如果是四叉树索引,那么它们的 SDO. LEVEL 值必须相同。空间连接可回答“哪条公路穿过了公园”等类似问题。Spatial 支持跨越式查询。

2.4.5　遥感影像数据库管理

1. 概述

传统 GIS 作为采集、处理、存储、管理、分析与表现地理空间数据及其属性数据的综合性信息系统,所管理的空间数据主要是矢量数据。随着 GIS 应用的深入,影像和 DEM 数据在整个 GIS 领域的应用越来越广泛。影像数据具有信息丰富、覆盖面广和经济、方便、快速获取等优点,DEM 数据表现了整个覆盖区域的高程,可以广泛用于地理分析。目前,多数商业化 GIS 软件都可以将影像数据、DEM 数据作为背景影像与矢量数据进行叠加显示输出。而在像公路、铁路、电力勘测设计、江河湖泊整治的 GIS 应用中，以图幅（图像文件）为对象的处理难以满足实际应用的需要。

目前，遥感影像数据的管理有两种模式：基于文件的遥感影像数据库管理系统和基于关系数据库的遥感影像数据库管理系统。由于遥感影像的数据特点和系统性能等方面因素的制约，目前大部分 GIS 软件和遥感图像处理软件都采用文件方式来管理遥感影像数据。由于遥感影像数据库并不是仅仅包含图像数据本身，还包含大量的图像元数据信息（如图像类型、摄影日期、摄影比例尺等），遥感图像数据本身还具有多数据源、多时相等特点，另外，数据的安全性、并发控制和数据共享等都将使文件管理无法应付。

关系数据库是目前数据库发展的主流。Oracle、SQL Server、Informix 等大型关系数据库已成功用于海量信息管理领域。这些数据库都具有良好的安全措施和数据恢复机制。随着信息内容的复杂性，传统的关系数据库已经不能满足目前复杂数据类型的需要。近年来，随着复杂数据的引入，如多媒体数据、空间数据等，对数据管理又提出了新的要求。由于这些数据信息含量丰富、结构及关系复杂、数据量巨大，因此采用关系型数据库进行海量遥感影像数据管理是必然的发展趋势。

目前，如国外 ERDAS 公司的 ImageCatalog、ESRI 公司的 ArcSDE 栅格数据管理模块，国内武汉吉奥信息工程有限公司推出的 GeoImageDB、武汉中地公司推出的 MSIDB 等都是大型的遥感影像数据管理系统。

2. 大型遥感影像库的设计原则

作为一个以影像数据管理为核心内容的大型海量无缝影像数据库管理系统，应该满足以下一些要求：

1）必须满足多分辨率的特性，即支持多分辨率影像金字塔结构；

2）必须具有高效的空间索引和空间查询特性；

3）能够集成化地管理多种数据源；

4）高效地管理影像数据的元数据信息；

5）必须考虑商用数据库的支持；

6）所能管理的影像数据量必须是海量的，应该达到太字节（$1TB=10^6 MB$）级；

7）采用有效的压缩算法对数据进行压缩；

8）从数据可视化的角度上讲，应该以零延迟作为系统追求的目标。

针对以上的数据管理要求，系统设计应该采用以下的原则。

（1）数据的独立性和共享原则

数据的独立性是指要管理的数据与应用程序之间是分离的，这样就使得同样的数据可以被不同的应用程序使用。共享原则是指对数据的存储和管理不依赖于某个特定的软件系统，从而提高数据存储和管理的可操作性和延续性。

(2) 开放性原则

开放性原则主要包括数据的开放性和系统的开放性。数据的开放性原则是指系统可以读取多种影像数据格式。系统的开放性是考虑到系统的统一性和实施的可操作性,要使各级系统既相互联系又相对独立,保证系统具有良好的开放性。

(3) 数据库的可扩展性原则

由于影像数据生产的周期一般比较长,随着新数据源的出现和用户需求的增加,数据库中所包含的数据种类可能还会增加,因此就要求系统具有一定的可扩充性。当增加新种类的数据时,系统只要在原来的基础上增加一个对新数据的管理模块和若干数据库表后,就可实现对新数据的存储和管理。

(4) 数据检索和管理的高效性原则

数据管理和检索是影像数据管理的核心,因此如何高效地实现“知道有什么数据、在什么地方、迅速提取数据并加工成用户所要求的数据”是设计系统时考虑的一个主要因素。

3. 影像跨带问题及处理

由于我国国土面积较大,正射影像产品的空间参照大都是以高斯投影后的平面坐标为基础,对于一个省级或国家级的大型影像数据库而言,由于投影分带的原因,正射影像产品的空间参照的起算原点并不相同。这样,在多个坐标原点和带边数据存在几何变形的情况下,给省级或国家级这样的大型影像数据库无缝的数据组织带来了问题,下面将深入地分析问题产生的原因及其解决办法。

(1) 正射影像的空间参照

在测绘领域内,影像如果不配有相应的地图投影和坐标系统,是没有什么应用价值的。在正射影像制作过程中,实际上对图像的每一个像素都赋予了相应的空间参照。它也是影像数据库无缝的几何基础。由于正射影像是按照正射投影形成的二维平面影像图,为了与地形图和地图联合使用,在生产正射影像时采用与地形图和地图相同的空间参照和投影系统。正是这种空间参照,使得正射影像具有科学性和可量测特性,加上正射影像含有丰富的信息,因此成为空间信息的主要载体。

由于我国的版图比较大,而且大部分位于中低纬地区,为此我国现行的大于1∶50万比例尺的各种地形图都采用高斯-克吕格投影,即横切椭圆柱正形投影,经过高斯-克吕格投影后的平面直角坐标系是以相切的经线(中央经线)的投影为 X 轴,以赤道的投影为 Y 轴。

高斯-克吕格投影具有以下特点。

1) 中央经线投影为直线,而且是投影的对称轴(也是投影平面的 X 轴);

2)高斯-克吕格投影是等角投影,投影后具有角度不变伸长固定的特点(即同一地点各个方向的长度比不变),满足等角的要求;

3) 中央经线上长度没有变形,离中央经线越远变形越大。

为了限制投影变形,必须进行分带投影。所谓分带就是按照一定的经度差,将椭球体按经线划分成若干个狭窄的区域,以使各个区域分别按高斯投影的规律进行投影,每一个区域就称为一个投影带。在每一个投影带内,位于各带中央的子午线就是轴子午线,各带相邻的子午线称为边缘子午线。分带之后,各带均有自己的坐标轴和原点,形成各自独立但又相同的坐标系统。

根据国际通用方法,我国投影分带主要有两种。在我国 1∶2.5 万到 1∶50 万地形图均采用 6°分带投影,1∶1 万及更大比例尺的地形图采用 3°分带投影,以保证投影变形误差满足地图的精度要求。6°分带是从格林尼治零度经线起,每 6°为一个投影带,从 1 开始,自西向东顺序编号,全球共分为 60 个投影带。3°分带是从东经 1°30′起算,每 3°为一带,也是从 1 开始,自西向东顺序编号,将全球划分为 120 个投影带。我国的国土范围是纬度位于北纬 4°～55°,经度位于东经 73°～135°,6°带的范围从 13°～23°跨了 11 个带,3°带的范围从 24°～46°跨了 23 个带。

根据高斯投影的变形规律,每个投影带在平面上的投影就像一个梭子形,每一个带设立一个平面直角坐标系,以轴子午线的描写形作为纵坐标 X 轴,以轴子午线与赤道的交点作为坐标系的原点,赤道的描写形就是横坐标 Y 轴。这样在轴子午线以东的横坐标是正值,轴子午线以西的横坐标是负值,为了避免负值的不方便,把纵坐标向西平移 500km 使得横坐标永远为正值,同时为了区别不同的投影带,在横坐标前加注带号。图 2.29 为按 6°和 3°高斯分带投影。

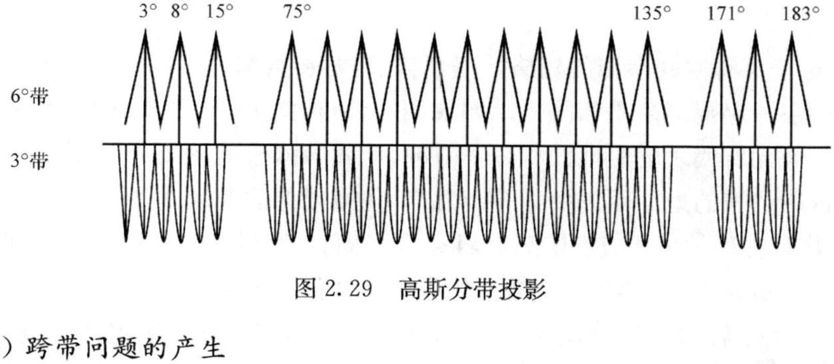

图 2.29 高斯分带投影

(2) 跨带问题的产生

分带的方式固然可以限制投影变形,但带来了投影不连续的问题,两个相邻投影带的公共边缘子午线,在两带投影平面上描写形的弯曲方向相反,使得位于边缘子午线附近,分属两个带的正射影像图不能拼接起来,图 2.30 显示了相邻两带边缘的相邻两幅图的变形情况。当图像漫游到相邻两带的相邻图幅时,由

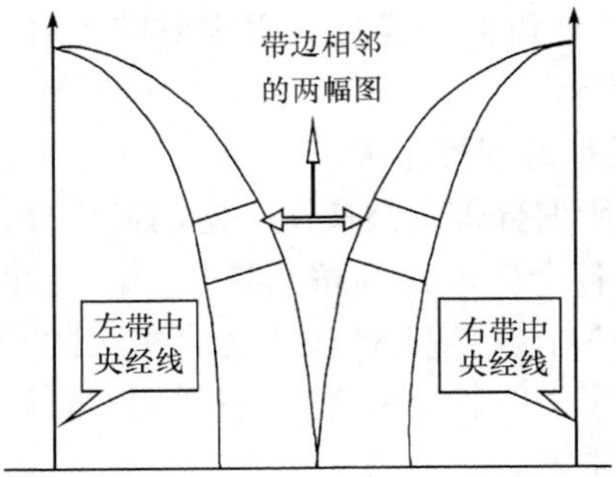

图 2.30 带边相邻图幅的变形

于两带的高斯坐标基准不同和各向两边的中央经线产生的变形导致两幅影像没有办法无缝的镶嵌到一起，产生裂缝，对于 6°带的高斯投影，两个投影带之间的裂缝（按照投影后的高斯横坐标计算）在我国最北部（北纬 54°）约为 275km，在中部地区（北纬 36°）约为 127km，而在南部（北纬 18°）约为 32km。当进行图像漫游时如果显示窗口从一个投影带向另一个投影带过渡时，漫游窗口的范围正好跨越两个投影带，即产生了跨带问题。

(3) 无缝组织的方法

从理论上将，对于一个 GIS 数据库，为了方便对数据的分析和使用，应该具备统一的空间参照。在地理坐标系下，地球上的每一点都有相同的坐标基准，因此如果按照地理坐标（经纬度）来进行数据组织建库是很容易实现无缝的，目前大范围矢量数据库的建立采用的就是将高斯坐标转换到经纬度，以经纬度为基准来建库。由于矢量的数据量小，可以利用严格的投影公式进行投影转换，但是对于海量的栅格影像数据，如果按照地理坐标来建库会带来以下问题：

1) 正射影像产品的空间参照是经过地图投影之后的平面坐标，如果要用地理坐标来建库，必须进行投影变换，如果严格按照投影变换的公式逐点进行投影变换，运算量是相当庞大的。如果不进行逐点变换，很难保证变换后图像的几何精度。在变换过程中还要对图像进行重采样，这个过程不是完全可逆的，使得图像的辐射信息也或多或少的有些损失，不能保证数据库中数据与原始数据完全一致；

2) 对于具有空间参照的栅格数据而言，通常在数据处理中每个像元所代表的实地面积在一定范围内是相同的。如果用经纬度作为影像的空间参照，使得不同纬度同一像元所代表的实地面积是不等的，就我国国土范围而论，最南边和最北边经差一秒所代表的地面距离要相差十几米，使得影像的变形非常严重；

3) 从数据库的分析、应用来讲，都是以平面直角坐标系为基础的，由于整个数据库的空间参照是经纬度，使得数据的应用受到很大限制；

4) 从建库后的产品分发来看，由于在实际应用中，很少使用经纬度坐标，而是使用地图投影后的平面坐标，如果用经纬度建库，从数据库中进行产品分发时，仍然要将地理坐标转换成高斯坐标，仍然存在几何精度和辐射信息损失的问题。

基于上述原因，目前在各个数据生产单位建立影像数据库时，普遍认为这种方式对于建立栅格影像数据库是不可以接受的，因此，在建立影像数据库时很少采用这种建库方式。针对上述用经纬度建库所产生的问题，在建库时应尽量保持原始数据不被破坏，这使得数据的使用和分发都非常方便。因此提出直接使用数据生产时的空间参照和原始数据建库，但是这样就会带来新的问题，由于每个投影带的空间基准不同，都有自己的坐标原点，使得整个数据库不能满足无缝的要求。但是由于相邻两带之间可以通过地理坐标建立起几何关系，在带边时，可以通过这种几何关系把相邻带内的数据实时的投影到当前带内，与当前带内的数据无缝的镶嵌到一起同样可以满足无缝的要求。这种方式建库既保证了原始数据的完整性，同时又可以做到整个数据库的无缝漫游，这样可以节省大量的存储空间、人力、物力。

(4) *跨带漫游算法*

图 2.31 显示了大型影像数据库整体影像漫游过程。图像显示的屏幕窗口在从左到右做图像漫游时，当屏幕窗口漫游到左边投影带的边缘时即产生了跨带问题，如果不做任何处理，则在屏幕的右边显示不出图像。此时要对显示的数据做实时处理，才能使图像连续地漫游到另一个投影带。

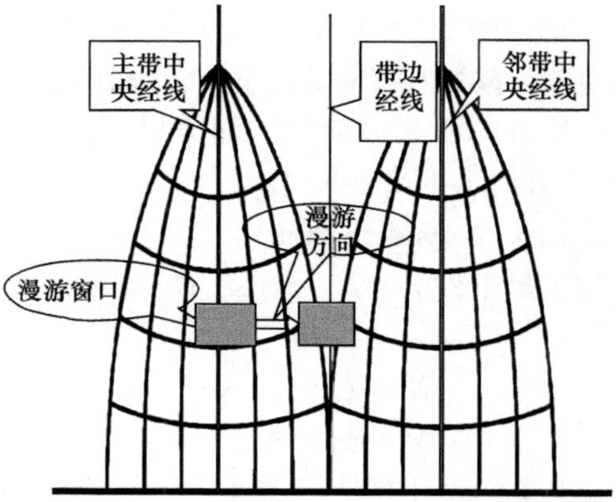

图 2.31　跨带漫游示意图

具体的跨带漫游算法如下：

1) 选择图像当前漫游的投影带为主投影带。图像显示窗口的左下角点坐标以主带内的坐标原点为参照。

2) 判断图像漫游的窗口是否处于主带的边缘。判断方法是将当前窗口的四个角点坐标转换为经纬度坐标。判断窗口是否跨越投影带边经线。如果是则当前的位置即为跨带状态。

3) 将当前窗口的四个角点坐标转换为到邻带的高斯投影坐标，使得漫游窗口在主带坐标系中的坐标与在邻带坐标系中的坐标建立线性变换关系(由于窗口的范围很小,如果逐点进行投影换带计算速度很慢,因此用线性变换来代替严格的投影换带计算)。

4) 将邻带的图像经投影变换纠正到主带中来,这时与主带的图像有相同的坐标基准。

5) 将本带漫游窗口范围内的图像与邻带经过投影变换后的图像做镶嵌处理,将镶嵌后的影像显示到屏幕上即为跨带时的影像。

6) 重复第二步,继续判断是否跨带,如果上一次的状态是跨带状态,本次的状态不是跨带状态,再判断主带是否发生变化,如果主带发生变化,则将图像窗口的左下角点坐标换算到另一带的坐标系中。

跨带纠正的实质是相邻两带坐标之间进行的几何变换。从理论上讲,任何复杂的几何变换在小范围内都可以用线性变换来代替,但是前提是必须在精度允许的范围内。目前常用的线性变换模型主要有:

1) 仿射变换(affine transformation),也称六参数变换,其变换公式为

$$\begin{aligned} X&=Ax+By+C \\ Y&=Dx+Ey+F \end{aligned} \tag{2-1}$$

式中:(X,Y)为输出坐标系中的坐标点对,(x,y)为输入坐标系中的坐标点对;A、B、C、D、E、F 为方程参数。参数在坐标系空间上的几何意义为:A,E 分别确定点(x,y)在输出坐标系中 X 方向和 Y 方向上的缩放尺度;B、D 确定旋转尺度;C、F 分别确定在 X 方向和 Y 方向上的平移尺寸。

2) 相似变换(similarity transformation)

当式(2-1)的参数满足条件 $A=E=S\cos\alpha$,$B=D=S\sin\alpha$ 时,则得到四参数的相似变换公式:

$$\begin{aligned} X&=Ax+By+C \\ Y&=Bx+Ay+D \end{aligned} \tag{2-2}$$

式中:(X,Y)为输出坐标系中的坐标点对,(x,y)为输入坐标系中的坐标点对;A、B、C、D 为方程参数。相似变换实质上也是坐标系间的平移,旋转和缩放尺度的变换,式中 C,D 分别为坐标在 X 和 Y 轴上的平移大小,$S=\sqrt{A^2+B^2}$为缩放比例,$\alpha=\arctan(B/A)$为旋转角度。

4. 大型遥感影像数据库的关键技术

(1) 影像分块技术

由于在海量影像数据库中,每次调度和使用的图像数据只是数据库中的一小部分,如何高效的组织和管理数据,数据分块是影像数据库的关键。通过数据分块可以减少数据的网络传输数据量,方便数据压缩和有利于在计算机的内存中对图

像数据进行运算处理。因此对存储的图像数据采用对用户透明的图像分块和重构方法来组织数据。另外,在关系数据库中,以小的图像块作为一条记录来对其进行操作是非常适合的。

数据块的大小对图像调度效率的影响是至关重要的,由于对于影像数据库而言,数据的可视化是一个十分重要的应用,因此影像分块的速度主要考虑影像可视化的速度。

如图 2.32 所示,窗口的大小为 $m\times n$,图像块大小为 $k\times l$,当图像显示时显示窗口所跨越的最大图像块和最小图像块数可由下述公式计算

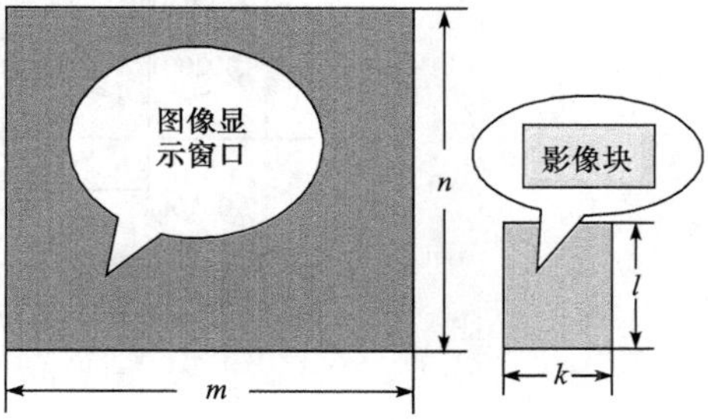

图 2.32　窗口和图像块大小

$$\text{MAX}=\left(\text{INT}\left(\frac{m}{k}\right)+2\right)\times\left(\text{INT}\left(\frac{n}{l}\right)+2\right)$$
$$\text{MIN}=\left(\text{INT}\left(\frac{m}{k}\right)+1\right)\times\left(\text{INT}\left(\frac{n}{l}\right)+1\right) \tag{2-3}$$

式中:INT 为取整运算;MAX 为窗口所跨越的最大图像块数;MIN 为窗口所跨越的最小图像块数。

(2) 空间索引与影像存取

在关系数据库中,对于数值和字符的索引已经相当成熟,而且效率相当高。但是,对于存储复杂数据的二进制变长字段来讲,并没有提供现成的索引机制,而索引的效率对数据库的数据管理效率是至关重要的。由于影像数据库的数据源主要是正射影像产品,而正射影像本身是带有空间参照的,因此影像数据库的索引是以空间参照为基准的空间索引。

常见的空间索引一般是自顶向下、逐级划分空间的各种数据结构空间索引,比较有代表性的包括 BSP 树、KDB 树、R 树、R+树、CELL 树、四叉树和格网型空间索引。在上述空间索引中,格网索引对于影像数据库来说是非常适合的。由于在影像数据库中数据按照分块方式存储,而且数据块的划分是非常规则的并且彼此之间没有重叠。格网索引的建立和维护是相当方便的。按照格网对图像块进行编号,然后通过编号和数据块的对应关系来索引图像块。图 2.33 显示了影像数据库的索引过程。

索引算法如下:

(X_0,Y_0)为格网的起始坐标原点,假设索引窗口的范围是(X_1,Y_1,X_2,Y_2),则

起始格网的行号为(INT)$((X_1-X_0)/\Delta x)$

终止格网的行号为(INT)$((X_2-X_0)/\Delta x)+1$

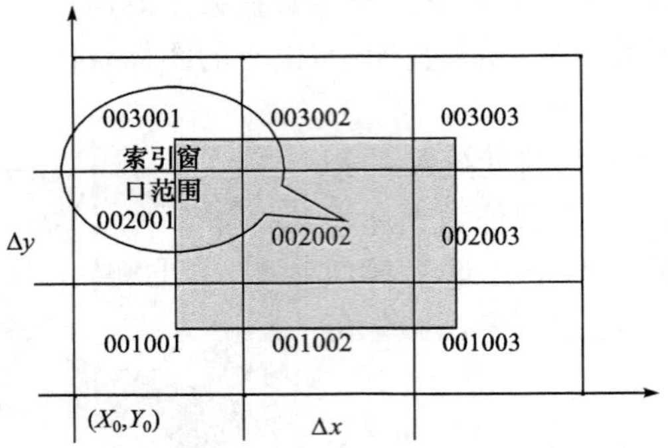

图 2.33 格网索引图

起始格网的列号为(INT)($(Y_1-Y_0)/\Delta y$)

终止格网的列号为(INT)($(Y_2-Y_0)/\Delta y$)+1

由起止格网的行号和起止格网的列号可以索引到窗口(X_1,Y_1,X_2,Y_2)所包含的数据块编号,再在表 2.7 中由数据块编号找到相应的数据块。

表 2.7 块号和数据块对照表

块号	数据块
001001	Image Block1
001002	Image Block2
001003	Image Block3
002001	Image Block4
… …	… …
… …	… …
… …	… …

对于变长二进制影像块的操作可以通过标准的 SQL 语句进行,如将影像块放入数据库可以使用"INSERT INTO AAA(ID,BLOCK) VALUES(?,?)",然后将要输入的数据与对应的列绑定可以将数据输入到数据库中。要获取 001001 块的影像通过"SELECT BLOCK FROM AAA WHERE ID='001001'"即可(其中 AAA 为表名,ID 为影像块编号对应的列名,BLOCK 为影像数据存放字段的列名)。

(3) 影像金字塔的建立

海量影像数据管理模型对海量影像数据库管理系统所能管理的数据量、系统管理效率和可伸缩性来讲是至关重要的。对于影像库而言,一方面,数据所能表现的视觉效果和数据的分辨率呈现一种正比关系,在一定程度上,分辨率越高,在数据浏览时带来的视觉效果越好，而随着分辨率的增加，栅格数据的数据量呈几何级数增长，对存储和显示所需要的硬件设施的要求也越高；另一方面，因为显示设备的限制，在同一时间内所能观察的范围和分辨率有限，此时过高的分辨率对于最终形成用户的视觉感受是没有什么贡献的。

影像金字塔是指在统一的空间参照下，根据用户需要以不同分辨率进行存储与显示，形成分辨率由粗到细、数据量由小到大的金字塔结构。金字塔层次结构中包含多个数据层，在金字塔数据库的最底层，存储最高分辨率的数据，随着金字塔层数的增加，数据的分辨率依次降低，在金字塔数据库的顶层，则存储能满足用户需要的最低分辨率的数据。在进行显示时，根据当前用户浏览范围的大小以及显示设备的分辨率和范围，使用能满足用户视觉要求的金字塔层次中最高层的数据层作为显示数据源，这样在一定程度上增加数据存储开销的同时，大大加快了实时显示速度，满足用户实时、准时浏览的需要。

影像金字塔的建立可以采用以下两种方式：

1）如果生产的源数据本身就是多分辨的，则可以直接建立不同的图像工程，自动构建金字塔式的影像数据库。

2）对于只生产了基础层的影像数据，为了提高调度效率，其上层可以根据相应的比例尺从下层抽取数据来构建金字塔，这是目前多数系统采用的方式。

对于多尺度的金字塔影像数据库，在大型商用数据库中一个比例尺可以作为数据库的一张或多张表，一块数据存储为一条记录，这样建立起多比例尺 GIS 数据库。应用时根据不同的显示比例尺或制图比例尺调用与之最相近的那一级比例尺数据库的数据，这也比较符合我国目前多分辨率空间数据基础设施的建设需求，多比例尺 GIS 数据库可以根据需要和数据源的情况构建。

2.4.6　数字高程模型数据库管理

随着对地观测技术的发展，其中星载合成孔径雷达、三维信息实时获取与实时处理技术等取得了一定的成果，在信息处理方面，可以快速获得准确位置的地形编码图像，生成数字高程模型。网格数字高程模型属于一种典型的栅格数据，其数据量大小和分辨率大小密切相关。在一定范围内，随着分辨率的增高，数据量呈几何级数增长。数字高程模型数据的海量特征，对数据库设计的体系结构、存储方式和存储介质有较大影响。并且随着数据覆盖范围的扩大，数字高程模型在投影特性、坐标参考系、高程系等方面的差异也显示出来。为了能够管理大范围的海量数字高程模型数据，数字高程模型数据库的管理与遥感影像数据库的管理有许多类似的地方，都要涉及地理数据跨带处理和金字塔式数据管理等方面的问题。数字高程模型数据库系统应遵循以下原则。

1）能够管理海量的数字高程模型数据，并且数据库应该能够满足未来数据量增长的要求，数据库所能容纳的数据量不受限制，能够满足日益增长的数据管理需要。

2）能够管理多比例尺、多分辨率的数据，数据库的多分辨率特性在支持高速的数据浏览、数据库的细节层次特性方面尤其重要。可以实现基于多分辨率金字塔的自适应、多级分辨率显示，即根据所选择的显示比例尺和窗口范围大小自动从数据库金字塔的相应层上读取数字高程模型数据。

3）能够管理不同空间参考系分幅条件下的 DEM 数据，支持数据在各种空间参考系之间的转换。

4）支持在整个数字高程模型数据库中进行检索、漫游和查询，包括按图幅、经纬度、高斯坐标等任意范围条件进行查询和多种图形显示，如网格、晕染和具有真实感的图形等。

5）可以集成影像和矢量数据库中的数据，能够在多个系统层面和其他影像、矢量数据库进行集成管理，做到三库一体的无缝集成和 2.5/3 维可视化，实现多种晕染模式显示。

6）数字高程模型数据应能按照用户需要进行数据的分发，以能够被其他 GIS 硬件和软件所接受的格式进行输出，根据需要按照图幅或用户给定的范围输出可视化产品。

7）满足数据库的安全管理、权限控制、用户管理等。地理数据作为一种关系到国防建设、土地规划等应用的基本的国土信息资源，本身就具有一定的保密性，对数据库的访问和使用必须限制在许可的范围内。

2.5　GIS 数据库查询语言

2.5.1　SQL 查询语言

1. SQL 查询语言特点

SQL（structure query language）语言是 1974 年由 Boyce 和 Chamberlin 提出的，由于它具有功能丰富、使用方式灵活、语言简洁易学等突出优点，在计算机工业界和计算机用户中备受青睐并深深扎根。它的功能包括查询（query）、操纵（manipulation）、定义（definition）和控制（control）四个方面，是一个综合的、通用的、功能极强的关系数据库语言。

在以数据库系统为主流的今天，SQL 被广泛应用正说明了它的优点。它使全部用户，包括应用程序员、DBA 管理员和终端用户受益匪浅。其优点主要体现在：

1）非过程化语言。SQL 是一个非过程化语言，因为它一次处理一个记录，对数据提供自动导航。SQL 允许用户在高层的数据结构上工作，而不对单个记录进行操作，可操作记录集。所有 SQL 语句接受集合作为输入，返回集合作为输出。SQL 的集合特性允许一条 SQL 语句的结果作为另一条 SQL 语句的输入。

SQL 不要求用户指定对数据的存放方法。这种特性使用户更易集中精力于要得到的结果。所有 SQL 语句使用查询优化器，它是 RDBMS 的一部分，由它决定对指定数据存取的最快速度的手段。查询优化器知道存在什么索引，哪儿使用合适，而用户从不需要知道表是否有索引，表有什么类型的索引。

2）统一的语言。SQL 可用于所有用户的 E6 活动模型，包括系统管理员、数据库管理员、应用程序员、决策支持系统人员及许多其他类型的终端用户。基本的 SQL 命令只需很少时间就能学会，最高级的命令在几天内便可掌握。

SQL 为许多任务提供了命令，包括：查询数据，在表中插入、修改和删除记录，建立、修改和删除数据对象，控制对数据和数据对象的存取，保证数据库一致性和完整性。

3）是所有关系数据库的公共语言。由于所有主要的关系数据库管理系统都支持 SQL 语言，用户可将使用 SQL 的技能从一个 RDBMS 转到另一个。所有用 SQL 编写的程序都是可以移植的。

标准 SQL 语言以其特有的功能和优点，无可替代地成为现阶段 GIS 的主要查询语言，目前大多数商用 GIS 软件，如 ArcInfo、MapInfo 等都提供 SQL 查询功能。

然而标准的 SQL 语言有其自身的局限，一般在解决实际问题时需要对其进行扩展，使其能够弥补和完善自身的缺点和不足。

2. SQL 查询基本形式

(1) 定义基本表(创建基本表)

格式：

```
CREATE  TABLE  <表名>(<列名 1><数据类型>[列级约束 1]
               [,<列名 2><数据类型>[列级约束 2]…]
               [,<表级约束>])
               [其他参数];
```

表名：是所要创建基本表的名字。基本表由多个列(属性)组成。

列级约束：涉及相应属性列的完整性约束条件，一般包括是否允许为空值、取值范围约束等。

表级约束：涉及一个或多个属性列的完整性约束条件，一般包括复合属性构成的主、外关键字说明等。

其他参数：不是标准选项(不是必要的)，用于与物理存储有关的说明。

定义表的各个属性时需指明属性名、数据类型、长度。

1）列级约束与表级约束包含内容：主码约束（PRIMARY KEY）、参照完整性约束、唯一性约束（UNIQUE）、非空值约束（NOT NULL）、取值约束（CHECK）。

2）数据类型：不同的数据库系统支持的数据类型不完全相同，在 SQL Server 下：字符型（char）、整型（int）、短整型（smallint）。

（2）修改基本表

1）注意：不同环境下，SQL 修改表语句格式会有所不同，本书以 SQL SERVER 为运行环境。

2）格式：

ALTER TABLE＜表名＞[ADD＜新列名 1＞＜数据类型＞＜约束 1＞
[，＜新列名 2＞＜数据类型＞＜约束 2＞…]]
[DROP＜约束名＞]
[Alter column＜列名＞＜数据类型＞]；

表名：要修改的基本表。

ADD 子句：增加新列和新的完整性约束条件。

Alter column 子句：用于修改列名和数据类型。

（3）删除基本表

格式：

DROP TABLE＜表名＞；

（4）SQL 查询语句

1）格式：

SELECT ＜表达式 1＞，＜表达式 2＞，…，＜表达式 n＞
FROM ＜关系 1＞，＜关系 2＞，…，＜关系 m＞
[WHERE ＜条件表达式＞]
[GROUP BY 分组属性名 [HAVING 组选择条件表达式]]
[ORDER BY 排序属性名[升序|降序]]；

SELECT：子句中用逗号分开的表达式为查询目标，最简单的是用逗号分开的属性名，即二维表中的列。

FROM：子句指出查询所涉及的所有关系的名字。

WHERE：子句指出查询目标必须满足的条件。

2）WHERE 查询条件中常用的运算符：＝、＞、＜、＞＝、＜＝、＜＞、BETWEEN AND、NOT BETWEEN AND、IN、NOT IN、LINK、NOT LINK、IS NULL、IS NOT NULL、AND、OR、NOT。

3）SQL 聚合函数：COUNT（统计记录个数）、AVG（求一列数值型数据的平均值）、SUM（求一列数值型数据的总和）、MIN（求一列值中的最小值）、MAX（求一列值中的最大值)。

ORDER BY 子句:可对查询结果按指定属性排序,系统默认为升序排列(升序可用 ASC 指定);如果降序,则可用 DESC 指定。如果分组后还要求按一定的条件对这些组进行筛选,则可以在 GROUP BY 子句后加上 HAVING 来指定筛选条件。

4) 如果要去掉查询结果中重复的记录,可以在 Select 语句中加上 Distinct 关键字。

(5) 修改数据表中的数据

1) 插入记录:

INSERT INTO<表名>[(<字段名 1>[,<字段名 2>[,…]])]
VALUES(<表达式 1>[,<表达式 2>[,…]])

说明:如果缺省字段名,则必须为新记录中的每个字段都赋值,且数据类型和顺序要与表中定义的字段一一对应。

2) 更新记录:

UPDATE <表名>SET<字段名 1>=<表达式 1>
　　[,<字段名 2>=<表达式 2>[,…]]) WHERE<条件>]

3) 删除记录:

DELETE FROM <表名> [WHERE<条件>]

① 说明:如果不带 WHERE 子句,则删除表中所有的记录(该表对象仍然保留在数据库中),如果带 WHERE 子句,则只删除满足条件的记录。

② 空值比较运算符用法:IS NULL 表示为空,IS NOT NULL 表示不为空。

2.5.2　当前几种空间信息查询语言

GIS 数据库是一种特殊的数据库。它以空间(地理)目标作为存储集,与一般数据库的最大不同是它包含"空间"(或几何)概念,因而,理解空间概念是数据库查询语言必备的前提。尽管关于空间的概念很复杂,查询语言难以全部包含,但至少应理解一些普通空间概念。从这个意义上讲,GIS 数据库比一般数据库所体现的语义应更具体一些,显然标准的 SQL 不支持空间概念(如空间关系)。因此,要实现 GIS 数据库的查询,必须增加空间或几何概念。从 GIS 数据库与一般数据库的关系以及空间数据描述实际地理现象的特点看,GIS 数据库查询语言的特征可以概括为 3 条:

1) 查询语言能理解"空间概念";

2) 查询语言能理解描述查询结果的表达方式;

3) 查询描述的非过程化。

普通查询语言的目的就是使语言环境能尽可能地满足各种用户的要求。对

GIS 数据库而言，查询语言不仅能描述有关空间位置的查询，还应能表达数据间空间关系的查询，以及数据的空间操作结果。然而数据的空间特性很复杂，GIS 数据库的建立总是基于某一比例尺，数据的尺度性也属空间特征，目前的空间数据模型还没有有效工具来表示空间目标的尺度性。

1. SQL 查询语言的扩展

(1) 查询谓词的扩展

在 GIS 中，由于地理信息本身的多样性和复杂性，如果单独依靠关系数据库结构化查询语言 SQL 来检索和查询用户所需的地理信息，那么将很难表达用户的查询要求。因此，GIS 开发者往往需要根据用户对系统的需求和系统的功能对 SQL 语言进行扩展。

目前 GIS 的地理数据库大多是以传统的关系数据库为基础，但 GIS 数据库是一种特殊的数据库，与普通数据库相比最大的不同是具有“空间”概念。而 SQL 语句通常是由关系运算组合而成，非常适合于关系表的查询与操作，但并不支持空间运算，因此，不能进行空间数据的查询。

目前的空间数据查询语言是通过对标准 SQL 的扩展形成的，即在数据库查询语言上加入空间关系查询。为此需要增加空间数据类型（如点、线、面等）和空间操作算子（如求长度、面积、叠加等）。在给定查询条件时也需含有空间概念，如距离、邻近、叠加等。例如，“显示与价值超过 60000 的地块相交的土壤图”，可表示为

```
SELECT SOIL. MAP
FROM SOIL,PARCELS
WHERE VALUATION>60000 AND OVERLAY(SOILS,PARCELS)
```

通过对标准 SQL 的扩展来实现空间数据的查询主要优点是：保留 SQL 风格，便于熟悉 SQL 的用户掌握，通用性较好，易于与关系数据库连接。

但 Egenhofer (1992)在分析了扩展 SQL 作为空间数据查询语言的特点和局限后认为，对 SQL 扩展并不是空间数据查询的适当方案，其主要原因是：

1) SQL 结构很难描述复杂的空间关系查询；

2) 简单的表格形式不能作为空间数据的表现形式。

对于空间数据查询语言，最关键的是对空间概念的描述。理想的情况是空间数据查询语言能完全表示人所理解的空间概念，但目前的空间数据查询语言所能理解和表达的空间概念还很有限。在这方面还需要作进一步的研究。

(2) 面向对象的扩展

数据库技术的不断发展以及 GIS 领域对数据库功能要求的不断提高，新一代分布式面向对象 GIS 系统已成为当今 GIS 领域研究热点之一。地理信息查询语言是 GIS 的一个重要组成部分。

面向对象数据模型是用来表示实体及实体间联系的模型，它是数据库系统的基础，对系统的性能、功能和应用范围起着决定性作用，因此设计一种数据库语言，必须首先确定该数据库管理系统的数据模型。

支持 OOSQL 语言的面向对象数据库的基本模型可以描述如下：对象和对象标识符；属性和方法；类；类层次与继承。

SQL 语言以其简明性和通用性为关系数据库赢得了巨大声誉，成为数据库语言的国际标准。当今，SQL 语言的影响已超越了关系数据库领域，作为检索图形、图像、声音、文字、知识等复杂数据尚未正式形成的条件，许多 OODBMS 产品已经广泛流行于各种应用之中。因为没有共同的标准可循，这些产品使用的语言接口各异，但查询语言方面普遍采用扩充的 SQL。这是因为：

1) SQL 语言适合于面向对象数据库系统的特点。良好的即席查询机制；良好的聚集操作；易于实现持久性；良好的用户基础。

2) 面向对象数据库系统也适合于 SQL 语言的特点。对象简化了查询；对象示例解决了某些常见的 SQL 难题；查询处理的指导能力。

(3) 模糊扩展

对 SQL 扩展另一个原因是从增加抽象数据类型和空间谓词(如包含、相交、叠加)等方面扩展了标准的关系查询语言 SQL，以满足空间数据(包括图形和属性)整体查询的要求。但是，它只能表示和处理精确数据，无法表达自然语言中的模糊概念。因此，GIS 具体应用中，往往对常规的 SQL 语言进行模糊扩展，形成模糊扩展 SQL 语言。

例如，在宗地地价查询系统中，用户想要查询某一城市中面积较小、噪声小、住宅地价偏低的宗地号。如果使用标准的 SQL 查询语言无法表达用户的查询条件。这时，就需要对其进行模糊扩展，来实现对地理信息的模糊查询。

查询语言分为单词和语句两类，模糊查询语言也不例外，分为模糊单词(语气算子、模糊化算子、判定化算子)和模糊查询语句。

假如要查询面积较小、噪音小、住宅地价偏低的宗地号(这更符合人类自然语言及其常规表达)，用模糊扩展 SQL 可以表达如下：

```
Select   宗地号 From Lot-price
Where   面积='较小'and   噪音='小'and 住宅地价='偏低'
```

模糊扩展 SQL 容纳了模糊单词和 5 种语言算子，能较好地表达自然语言查询的要求。同时，通过在 GIS 系统中建立合理的模糊隶属函数，设置合适的隶属度阀值，可以有效地接受模糊查询请求，将模糊查询语言转化为标准 SQL 语句。

2. 自然语言空间信息查询

近年来，GIS 在各个行业部门得到广泛应用的同时，也开始服务于广大普通用户。移动互联网的出现以其移动通信的个性化、方便性和互联网海量信息的双重魅力改变着人们的生活和工作方式，越来越多的无线互联应用开始进入人们的生活，同时，也为地理信息服务进入人们的日常生活提供了载体。武汉大学李德仁院士适时地提出了移动空间信息服务的 4A 原则，即实现随时(anytime)、随地(anywhere)为所有人(anybody)和事(anything)提供实时服务。

人类表达自己思想最方便、最自然的方式是利用人类自身的语言，即自然语言，人与人之间交流观点、传播消息最方便、最自然的方式也是利用自然语言，对于普通用户而言，用自然语言直接查询所需的空间信息，非常方便且易于接受，在某些应用场合特别有效。

自然语言是一种非结构化的数据源，语言的多义、歧义现象很多，因此，自然语言的计算机理解非常困难。目前，自然语言理解的研究主要集中在受限语言的处理。受限语言的定义如下：

取某一语言 L，规定映射 R：L→[0.1]

若存在非空集 L＝{s|s∈L 且 R(s)＝1}

则把 L 称为 L 在映射 R 下的受限语言

受限语言具有两个特点，一是它具有某种特别的性质(映射 R 所规定)；其二，它是原语言的一部分，仍具有原语言的普遍特点，设计受限语言也就是规定映射 R，具体说来就是制定一些规则或原则，使原语言经过这些规则的限制，来适合人们应用的需要。设计受限语言规则，简单地说，就是在某一特定应用领域内对日常自然语言的使用和描述作一些人为的限制，这样生成的语言即为受限语言。受限语言既有自然语言易于人工表达、交互输入的特点，又便于语言的形式化处理。

在具体的空间信息查询应用中，采用受限自然语言的思路，通过建立无歧义的词典，归纳分析查询句式，设计查询文法规则和语义分析规则，可以取得比较好的自然语言查询效果。国外已开发出一些原型系统，如欧洲媒体中心的 Talking Map、Deep Map 系统，MIT 的 ASK 系统等。在国内，武汉大学、南京大学和中山大学的研究人员在这方面也做了一些研究。

由于自然语言理解与表达的限制，在有些应用中，自然语言查询方式是难以实现或作用意义不大。例如：

1) GIS 应用是以海量空间数据管理为目的；

2) GIS 应用是以空间信息可视化(三维)或空间分析为主的；

3) GIS 应用是以专题图制作或地图输出为目的的；

4) GIS 应用是面向某一行业、专业性较强的专业人员的。

在上面这些应用类型中，有的是因为所面对的空间数据复杂庞大，难以建立自然语言查询模型和词典；有的是因为面向专业性较强的人员，若用自然语言方式进行空间信息反而会加重系统的开发负担。

在一些面向公众的空间信息服务中，如位置信息服务（location-based service），房地产信息查询，交通线路信息查询，旅游景点、小区信息查询，地理知识问答等，由于空间实体类别的划分比较明确，每个空间实体都有显式的名称（地名、机构名），并且所面向的用户都是广大普通用户，若系统提供自然语言的查询方式，则更能被普通用户所接受和使用。并且，自然语言查询方式的用户交互界面非常简单，便于系统的维护和扩充，如果能同语音识别技术相结合，更能增强系统的交互性和趣味性。

思　考　题

1. OGC 定义的基本几何空间对象有哪些，你认为各有什么优缺点？
2. 空间对象的空间关系是如何关系定义的？
3. 文件管理方式、纯关系数据库管理方式、对象-关系数据库管理方式各有什么特点？
4. 空间数据索引方式有哪些？各有什么优缺点？
5. 何谓无缝 GIS 数据库？比较逻辑上无缝和物理上无缝的空间数据库的不同点。
6. 建立大型遥感影像数据库和大型数字高程模型数据库应注意什么问题？
7. GIS 数据库查询语言的发展趋势如何？

主要参考文献

边馥玲. 1996. GIS 原理和方法. 北京：测绘出版社

龚健雅. 2001. 地理信息系统基础. 北京：科学出版社

郭仁忠. 2000. 空间分析. 武汉：武汉测绘科技大学出版社

郭薇，郭菁，胡志勇等. 2006. 空间数据库索引技术. 上海：上海交通大学出版社

王家耀. 2001. 空间信息系统原理. 北京：科学出版社

王密. 2001. 大型无缝遥感影像数据库系统的研制与及可量测虚拟现实的可行性研究. 武汉：武汉大学博士学位论文

王树良. 2002. 基于数据场与云模型的空间数据挖掘和知识发现. 武汉：武汉大学博士学位论文

王艳东. 2002. 互操作 GIS 模型和实现方法的研究. 武汉：武汉大学博士学位论文

王永君. 2003. 基于 DEM 数据库建立大范围虚拟地形环境的若干关键技术研究. 武汉：武汉大学博士学位论文

邬伦，张晶，刘瑜等. 2001. 地理信息系统——原理、方法和应用. 北京：科学出版社

张新长，曾广鸿，张青年等. 2001. 城市地理信息系统. 北京：科学出版社

Egenhofer M. 1993. A model for detailed binary topological relationships. Geomatica，47(3-4)：261-273

Michael N D. 2000. Fundamental of Geographical Information System. New York：John Wiley & Sons，INC

Paul A L，Michael F G. 1999. Geographical Information System(1)：Principles and Technical. New York：John Wiley & Sons，INC

第 3 章　GIS 数据库设计

3.1　GIS 数据库设计概述

数据库是 GIS 系统的核心组成部分。一个数据库组织的有效程度将对整个 GIS 系统功能的有效发挥起到至关重要的作用。GIS 数据库设计的任务就是要将 GIS 系统涉及的数据进行合理的组织，使数据库能够满足各种数据处理的需要并具有良好的性能。

3.1.1　GIS 数据库设计概念

通俗地讲，数据库设计就是根据用户需求和预先选定的数据库管理系统对一个单位或部门的数据进行合理组织的过程。数据库实施则是按照数据库设计中规定的数据组织形式将数据装入数据库的过程。

从数据库理论的抽象角度看，GIS 数据库设计就是将一定范围内的地理现象表示为空间数据模型和数据结构的过程，也就是将一定范围内的地理现实抽象成计算机能够处理的数据模型的过程。按照生命周期法可把该过程分成多个阶段：首先将一个应用环境中用户对基础数据及其结构的需求和处理需要抽象成概念数据模型表示；再构造出能够正确反映现实世界的信息及其联系，又能满足用户的各种应用需求的最优逻辑模型；最后确定数据库存储结构和存储方法的物理模型。

GIS 数据库系统的复杂性以及它与环境联系的密切性，使得 GIS 数据库设计成为一个困难、复杂和费时的过程。数据库设计取决于系统目标、用户需求、数据特征和数据处理需求。GIS 数据库不仅需要考虑属性数据的存储和管理，也需要考虑空间数据的恰当表示。空间数据又有矢量和栅格之分，同时各类数据还可能有时间特征。为了特定数据处理的需要，可能需要在数据库中按多种不同的数据组织方式来表示各类数据。如何综合考虑 GIS 数据库系统中各类数据及其复杂联系，以及各种空间查询、空间分析等数据处理需求，成为影响一个 GIS 数据库设计成功与否的关键因素之一。

在早期的计算机应用系统设计过程中，由于数据少、处理多，因此采用面向过程的设计策略，即以处理需求为主、兼顾信息需求的设计方法。现在的大型计算机应用系统数据量十分庞大、数据结构复杂，数据库已成为应用系统设计的核心，在数据库设计中通常采用面向数据的设计策略。面向数据的方法与面向过程的方法不同，它以信息需求为主，兼顾处理需求，处理需求相对于信息需求处于次要地位。

3.1.2 数据库设计目标

数据库设计的基本目标是：

1）满足用户需求。数据库设计应以用户需求和约束条件为基础，尽可能准确地定义系统的需求。

2）良好的数据库性能。数据库性能的两个基本方面是存储效率和存取效率。即尽量减少冗余数据、有利于快速访问数据。但是这两个方面的要求是有冲突的，实际的数据库设计方案往往是这两方面性能的折中。此外，还有适应性、可移植性、安全性等方面的要求。例如，要求支持多种多样的决策需要，具有较强的应用适应性。

3）准确模拟现实世界。数据模型是对现实世界的模拟，模拟的准确程度取决于两个因素：一是所采用的数据模型的性质，二是数据库设计的质量。由于空间客体具有复杂的结构，因此要求数据模型具有丰富的建模构造，能够表达复杂的空间客体和空间客体间的复杂联系。显然，面向对象数据模型比关系模型更能有效地表达空间客体及其联系。在数据模型确定的情况下，数据库设计的质量非常重要，合理的设计能够准确地模拟现实世界，不合理的设计则会有各种各样的偏差。

4）能够被某个数据库管理系统接受。数据库设计的最终结果是建立一个能够在选定的数据库管理系统支持下运行的数据模型和处理模型，建立有效、可用的数据库。

3.1.3 GIS 数据库设计过程

GIS 数据库设计的核心工作是将一定范围内的地理现实抽象成计算机能够处理的数据模型。人们理解地理现象的方式与计算机存储和管理数据的方式相去甚远，直接将地理现实描述成计算机数据模型有较大困难。数据库设计过程中，通常经过从现实世界到概念模型、逻辑模型，最后到物理模型的一系列转换，最终建立计算机能够处理的数据模型。目前一般按生命周期法将整个数据库设计分为需求分析、概念设计、逻辑设计、物理设计等若干个设计阶段。

1. 需求分析

需求分析就是对用户的现行系统(手工系统或计算机系统)的工作情况进行详细调查,深入了解现行系统中数据的种类、相互之间的联系,以及数据处理流程,仔细分析用户对数据存储格式、数据完整性和安全性、数据处理等方面的需求,按照一定的规范写出用户需求说明书(通常用数据字典和数据流图等表示)。

2. 概念设计

这个阶段以用户需求说明书为依据,将用户需求抽象成概念(数据)模型。概念模型通常采用实体-联系模型等通用的信息结构模型表示。概念模型既独立于具体的信息内容(不涉及具体数据),也独立于信息系统的实现方式。也就是说,概念模型以用户需求为依据,但独立于硬件和软件,不考虑在特定的硬件和软件环境下实施的问题。概念模型是现实世界到信息世界的抽象,不涉及数据库实现方面的因素,便于非专业人员理解,因此是用户和数据库设计人员之间进行交流的有效手段。

3. 逻辑设计

逻辑设计也称为数据库设计(狭义)。主要任务是把信息世界中的概念模型转换为计算机世界中受数据库管理系统所支持的数据模型,并用数据描述语言表达出来。在这一阶段,概念模型被匹配到特定的数据库管理系统,称为逻辑数据模型,它决定着数据库要素的逻辑结构。例如,如果数据库管理系统是关系数据模型,那么第二阶段的部分工作将是建立关系模式(schemas)。因此,逻辑数据模型是与所采用的数据库软件相关的,但它本身是独立于物理实现细节的。也就是说,逻辑设计依赖于软件但独立于硬件。

4. 物理设计

即将数据库的逻辑模型在实际的物理存储设备上加以实现,从而建立一个具有较好性能的物理数据库。该过程依赖于给定的计算机系统。这一阶段构造物理数据模型,包含所有的物理实施细节。例如,数据文件如何在特定的介质上存储的细节,包括文件结构、内存和磁盘空间、访问和速度等因素。其目的是尽量合理地给数据库分配物理空间,提高数据库中数据的安全性和数据库的性能。

3.2　GIS 数据库概念设计

概念模型是对现实世界抽象而产生的通用信息模型,独立于系统实现的细节。

概念模型是在系统设计者和用户之间对系统的认识进行沟通的有效手段。概念模型可以表达建模对象的信息结构和动态特征。信息结构是指数据的类型及其相互关系，这些特征通常被认为是静态的。与建模对象的行为相关的操作则表现为动态特征。

概念模型的设计应满足下述要求：

1）提供一个便于非专业人士理解的系统结构框架；

2）包含丰富的结构类型，能够尽可能完整地描述系统的复杂性；

3）能够转换成与实施相关的模型（如逻辑数据模型和物理数据模型），以便能够设计和实施该系统。

概念设计是逻辑设计和物理设计的基础，应该重视概念设计工作。如果不重视概念设计，或者跳过概念设计而直接进行逻辑设计，往往会产生不合理的数据库模型，造成数据组织的混乱和低效。俗话说，“进去的是垃圾，出来的还是垃圾”。因此，必须进行周密的概念设计，避免无效数据进入数据库，同时对数据进行合理有效的组织。

GIS 数据库概念模型设计从独立于数据库软硬件的抽象层次上进行数据组织和设计，以保证数据库内容完整、组织合理和便于应用。概念设计的核心内容是确定数据库的数据组成、数据类型之间的关系、建立概念数据模型，并在此基础上形成书面文档。

3.2.1　实体-联系模型

实体（entity）-联系（relation）模型简称 E-R 模型，是概念模型设计最有力的工具，也是使用最广泛的概念设计方法。E-R 模型包含三种基本成分：实体、联系和属性。概念设计的结果可以用 E-R 图进行直观地描述和表达。用 E-R 模型来描述现实地理世界，不必考虑信息在计算机世界中的组织和存储细节，比一般数据模型更接近于现实地理世界，具有直观、自然、语义较丰富等特点，在数据库设计中得到了广泛应用。

识别实体类型（entity type）是建立 E-R 模型的起点。例如，如果我们要设计一个土地利用数据库，我们会首先识别出各种土地利用要素，包括行政区划、权属区、地形、土地利用、道路、河流、湖泊等。这些土地利用要素实际上是一些实体的集合，即实体类型。所谓实体类型是对实体的抽象，表示一类相似的对象。在上述例子中，提到的一些实体类型可描述为城镇、行政村、高程点、图斑、道路、河流等。实体类型是实体的抽象，而不是具体的某个实体。也就是说，实体类型不同于实体类型的实例。例如，对于城镇实体类型，可能有盐步镇、沙头镇、九江镇等城镇类型的实例。

实体类型之间通常具有某些相互关系。例如,假设我们定义了两个实体类型:城镇和道路。那么,我们可能会有这样的问题:经过某条道路能否到达某个城镇,或者说,某条道路是否连接到某个城镇。实体类型之间的这种相互关系称为联系类型(relationship type)。例如,上例中的联系类型可以被命名为“连接”。一个联系类型将一个或多个实体类型关联起来。类似于实体类型与实体实例之间的区别,联系类型也不同于联系类型的实例。联系类型的某个实例是某些具体实例之间的联系,而联系类型是对相似的联系集合的抽象。例如,盐桂公路连接盐步镇是连接联系类型的一个实例。

实体类型和联系类型都可以有自己的属性类型(attribute type)。例如,城镇实体类型可以有编号、名称、人口数、几何中心等属性,道路实体类型有道路编号、名称、类型、起点、终点、道路中心线、长度等属性;表示城镇实体类型与道路实体类型之间相互关系的连接联系类型可以有长度属性,长度属性表示道路在城镇内的长度。类似于实体类型与实体实例,我们也可以区分属性类型与属性实例,即属性实例是属性类型的一个特定实例。

类型和实例之间的区别通常是明显的,省略实体(或联系、属性)之后的“类型”或“实例”字眼通常不会引起类型与实体的混淆。为了叙述的方便,下面将实体类型与实体实例统称为实体;将联系类型与联系实例统称为联系;将属性类型与属性实例统称为属性。

基于实体、联系、属性三种成分的识别,可以构造初步的 E-R 模型,并用 E-R 图表示。其中,实体用方框表示,联系用菱形框表示,属性用圆圈表示。假定上述例子中只包含城镇和道路两个实体,其 E-R 模型可表示为图 3.1。

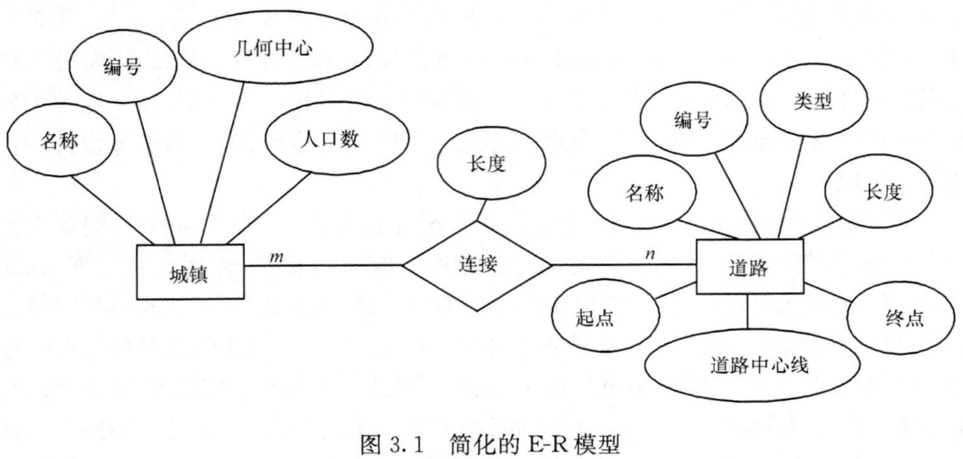

图 3.1 简化的 E-R 模型

实体、联系和属性还可以进一步区分，从而表达更丰富的语义信息。

实体类型应该有能力区分它的各个实例，这是通过唯一标识符（unique identifier）来实现的。一个实体类型必须有至少一个唯一标识符。唯一标识符可以是实体类型的某个属性，如道路编号，这个属性在整个数据库中的取值是唯一的、不重复的；也可以是若干个属性的集合，这些属性的联合取值在整个数据库中是唯一的、不重复的。例如，假定村庄实体有名称、所在城镇、人口数等属性，这些属性的取值都不是唯一的，而是有重复值。例如，假定有两个名称为“南庄”的村。我们可以考虑将名称和所在城镇两个属性组合起来作为唯一标识符，前提是村名相同的村庄不能出现在同一个镇，即每个村庄的镇名＋村名值都是不重复的。唯一标识符是一种特殊的属性。在 E-R 图中，通常对唯一标识符加下划线，使其与其他属性区分开来。

如果实体的多个属性都有唯一值，那么这些属性都是潜在的唯一标识符，可以选取其中一个具有唯一值的属性作为唯一标识符。但是，唯一标识符的选择通常取决于建模过程中实施层次的一些因素，如一个文件的主索引（primary index）的必要性。严格地说，这些都不是概念设计阶段应该考虑的问题。

实体间的联系可以分为多种类型，包括多对多、多对一、一对一三种情况。在 E-R 图上，这三类联系可以用数字或字母加以区分，即在联系线的两端用数字或字母（1、m、n）表示联系的数量关系。例如，上述道路连接城镇联系是多对多联系，因为每个城镇可以有多条道路穿过，而每条道路可以穿过多个城镇（图 3.1）。再如，考虑城镇和图书馆两个实体，假定每个城镇可以有多个图书馆，而每个图书馆都位于一个城镇内，则城镇和图书馆之间是一对多的联系（图 3.2）。

图 3.2　实体间联系的数量关系

E-R 模型还允许建模者表达实体进入联系的方式：强制性参与还是可选性参与。对于一个实体类型 E 和它涉及的一个联系类型 R 而言，如果 E 的所有实例都参与联系类型 R，则 E 在 R 中的参与类型是强制性的。否则，如果不是 E 的所有实例都参与联系类型 R，则 E 在 R 中的参与是可选的。在 E-R 图中，强制性参与用双线表示，可选性参与用单线表示。

例如，宗地实体和组织实体之间存在属于联系。每块宗地必须属于某个组织（村小组、村委会、镇或者国家），但并不是所有组织都拥有宗地（有的村小组没有土地所有权）。在这个属于联系中，宗地实体的参与是强制性的，而组织实体的参与是可选的（图 3.3）。

图 3.3　实体进入联系的方式:强制性或可选性的参与

另外,联系不仅能连接两个实体类型(二元联系),也可以连接多个实体类型(多元联系),甚至可以连接一个实体类型及其自身(一元联系)。例如,某商业集团有多个仓库存储商品,在该集团的多个商店销售这些商品,商店、仓库及商品之间存在着 $m:n:p$ 的三元联系,见图 3.4a。又如,一条道路与其他道路相交,可以用连接道路类型与道路类型自身的连接联系表示,属于一元联系,见图 3.4b。

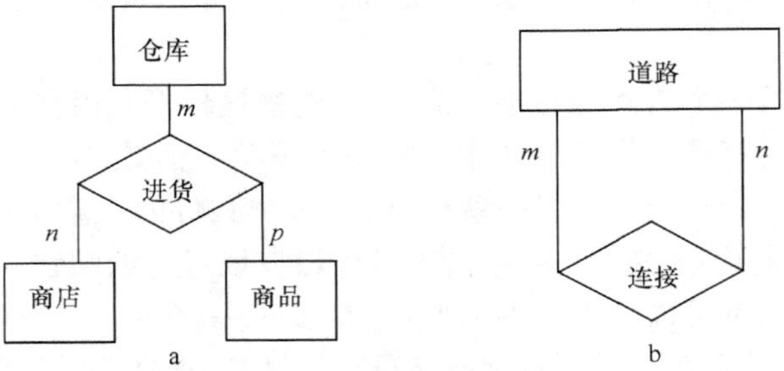

图 3.4　实体间的三元联系 a 及一元联系 b 示例

有的实体本身不能依据其属性值唯一地被识别,而必须依赖于它所联系的其他实体(父实体)才能被识别。这种实体称为依赖性实体,或者弱实体。依赖性实体的完整识别是通过一个连接依赖性实体的识别关系完成的。依赖性实体的一个例子是道路数据库中的路段。路段有一个唯一标识符——路段编号,但它本身不足以标识一个特定的路段,因为路段编号包含的信息非常有限。我们需要加上道路编号以进行完整的识别(如我们说 307 国道湖北段),见图 3.5。这里,依赖性实体和识别联系用双线矩形框和双线菱形框表示,不完整标识符在其下方加点线表

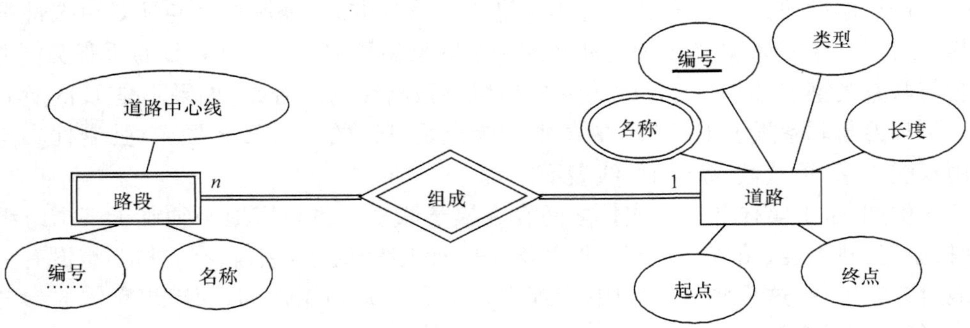

图 3.5　包含依赖性实体的 E-R 模型

示。依赖性实体总是强制性参与到识别联系中，否则其实例无法识别。基于同一原因，依赖实体与父实体之间的联系是一对一或多对一的关系。

属性如果可被划分为更小的具有独立意义的部分，那么这个属性是复合属性；否则就是简单属性。例如，客户实体的地址属性是一个复合属性，可以划分为所在省、城市、街道地址、邮政编码等更基本的属性。

许多属性对于一个特定的实体只有一个属性值，这样的属性称为单值属性；但有的属性对于一个特定的实体有多个属性值，称为多值属性。多值属性在 E-R 图中用双层圆圈表示。例如，图 3.5 中道路的编号是单值属性，每条道路都只有一个编号；但道路的名称是多值属性，每条道路可以有一个正式名称和 0 至多个非正式名称。

在 E-R 模型设计过程中，一些对象可能被设计为实体，但也可能被设计为属性，实体和属性的区分不是绝对的。例如，各类空间实体的几何信息通常被设计为相应类型空间实体的属性，但在特定情况下也可将几何信息设计为实体类型。以行政区划系统为例，我们可以将其抽象为行政区实体、面实体、边界环实体等的集合。每个行政区可以表示为一个或多个面，每个面又由一条或者多条闭合的边界线(边界环)所包围。如果进一步分解，每条边界环又可以表示为若干条弧段的有序集合。这里假定边界环由首尾重合的坐标序列表示，不分解到弧段、结点等更细部的结构。那么，这个区划系统可以表示为下面的 E-R 模型(图 3.6)。

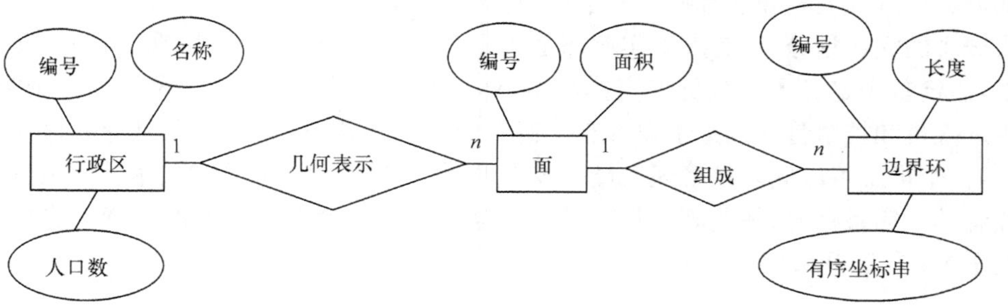

图 3.6 E-R 图中的几何实体

E-R 模型是数据库概念设计中最广泛使用的建模工具。它基于实体、联系、属性等简单有力的概念，便于非专业人士理解。同时，E-R 模型也容易转换成逻辑模型，能够方便地映射到关系模式。不过，E-R 模型也有不足之处，主要是缺少足够强有力的建模构造。正因为如此，在 E-R 模型基础上又发展了实体-联系扩展模型，提供了更丰富的建模构造，弥补 E-R 模型结构类型方面的缺陷。但是，建模能力的扩展使其部分地丧失了 E-R 模型自然、简单的优点。

3.2.2　实体-联系扩展模型(EER)

扩展模型在标准 E-R 模型的基础上增加了一些新的要素，这些扩展包括子类、超类和类型(category)等新的构造，它们与泛化(generalization)、特化(specialization)及属性继承(attribute inheritance)机制密切相关。这就允许在数据库描述中表达更丰富的语义，并可采用面向对象的建模方法；不过，面向对象的建模方法不仅描述信息系统的结构，也描述其动态行为。

如果一个实体类型 E1 的所有实例同时也是另一个实体类型 E2 的实例，那么 E1 是 E2 的子类，E2 是 E1 的超类。从一个类产生其子类的操作称为特化。反过来，从类产生超类的操作称为泛化。特化和泛化互为反操作，它们产生的模型是相同的。在 EER 图上，子类-超类关系用子集符号⊂表示。

特化能够从已有的实体类型中创建新的实体类型，这便于从一个实例中区分出某些实例，允许这些实例有其特定的属性，或者与其他实体间有特定的联系。其中，派生出的各个子类之间可能有重叠，也可能没有重叠。在 EER 图中，用字母 d 和 o 区分子类-超类关系中子类之间重叠与否。字母 d 表示子类之间无重叠，代表英文词 disjoint。字母 o 表示子类之间有重叠，代表英文词 overlapping。例如，在医院数据库设计中定义了一个病人实体类型，依据病人是否在本医院住院将病人细分成住院病人和非住院病人两个子类，这两个子类在概念上无重叠，并且构成病人概念的完备划分，所有病人实例都是其中某个子类的一个实例(图 3.7a)。又例如，假定首先定义了一个员工实体类型，然后派生出管理人员、技术骨干等子类。管理人员和技术骨干两个子类各有其特有的属性和联系，但它们在概念上存在重叠，一个员工可以同时是管理人员和技术骨干。另外，管理人员和技术骨干是员工概念的不完备划分，一些既不是管理人员也不是技术骨干的员工没有特化成单独的子类(图 3.7b)。

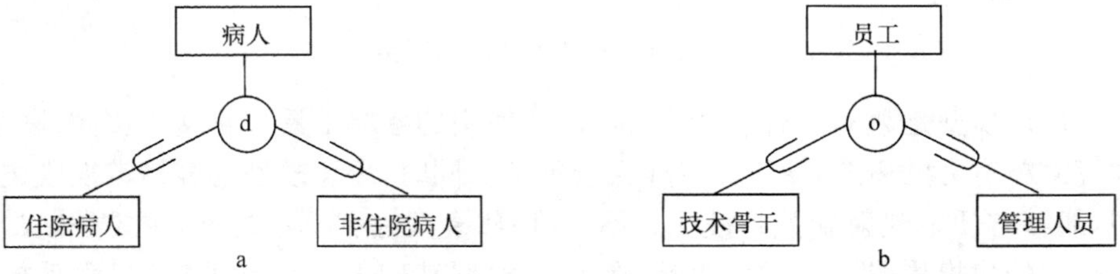

图 3.7　EER 模型中的特化关系

总之，特化可以创建新的类，这样产生的子类具有下述特点：

1）子类的每个实例也是超类的一个实例；

2）子类具有与超类相同的标识符属性；

3）子类具有超类的所有属性，并可能有附加属性；

4）子类具有超类涉及的所有联系，并可能有附加的联系。

子类又可以派生下一个层次的子类，这样构成一个层次结构的继承关系。

泛化与特化相反，是一个自底向上的建模过程。泛化是在一组已经存在的类中识别它们共同的性质，抽取这些共同性质建立一个新类。例如，我们可能在初始建模过程中设计了公园和运动场两个实体类型。后来我们发现它们有一些相同的性质，例如它们都有标识符、所有者、管理者、面积等属性，并且都与街区实体之间有一个相同的联系——所在街区。这时，可以建立一个新的实体类型，假定称为休闲地，将这些相同的性质提升到这个新的泛化的休闲地实体类型。

当我们希望对异质的多个实体类型泛化时，会遇到泛化操作的一个技术问题，即如何找出适合于这些类型的一组标识符属性，因为这些子类可能有不同的标识符。为解决这一问题，提出了范畴化(categorization)的概念，将若干个异质实体合并成一个范畴(category)。范畴化确实增加了相当大的建模能力，能表示实体内部的复杂性。实体不再需要被看作是原子性的和不可分解的。这个构造有时被看作是 E-R 模型的增强，不过它已偏离原始的实体概念很远，因此把它看作是对象模型的一个要素更为恰当。

3.2.3　E-R 模型设计步骤与方法

采用 E-R 模型进行数据库的概念设计可以分为以下三个步骤：

1）设计局部的 E-R 模型。这一步是在定义局部结构范围的基础上，定义局部范围内的实体、联系和属性，形成局部的 E-R 模型。首先确定实体，然后确定联系，最后确定实体与联系的属性。

这一过程似乎很简单，但由于不同的设计者对各类客体的重要程度理解的不同，在决定将各类客体模型化为实体或属性时，设计结果一般也不同，经常有不止一个可行的方案。有时，将一个事物表示为实体还是属性是很难决定的。例如，假定有城镇和电影院两个客体，电影院所在的城镇是作为一个实体，还是作为电影院的一个属性？可以参考下面一些准则：①如果某个数据类型是相对独立的、可以识别的，有其自己的属性，那么很可能是一个实体；如果它只是一个实体的一种性质，那它是一个属性。②如果某个客体与其他实体构成关系（但不是作为某种实体的一种性质），那么很可能是一个实体。

2）设计全局的 E-R 模型。这一步骤是将所有局部的 E-R 模型合并成一个全局的 E-R 模型。其基本过程是在确定两个局部 E-R 模型中的公共实体类型的基础上合并局部 E-R 模型，继续进行局部 E-R 模型两两合并，直到所有的局部 E-R

模型被合并到一个完整的全局 E-R 模型。

在合并过程中，两个模型之间可能存在冲突，需要识别并消除冲突。三类基本的冲突是命名冲突、属性冲突和结构冲突。命名冲突，包括实体类型名、联系类型名之间异名同义或异义同名等。属性冲突，包括数据类型、数据长度、取值范围、度量单位等方面的不一致。结构冲突包括三种情况：①不同局部 E-R 模型中同一实体类型的属性个数不同或排列顺序不同；②同一联系在不同的局部 E-R 模型中采用了不同的映射基数，例如在一个模型中是一对多，在另一个模型中则表示为多对多类型；③同一客体在两个模型中具有不同的抽象，如在一个模型中表示为实体，在另一个模型中表示为属性。在合并过程中，需要对 E-R 模型进行各种变换。例如，实体的分裂和合并，联系的分裂和合并，实体和联系的增加、删除，实体和属性的转位等。

3) 全局 E-R 模型的优化。一个好的全局 E-R 模型除能正确刻画现实世界之外，还应满足下列条件：实体类型个数尽可能少，实体类型间联系无冗余，实体类型所含的属性尽可能少。全局 E-R 模型的优化就是通过消除冗余实体、冗余联系和冗余属性以达到这三个要求。冗余实体的消除通过合并相关实体类型来实现，一般把 1∶1 联系的两个实体类型合并。冗余属性的消除要考虑数据检索的效率，可存在适当的冗余属性。冗余联系可采用规范化理论来消除。这种方法需要将联系表示为函数依赖集，并求解函数依赖集的最小覆盖。

3.2.4　面向空间应用的 E-R 模型设计

一般说来，GIS 数据库的概念设计可采用 E-R 模型按下列步骤展开。

1. 确定应用领域

数据库设计必须有明确的应用领域，以便于确定系统边界。数据模型是现实世界的抽象，限定应用领域有利于简化模型。应用领域越明确、越狭窄，相应的模型就越简单。大多数数据库设计都是有明确应用领域的，如土地利用管理、供排水系统的管理和维护等。当然，也有一些系统在设计之初并没有确定具体的应用领域，应该在设计过程中予以明确。如果数据库将要包含多个领域的应用，应该对各个应用领域分开进行分析处理。

2. 确定用户需求

每个应用领域都有特定的用户需求，如完成某项任务、生产某种产品等，这些需求的实现都建立在相应的数据基础之上。例如，土地利用审批、规划、监察都以特定的数据为依据，并产生相应的数据输出，如宗地图、土地利用现状图、土地利用规划图等。

3. 选择实体类型

每个用户需求识别了多个实体类型及其属性，只有相关的数据应该录入数据库，而且实体类型的数量应该受到限制。这时就要求建立客观的标准来决定数据库应包含哪些实体。这里，成本-收益分析是一个有效手段。不过，在数据库规模较小的情况下不存在选择实体类型的问题，需求分析确认的数据类型都可以纳入数据库模型，允许录入数据库。实体类型确定之后，它的属性也随之确定。之后为选取的实体命名并确定其唯一标识符也是很重要的工作。

4. 实体类型的调整

当实体类型较多时，实体类型的划分及其定义难免有矛盾和冲突之处，这就需要进行协调。实体类型调整后，其属性也应进行相应的调整。

5. 定义实体之间的联系

实体之间可能的联系包括：

1）对象的组成关系。例如，省由县组成、县由镇组成等。

2）对象之间的继承关系。例如，在已有的水体对象基础上，可以有继承产生的河流、湖泊等对象。

3）对象之间的拓扑关系。例如，某个地址与某条街道关联，某个阀门位于某条管道上，某个建筑物位于某个宗地上，某两个宗地彼此相邻等。

根据用户需求进一步分析实体之间的各种联系，决定将哪些联系表示在数据库中。不使用的联系不需要描述在数据库中。另外，有些关系（如拓扑关系）可以通过计算得到，可以不在数据库中表示。其他必须表示在数据库中的联系要求作为基本数据录入。

6. 属性分配

实体和联系都确定下来后，其他语义信息大部分可用属性描述。首先确定属性，然后把属性分配到有关实体和联系中去。

确定属性的原则：属性应该是不可再分解的语义单位，不应出现嵌套结构；实体与属性之间的关系只能是 $1:n$ 的；不同实体类型的属性之间应无直接关联关系。

实体的所有属性应该归纳在一起，分别指定允许的取值范围。下面以道路实体来说明。

1）实体类型：道路。

2）定义：所有汽车可以通行的道路，但不包括长度小于 50m 的道路。

3）属性：道路承载量。

4）允许的取值范围：最小 0kg，最大 20t。

当多个实体类型用到同一属性时（不包括名称相同但语义不同的属性），需要确定把该属性分配到哪个实体类型。一般把属性分配给那些使用频率最高的实体类型，或分配给实体实例少的实体类型。

有些属性不宜归入任何实体类型，只表示实体之间联系的特性。例如，某个读者借阅某本图书的借书日期和应还日期，既不能归为读者实体类型的属性，也不能归为图书实体类型的属性，应作为“借阅”联系类型的属性。

7. 几何表示

确定实体的几何表示类型，以及使用哪些基本几何要素。原则上，数据库的应用领域决定了实体的几何如何表示。不过，成本和更新等因素也有影响。在实践中，通常是两者选一：①矢量表示：点、线、面；②栅格表示。

8. 质量要求

确定数据的质量标准，主要内容包括：空间位置精度，属性精度，空间分辨率，空间数据和属性数据连接的一致性、现势性，内容完整性和空间范围上的覆盖率等。

9. 编码

编制实体类型名称的编码列表，并设计联系几何和属性的标识符。

完成上述步骤，产生一个对象目录，包含将进入数据库的所有对象的描述和代码，并采用 E-R 模型或其他方法表示设计形成的概念数据模型。

相对于其他数据库的概念设计而言，GIS 数据库设计有一些特殊的成分，包括空间实体、空间联系和空间属性。一般说来，这些特殊成分在 E-R 模型中可以被正确表示。下面介绍一个州立公园 E-R 模型的例子，它描述了一个州立公园数据库中的主要实体、联系及其属性（图 3. 8）。

该图中共有 7 个实体，即 Forest-Stand、River、Road、Facility、Forest、Fire-Station和 Manager，其中除 Manager 外的其他实体都是空间实体。实体的空间属性被归类为点、线、面、高程等几种类型，它们都是多值属性。例如，一条河流可以表示为多条线。图中还给出了 8 个联系，Foreset 实体参与了其中 6 个联系，而 Fire-Station 实体只参与了 monitors 的联系。在这些联系中，supplies_water_to、belongs_to、managers 和 monitors 是非空间联系，其余 4 个联系类型描述了该模型中 6 个空间实体之间的空间关系，包括 River 与 Road 在空间上交叉的 crosses

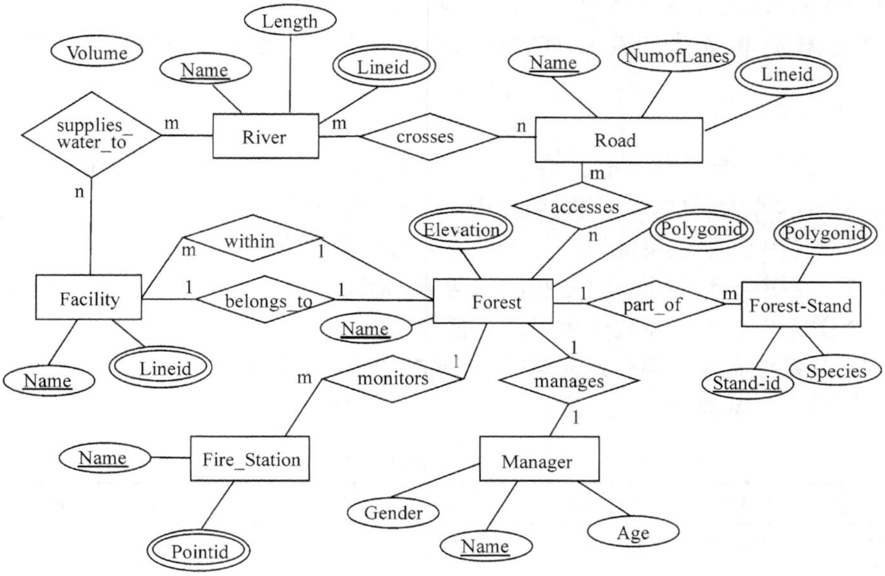

图 3.8　州立公园 E-R 模型(Shekhar and Chawla,2004)

关系,Road 通向 Forest 的 accesses 联系,Forest-Stand 组成 Forest 的 part-of 联系,Facility 包含于 Forest 的 within 联系。其他空间联系则没有在数据模型中表示。例如,一条河流穿过一片森林的空间关系没有被标明,而是隐含在模型中。此外,该图也表示了联系的基数约束。例如,Fire-Station 和 Forest 之间的 monitors 联系是一对多映射,每个消防站只监控一片森林,但一片森林可被多个消防站监控。

3.3　GIS 数据库逻辑设计

逻辑结构设计是数据库设计的核心。逻辑结构设计的任务是依据数据库管理系统所支持的数据模型特点,将概念结构进一步转换成相应的数据模型。目前,大多数 GIS 数据采用关系数据库或对象-关系数据库来存储。因此,GIS 数据库逻辑设计通常是一个将 E-R 模型或 UML 图表示的概念模型转换成关系模型的过程。

3.3.1　关系模型的基本概念

关系模型是由 E. F. Codd 在 20 世纪 70 年代初首次引入到数据库领域中的。关系数据模型是一种数学化的模型,它用数学方法研究数据库的结构并定义数据库的操作,具有坚实的数学基础。它把数据的逻辑结构归结为满足一定条件的二维表中的元素，这种表就称为关系。关系的集合就构成为关系模型。关系模型具有模型结构简单、数据的表示方法统一、语言表述一体化、数据独立性强等特点。

1. 关系

关系是一个规范化了的二维表(表 3.1)。表的每行对应一个元组；表的每列对应一个域，称为属性。在关系模型中，关系有如下性质：

1) 关系中的每个属性值都是不可再分的数据单位；

2) 关系中不允许出现完全相同的两个元组；

3) 关系中元组的排列顺序可以是任意的；

4) 关系中属性的顺序是任意的，一般按使用习惯排列；

5) 每个关系都有一个主键，唯一地标识它的各个元组。

表 3.1 员工表

职工号	姓名	出生日期	性别	部门	职务	电话号码
1121	孙晓阳	1978-01-21	男	开发部	工程师	64336768
1102	王东平	1981-06-04	女	开发部	工程师	64667698
2089	田佑军	1979-06-15	女	市场部	部门经理	65335432
3240	魏兴国	1983-12-21	男	财务部	会计师	69001254
3205	李胜利	1980-06-14	男	市场部	项目经理	69873432
2306	车小平	1985-11-12	男	采购部	经济师	64553212

2. 主键

如果一个属性集能唯一地标识一个关系中的元组并且不包含多余的属性，则称该属性集为该关系的候选键。一个关系可能有多个候选键。当一个关系有多个候选键时，可以选择其中一个作为主键。也就是说，主键是那个被用户选中的候选键。关系的主键应具有下述性质：

1) 唯一性。主键属性集的每一个值唯一地确定关系的一个元组。

2) 非冗余性。主键属性集中的每个属性都不是多余的，抽去其中任何一个属性将使该属性集不再具有唯一性。

3) 有效性。主键中的每个属性都不能为空值。

3. 外键

如果一个关系 R1 的某个属性集是另一个关系 R2 的主键，则该属性集对于关系 R1 来说是外键。使用外键能够将多个关系联系起来。

例如，一个公交数据库中存在 5 个表：线站关系表、线路表、站点表、站点度表以及站间距离表，每个表中都表示了线路或站点的编号，它们在一些表中作为主键存在。我们可以依据这些属性建立表间联系（外键约束），如图 3.9 所示。

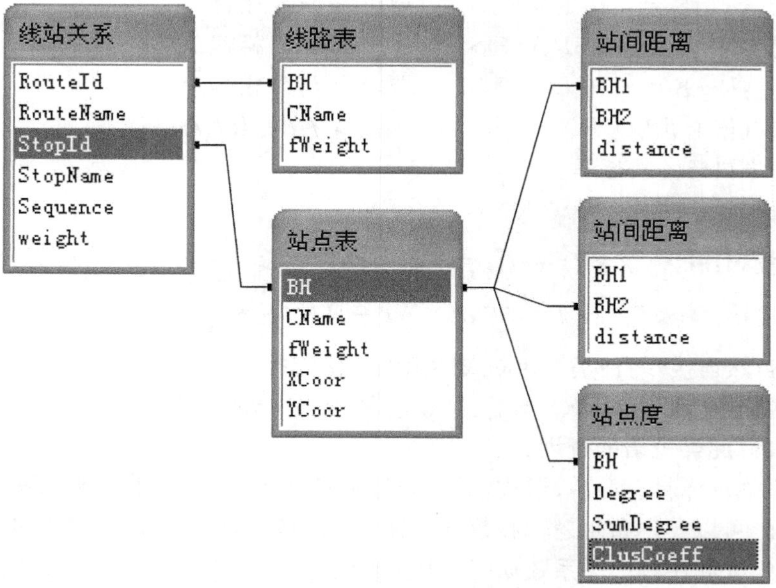

图 3.9　外键与表间联系

4. 关系模式

关系模式（relational schema）是对关系的描述。例如，可以将一个关系记为 $R(A_1, A_2, \cdots, A_n)$。其中，R 为关系名，$A_1, A_2, \cdots, A_n$ 为属性名，通常需要说明属性的数据类型、长度。一个关系模式确定了这个关系的框架。在用二维表格表示的关系中，每个表格的表头行就是一个关系模式。

5. 关系模型

关系模型是由若干个关系模式组成的集合。也就是说，它是用二维表格结构表示数据及数据之间联系的数据模型。

人们常把关系模式称为关系数据库的结构，而把关系称为关系模式的实例或外延。关系数据库的设计主要体现为关系模式的设计。

6. 关系代数运算

关系模型提供了一系列表示查询的关系代数运算。这些关系运算以关系作为运算对象，关系运算的结果仍为关系，可以再参与其他关系运算，由此可以构成对关系的各种复杂运算。下面介绍一些基本的关系代数运算。

(1) 传统的集合运算

· 并：$R\cup S=\{t|t\in R\vee t\in S\}$　(要求 R 与 S 相容)

· 交：$R\cap S=\{t|t\in R\wedge t\in S\}$　(要求 R 与 S 相容)

· 差：$R-S=\{t|t\in R\wedge t\notin S\}$　(要求 R 与 S 相容)

· 乘(笛卡儿积)：$R\times S=\{t|t=<t^r,t^s>\wedge t^r\in R\wedge t^s\in S\}$

(2) 专门的关系运算

· 选择：$\sigma_F(R)=\{t|t\in R\wedge F(t)=\mathrm{True}\}$

· 投影：$\pi_{i_1,i_2,\cdots,i_m}(R)=\{t|t=<t_{i_1},t_{i_2},\cdots,t_{i_m}>\wedge<t_1,t_2,\cdots,t_k>\in R\}$

· 连接：$R\underset{i\theta j}{\bowtie}S=\{t|t=<t^r,t^s>\wedge t^r\in R\wedge t^s\in S\wedge t_i^r\theta t_j^s\}$

· 自然连接：一种基于相同属性组的等值连接。

· 除：$R\div S=\pi_{r-s}(R)-\pi_{r-s}((\pi_{r-s}(R)\times S)-R)$。除运算适合表示包含了“对所有的”此类短语的查询。

关系数据库具有简单、形式化的模型，能够满足数据独立性等对数据库要求的许多方面，可以实现布尔逻辑和数学运算表达的各种查询需要，允许对各种数据类型搜索、组合和比较。关系数据库及其操作语言 SQL 在当前数据库中得到了最成功和最广泛的应用。但是，关系数据模型主要适合于传统事务型数据的处理，当运用于 CAD、GIS、计算机集成制造等新领域时就暴露出以下明显的局限：

1) 关系模型对复杂对象的表达能力较差。关系模型采用高度结构化的表格结构，语义表达能力较差，难以表达空间图形、声音等复杂对象。

2) 关系模型只支持相对简单的数据类型。当数据形式很复杂时，目前的关系数据库标准形式就难以处理了。对于图形、图像、声音、超文本、多维数据等非结构化数据，关系系统难以有效表达和管理。

3) 不能以自然的方式表示客体及客体间的联系。在关系模型中，客体之间的联系也可以用关系来表示，但一个客体与哪些客体有联系，必须检查每个关系才可能知道。

4) 关系数据库操纵语言与主语言之间存在着阻抗失配。关系数据库的 SQL 语言是一种描述性语言，而作为宿主语言的通用程序设计语言(C 语言等)是指令性语言，这两种语言之间存在不匹配的问题。这种数据库操纵语言与宿主语言之间的不匹配称为阻抗失配。

3.3.2　空间数据的关系化表示

虽然一些 GIS 仍然将几何数据和属性数据分开进行管理，但使用关系数据库系统对几何数据和属性数据统一进行管理已成为一种明显的趋势。归纳起来，几何数据在关系数据库和对象-关系数据库中的表示主要有四种方式：分解到多行表示方式、分解到多列表示方式、二进制大对象(BLOB)表示方式、专属几何类型表示方式。其中最常用的是后两种方式。

1. 分解到多行表示方式

这种几何表示方式是将具有嵌套结构的几何信息解构成多个基本几何元素，从而在关系(二维表格)中用多行表示一个几何实体，各行中的几何信息全部采用基本数据类型表示。具体解构形式与描述几何信息的数据模型有关。

1）对于 Spaghetti 模型所描述的几何信息，可以采用如图 3.10a 所示的关系模式来表示。每个点实体在 Point 表中用一行表示，存储其 ID 值及 x、y 坐标，每个点的 ID 值必须是唯一的；每个线实体在 Line 表中用多行表示，每行存储该线上一个顶点的序号及其 x、y 坐标，每个线实体的 ID 值必须是唯一的；面实体的表示方式与线实体相似，每个面实体在 Polygon 表中用多行表示，每行存储该面的边界线上一个顶点的序号及其 x、y 坐标，并且首尾点重合形成一个闭合环。

2）对于点位字典法描述的几何信息，也需要在对应的关系模式中建立 Polygon 表、Line 表及 Point 表。Point 表中存储点的 ID 及其 x、y 坐标，但 Line 表和 Polygon 表中不直接存储点的 x、y 坐标，转而存储点的 ID，通过点的 ID 属性建立 Polygon 表与 Point 表、Line 表与 Point 表之间的关联，如图 3.10b 所示。

a

Point 表

PointID	xCoor	yCoor
(Integer)	(Real)	(Real)

Line 表

LineID	Seq-no	xCoor	yCoor
(Integer)	(Integer)	(Real)	(Real)

Polygon 表

PolygonID	Seq-no	xCoor	yCoor
(Integer)	(Integer)	(Real)	(Real)

b

Point 表

PointID	xCoor	yCoor
(Integer)	(Real)	(Real)

Line 表

LineID	Seq-no	PointID
(Integer)	(Integer)	(Integer)

Polygon 表

PolygonID	Seq-no	PointID
(Integer)	(Integer)	(Integer)

图 3.10　分解几何实体到二维表格中多个行的表示方式

3）对于采用拓扑结构描述的几何信息，依照类似于点位字典法对应的关系模式来设计 Point 表和 Line 表。但 Polygon 表中的各行不再存储面边界经过的各个点，而是存储面边界的各个组成弧段（线）的 ID，通过线 ID 与 Line 表关联起来。此外，还可以建立一个线-面拓扑关系表，存储线的左右面的 ID。

分解到多行表示方式的优缺点分析：

主要优点有 2 个。①使用基本数据类型在二维表格中表示几何数据，不需要数据库管理系统具有支持嵌套信息结构的特殊数据类型；②可以直接利用关系数据库查询语言在几何数据上进行各类查询运算。

缺点有如下 4 个。①一个空间对象（包括线对象和面对象）往往需要几十条记录甚至更多的记录来存储，线 ID 和面 ID 重复存储造成冗余量大，而且数据表的记录数庞大，难以胜任海量空间数据的存储与管理；②一个空间对象不是作为一个整体存储在一个数据项中，每获取一个空间对象都需要进行一系列的查询，访问效率很低；③一个空间实体类型的数据需要用多个表来存储，拓扑关系的维护代价比较高；④数据之间存在着复杂的关系，数据编辑的运算量很大，且容易产生存储空间的碎片。

2. 分解到多列表示方式

分解到多列表示方式是 OGC（Open Geospatial Consortium Inc.）简单地理要素存取实施规范中定义的一种面向普通关系数据库管理系统的几何信息表示方式。它将几何实体解构为坐标点的集合，并在 Geometry 表中用多个列来存储这些坐标值，所有 x、y 坐标值采用基本数据类型表示。当描述一个几何实体的坐标点较多时，用多个行来存储该几何实体的坐标信息。几何实体可以由相同或不同几何类型的多个部分组成，因此在 Geometry 表中还设有 ETYPE 和 ESEQ 两个列来存储各组成部分的几何类型和顺序号。实际上，各坐标列存储的是这些组成部分的坐标信息。图 3.11 展示了一个平面中的 4 个几何实体及其分解到多个坐标列的表示方式。

分解到多列表示方式的 Geometry 表的标准结构包括：

1）唯一标识 Geometry 对象的 GID；

2）如果 Geometry 对象包含多个元素，ESEQ 指明了元素的顺序号；

3）ETYPE 指明元素的几何形类型；

4）一个元素可能需要多行来表示，SEQ 指明行顺序；

5）若干个存储坐标对的字段。

分解几何实体到多列表示方式与分解到多行表示方式相似，具有分解到多行表示方式的优点和缺点。例如，分解到多列表示方式将几何实体分解为多个部分而将其坐标值存储在多条记录中，查询分析几何实体时也需要依据多条记录建立几何实体。不过，分解到多列表示方式可以在一行中存储多个坐标值，Geometry 表的记录数远少于分解到多行表示方式，其存取效率相对较高。

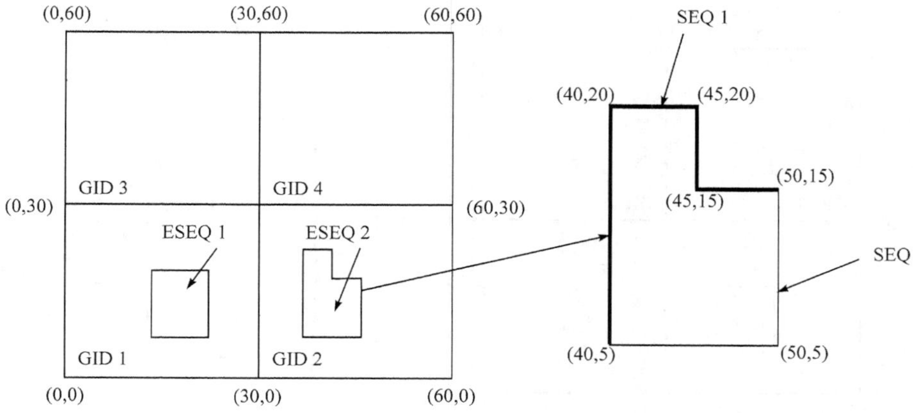

GID	ESEQ	ETYPE	SEQ	X_0	Y_0	X_1	Y_1	X_2	Y_2	X_3	Y_3	X_4	Y_4
1	1	3	1	0	0	0	30	30	30	30	0	0	0
1	2	3	1	10	10	10	20	20	20	20	10	10	10
2	1	3	1	30	0	30	30	60	30	60	0	30	0
2	2	3	1	40	5	40	20	45	20	45	15	50	15
2	2	3	2	50	15	50	5	40	5	Nil	Nil	Nil	Nil
3	1	3	1	0	30	0	60	30	60	30	30	0	30
4	1	3	1	30	30	30	60	60	60	60	30	30	30

图 3.11　分解几何实体到二维表格中多个列的表示方式(OGC,2005)

3. 二进制大对象表示方式

二进制大对象类型是在普通关系数据库中存储几何数据的最常用方式,它采用某种格式(如 WKB 格式)将几何实体作为一个整体存储在一个二进制大对象类型中。图 3.12 展示了一个平面中的 4 个几何实体及其按二进制大对象在关系中表示的方式。

二进制大对象表示方式的 Geometry 表的标准结构包括:

1) 唯一标识 Geometry 对象的 GID,并作为主码;

2) Geometry 对象的最小包围盒;

3) Geometry 对象的 WKB 格式编码数据。

虽然关系数据库管理系统已普遍支持二进制大对象数据类型,但这类数据并不能直接参加关系数据库的查询与运算,另外数据包中包含的坐标等信息也必须由应用程序来解析和处理。

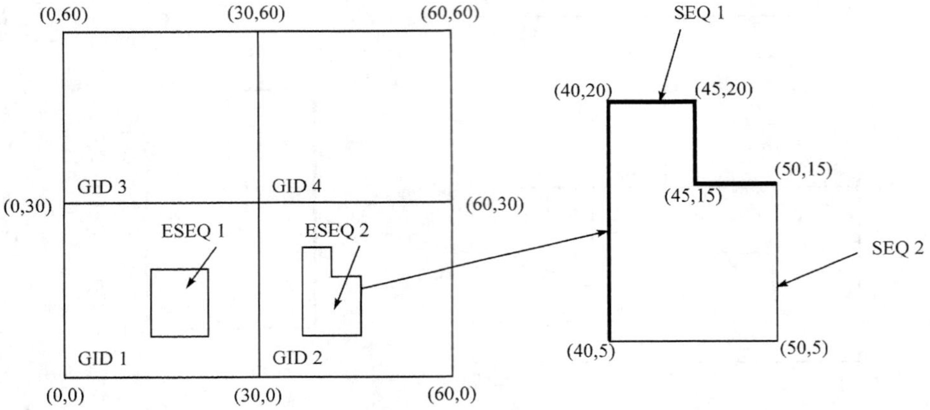

GID	XMIN	YMIN	XMAX	YMAX	GEOMETRY
1	0	0	30	30	<WKBGeometry>
2	30	0	60	30	<WKBGeometry>
3	0	30	30	60	<WKBGeometry>
4	30	30	60	60	<WKBGeometry>

图 3.12　几何实体在二维表格中的二进制大对象表示方式(OGC,2005)

采用二进制大对象类型表示几何数据的优缺点如下所述。

(1) 优点

1) 二进制大对象表示了整个几何实体,不需要依据多行或多列构建几何实体。

2) 二进制大对象可以采用流(stream)方式进行读写,访问效率高。

3) 二进制大对象不需要通过多行、多列或表间联系来表示几何实体,不需要对其进行复杂的数据关系维护。

4) 二进制大对象是无格式数据,可以方便地进行数据压缩和加密等处理。

(2) 缺点

1) 二进制大对象存储几何数据的具体格式不统一、不公开,由各 GIS 开发商控制决定。

2) 数据库管理系统无法直接用 SQL 语句对二进制大对象类型中的几何信息进行操作,不能直接在二进制大对象类型上执行空间查询。

4. 专属几何类型表示方式

在一些对象-关系数据库管理系统中,提供了若干种专属几何类型,从而可以将点、线、面等几何对象整体存储在这些专属几何类型中,并可以使用 SQL 语句对这些专属几何类型中的几何信息进行查询分析。典型代表是 Oracle Spatial、Informix的 Data-Blade 以及 DB2 的 Extension 等。

此外,也可以利用对象-关系数据库管理系统提供的抽象数据类型 ADT (abstract data type)定义功能自行定义几何数据类型来存储各种几何数据。其特点是:可以利用 ADT 在 SQL 系统中扩展数据类型,实现 OGIS 几何对象模型;ADT 类型可以用于字段定义;SQL 函数可以将 ADT 类型作为参数,可以返回 ADT 类型的值;一个 ADT 类型可以定义为另一个 ADT 类型的子类型,子类型可以出现在所有超类型能够出现的场合。

采用专属几何类型表示几何实体的优缺点如下所述(钟耳顺,2007)。

(1) 优点

1) 专属几何类型表示了整个几何实体,不需要依据多行或多列构建几何实体。

2) 提供公开的数据访问接口,数据可在多个软件及平台间共享,具有良好的开放性。

3) 可以使用 SQL 语句直接对专属几何类型进行操作,可以在专属几何类型上建立索引,可以通过存储过程或函数直接对专属几何类型进行空间查询。

(2) 缺点

1) 不能直接用流的方式访问专属几何类型,访问效率不及流方式。

2) 读取数据需要先取回对数据的引用,再依据引用去服务器端读取数据,使客户端与服务器交互的次数加倍,影响了访问效率,也加重了网络的负载。

3) 专属几何类型的数据格式由数据库厂商制定,种类不是很丰富,目前还不提供 CAD 复合类型、标注类型及网络拓扑类型等特殊类型,难以完全满足用户需求。

4) 数据库厂商往往只负责对专属几何类型数据的存储和检索,而不负责数据的编辑与可视化,因此需要通过应用系统开发实现几何数据的实际应用。

3.3.3 关系规范化理论

关系模式设计是关系数据库逻辑设计的核心问题,其理论依据是数据依赖理论和规范化理论。这两者构成了关系数据库设计的理论体系。

1. 数据依赖

数据依赖是施加于关系上的一种限制。这类限制并不取决于某一元组的某些属性取什么值,而是取决于两个元组的某些属性的值是否相等。这类限制统称为数据依赖,函数依赖是其中最重要的一种。在实际应用中还有其他一些依赖,多值依赖是其中比较重要的一种。

(1) 函数依赖

函数依赖是一种语义范畴的概念，反映关系所表述的信息本身所具有的特性。其数学形式的定义为：设有关系模式 $R(A_1,A_2,\cdots,A_n)$ 和属性集 $U(A_1,A_2,\cdots,A_n)$ 的子集 X，Y。若对于具体关系 r 的任意两个元组 s 和 t，只要 $s[X]=t[X]$，就必有 $s[Y]=t[Y]$，则称 X 函数决定 Y，或 Y 函数依赖于 X，记作 $X \to Y$。对于 $X \to Y$，存在 $Y \subseteq X$ 和 $Y \not\subseteq X$ 两种情况，其中后一种情况称为非平凡函数依赖。需要指出的是，函数依赖是针对关系模式的两个属性子集 X 和 Y 的所有可能值的，即对于所有的可能值，只要 $s[X]=t[X]$，就必有 $s[Y]=t[Y]$。因此，并不能根据几个具体的元组就去验证该关系上的函数依赖是否成立。

关系数据模型中的函数依赖主要有以下几种类型：

1) 最基本的函数依赖是关系模式的主键属性决定非主键属性。对于关系 $R(A_1,A_2,\cdots,A_n)$ 和函数依赖 $X \to Y$ 来说，属性子集 X 只包含关系 R 的主键属性，属性子集 Y 可以由关系 R 的任何属性组成，而且 $X \to Y$ 一定成立。

2) 完全函数依赖。设有关系模式 $R(A_1,A_2,\cdots,A_n)$ 和属性集 $U(A_1,A_2,\cdots,A_n)$ 的子集 X,Y。如果 $X \to Y$，并且对于任何 $X' \subset X$，都有 $X' \to Y$ 不成立，则称 Y 完全依赖于 X，记作 $X \xrightarrow{f} Y$。

3) 部分函数依赖。设有关系模式 $R(A_1,A_2,\cdots,A_n)$ 和属性集 $U(A_1,A_2,\cdots,A_n)$ 的子集 X,Y。如果 $X \to Y$，并且存在 $X' \subset X$，使 $X' \to Y$ 成立，则称 Y 部分依赖 X，记作 $X \xrightarrow{p} Y$。

4) 传递函数依赖。设有关系模式 $R(A_1,A_2,\cdots,A_n)$ 和属性集 $U(A_1,A_2,\cdots,A_n)$ 的子集 X,Y,Z。如果 $X \to Y, Y \to Z, Y \not\subseteq X$，并且 $Y \to X$ 不成立，称为 Z 传递依赖于 X，记作 $X \xrightarrow{t} Y$。

(2) 多值依赖

设有关系模式 $R(U)$，属性集 $U=\{A_1,A_2,\cdots,A_n\}$，X、Y、Z 是 U 的子集，并且 $Z=U-X-Y$。设 r 是 R 的任一关系，t 和 s 是 r 的任意两个元组。如果 $t[X]=s[X]$，则 r 必然存在两个元组 w 和 v（这里 w 和 v 可以与元组 t 和 s 相同），使得

1) $w[X]=v[X]=t[X]=s[X]$；

2) $w[Y]=t[Y]$，且 $w[Z]=s[Z]$；

3) $v[Y]=s[Y]$，且 $v[Z]=t[Z]$，

则称 Y 多值依赖于 X，或 X 多值决定 Y，记作 $X \to\to Y$。

根据多值依赖的定义，多值依赖具有的特点是：对于关系模式 $R(X,Y,Z)$，如果 R 的任意具体关系 r 的任意两个元组在 X 属性上取值相等，则交换这两个元组

在 Z 属性上的取值(X 和 Y 属性上的取值不变)而产生的两个新元组也一定是 r 中的元组。

2. 规范化理论

规范化形式的关系模式称为范式。可以把范式的概念理解成符合某一条件的关系模式的集合。到目前为止,已提出了六种不同规范化程度的范式,即第一范式(1NF)、第二范式(2NF)、第三范式(3NF)、“鲍依斯-柯德”范式(BCNF)、第四范式(4NF)和第五范式(5NF)。显然,最低一级的范式是 1NF。通过模式分解,从非规范化的关系模式转换到规范化的关系模式,以及从一个低一级范式的关系模式转换为若干个高一级关系模式集合的过程,称作规范化。

(1) 第一范式

在一个关系模式 R 中,如果 R 的每个属性的值域中的值都是原子性的、不可分割的最小数据单位,则称 R 为第一范式,记为 $R\in 1NF$。根据 1NF 的要求,关系模式的数据项中不能再包含子表。如果某个属性项包含子表(重复值),通常采用把重复值所在的行的其他属性的值也予以重复的方法将其转换成规范关系。例如表 3.2 中 Comission 2 的负责人有两个值,将它表示在两个不同行中形成规范化的关系,如表 3.3 所示。

表 3.2　非规范关系

委员会名称	负责人
Commission 1	Liu
Commission 2	Wang
	Yang
Commission 3	Zhang

表 3.3　规范关系

委员会名称	负责人
Commission 1	Liu
Commission 2	Wang
Commission 2	Yang
Commission 3	Zhang

对于几何数据而言,数据项的原子性要求往往不能得到满足,因为几何对象普遍存在嵌套信息结构。例如,一条线由多个顶点来描述,含有多个顶点值。

(2) 第二范式

如果一个关系模式属于 1NF,并且它的每一个非主属性完全依赖于它的每一个候选键,则称 R 为第二范式,记为 $R\in 2NF$。显然,如果主键是由一个属性组成,则任何非主属性必定完全依赖于主键属性。但当主键由多个属性组成时,非主属性可能部分依赖于主属性,就违反了 2NF。

例如,假设有关系模式 R(POLYGON#,ARC#,PERIMETER,AREA)。该关系模式的主键(也是唯一候选键)为＜POLYGON#,ARC#＞,这是一个复合键(由多个属性组成的键)。该关系模式属于 1NF。由于 PERIMETER 和 AREA 依赖于 POLYGON#,因此 PERIMETER 和 AREA 都是部分依赖于主键＜POL-

YGON＃，ARC＃＞，不是 2NF。然而，如果把关系模式 R 分解成两个关系模式 PARC(POLYGON ＃，ARC ＃) 和 PAREA(POLYGON ＃，PERIMETER，AREA)，则分解后的两个关系模式既是 1NF，又是 2NF。

值得注意的是，如果一个关系模式不是 2NF，将会产生下列问题：

1) 数据冗余。每一个多边形 POLYGON＃由多个弧段 ARC＃组成，这样一个多边形的 POLYGON＃需要存储多次，多边形的属性 PERIMETER 和 AREA 也需要存储多次。

2) 插入异常。一个新的多边形，如果没有录入其组成弧段 ARC＃，将无法插入该多边形及其面积与周长属性值。

3) 删除异常。如果某多边形由一个弧段描述，删除该弧段将会导致多边形的面积、周长等信息也被连同删除。

4) 更新异常。由于存在数据冗余，如果多边形的组成弧段发生了变化，就必须修改该弧段所属多边形的所有元组。这不仅增加了更新的代价，而且可能造成一部分数据被修改，但另一部分数据未被修改，引起数据不一致。

(3) 第三范式

如果一个关系模式 R 属于 2NF，并且 R 的任何一个非主属性都不传递依赖于它的任何一个候选键，则称 R 为第三范式，记为 $R\in$ 3NF。

假设有关系模式 R(POLYGON ＃，MBR，MBR_AREA，PERIMETER，AREA)。该关系模式的主键属性(也是唯一候选键)POLYGON＃决定其他非主键属性，是 2NF。其非主属性 MBR_AREA(最小边界矩形面积)完全依赖于非主属性 MBR(最小边界矩形)而传递依赖于主属性 POLYGON＃，因此该关系不是 3NF。若将该关系模式分解，可以产生两个属于 3NF 的关系模式：R1(POLYGON＃，MBR，PERIMETER，AREA)、R2(MBR，MBR_AREA)。

3NF 的分解消除了非主属性对主属性的部分依赖和传递依赖，在大多数情况下已能满足实际应用的需要。但是，3NF 的分解是不彻底的，因为 3NF 中还可能存在主属性对候选键的部分依赖和传递依赖。

(4) BCNF

BCNF 是修正的第三范式。设有关系模式 $R(U)$，X 和 A 是 U 的子集，且 $A\not\subseteq X$，F 是 R 上的函数依赖。如果对于 F 中的每一个函数依赖 $X\rightarrow A$，X 都是 R 的一个候选键，则称 R 是 BC(BoyceCodd)范式，记为 $R\in$ BCNF。

由 BCNF 的定义可知，如果关系 R 属于 BCNF，则 R 上的每一函数依赖的决定因素都是一个候选键，没有任何非主属性函数依赖于其他的非主属性。

对于不是 BCNF 的关系模式，可以通过模式分解使其成为 BCNF。

从 1NF 到 BCNF 是规范化程度不断提高的过程。在 1NF 基础上，消除非主属性对候选键的部分函数依赖，产生 2NF 的关系模式；在 2NF 基础上，消除非主属性对候选键的传递函数依赖，产生 3NF 的关系模式；在 3NF 基础上，进一步消除主属性对候选键的部分函数依赖，产生 BCNF 的关系模式。通过不断提高规范化程度，逐步消除了函数依赖范畴中的不合理部分，其结果是关系模式的不断分解。该过程实质上是概念的单一化过程。

如果关系模型中的各个关系模式都是 BCNF，那么它就消除了整个关系模式中的存储异常，在函数依赖范畴内达到最大限度的分解。

3.3.4　逻辑模型设计步骤与方法

在关系数据库的逻辑设计阶段，其主要任务是以概念设计形成的信息结构为基础，将其转换成用户选用的 DBMS 所支持的一组关系模式，并进行规范化处理和优化设计，得到满足要求的关系数据模型。

以 E-R 模型为基础的关系模型逻辑设计一般分为三个步骤。

1）将 E-R 图表示的概念模型转换成关系模型；

2）对上述关系模型进行规范化设计和处理；

3）对关系模型进行优化设计和处理。

1. E-R 模型向关系模型的转换

E-R 模型向关系模型转换的基本规则如下。

1）若两个实体间的联系类型为 $M:N$ 时，每一个实体转换为一个单独的关系模式，该关系模式的属性包含相应实体的所有属性，关系的主键采用相应实体的唯一识别符（主码）。实体间的联系也转换为一个单独的关系模式，该关系的属性包含该联系的所有属性，关系的主键用联系的唯一识别符表示。

2）若两个实体间的联系类型为 $1:N$ 时，实体间的联系不转换成单独的关系模式，联系连接的两个实体按下述策略转换：①将两个实体分别按上述转换方式 1）转换成两个单独的关系模式，并在联系的 N 端的实体对应的关系模式中加入如下属性：联系的 1 端的实体的主码，以及联系的非主码属性。②若两个实体间存在“一般”与“具体”的关系，则将两个实体分别按上述转换方式 1）转换成两个单独的关系模式，并将联系作为一个属性加入到联系的 N 端的实体对应的关系模式中。

例如，对于图 3.13 中的河流与河流类型 E-R 模型中，两个实体间是“一般”与“具体”的关系，因此将它们转换成两个关系：河流类型（名称、特点），河流（名称、长度、流量、类型）。

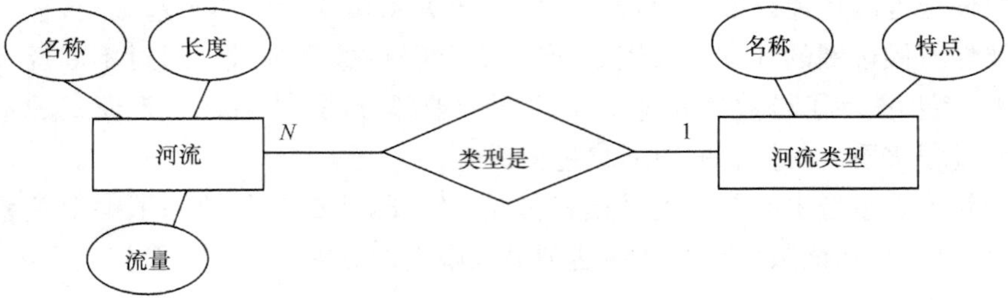

图 3.13　河流与河流类型之间的 1：N 联系

3）若两个实体间的联系类型为 1：1 时，实体间的联系不转换成单独的关系模型，将联系连接的两个实体分别按上述转换方式 1）转换成两个单独的关系模式，并在这两个关系模式的任何一个之中加入如下属性：另一个关系模式的键，以及联系的非主码属性。

下面是一个关系模型的设计示例。

在前述州立公园 E-R 模型基础上，根据上述转换规则，设计出州立公园关系数据库模式，如图 3.14 所示。其中，E-R 模型中的每个实体被设计成一个关系模式；每个多对多联系也被设计成一个关系模式，但实际上 River 和 Road 之间的 crosses 多对多联系可以不在数据库中表示，而在需要时通过计算得到该拓扑关系；其他联系为一对一或一对多联系，不设计成单独的关系模式，而通过相关实体的关系模式的外键来体现。在各关系模式中，属性的下方有下划线者表示主键，属性下方有断线者表示外键。例如，Manager 和 Forest 之间的 managers 联系为 1：1 映射，通过在 Manager 表中增加 Forest-Name 外键来体现。对于各实体的几何信息，则采用分解到多行、分解到多列、二进制大对象或专属几何类型等方式表示。

2. 关系数据模型的规范化设计

关系数据模型的规范化设计是依据函数依赖和范式理论，对关系模式进行规范化处理。其基本步骤和方法是：

1）分析每个关系模式的语义，写出每一个关系模式中各个属性之间的数据依赖，进而确定每一个关系模式的函数依赖集。

2）求每一个关系模式的函数依赖集的最小依赖集。它具有下述性质：函数依赖集中没有多余依赖；每个依赖的左端没有多余属性；每个依赖的右端只有一个属性。

3）合并每一个关系模式中决定因素相同的函数依赖。例如，设关系 R 的最小函数依赖集 $G=\{X\rightarrow A, X\rightarrow B, YZ\rightarrow C, YZ\rightarrow D, YZ\rightarrow E\}$，则合并结果为 $G=\{X\rightarrow AB, YZ\rightarrow CDE\}$。

Forest

Name	Area
(varchar)	(Real)

Forest-Geom

Name	Polyonid
(varchar)	(Integer)

Forest-Stand

Stand-id	Species	Forest-name
(Integer)	(varchar)	(varchar)

Fstand-Geom

Stand-id	Polyonid
(Integer)	(Integer)

Fire-Station

Name	Forest-name
(varchar)	(varchar)

Fstand-Geom

Name	Pointid
(varchar)	(Integer)

Facility

Name	Forest-name	Forest-name-2
(varchar)	(varchar)	(varchar)

Facility-Geom

Name	Pointid
(varchar)	(Integer)

River

Name	Length
(varchar)	(Real)

River-Geom

Name	Lineid
(varchar)	(Integer)

Road

Name	NumofLanes
(varchar)	(Integer)

Road-Geom

RdName	Lineid
(varchar)	(Integer)

Manager

Name	Gender	Age	Forest-name
(varchar)	(varchar)	(Integer)	(varchar)

Supplies-Water-To

FacName	RivName	Volume
(varchar)	(varchar)	(Real)

Road-Access-Forest

RdName	Forest-name
(varchar)	(varchar)

图 3.14　州立公园关系数据库模式(Shekhar and Chawla,2004,略有改动)

4) 按照关系模式分解理论和函数依赖理论,对每一个关系模式及其函数依赖进行分解。一般要求分解到关系模式满足 3NF 或 BCNF 为止。

5) 经过上述模式分解,可能会出现某些完全相同的关系模式,这时就要消除掉多余的关系模式。于是,某些完全相同的关系模式就被“合并”成一个单独的关系模式。

3. 关系模型的优化

上述规范化处理过程中并没有考虑用户需求。另外，从查询效率等角度考虑，规范化处理造成关系的破碎化(单一化)，增加了关系连接的计算量。因此，需要在规范化处理的基础上结合用户需求和查询效率进一步优化。

实际上，关系模型设计的主要目标有两个：

1) 关系中的数据冗余度小，以减少空间浪费，保证数据完整性；

2) 快速地从关系中存取数据。

这两个要求本质上是有冲突的。显然，第一个目标要求关系模式的规模较小，能够分解的关系尽量单列为一个关系模式，这样重复存储的数据就少，冗余度小。但是，如果数据库中包含着许多小的关系，在数据操纵时可能需要将它们连接起来以产生查询结果，这样就会耗费较多时间(关系连接是关系数据库操作中耗费高的操作)。第二个目标则要求关系连接较少，以便快速存储数据。这意味着数据库中包含的关系较少，只涉及少量的连接。但是过大的关系模式会带来数据冗余、数据完整性易遭破坏等问题。实际数据库设计中需要在这两个目标之间找到合理的平衡，其本质是空间(以及完整性)和时间效率之间的折中。

为了在降低数据冗余度的同时获取较高的查询效率，必须认真分析用户需求，以便从最常用的查询要求中找到使用最频繁的连接运算及相关的关系模式，并以此为依据，对有关关系模式进行必要的合并。

3.3.5 OpenGIS 简单地理要素 SQL 实现框架

OpenGIS 简单地理要素 SQL 存取实施规范规定了在关系数据库中表示地理信息的要素表体系架构，分别规定了采用预定义数据类型表示地理信息和采用专属几何类型表示地理信息两种情况下的 SQL 实现框架。本节依据 OpenGIS 规范(OGC，2005)予以简要介绍。

1. 采用预定义数据类型的地理要素表 SQL 实现框架

该规范规定了一个基于 SQL 标准并采用预定义数据类型表示几何对象的数据库模式，涉及要素表、几何表和空间参照系统信息表。该规范没有规定采用预定义数据类型并基于 SQL 标准存取、维护或者索引几何对象的 SQL 函数。

(1) *数据库模式*

该数据库模式符合 OGIS Simple Feature 规范，定义了要素表等关系模式(图 3.15)：

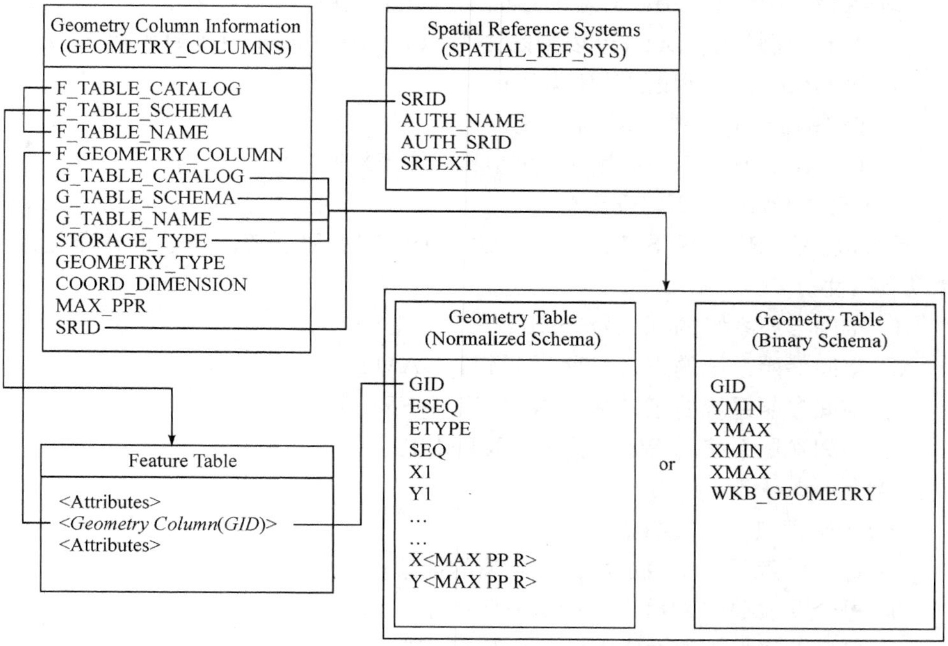

图3.15 OpenGIS基于SQL标准并采用预定义数据类型表示几何对象的数据库模式

1) Geometry_Columns 数据表描述库中存在的 Feature 数据表及它们的 Geometry属性。

2) Spatial_Ref_Sys 数据表描述 Geometry 的坐标系统和变换参数。

3) Feature 数据表存储一系列 features。Feature 表中每一行对应一个 Feature 对象。每个 Feature 都有一个或多个 Geometry 属性字段。每个 Geometry 类型字段都对应一个特殊的 Geometry 表。

4) Geometry 表存储几何对象,采用标准 SQL 数值类型或 SQL 二进制类型存储几何数据。

5) Feature 对象和 Geometry 对象通过外码建立对应关系,Feature 表中 GID 为外码,而 Geometry 表中 GID 为主码。

(2) Geometry_Columns 表

Geometry_Columns 表的每行描述数据库中的一个 Geometry 字段。数据库中的每个 Geometry 字段在该表中有一条记录。

该表的每行记录包含以下属性:

1) 某个 Geometry 字段所在的 feature 表的标识码(名称);

2) 该 Geometry 字段的名称;

3）与该 Geometry 字段对应的存储几何对象的 geometry 表的标识码（名称）；

4）存储类型（在 geometry 表中是否为 normalized geometry storage）；

5）该 Geometry 字段的几何类型；

6）该 Geometry 字段的坐标维度；

7）该 Geometry 字段采用的空间参照系统 ID 值（SRID）。

（3）SPATIAL_REF_SYS 表

SPATIAL_REF_SYS 表的每行描述一个空间参照系统。该表的每条记录包含以下属性。

1）空间参照系统的标识号（SRID）；

2）空间参照系统的正式名称（AUTH_NAME）；

3）空间参照系统的正式标识码（AUTH_SRID）；

4）空间参照系统的 WKT 描述（SRTEXT）。

（4）Feature 表

Feature 表具有下述特点：

1）每个要素（feature）是对一个对象的抽象；

2）每个要素都被表示为 Feature 表中的一行；

3）要素的属性被表示为 Feature 表的字段；

4）要素的几何属性是其众多属性之一；描述几何属性的每个 Geometry 字段都与一个 Geometry 表对应，其公共属性 GID 在 Feature 表中为外键，在 Geometry 表中为主键；

5）要素之间的关系可以被定义为 Feature 表之间的外键参照。

（5）Geometry 表

依据各 Geometry 字段在 Geometry_Columns 表中指定的存储方式不同，各 Geometry 字段在 Geometry 表中采用规范化二维表格方式或二进制块方式表示几何对象。

1）规范化二维表格存储方式（normalized geometry schema）：①采用将几何信息分解到多列存储的方式；②具体格式有规定，见空间数据的关系化存储一节。

2）二进制块存储方式（binary geometry schema）：①采用二进制大对象存储几何信息的方式；②具体格式有规定，应采用 WKB 格式。

2. 采用专属几何类型的地理要素表 SQL 实现框架

该规范定义了一个基于 SQL 标准并采用专属几何类型的数据库模式，涉及要素表、几何表和空间参照系统信息表。该方案以 SQL 支持的 ADT 实现 OGM Geometry类型，定义了 Feature 数据表的存储方案，定义了 Spatial Reference System信息的存储方案，定义了访问几何对象的 SQL 函数接口，但没有定义

Geometry的存储方案。由于没有统一规定 Geometry 类型的实现方案，因此不同的数据库系统的 Geometry 类型实现方案各不相同。

（1）数据库模式

该数据库模式符合 OGIS Simple Feature 规范，定义了要素表等关系模式（图 3.16）：

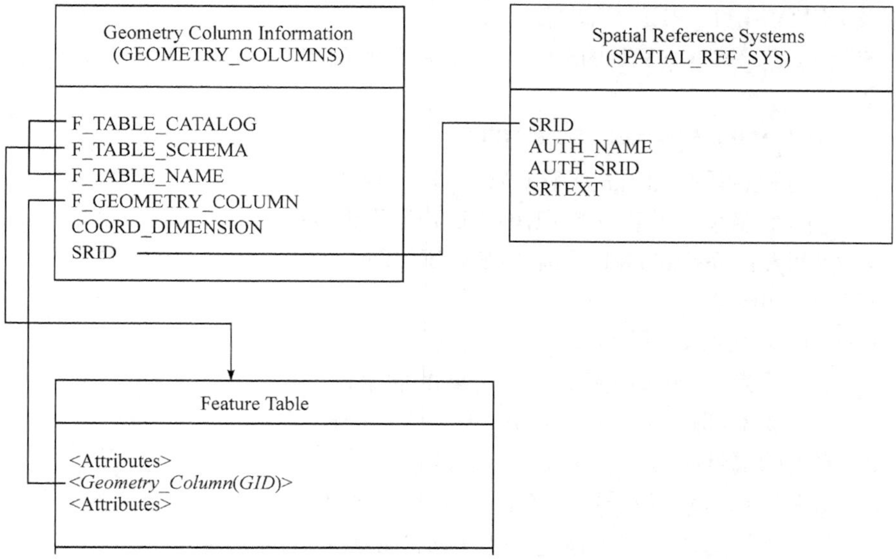

图 3.16　OpenGIS 基于 SQL 标准并采用专属几何类型表示几何对象的数据库模式

1）GEOMETRY_COLUMNS 表描述库中存在的 Feature 表及它们的 Geometry 属性。

2）SPATIAL_REF_SYS 表描述 Geometry 的坐标系统和变换参数。

3）Feature 表存储一系列 features。①Feature 表中每一行对应一个 Feature 对象；②每个 Feature 都有一个或多个 Geometry 属性字段，采用 SQL 支持的 Geometry 数据类型存储几何数据。

（2）GEOMETRY_COLUMNS 表

该表的每行描述数据库中的一个 Geometry 字段，数据库中的每个 Geometry 字段在该表中有一条记录。每行记录包含以下属性：

1）该 Geometry 字段所在的 Feature 表的标识码（名称）；

2）该 Geometry 字段的名称；

3）该 Geometry 字段采用的空间参照系统 ID 值（SRID）；

4）该 Geometry 字段的坐标维度。

在用专属几何类型表示几何对象的 SQL 实现方案中，除了通过 GEOMETRY_

COLUMNS 表识别 Feature 表和 Geometry 字段之外，还存在一种替代方式，也就是将 Geometry 字段表示为 SQL INFORMATION_SCHEMA 的 COLUMNS 元数据视图的一行。不过，标准的 SQL INFORMATION_SCHEMA 不含空间参照系统识别码和坐标维数两个部分，为了获取这些信息，仍需要参照 GEOMETRY_COLUMNS 表。

(3) SPATIAL_REF_SYS 表

SPATIAL_REF_SYS 表的每行描述一个空间参照系统，每条记录包含以下属性：

1) 空间参照系统的标识号(SRID)；

2) 空间参照系统的正式名称(AUTH_NAME)；

3) 空间参照系统的正式标识码(AUTH_SRID)；

4) 空间参照系统的 WKT 描述(SRTEXT)。

(4) Feature 表

Feature 表具有如下特点。

1) 每个要素(Feature)是对一个对象的抽象；

2) 每个要素都被表示为 Feature 表中的一行；

3) 要素的属性被表示为 Feature 表的字段；

4) 要素的几何数据存储在 SQL 几何数据类型的字段中；

5) 要素之间的关系可以被定义为 Feature 表之间的外键参照。

(5) 几何数据类型(Geometry Types)

OGC 规范允许以纯数值型的数据类型或者支持持久引用的数据类型(行类型或 ADT 类型)实现 Geometry 数据类型。Geometry 数据类型是以黑箱方式定义的，用户不能直接操纵 Geometry 数据。对 Geometry 数据类型的实例的所有访问必须通过 SQL 函数来完成。

OGIS 规范不规定 Geometry Types 如何实现，没有对类型定义的语法和功能、SQL 函数定义的语法和功能、Geometry 对象如何存储在数据库中，以及用来实现几何对象模型的技术(如 ADT)加以约定。

OGIS 标准提供如下的标准：OpenGIS Geometry 类型的命名和几何定义、访问 Geometry 类型的 OpenGIS SQL 函数的命名、参数和几何定义。

3.4　GIS 数据库物理设计

数据库最终是存储在物理设备上的，数据库在物理设备上的存储记录格式、数据存放位置和存取方法就称为数据库的物理结构，它完全依赖于给定的硬件系统和数据库产品。数据库的物理(结构)设计就是为一个给定数据库的逻辑结构选取一个最适合应用环境的物理结构和存取方法的过程。在关系模型系统中，物理设计比较简单，其主要任务是确定文件组织、数据分块、缓冲区大小及其管理方式、数据库在存取器上的分布等。

物理设计可分四步完成，前三步涉及物理结构设计，最后一步涉及数据库约束。

1）存储记录结构设计：包括记录的组成、数据项的类型与长度，以及逻辑记录到存储记录的映射。

2）确定数据存放位置：可以把经常被同时访问的数据组合在一起，“聚簇”(cluster)技术能够满足这个要求。

3）存取路径设计：存取路径分为主存取路径和辅存取路径，前者用于主键检索，后者用于辅助键检索。

4）安全性和完整性设计：设计者应在完整性、安全性、有效性和效率方面进行分析，作出权衡。

在上述步骤中，第一步是使用 DDL（数据定义语言）定义数据库结构，基本上可以直接依据关系模式编写相关语句。第二步主要涉及数据在磁盘上的组织和记录聚簇。第三步存取路径设计主要是建立索引的问题。第四步则是定义完整性约束和开展安全性设计。下面主要从定义数据库结构、聚簇设计和索引设计三个方面介绍数据库的物理设计。

3.4.1　定义数据库结构

定义数据库结构即依据数据库逻辑设计确定的数据模型，利用 DDL 描述数据库结构。对于前述 OpenGIS 简单地理要素数据库模式，可以用下述语句定义其表结构（OGC，2005）。

1. 定义 SPATIAL_REF_SYS 表

```
CREATE TABLE SPATIAL_REF_SYS
(
  SRID INTEGER NOT NULL PRIMARY KEY,
  AUTH_NAME CHARACTER VARYING(256),
  AUTH_SRID INTEGER,
  SRTEXT CHARACTER VARYING(2048)
)
```

2. 定义 GEOMETRY_COLUMNS 表

（1）采用预定义数据类型表示几何对象的 GEOMETRY_COLUMNS 表

```
CREATE TABLE GEOMETRY_COLUMNS (
  F_TABLE_CATALOG VARCHAR(256) NOT NULL,
  F_TABLE_SCHEMA VARCHAR(256) NOT NULL,
  F_TABLE_NAME VARCHAR(256) NOT NULL,-- Feature 表名称
  F_GEOMETRY_COLUMN VARCHAR(256) NOT NULL,
  G_TABLE_CATALOG VARCHAR(256) NOT NULL,
  G_TABLE_SCHEMA VARCHAR(256) NOT NULL,
  G_TABLE_NAME VARCHAR(256) NOT NULL,-- Geometry 表名称
  STORAGE_TYPE INTEGER,-- 存储类型:0=坐标表示,1=二进制编码
  GEOMETRY_TYPE INTEGER,-- 几何类型
  COORD_DIMENSION INTEGER,-- 坐标维数
  MAX_PPR INTEGER,-- 每行最大坐标点个数(max point per row)
  SRID INTEGER REFERENCES SPATIAL_REF_SYS,-- 空间参照系统 ID
  CONSTRAINT GC_PK PRIMARY KEY
  (F_TABLE_CATALOG,F_TABLE_SCHEMA,
  F_TABLE_NAME,F_GEOMETRY_COLUMN)
)
```

其中，GEOMETRY_TYPE（几何类型）取 0～11，含义为：0＝GEOMETRY，1＝POINT，2＝CURVE，3＝LINESTRING，4＝SURFACE，5＝POLYGON，6＝COLLECTION，7＝MULTIPOINT，8＝MULTICURVE，9＝MULTILINESTRING，10＝MULTISURFACE，11＝MULTIPOLYGON。

（2）采用专属几何类型表示几何对象的 GEOMETRY_COLUMNS 表

```
CREATE TABLE GEOMETRY_COLUMNS (
  F_TABLE_CATALOG CHARACTER VARYING(256) NOT NULL,
  F_TABLE_SCHEMA CHARACTER VARYING(256) NOT NULL,
  F_TABLE_NAME CHARACTER VARYING(256) NOT NULL,
  F_GEOMETRY_COLUMN CHARACTER VARYING(256) NOT NULL,
  COORD_DIMENSION INTEGER,
  SRID INTEGER REFERENCES SPATIAL_REF_SYS,
  CONSTRAINT GC_PK PRIMARY KEY
    (F_TABLE_CATALOG,F_TABLE_SCHEMA,F_TABLE_NAME,
```

```
    F_GEOMETRY_COLUMN)
)
```

3. 定义 Feature 表

(1) 采用预定义数据类型表示几何对象的 Feature 表

```
CREATE TABLE< feature table name> (
  <primary key column name><primary key column type>,
  … (other attributes for this feature table)
  <geometry column name><geometry column type>,
  … (other geometry columns for this feature table)
  PRIMARY KEY<primary key column name>,
  FOREIGN KEY<geometry column name>REFERENCES
    <geometry table name>,
  … (other geometry column constraints for this feature table)
)
```

(2) 采用专属几何类型表示几何对象的 Feature 表

```
CREATE TABLE<feature table name>(
  <primary key column name><primary key column type>,
  … (other attributes for this feature table)
  <geometry column name><geometry column type>,
  … (other geometry columns for this feature table)
  PRIMARY KEY<primary key column name>,
  CONSTRAINT SRS_1 CHECK(SRID(<geometry column name>)in(SE-
LECT SRID from GEOMETRY_COLUMNS where F_TABLE_CATALOG=<catalog
>and F_TABLE_SCHEMA=<schema>and F_TABLE_NAME=<feature table
name>and F_GEOMETRY_COLUMN=<geometry column>))
  …(spatial reference constraints for other geometry col-
umns in this feature table)
)
```

定义 Feature 表示例：

```
CREATE TABLE Countries (
  Name VARCHAR(200) NOT NULL PRIMARY KEY,
  Location Polygon NOT NULL,
  CONSTRAINT spatial_reference
```

```
  CHECK (SRID(Location) in
  (SELECT SRID from GEOMETRY_COLUMNS where
    F_TABLE_CATALOG=<catalog> and
    F_TABLE_SCHEMA=<schema> and
    F_TABLE_NAME='Countries' and
    F_GEOMETRY_COLUMN='Location'))
)
```

4. 定义 Geometry 表

采用专属几何类型表示几何对象情况下不设 Geometry 表，而是在 Feature 表中设 Geometry 字段存储几何对象。在采用预定义数据类型表示几何对象情况下设有单独的 Geometry 表。

(1) 采用 SQL 数值类型表示几何对象

```
CREATE TABLE<table name> (
  GID NUMBER NOT NULL,
  ESEQ INTEGER NOT NULL,
  ETYPE INTEGER NOT NULL, -- 注:1=Point,2=LineString,3=Polygon
  SEQ INTEGER NOT NULL,
  X1<ordinate type> , -- 注:first ordinate of first Point
  Y1<ordinate type> , -- 注:second ordinate of first Point
  …<repeated for each ordinate,repeated for each point>
  X<max_ppr><ordinate type> , -- 注:first ordinate of last
Point
  Y<max_ppr><ordinate type> , -- 注:second ordinate of last
Point
  …,
  <attribute name><attribute type>
  CONSTRAINT GID_PK PRIMARY KEY (GID,ESEQ,SEQ)
)
```

(2) 采用 SQL 二进制类型表示几何对象

```
CREATE TABLE< table name> (
  GID NUMBER NOT NULL PRIMARY KEY,
  XMIN<ordinate type>,
  YMIN<ordinate type>,
  XMAX<ordinate type>,
```

```
    YMAX<ordinate type>,
    WKB_GEOMETRY VARBINARY,
    <attribute name><attribute type>
)
```

3.4.2 聚簇设计

1. 聚簇的概念

聚簇是将有关的数据元组集中存放于一个物理块内或若干相邻物理块内或同一柱面内的数据存储结构。它以某种搜索码值的顺序安排记录的物理存储，搜索码值相近的记录在存储上也相近，具体表现在磁道和扇区上的相邻。目前的商品化 RDBMS 都提供了将一个关系按照一个或几个属性进行聚簇存储的功能，即提供了聚簇索引的命令。聚簇能够有效地提高查询效率，降低对于常见的大查询的响应时间，适合于单搜索码值的查找和范围值的查找。

整数、定点数、浮点数、字符串、日期等简单数据类型具有完整的一维全序性质，其值可以排成线性单调序列，与存储器等逻辑上为一维的设备的线性性质相符，因此易于建立聚簇。空间数据是多维数据，空间数据的聚簇意味着将空间上相邻的几何对象存储在物理存储器内相邻的地址上。由于空间数据的排列具有 x 方向和 y 方向等多个维度，空间数据所处的多维空间中根本不存在天然的一维地址顺序，因此建立空间数据的聚簇比单一维的简单数据类型值的聚簇复杂得多。

空间数据聚簇方法是将两维及以上地址空间映射到一维地址空间，其要求是：①高维地址到一维地址为一对一映射，没有地址遗漏和重复；②保持数据之间的距离关系，保证高维空间中相邻的地址也在一维空间中相邻。不过，一对一的映射容易构造，但保持距离不变的要求只能近似地实现。目前提出的映射方法有 Z 序(Z-order)、格雷码(Gray code)和 Hilbert 曲线等。图 3.17 和图 3.18 分别是生成 Z 曲线和 Hilbert 曲线的示意图。

2. 聚簇设计

所谓聚簇设计，就是根据用户需求确定每个关系是否需要建立聚簇；如果某个关系需要建立聚簇，则应确定在该关系的哪个属性列或哪一组属性列上建立聚簇。

当一个关系按照某些属性列建立聚簇后，关系中的元组都按照聚簇属性列中值的顺序存放在磁盘的一个物理块或若干相邻物理块内。由于聚簇引起记录在物理地址上的顺序存放，因此一个关系上只能建立一个聚簇索引。聚簇属性列上值相似的记录存放在相邻位置，因此对这些属性列的查询特别有效，能减少磁盘上的寻址时间并提高磁盘缓存命中率。不过，数据库系统建立和维护聚簇的开销很大，

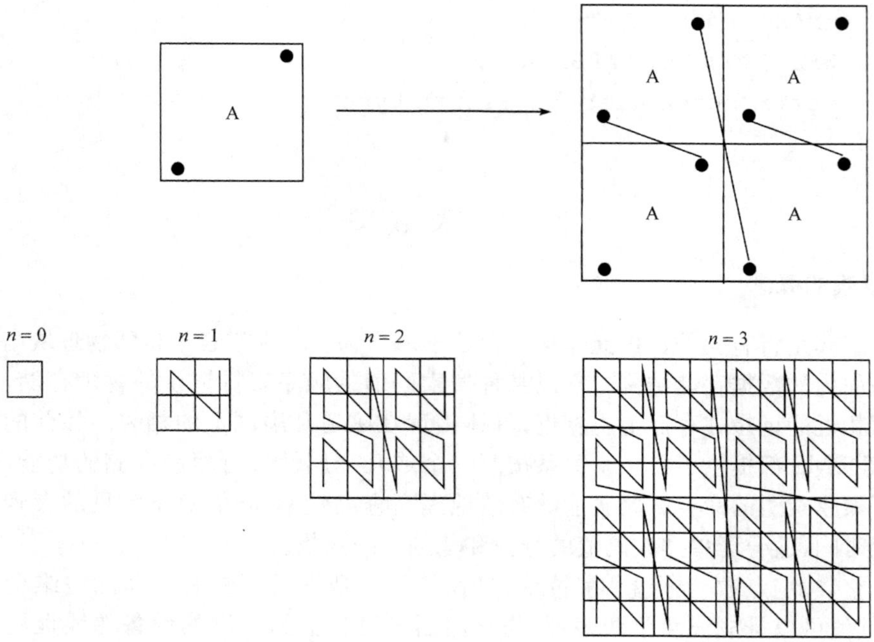

图 3.17　产生一条 Z-曲线

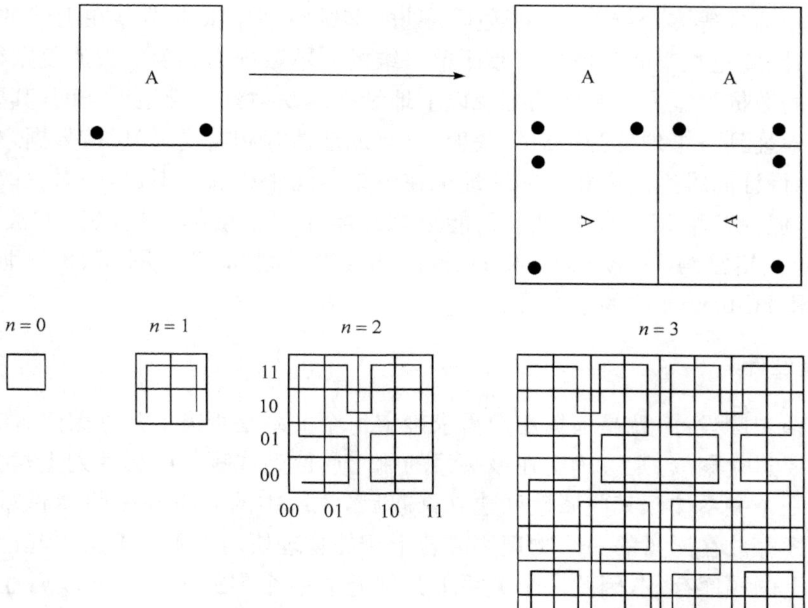

图 3.18　产生一条 Hilbert 曲线

每次修改聚簇属性列上的值或增加、删除元组时都需要移动关系中的元组的物理存储位置，以保持聚簇属性列中值的排列顺序。因此，只有在特定情况时才考虑在一个关系的某个属性或属性组上建立聚簇，一般包括以下几种情况：

1）检索数据时，常以某个属性或属性组作为排序、分组条件。

2）检索数据时，常以某个属性或属性组作为选择元组的条件，并返回大量数据。

3）表格中某个属性或属性组的值重复性较大。

3.4.3 索引设计

索引(index)是数据库中独立的数据库对象，是支持对于所要求的数据进行快速定位的附加的数据结构。当文件中记录的数目和数据量很大时，采用顺序查询时速度会明显下降，为了能够采用随机查询方式进行快速查找，必须对文件建立索引。数据库中常用的索引技术有有序索引、B^+ 树索引等。空间数据库则较多采用网格索引、R 树索引。

每个索引结构有一个特定的搜索码与之关联。搜索码是指用于在主文件中查找记录的属性或属性集。索引按一定的方式存储搜索码的值，并将搜索码与主文件中包含该搜索码的记录关联起来。索引提供了一种无需扫描主文件的每个页面而快速访问数据页的方法。它的作用就如书籍的目录一样，在检索数据时可以快速定位到目标数据所在页面，从而大大提高对数据库的访问效率。

与聚簇索引不同，非聚簇索引中的索引属性项(搜索码)上值的顺序通常不同于主文件中该属性项上值的顺序。建立非聚簇索引，不会引起记录的物理存储位置的移动。当索引属性列上的值发生变化或增加、删除元组时，只需修改索引，而主文件(关系)中原有元组的存放位置不受影响。此外，每个关系只能建立一个聚簇，但却可以同时建立多个索引。

索引设计是数据库物理设计的基本问题。对于一个确定的关系，通常在下列情况下可以考虑建立索引：

1）一个属性(组)经常在操作条件中出现。

2）一个属性(组)经常作为 MIN、MAX、AVG、SUM、COUNT 等聚合函数的参数。这种情况下建立这些属性(组)上的索引，可以从索引直接得到结果而不必访问数据表。

3）一个属性(组)经常在连接操作的连接条件中出现。

4）一个属性(组)经常作为投影属性使用。

3.5 地理信息元数据设计

元数据是关于数据的数据，用于描述数据的内容、覆盖范围、质量、管理方式、数据的所有者、数据的提供方式等有关信息。地理信息元数据是关于地理相关数据和信息资源的描述信息。它通过对地理空间数据的内容、质量、数据格式、数据采集时间和其他特征进行描述与说明，帮助人们有效地定位、评价、获取和使用地理相关数据。

3.5.1 地理信息元数据确定的原则

建立元数据集合的目的是帮助人们理解和使用元数据所描述的数据对象。元数据的选择和组织必须遵循一定的规则，以全面描述数据对象，并方便用户使用。地理信息元数据的确定需要遵循以下几个原则：

1）完整性。早期人们对元数据的理解较简单，只有少数几个数据项。随着人们对元数据理解的深入，元数据体系趋于复杂化。例如，美国国家地球空间数据元数据标准共分 7 个部分，219 项数据要素，内容庞大繁琐。获取如此多的元数据，需要增加 15％～20％的工作时间，编写该标准的元数据需要花费大量的人力和资金。因此，实际的元数据设计中需要挑选出一些最重要的元数据，构成核心元数据集。核心元数据集是有效描述数据特征的最小元数据元素集合，它应该完整地描述数据集最重要的信息。

2）准确性。各个元数据元素应该从某个侧面准确地描述数据集合的某些特征。地理信息内容几乎涉及数学、天文学、地学、海洋学、信息技术等所有方面，在确定核心元数据内容时，需要对相关领域的理论与技术有全面的了解，准确而简洁地将描述数据集主要特征的数据元素整合起来。

3）结构性。地理信息元数据之间具有复杂的联系，应根据其结构联系进行合理的组织，以便对元数据进行修改或扩展时不破坏其整体结构。

4）与其他标准的一致性。由于元数据也是其他标准的高度概括，在制定元数据时，应调研相关领域现有的国际标准与国家、行业标准，尽量采用已颁布的标准。

3.5.2 地理信息元数据的主要内容

目前，已经提出了地理信息元数据的一些区域性标准，包括美国联邦地理数据委员会（The Federal Geographic Data Committee，FGDC）提出的地学空间数据元数据内容标准、MEGRIN 欧洲地图事务组织提出的 GDDD 数据集描述方法、加拿大标准委员会提出的 CGSB 地球空间数据集描述、CEN/TC287 提出的 CEN 地学信息—数据描述—元数据、NASA 提出的 DIF、ISO/TC211 提出的 ISO 地理信息(表 3.4)。但人们对地理信息元数据并没有形成完全统一的认识,还没有一个全球性的统一标准。

表 3.4　部分元数据标准草案的内容比较

CEN/TC287	FGDC	ISO/TC211
数据集标识信息	标识信息	标识信息
数据集综述信息	数据集质量信息	数据集质量信息
数据集质量信息	空间数据组织信息	数据志信息
空间参照系信息	空间参照系信息	空间数据表示信息
范围信息	实体和属性信息	空间参照系信息
数据定义	发行信息	应用要素分类信息
分类信息	元数据参考信息	发行信息
元数据参考		元数据参考信息
元数据语言		

1) 标识信息,是唯一标识数据集的元数据信息。通过标识信息,用户可以对已有数据集有一个总体的了解,如数据集的名称、发布时间、版本、空间范围、表示方式、空间分辨率、信息类别、数据集的联系信息、数据集法律和安全限制等。

2) 数据质量信息,是数据集质量的总体评价,包括数据集在数据完整性、逻辑一致性、位置精度、时间精度(时间表示的精确程度、现势性或有效性)、属性精度(数据集属性分类正确性、属性值的精度和正确性)等方面的综述和说明数据质量的保证措施,以及数据源、数据处理过程(算法与参数)、数据志等的说明信息。

3) 空间参照系统信息,是对数据集使用的空间参照系统的说明。

4) 内容信息,描述数据集的主要内容,包括实体和属性信息。

5) 分发信息,描述有关数据分发者信息及获取数据的方法(如数据集网络传输地址)。通过分发信息用户可以了解到获取数据集的方式和途径。

6) 核心元数据参考信息,包括核心元数据发布或更新的日期,以及与建立核心元数据单位的联系信息。通过核心元数据参考信息,用户可以了解到核心元数据内容的现势性等信息。

元数据设计过程中,通常根据实际应用的需要,参照已有元数据标准确定元数据体系。例如,某个综合省情地理数据库的元数据如图 3.19 所示(梁湖清和马荣华,2002)。

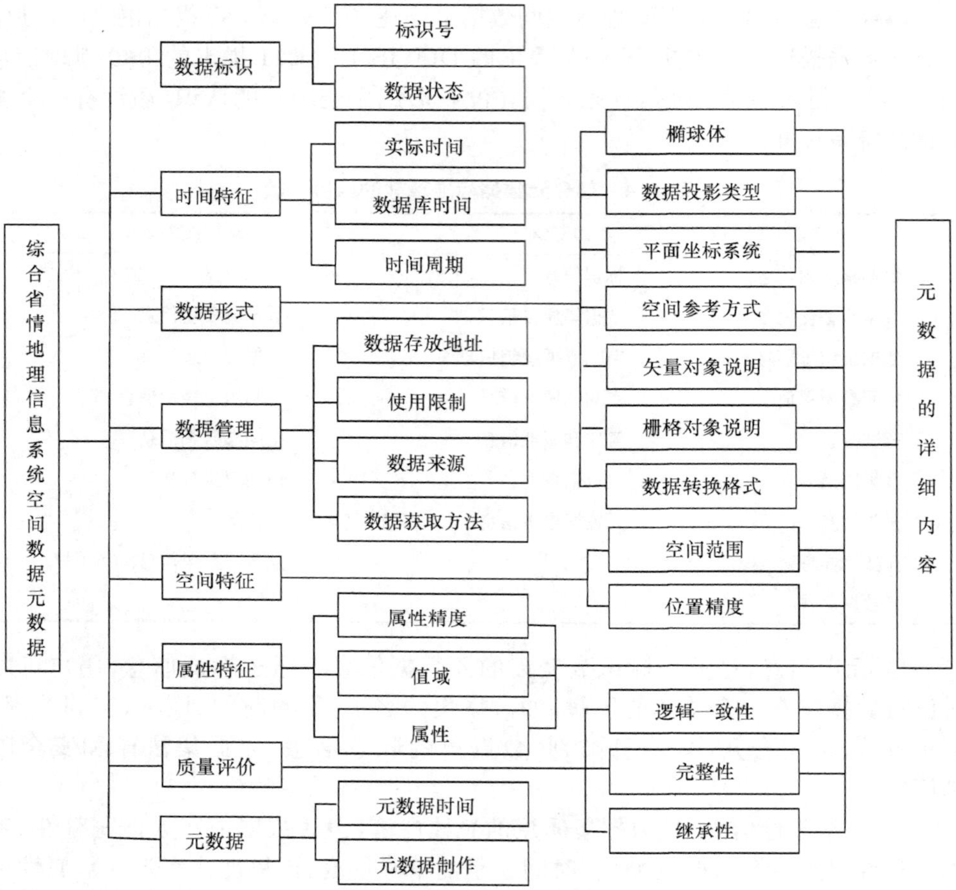

图 3.19　综合省情地理信息元数据(梁湖清等,2002)

3.5.3　地理信息元数据的组织

元数据的逻辑组织可采取如下方式。

1. 按照元素性质来组织

这是常用的元数据组织方式。上面列举的一些地理信息元数据标准都将元数据按信息内容划分为不同的类型。例如,ISO/TC 211 的元数据标准中将元素按照性质分成不同的子集。其中由唯一标识一个数据集,说明其空间和时间范围、状况、法律限制和保密限定所需的信息的元素构成标识信息子集。由包含数据集质量的一般评价的元素构成数据集质量信息子集。由有关数据集应用、数据源,以及生产数据集时所用的工艺方法元素构成数据志信息。由与数据集中表示空间信息所用方法有关的信息构成空间数据表示信息子集。由数据集中应用的空间和时间参照系统说明构成参照系统信息子集。由数据集中具有的要素类型、要素功能、要素属性和要素关系的定义和说明构成要素分类信息子集。由有关获取信息所需的数据发行者及买卖权限的信息构成发行信息子集。由元数据现势性及其负责单位信息构成元数据参考信息子集等。

2. 按照功能来组织

主要方法是将元数据分成描述性元数据、结构性元数据、功能性元数据三类。描述性元数据是对元数据的基本信息的描述，如资源名、资源名简称、替代资源名（如其他语种形式的资源名）、副资源名、描述、统一资源标识符（或其他定位信息）、作者、语种、字符集编码等。结构性元数据是确定各种资源之间关系的元素。管理性元数据的主要目的在于帮助工作人员进行维护。它们很少是从用户的角度考虑和设计，对用户来说可能是不可见的，但它们可能被用于各种资源维护的工作中，如检查资源的描述是否具有现势性等。

3. 按照使用范围来组织

电器和电子工程师协会（The Institute of Electrical and Electronics Engineers，IEEE）将元数据元素按照使用范围分为三组：主要与信息内容有关的元素、主要与信息的知识产权有关的元素、主要与信息的实例有关的元素。

澳大利亚新西兰土地信息委员会（The Australia New Zealand Land Information Council，ANZLIC）元数据核心元素模型中按照范围将元数据元素分成国家级元素和区域级元素。

4. 按照重要程度来组织

按照元素使用的频繁程度或者重要性差异，将元素分成核心元素和一般性元素，其中核心元素是所有类型的数据所共有的。例如，英国 Dublin 元数据核心元素模型和澳大利亚、新西兰元数据核心元素模型都是如此。在区分核心元素与一般元素的基础上，又对核心元素按照不同的侧面进行分类。

3.6 基于 Geodatabase 的数据库设计

3.6.1 Geodatabase 数据模型

Geodatabase 是一个类似于 coverage 的矢量数据模型，提供对要素类及其拓扑关系建模的支持，并将几何数据和属性数据统一存储在商业数据库管理系统中。Geodatabase 支持面向对象的矢量数据模型，它将地理数据组织成一个数据对象的结构体系。在 Geodatabase 模型中，实体被表示为具有属性、行为、关系的对象。Geodatabase 还允许用户定义对象之间的关系，以及保持对象之间参照完整性的规则。Geodatabase 定义了简单对象、地理要素、几何网络、注记要素等多种对象类型，提供了对地理信息建模的有力支持，能够满足各种不同的用户和应用需要。

Geodatabase 中的信息类型包括如下几种。

1) 表(tables)：表是记录的集合。每个记录(行)中包含许多列(字段)。每个列都有数据类型、取值范围的限定，可以用默认值、域等手段规范列的内容。域(domain)是一个字段的有效值的列表(或者有效范围)。

2) 对象类(object classes)：对象表示一个没有空间几何的实体，没有位置相关信息，如土地所有者。一个对象类作为一个表存储在 Geodatabase 中，一个对象是表中的一行。对象类没有位置信息，但可以通过关系类与要素类(含有位置信息)联系起来。例如，土地所有者可以与一个或几个地块关联起来。

3) 要素类(feature classes)：要素表示有空间几何的实体，有位置相关信息，如图斑、地块、湖泊。要素类是一个地理要素的集合。要素类中的各要素具有相同的几何类型(如点、线、多边形)、相同的属性列集合，以及相同的坐标系统。要素类在 Geodatabase 中作为一个表存储，表中有一个特殊的列(如 geometry 或 shape 列)存储其空间几何。性质不同的实体分别用不同的要素类表示，如湖泊、道路、行政区划。属性相同但几何表示类型不同的实体也用不同的要素类表示，如水系数据中区分出多边形状湖泊、线状河流、点状泉等三类要素。

在 SQL Server DBMS 的 Geodatabase 中，每个要素类由一个业务(business)表及关联的要素(feature)表和空间索引表描述。业务表是一个空间化的表，含有一个空间列，该列指向要素表中的一条记录。空间数据以 ArcSDE 压缩二进制或 OGC WKB 格式存储在要素表中(图 3.20)。图 3.20 中以虚线指示了表间联系。

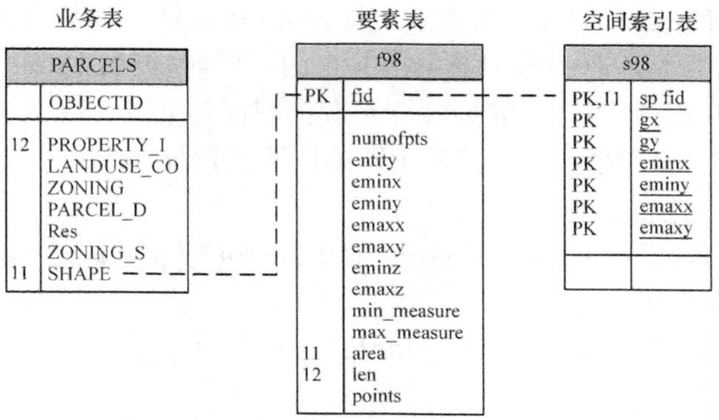

图 3.20　SQL Server 中的要素类 Geodatabase 模型

在空间化的业务表上定义了一个数据库触发器，能够自动维护业务表与要素表相关记录之间的联系。

4）子类（subtype）：在要素类内部可以划分若干个次一级的组，每个组是一个子类。每个子类有其自己的完整性规则和 GIS 行为。例如，在供水管网数据库系统中，可以为管道要素类定义两个子类：主干管道与支线管道。这两个子类在管道材质、承压范围等属性上可以定义不同的值，关联到不同的域。

在 SQL Server DBMS 的 Geodatabase 中，要素类的子类是使用 GDB_SUBTYPE 系统表来管理的（图 3.21），子类的默认值存储在 GDB_DEFAULTVALUES 系统表中，使用这些默认值的字段通过 GDB_FIELDINFO 系统表来管理。

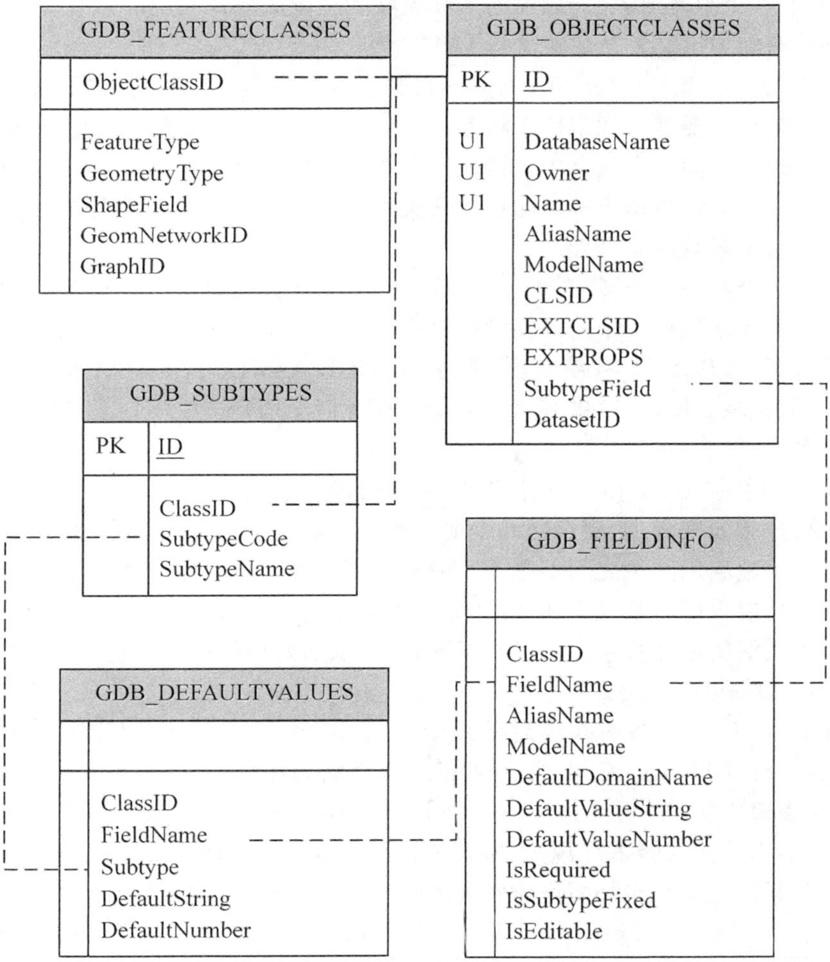

图 3.21 SQL Server 中的子类 Geodatabase 模型

子类与要素类的联系通过 GDB_OBJECTCLASSES 系统表来管理。GDB_SUBTYPES 表与 GDB_DEFAULTVALUES 表依据子类代码建立联系，GDB_SUBTYPES 的子类代码存储在 SubtypeCode 字段中，GDB_DEFAULTVALUES 的子类代码存储在 Subtype 字段中。

5）关系（relationships）：是一种表（或要素类）与表（或要素类）之间的联系机制。关系类建立在对象（或要素）类之间，由一个对象（或要素）类指向另一个对象（或要素）类。使用关系可以使两个表（或要素类）关联起来，操作一个表中的数据可以改变另一个表中的数据。Geodatabase 提供了在版本化的数据库环境中维护关系类的机制。ArcInfo 还提供了关系类中的各个对象类之间相互传递消息的机制，如当一个图斑对象修改后，通知其关联的注记对象作相应的修改。这一机制使程序员有能力定义复杂的对象行为。

6）要素数据集（feature dataset）：要素数据集是一个具有相同空间参照的要素类的集合。要素数据集用于将参与同一个拓扑、网络数据集、几何网络或地形的要素类组织到同一个集合中。构成复合要素类的各个要素必须存放在空间参照相同的同一个要素数据集中。简单要素类可以存放在某个要素数据集中，也可以独立于所有要素数据集之外。

在 SQL Server DBMS 的 Geodatabase 中，要素数据集是一个要素类的虚拟集合。同一个要素数据集中的各要素类具有相同的数据集 ID。数据集 ID 由 GDB_FEATUREDATASET 系统表管理，并与 GDB_OBJECTCLASSES 表的 DatasetID 字段关联。图 3.22 中表示了 GDB_FEATUREDATASET 表与其他各表之间的联系。

7）拓扑（topology）：拓扑将参与拓扑的各个要素类集成在一个拓扑图中作为一个拓扑单元来管理，规定同一个要素类中的各个要素如何与其他要素共享几何（例如，土地利用图斑之间不重叠），或者不同要素类之间如何共享几何（例如，土地利用图斑层界线必须完全覆盖行政区划层界线）。ArcGIS 8.3 在 Geodatabase 中引入了灵活的拓扑关系定义，为基于拓扑关系的处理提供了便利，极大地提高了 ArcGIS的数据处理能力。

在 DBMS 中，存储拓扑信息的系统表是 GDB_Topologies、GDB_TopoRules 和 GDB_TopoClasses。GDB_Topologies 表存储拓扑的名字，并与 GDB_FeatureDataset 表建立关联，再通过 GDB_ObjectClasses 表关联到参与拓扑的要素类。GDB_TopoRules 存储拓扑规则，并与 GDB_Topologies 表和 GDB_ObjectClasses 表建立关联。在进行拓扑验证时发现的脏区域和拓扑错误存储在 T_＜Id＞_DirtyAreas、T_＜Id＞_PointErrors、T_＜Id＞_LineErrors 和 T_＜Id＞_PolyErrors 表中。

8）几何网络（geometric network）：若干个要素类作为一个整体参与到几

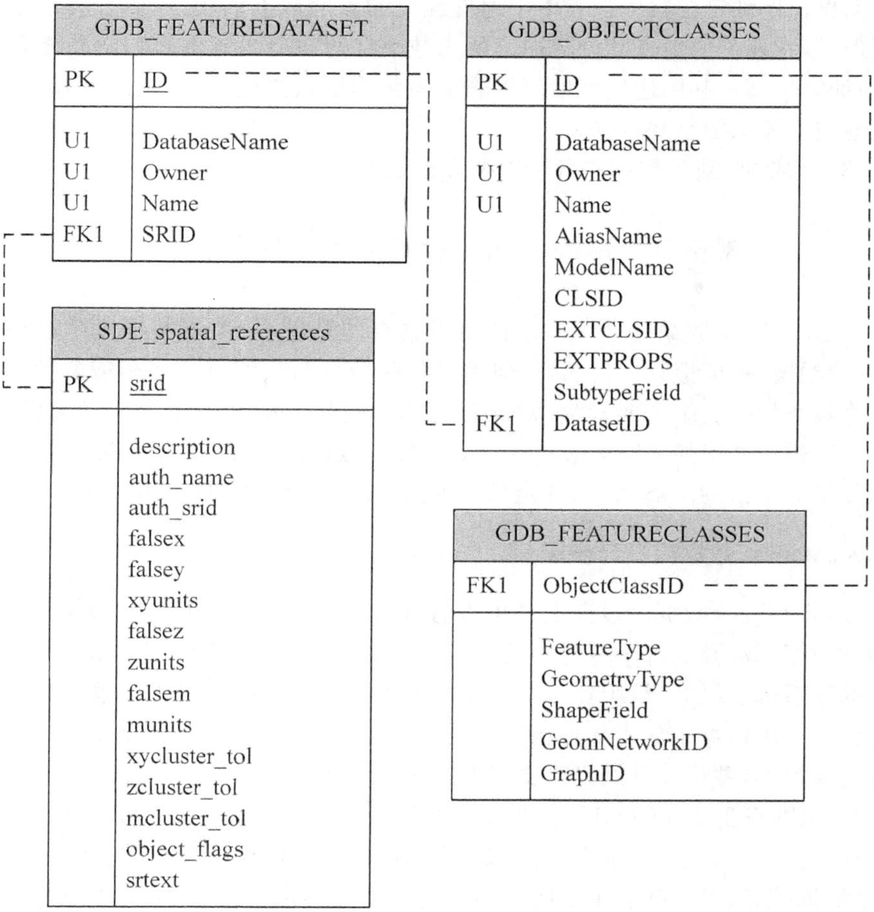

图 3.22　SQL Server 中的要素数据集 Geodatabase 模型

何网络的构造，Geodatabase 通过拓扑关联保证参与到几何网络中的各个要素类的空间几何的连通性。几何网络将导致保证网络连通性的行为。例如，如果阀门和水管参加到同一个几何网络中，当我们移动阀门时，水管也会延伸，保持它们在几何上的连接状态。

9）栅格数据集(raster dataset)：将许多空间上相邻的影像拼成一个大的无缝栅格数据集(镶嵌图)来管理。

10）栅格目录(raster catalog)：以表格形式管理空间上相邻的、完全重叠或部分重叠的影像，影像不需要作镶嵌拼接处理。

11）地形(terrain)：地形数据集是一个多分辨率 TIN。

12）地址定位器(address locator)：是一个在 Geodatabase 中存储地址信息

的数据集。地址定位器中含有用于地理编码的参照数据的快照，以及将地址标准化处理、搜索匹配的地点和创建输出的参数。在对含有地址的表格进行地理编码时，地址定位器将利用地址属性值将非空间化的地点描述(如街道地址)转换成可以在地图上显示的空间数据。

13) 元数据：对数据库中各个数据元素的描述。

3.6.2 Geodatabase 数据库设计步骤与方法

Geodatabase 数据库设计就是在用户调查的基础上，决定数据库中存储哪些数据(专题层)来模拟真实世界，如何表示各种数据(点、线、面、栅格或其他形式)，怎样将各类数据组织到要素类、对象表、栅格数据集等 Geodatabase 信息结构中，并且还通过一些附加的空间数据库对象来保证数据库的完整性，实现拓扑、网络和栅格目录等丰富的 GIS 行为，并定义数据集之间的空间和属性联系。

1. Geodatabase 数据库设计步骤

Geodatabase 数据库设计大致可以分成 11 个步骤(ESRI，2009a)。前 3 个步骤识别数据库涉及的各个专题层及其特征。第 4～7 个步骤决定数据的表示、数据之间的联系，以及如何组织到 Geodatabase 对象之中。第 8～9 个步骤确定数据获取流程并分配数据采集责任到相关人员。第 10～11 个步骤经过反复试验不断优化数据库模型，并将设计结果以文档形式记录下来。

1) 识别将要建立的 GIS 系统需要建立和管理的信息产品。GIS 数据库设计应体现业务需要，应列出业务所涉及的地图产品、分析模型、网络地图应用、数据流、数据库报告、3D 视图、主要职责和其他任务相关的需求。用户信息需求分析是后续数据模型设计的基础。

2) 基于信息需求分析，识别各数据专题在分析和显示等方面的关键性质。决定怎样使用各个数据集：编辑、GIS 建模与分析、表示业务流程、制图与三维显示。确定地图用途、数据源、各地图比例尺范围内的空间表示；各个地图视图和三维视图的数据精度和采集指南；各个专题如何显示，它的符号、文字标注和注记。考虑每个图层如何与其他图层一起集成显示或联合分析，以识别一些重要的空间关系和数据完整性规则。

3) 指定比例尺范围及各个比例尺下数据专题的空间表示。地理数据是在一定比例尺下编辑和使用的，地理表示在不同比例尺之间发生变化(如从多边形变为线或点)。许多情况下，需要对数据进行制图综合以便在更小比例尺下使用。栅格数据可使用影像金字塔进行重采样。

4) 将每种表示分解到一至多个地理数据集。将离散要素设计成点、线或多边形要素类。可以使用拓扑、网络、地形等高级数据类型来对图层内或数据集之间的元素关系建模。对于栅格数据集，则采用镶嵌图、目录集合来管理大型数据集。表面建模采用等值线等矢量要素或栅格、地形。

5）确定表格数据库结构和描述性属性的行为。识别属性字段和列类型。表格可能涉及属性域（domain）、关系或子类（subtype）。应确定属性的有效值、值域范围、分类（用于域）。使用子类来控制行为。识别表格关系和联系以定义关系类。

6）定义数据集的空间行为和完整性规则。对于矢量要素，可以使用拓扑、地址定位器（address locators）、网络、地形等增加其行为和功能。例如，使用拓扑来规定共享几何的矢量要素之间的空间关系并强制维护完整性规则；使用几何网络强制保持网络要素之间的连通性，使网络编辑易于操作；使用地址定位器来支持地理编码。对于栅格数据，应决定是采用栅格数据集还是栅格目录。

7）提出一个 Geodatabase 设计。为每个数据专题定义一至多个 Geodatabase 对象来表示。研究现有设计中有用的概念和方法。

8）设计编辑流程和地图的显示属性。确定编辑操作和完整性规则（例如，所有街道在交叉处断开，街道段（segment）在端点处相互连接）。设计能够满足这些完整性规则的编辑流程。确定地图和三维视图的显示属性，进而规定各个图层的显示属性。

9）建立和维护各个数据层工作的分配。决定谁来建立和维护数据。决定怎样通过数据转换和数据变换来与合作单位交换（输入、输出）数据。

10）建立一个原型数据库并改进和完善数据库设计。依据设计结果建立一个 Geodatabase 数据库样本。制作地图，运行关键的应用程序，执行编辑操作来测试数据库设计的效果。一旦建立一个有效的 Geodatabase 数据库模式，将一个大数据集装载到数据库，检验其生产能力、性能、可伸缩性和数据管理工作流。

11）将 Geodatabase 设计文档化。可用各种方法来描述数据库设计结果（图画、样本图层、模式图、简单报告、元数据文档等）。例如，使用 Visio 来创建 Geodatabase 模式的图形表示是一种有效的方法。ESRI 提供了一个工具来获取使用 Visio 绘制的图形。

2. 要素类建模方法

要素类设计涉及以下几种任务（ESRI，2009b）：

（1）设计简单要素类

一般情况下，Geodatabase 都包含有一些要素类。可以从定义简单要素类的性质开始进行 Geodatabase 设计，再根据系统需求和设计目标增加高级 Geodatabase 对象来实现必要的 GIS 功能和行为。

在确定要素类清单之后，应规定每个要素类的下述性质：

1）选择一个几何类型(要素类类型)，如点、线、多边形或注记。同一个要素类的所有要素都应表示为同一种几何类型。

2）确定要素类的各个属性字段和列类型。

3）决定各种几何性质。例如，是否使用 Z-坐标、M-坐标？采用哪种坐标精度？线和多边形采用哪种线段类型？通常采用默认的直线段能满足大多数需要，但也可考虑圆弧、贝塞尔曲线等。

4）确定坐标系统。

5）指定显示比例尺。是否需要在多个比例尺下使用该要素类？在各个地图比例尺下其图形表示如何变化？如何需要在切换到另一个比例尺时用另一种图形来表示，就应使用附加要素类来表示不同比例尺下的同一个数据专题。

设计简单要素类之后，可以进一步利用高级 Geodatabase 对象提供丰富的 GIS 功能和行为，以保证数据完整性并方便数据的使用和维护。在下列情况下，应对简单要素数据模型进行进一步扩展。

1）需要在导入和使用数据之前对数据进行验证(例如，要求数据集满足一系列空间完整性规则)。

2）需要编辑数据并维护其空间完整性。

3）需要使用要素类进行建模和分析等高级 GIS 操作。

(2) 将相关要素类组织到要素数据集

使用要素数据集将空间相关的要素类组织到同一个集合中。如果要在 Geodatabase 中创建拓扑、网络数据集、几何网络、地形数据集，必须将参与同一个拓扑、网络数据集、几何网络或地形的要素类组织到同一个要素数据集中。要素数据集也可用于将同一专题的各个要素类组织到同一个要素数据集中，如将水利相关的各个要素类(包括湖泊、水库、大坝、河流等)组织到一个水利数据集中。要素数据集也可简单地当作文件夹使用，把一些没有空间或专题关联的简单要素类存放在一个要素数据集中，以方便用户共享数据集。但这种文件夹方式的要素数据集对数据编辑及完整性维护并没有任何益处。

(3) 增加数据库对象来辅助数据编辑和管理数据完整性

使用一些可选的 Geodatabase 对象可以在 GIS 系统中定义完整性规则和编辑行为，能够自动完成许多数据管理和完整性检查工作。

1）如果要对属性值的完整性进行管理，可以使用域指定属性字段的有效值(图 3.23)。

2）如果要对要素类中的要素进行分组管理，可以依据某个字段将要素分类而产生若干个子类，并分别定义各子类特有的行为(图 3.23)。例如，使用子类在编辑过程中为新建的要素自动赋默认值，或指定新建的要素如何连接到其他要素的空间完整性规则及其他特有行为。

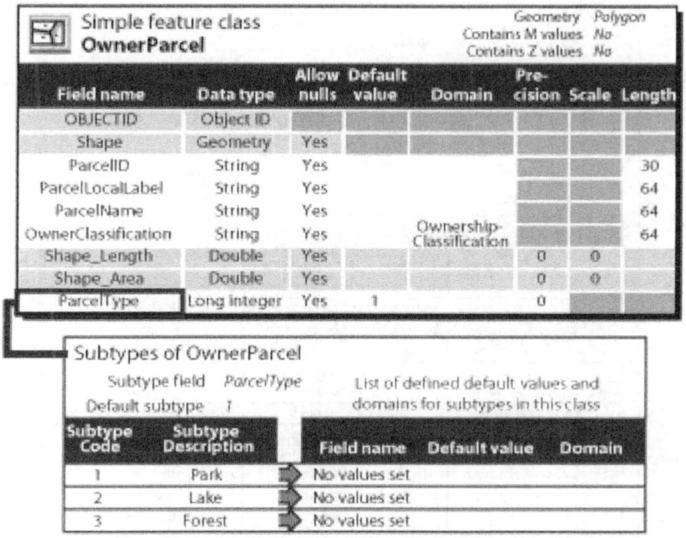

图 3.23　要素类的子类及属性字段的域

3）使用关系类将相关的表格关联起来。关系类是关系数据库的一种基本功能，允许用户选取某个表中的要素而操作另一个关联表中的要素（图 3.24）。

图 3.24　要素类与对象类、对象类与对象类之间的关系类

4）定义拓扑以维护要素之间的空间关系。例如，宗地的界址线必须闭合、没有悬挂点；界址点必须是界址线的顶点（图 3.25）。参与同一拓扑的要素类必须组织到同一个要素数据集中。

（4）为高级应用、分析模型和高级制图处理增加数据库功能

对于每个数据集，可以根据应用需要增加额外的 Geodatabase 功能，包括拓扑、网络数据集、几何网络、地址定位器、线性参照系统与动态分段、地形数据集、地籍结构（fabric）和制图表示等各种模型。

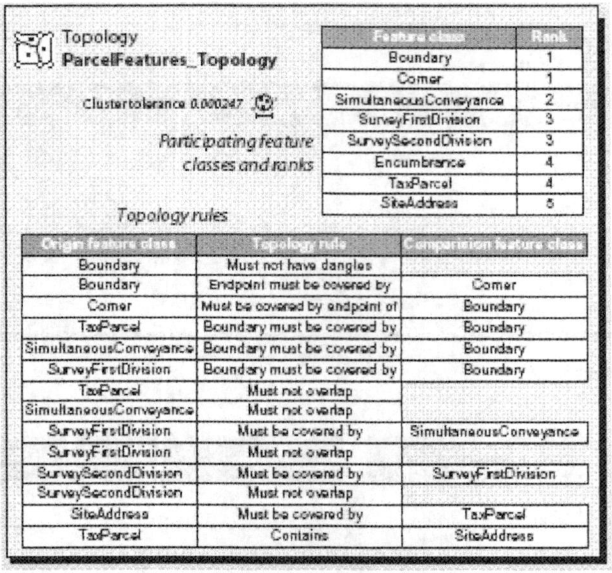

图 3.25　定义要素间的拓扑关系

思　考　题

1. 试述 GIS 数据库设计的概念、目标和过程。
2. E-R 模型有哪些基本成分？怎样进行 E-R 模型设计？
3. 什么是关系数据模型？什么是数据依赖？关系模式有哪些范式？
4. 空间数据可采用哪些方式表示在关系模型中？各有什么特点？
5. 什么是数据库的物理设计？试述聚簇设计和索引设计的原则。
6. 什么是地理信息元数据？地理信息元数据包括哪些内容？
7. Geodatabase 数据模型有哪些特征？如何进行 Geodatabase 数据模型设计？

主要参考文献

龚健雅. 2001. GIS 数据库管理系统的概念与发展趋势. 测绘科学,(9):4-10

黄杏元,马劲松,汤勤. 2001. 地理信息系统概论. 修订版. 北京:高等教育出版社

李俊山,孙满囤,韩先锋等. 2003. 数据库系统原理与设计. 西安:西安交通大学出版社

李满春,任建武,陈刚等. 2003. GIS 设计与实现. 北京:科学出版社

梁湖清,马荣华. 2002. 综合省情地理信息系统空间数据元数据设计研究. 遥感学报,6(4):272-278

吴信才. 2009. 地理信息系统设计与实现. 2 版. 北京:电子工业出版社

徐云彪. 2004. 数据库原理与技术. 杭州:浙江大学出版社

钟耳顺. 2007. 地球信息空间数据库技术基础//廖克. 2007. 地球信息科学导论. 北京:科学出版社

Bernhardsen T. 2002. Geographic Information Systems—An Introduction. 2nd ed. New York: John Wiley &

Sons, INC

ESRI Inc. 2009-10-01a. Geodatabase design steps. http://webhelp.esri.com/arcgisdesktop/9.2/index.cfm?TopicName=Geodatabase design_steps

ESRI Inc. 2009-10-01b. Modeling feature classes. http://webhelp.esri.com/arcgisdesktop/9.2/index.cfm?TopicName=Modeling_feature.classes

OGC. 2005-10-01. OpenGIS® implementation specification for geographic information-simple feature access-part 2: SQL option. http://www.opengeospatial.org/legal

Rigaux P, Scholl M, Voisard A. 2002. Spatial Data Bases—With Application to GIS. San Francisco: Morgan Kaufmann Publishers

Shekhar S, Chawla S. 2004. 空间数据库. 谢昆青，马修军，杨冬青等译. 北京：机械工业出版社

Worboys M, Duckham M. 2004. GIS—A Computing Perspective. 2nd ed. Boca Raton: CRC Press

第4章　Web GIS 数据库技术

4.1　Web GIS 概述

4.1.1　互联网与 GIS 结合的发展

第一个分布式地理信息应用系统原型“Xerox Map Server”，启动了将地图以 Web 浏览器方式发布的进程。1993 年 11 月，挪威 Tromso 大学在本国建立了地图 Web 服务器(http：//www.uit.no/norge)。

由于 Web 站点的迅速增加，将地图与 Web 浏览器结合的思想，很快在许多国家和地区得到广泛应用。数月后，许多国家和地区建立了 Web 站点，为地图数据在 Web 浏览器上提供在线服务。1994 年 1 月，用地图为许多国家和地区的站点提供索引的虚拟旅行者(virtual tourist，VT；http：//www.vtourist.com)在 Web 上出现。目前，虚拟旅行者仍然是为许多国家和地区的站点提供地理信息索引服务的重要站点之一。几年来，Xerox Map Server 和虚拟旅行者变得相当普遍。使用这两个站点的地理信息索引服务，用户可以进入其他的站点中。例如，国际的或全球的商业活动范围，可以利用虚拟旅行者上陆地地图显示；环境活动家可以利用虚拟旅行者上陆地地图，标示他们感兴趣的地区，显示他们旅行的位置、路线等。这种将地图与 Web 浏览器结合的思想，以各种形式广泛地应用在 Web 站点的建立之中，充分显示了空间信息是众多 Web 应用中最有意义的一部分。

1994 年，许多在互联网发布分布式空间数据信息的项目开始启动。这些项目有的来自政府部门，有的来自大学，有的来自于私人企业。在地理信息服务提供方面，大部分使用预先生成的栅格图像或由 GIS 生成的图像。分布式地理信息作为一种研究项目和工业应用，得以迅速发展，其中两个有影响的分布式地理信息服务应用是 NSDI 和 UCSB。

美国国家空间数据基础设施 (national spatial data infrastructure，NSDI；http：//www.fgdc.gov)，是由 FGDC 负责的。这一任务迫使美国所有的地理信息代理机构着手将地理信息放在互联网上，为公众提供在线服务。FGDC 为许多国家、地区、教育、私人公司以及国际 GIS 生产商，提供在线分布式地理信息服务。

UCSB，美国加利福尼亚大学(University of California at Santa Barbara)主持国家自然科学基金支持的关于数字图书馆的 Alexandria 项目(http：//alexandria.

sdc. ucsb. edu）。此计划的目的是建立具有空间参考信息的在线数字图书馆，让不同背景的人能定位、浏览、分析数字空间信息。它注重于基础的分布式地理信息服务研究。

1995 年，出现了活动制图引擎机。在此以前，分布式地理信息服务使用静态地图图像。有了活动制图引擎机，分布式地理信息服务就以动态地图图像浏览的形式提供。例如，由美国人口普查局开发的 TIGER 制图服务（TMS；http://tiger. census. gov），使用一般的地图生成程序，而非商用 GIS 软件，快速生成并传输地图图像。相关的站点有 Geosystems Global 的 MapQuest、Vicinity 的 MapBlast、Etak 的 EtakGuide 和 Autodesk 的 GridNorth 等。1996 年进入互联网时代，互联网无疑成为社会的主要部分。任何没有互联网发展计划的计算机公司，注定是要被淘汰的。主要的 GIS 软件商，都将互联网列为长期发展计划，相继推出 Web 服务器站和服务点，介绍他们的互联网发展计划，如 ESRI、Intergraph、MapInfo、Betley、Genasys 等。

1997 年，分布式地理信息（DGI）和基于 Web 的地理信息系统（Web GIS）一词出现。一些基于 Web 浏览器的 GIS 软件如 GeoMedia、MapGuide、IMS 等商业 Web GIS 软件相继问世并不断发展。

1998 年，互联网地理信息系统（Web GIS）一词出现。使用 Java 语言，基于分布式部件和对象技术的 Web GIS 相继出现并逐步发展完善。

1999 年，开始研究组件式 Web GIS。用 EJB 方法开发可重用的 Web GIS 服务器，用 JavaBeans 技术开发 Web GIS 客户机的应用界面和 GIS 图形操作功能相结合的方法开发 Web GIS 组件。

4.1.2 Web GIS 的基本概念

近几年来，基于 Internet 的浏览器/服务器（Browser/Server）的应用形式已成为一种工业标准，被广泛用于信息发布、检索等诸多领域。在人们接触的各种信息中，据统计有 80%与空间信息有关，GIS 为处理空间信息提供了最佳的方法和手段。Internet 的迅速发展为 GIS 提供了一种崭新而又非常有效的地理信息载体。在传统的模式上，地理信息是以纸张地图的形式发布于众的，成本高、周期长、地理信息（位置）查询麻烦。GIS 技术的飞速发展虽然为地理信息的电子化、可视化、中央存储管理化带来了重大革新，但地理信息只限于局域网内部使用，而大众对地理信息的需求在不断增长。运用当今先进的 GIS 技术和 Internet 网络技术，将地理信息发布于 Internet 国际互联网上，为现有的信息服务行业注入新的血液，也将是信息服务行业新的利润增长点。

关于 Web GIS，概括起来它应具有如下一些功能：

1）利用 Internet 提供的技术基础和浏览器/服务器机制，遵循 HTTP 协议，支持常用浏览器，实现地理信息在 Internet 环境下的传输和浏览；

2）以地理信息元数据标准为基础，实现在 Internet 上地理信息的时间、空间和属性上的有机融合；

3）实现地理信息的图形、图像和文本的双向或多向的可视化查询与检索；

4）提供 Web 的空间数据在线空间分析，如覆盖（叠置）分析、缓冲区分析、网络分析等；

5）作为数字地球的"用户接口界面"，Web GIS 应具有一个不同分辨率尺度下的空间数据三维可视化的浏览界面和多源信息的集成显示技术。

目前，Web GIS 已经引起高度重视，国内外 GIS 软件厂商纷纷展开 Web GIS 软件的研究和应用开发。比较有代表性的有 MapInfo 公司的 MapXtreme、ESRI 公司的 MapObjectsIMS 和 ARCIMS、Intergraph 公司的 GeoMediaWebMap、Autodesk公司的 MapGuide、武汉大学吉奥公司的 GeoSurf 等。

Web GIS 是传统 GIS 在 Internet/Intranet 上的扩展，因此，Web GIS 的实现原理与传统的 GIS 有很大不同。Web GIS 采用 URL（uniform resource locator）方式来定位、访问空间数据，支持 HTTP（hyper text transfer protocol）、TCP/IP（transmission control protocol/internet protocol）协议。

4.1.3 Web GIS 的实现模式

Web GIS 的实现模式有 CGI 模式、Plug-in 模式（含 Helper 程序）、GIS Java Applet、GIS ActiveX 控件等。基于服务器端的互联网 GIS 是由 CGI 模式构造的，而基于客户机端的互联网 GIS 的构造模式有 Plug-in 模式（含 Helper 程序）、GIS Java Applet、GIS ActiveX 控件等。

对互联网 GIS 构造模式的分析主要从以下几方面进行：体系结构特征、工作原理、优点缺点和实例等。在此基础上，对构造模式进行综合评价。综合评价的内容包括：执行能力、相互作用、可移动性和安全性等。

1. CGI 模式

通用网关接口（common gateway interface，CGI）是 Web 服务器调用外部应用程序的标准接口，是最早用于增强 Web 动态性和交换性的一种方法。一般来说，一个 CGI 接口的功能就是在超文本文件和服务器主机应用程序间传递信息。任何一种程序语言，只要能在服务器主机上利用 CGI 接口编写应用程序，都可以称为 CGI 程序语言，如 C、Shell、Visual Basic、Fortran 等语言。

CGI 程序一般是个可执行程序。编译好的 CGI 程序一般要集中放在一个目录下，具体存放的位置随操作系统的不同而不同。例如，UNIX 系统放在 cgi-bin 子目录下，而 Windows 操作系统以 IIS 作为 Web 服务器，CGI 程序都放在 cgi-win 下。最常见的形式就是利用 CGI 命令文件创建 Web 页面上的交互表格，用户访问该页面时，可以向表格中输入信息，然后提交给服务器处理，服务器将用户提交的信息交给 CGI 程序处理之后将结果返回给用户。

如图 4.1 所示，用户通过浏览器发出 URL 及 GIS 数据操作请求；Web 服务器接受请求，并通过 CGI 脚本，将用户的请求传送给 GIS 服务器；GIS 服务器接受请求，进行 GIS 数据处理，如放大、缩小、漫游、查询、分析等，将操作结果形成 GIF 或 JPEG 图像，就好像给结果拍了一个“快照”一样；最后，GIS 服务器将 GIF 或 JPEG 图像，通过 CGI 脚本、Web 服务器返回给 Web 浏览器显示，达到根据用户在客户端的操作动态地显示地图的效果。

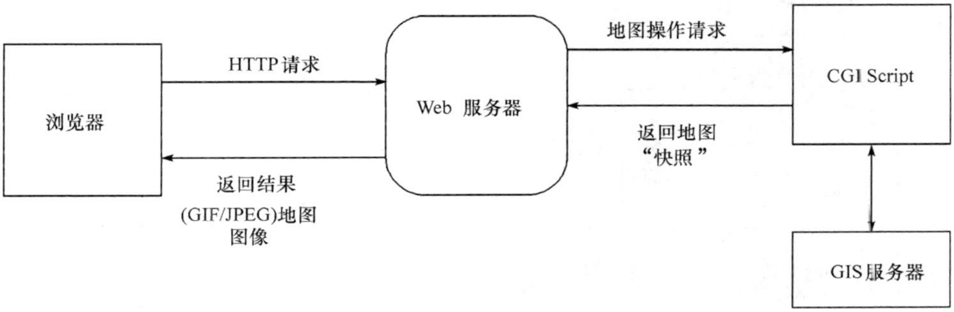

图 4.1　基于 CGI 模式的 Web GIS 体系结构

2. Plug-in 模式

Plug-in 是由 NetScape 提出的标准，是一种接入浏览器程序的动态链接库(DLL)，它采用了 DLL 方式，可以很好地解决其与浏览器程序间的相互调用问题。Plug-in 作为网络能力的一种扩展，将大部分负荷加在浏览器程序上，这样就能正确地浏览很多数据类型，在浏览器端完成矢量信息的重视。浏览器插件是指能够同浏览器交换信息的软件，第三方软件开发商可以开发插件以使浏览器支持其特定格式的数据文件。利用浏览器插件，可以将一部分服务器的功能转移到客户端。Netscape 和 Plug-in 之间通过流来交换彼此的数据。

当用户浏览到一个含有＜EMBED＞的网页时，浏览器在特定目录下查找用于显示＜EMBED＞数据的插件，如使用的是 IE，在 IE 安装目录下的 PLUGINS 子目录中。首先浏览器负责创建插件的一个新的实例，并为插件提供一个显示窗口，然后，浏览器向插件传送该插件所支持的数据，插件负责显示数据、与用户交互、处理输入等，最后用户离开页面，浏览器删除插件实例。

Web 浏览器发出 GIS 数据浏览操作请求，Web 服务器接受到用户的请求，进行处理，并将用户所要的 GIS 数据传送给 Web 浏览器；客户机端接受到 Web 服务器传来的 GIS 数据，并对 GIS 数据类型进行理解；在本地系统查找与 GIS 数据相关的 Plug-in。如果找到相应的 GIS Plug-in，用它显示出 GIS 数据；如果没有，则需要安装相应的 GIS Plug-in，加载相应的 GIS Plug-in 来显示 GIS 数据。GIS 的操作如放大、缩小、漫游、查询、分析皆直接由运行于浏览器中的 GIS Plug-in 来完成，如图 4.2 所示。

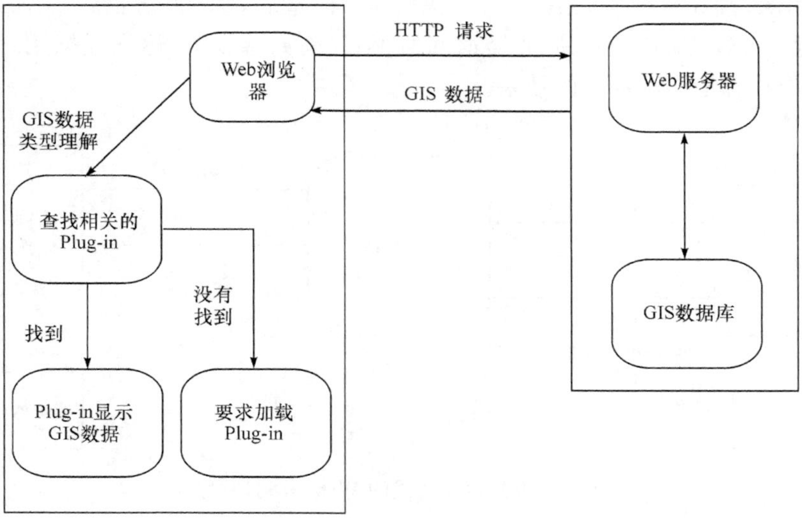

图 4.2　基于 Plug-in 模式的 Web GIS 体系结构

3. GIS ActiveX 控件

ActiveX 是 Microsoft 为适应因特网而发展的标准。ActiveX 是建立在 OLE (object linking and embedding)标准上，为扩展 Microsoft Web 浏览器 Internet Explorer 功能而提供的公共框架。ActiveX 是用于完成具体任务和信息通信的软件模块。ActiveX 控件和 Plug-in 非常相似，是为了扩展 Web 浏览器的动态模块。所不同的是，ActiveX 能被支持 OLE 标准的任何程序语言或应用系统所使用。IE 浏览器可以作为容器，任何符合 ActiveX 的控件都可以嵌入到网页中，在浏览器中显示。ActiveX 具有访问客户端本地文件系统的能力，使得 ActiveX 可以具有强大的功能，但存在信息安全隐患。

在因特网上，当第一次浏览含有控件的网页时，浏览器会自动下载该控件，在本机安装，以后浏览含有该控件的网页时，就不用下载了。ActiveX 控件安装的一

个前提是必须经过用户的同意及确认。浏览器通过 Object 标记来定位 ActiveX 控件，如在网页中有

<Object ID=87ABED-4589-FE23-DC12-78981290ABCD

CODEBASE="http://www.123.com/test/test.ocx"

</Object>

基于 GIS ActiveX 控件的因特网地理信息系统依靠 GIS ActiveX 来完成 GIS 数据的处理和显示。GIS ActiveX 控件与 Web 浏览器灵活无缝的结合在一起。在通常情况下，GIS ActiveX 控件包容在 HTML 代码中，并通过客户端的脚本语言调用 GIS ActiveX 的方法和属性，来完成人-机交互界面设置工作。

基于 GIS ActiveX 控件的 Web GIS 体系结构如图 4.3 所示。

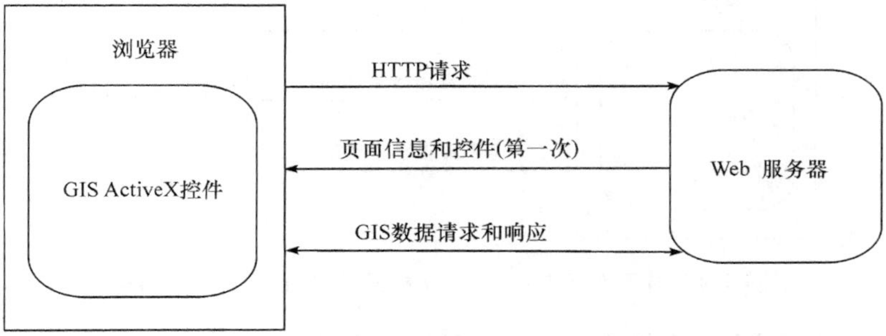

图 4.3　基于 GIS ActiveX 控件的 Web GIS 体系结构

Web 浏览器发出 GIS 数据显示操作请求；Web 服务器接受到用户的请求，进行处理，并将用户所要的 GIS 数据对象和 GIS ActiveX 控件(第一次)传送给 Web 浏览器；GIS ActiveX 控件负责向 Web 服务器请求 GIS 数据，并负责 GIS 数据响应，进行各种操作。

4. GIS Java Applet

Applet 是小型的 Java 应用程序，它是专门为建立动态 Web 网页而设计的。

Applet 每次随网页一起被加载到客户端，然后，浏览器调用 Java 虚拟机，执行 Applet 程序；在网页文件中，通过<Applet>来标记 Java 的小应用程序。例如：

<applet code="SimpleClick.class" width=500 height=20>　</applet>

Applet 仅仅是被加载到客户端的内存中，用户退出 Applet 页面，Applet 就被回收了，Apple 虽然是"胖客户"端，但不占用客户端磁盘空间。由于 Java 虚拟机对 Applet 做了些限制，使得 Applet 不能访问本地文件系统，虽然保证了系统安全，但限制了 Applet 的一些功能。

GIS Java Applet 是在程序运行时，从服务器下载到客户机端运行的可执行代

码。GIS Java Applet 是由面向对象语言 Java 创建的，与 Web 浏览器紧密结合，以扩展 Web 浏览器的功能，完成 GIS 数据操作和 GIS 处理。GIS Java Applet 最初为驻留在 Web 服务器端的可执行代码。Web 浏览器发出 GIS 数据显示操作请求；Web 服务器接受到用户的请求，进行处理，并将用户所要的 GIS 数据对象和 GIS Java Applet 传送给 Web 浏览器；客户机端接受到 Web 服务器传来的 GIS 数据和 GIS Java Applet，启动 GIS Java Applet，对 GIS 数据进行处理，完成 GIS 操作。GIS Java Applet 在运行过程中，又可以向 Web 服务器发出数据服务请求；Web 服务器接受到请求进行处理所要的 GIS 数据对象传送给 GIS Java Applet。

基于 GIS Java Applet 模式的 Web GIS 体系结构如图 4.4 所示。

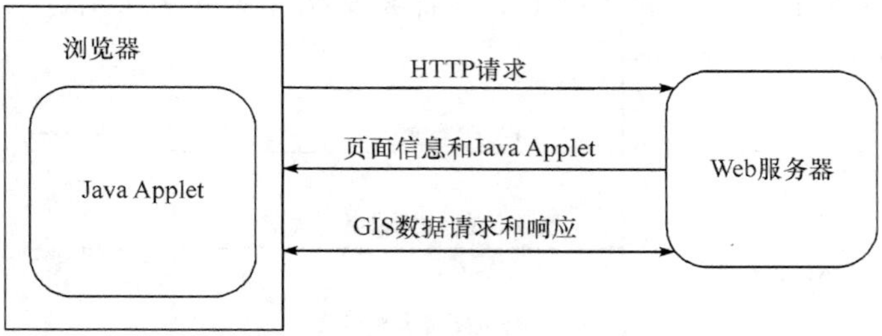

图 4.4　基于 GIS Java Applet 模式的 Web GIS 体系结构

以上对互联网 GIS 的构造模式，CGI 模式、Plug-in 模式、GIS Java Applet、GIS ActiveX 控件作了详细的分析。分析的内容包括体系结构特征、工作原理、优点缺点和实例等。互联网 GIS 构造模式的优点和缺陷对比如表 4.1 所示。

表 4.1　互联网 GIS 构造模式优缺点对比

类型	工作模式	实例	优点	缺陷
基于 CGI 的 Web GIS	CGI	IMS ProServer	客户端很小；充分利用服务器资源	JEPG 和 GIF 是客户端操作的唯一形式；互联网和服务器的负担重
基于 Plug-in 的 Web GIS	Plug-in	MapGuide	具有动态代码的模块；比 HTML 更灵活，可直接操作 GIS 数据	与平台和操作系统相关；不同的 GIS 数据需要不同的 Plug-in 支持；必须安装在客户机的硬盘上
基于 GIS ActiveX 控件的 Web GIS	ActiveX 控件	GeoMedia Web Map	具有动态代码的模块；通过 OLE 与其他程序、模块和互联网通信，是一种通用的部件	需要下载、安装，占用硬盘空间；与平台和操作系统相关；不同的 GIS 数据需要不同的 ActiveX 控件支持

续表

类型	工作模式	实例	优点	缺陷
基于 GIS Java Apple 的 Web GIS	Java Applet	ActiveMaps	在支持 Java 的互联网浏览器上运行，与平台和操作系统无关；完成 GIS 数据解释和 GIS 分析功能	对于处理较大的 GIS 分析任务的能力有限；GIS 数据的保存、分析结果的存储和网络资源的使用能力有限

5. 综合评价

互联网 GIS 的构造模式，CGI 模式、Plug-in 模式、GIS Java Applet、GIS ActiveX控件，在执行能力、相互作用、可移动性和安全性等方面表现出各自的差异。表 4.2 展示出互联网 GIS 不同构造模式的特征。

表 4.2　模式评价

项目		基于 CGI	基于 Plug-ins	Java Applet	ActiveX 控件
执行能力	客户机	很好	好	好	好
	服务器	差到好	好	很好	很好
	网络	差	好	好	好
	总体	一般	好	好到很好	好到很好
相互作用	用户界面	差	好	很好	很好
	功能支持	一般	好	很好	很好
	本地数据支持	否	是	否	是
可移动性		很好	差	好	一般
安全性		很好	一般	好	一般

执行能力表现在客户机、服务器、网络三个方面。衡量执行能力的主要标准是数据信息吞吐量和反映时间。数据信息吞吐量由单位时间内完成工作的总量来衡量；反映时间为从用户发出请求开始到接受到系统反映的时间差，包括客户机处理时间、网络传输时间和服务器处理时间。Web GIS 整体执行能力依赖这三个部分中最慢的。客户机、服务器、网络的执行能力由工作量和执行速度决定。

客户机工作量由在客户机端的处理总量决定。客户机的执行速度依赖于硬件和运行数据程序量的大小。基于 CGI 模式的 Web GIS 在客户机端处理的操作很少，因而客户机执行能力很好；基于 Plug-in 模式、Java Applet 模式和 ActiveX 控件模式的 Web GIS 在客户机端处理的操作多，执行速度慢。与 Java Applet 模式和 ActiveX 控件模式相比，Plug-in 启动时间较长。

与客户机类似，服务器的工作量由在客户机端的处理总量决定。服务器的执行速度依赖于硬件和软件配置及软件设计。在服务器端，基于 CGI 模式的 Web GIS 的服务器的负担很重，因为所有的 GIS 操作都是在服务器上执行。基于 Plug-in模式、Java Applet 模式和 ActiveX 控件模式的 Web GIS 在服务器端执行的 GIS 操作很少，服务器的负担很轻。

Web GIS 网络执行效率依赖于网络的速度和通信软件的效率。影响网络执行的三个主要因素为网络速度、网络终端之间的网络软件和网络流量。网络速度在不断的提高。基于 CGI 模式的 Web GIS 网络的传输负担重。基于客户机的 Web GIS 网络的传输负担轻。Java Applet 由字节码组成，代码少，容易在网络上传输。

从总体效果看，基于 CGI 模式的 Web GIS 执行能力一般；基于 Plug-in 模式、Java Applet 模式和 ActiveX 控件模式的 Web GIS 的执行能力好。基于 Java Applet模式和 ActiveX 控件模式的 Web GIS 甚至可以具有很好的执行能力。

相互作用能力由用户界面、功能支持能力和本地数据支持能力来决定。基于 CGI 模式的 Web GIS 虽然能有效使用已有的 GIS 软件功能，但客户机端依赖于 HTML，用户界面功能较差，GIS 功能支持能力受到限制；同时，不可能具有本地数据支持能力。相反，基于 Plug-in 模式、Java Applet 模式和 ActiveX 控件模式的 Web GIS，可以具有很好的用户界面和 GIS 功能支持能力。基于 Plug-in 模式和 ActiveX 控件模式的 Web GIS 具有本地数据支持能力；基于 Java Applet 模式的 Web GIS，在图形和地图创建和显示方面比 HTML 更加灵活，但不具有本地数据支持能力。

在可移动性方面，基于 CGI 模式和 Java Applet 模式的 Web GIS 客户机端与平台无关，Internet 上是用户都可以使用，具有很好的可移动性。而基于 Plug-in 模式和 ActiveX 控件模式的 Web GIS 客户机端与平台相关，可移动性受到限制。

在安全性方面，基于 CGI 模式的 Web GIS，没有代码在客户机上运行，很安全。Java Applet 是以字节码动态下载并在客户机上运行的，相对安全。Java 有自己的安全框架。用户不允许在客户机上使用 Java Applet 创建、修改、删除本地文件或文件目录，也不允许在客户机上使用 Java Applet 直接读取本地文件。所以，不可能有软件病毒通过 Java Applet 来摧毁客户机的本地内存和文件系统。基于 Java Applet 模式 Web GIS 安全性很好。而基于 Plug-in 模式和 ActiveX 控件模式的 Web GIS 是以二进制码在客户机上运行。因此，用户有可能从 Web 上下载运行未知软件，使客户机的系统崩溃。Plug-in 和 ActiveX 控件有权获得客户机的平台权限，将给客户机系统带来威胁。

4.2　Web GIS 的空间数据组织

Web GIS 作为 GIS 在互联网上的扩展应用，其空间数据的组织与传统的 GIS 有许多相似的地方。尽管如此，由于 Web GIS 是建立在 Web 高度的分布式计算机网络上，其空间数据的组织有其自身的特点，本节将主要讨论 Web GIS 的空间数据组织方面的问题。

4.2.1　Web GIS 空间数据的特点

基于 Web GIS 的地理信息具有分布式、多源、异构、异质和特定用户显示界面的特点，具体表现在以下几个方面。

1. 地理信息本身就具有地域分布特征

它涉及两个方面的分布。第一种是平面上的分布，相当于地图的二维分布。例如，一幅中国地图包含了全国的省、直辖市、自治区和特别行政区。按照互联网超链接的概念，将中国地图作为主页(或称为主图)，它包含了国家和各省、直辖市、自治区和特别行政区重要的基本信息。将地图上各省、直辖市、自治区和特别行政区空间位置作为超链接的关键字，通过关联的网络地址，连接到各省、直辖市、自治区和特别行政区的网页，用户可以查询到下一级地图网址的信息。这样一直往下查找，可以查询到某个乡镇一级的信息。这是从地图平面上，由粗到细，通过超链接，检索和查询不同地方、不同级别的信息；第二种是垂直方向的分布。基于同一种比例尺地图可能有不同层次的地理信息。例如，一个城市 GIS 包含房地产管理和地下管线等多层地理信息。而不同层次的地理信息可能由不同的部门进行数据采集和维护。所以它们的数据库服务器也可能是分布式地设在不同的部门，具有不同的网络地址。

2. 地理信息存储方式不同，表现出异质的特点

在一个地下管线信息系统中，基础地形数据，如等高线采用 Oracle 8i Spatial Data Option(SDO)存储、航空影像数据采用 SQL Server 的 BLOB 字段存储、管线信息采用 Sybase 存储和文本信息采用文件方式管理。地理信息存储格式不同，表现出多源的特点。由于地理信息的存储缺乏标准，因此地理信息存储的格式迥然不同。例如，ArcInfo 使用的是 E00 数据格式，MapInfo 使用的是 MIF/MID 数据格式，AutoDesk 使用的是 DXF 数据格式。

3. 中间件应用服务平台不同

部署 Web GIS 的平台不同,包含操作系统平台和硬件平台的不同。操作系统平台可能为 SUN Solaris 操作系统、Linux 操作系统和 Windows 操作系统。

4. Web GIS 的客户端不同,支持的地理信息格式不同

对于 PC 机客户端而言,主要有三种类型:专用的地理信息浏览器、通用浏览器加上地理信息显示插件和通用浏览器。专用的地理信息浏览器的客户应用程序可以从远程通过网络访问数据库服务器、应用服务器和 Web 服务器的地理信息资源并且把本地的空间数据融合在一起,如 ESRI 的 ArcExplorer;通用浏览器加上地理信息显示插件类型通常是在 Netscape、Internet Explorer 和 Mosaic 等 WWW 浏览器的基础上加上特定的地理信息显示插件,使用 HTTP 协议从远程 Web 服务器上取得空间数据并且通过地理信息插件显示和操作地理数据,如 MapInfo 的 MapXtreme for Java Edition 3.1;通用浏览器是指诸如 Netscape、Internet Explorer和 Mosaic 等在内的 WWW 浏览器,通常只显示栅格和影像数据,如 MapInfo Proserver。

如何把这些分布式、不同存储方式、不同存储格式和不同客户表现的信息一起叠加在同一个或多个分布式地理信息服务下进行解析、处理和生成结果,这实际上是一个分布式、多源、异构和异质空间数据在分布式地理信息应用服务中间件中的组织、管理、共享访问问题。对于一个特定的分布式地理信息服务,其数据流程表现出分布式存储、集中式处理和不同格式分发的特点。

4.2.2 Web GIS 地理信息服务空间数据流程

Web GIS 地理信息服务中的信息流通常要经过以下的三个角色:数据提供商、分布式地理信息服务提供商和服务消费者。数据提供商提供最原始的空间或与空间位置有关的数据,如以 E00 格式数据或 MapInfo 格式数据保存的交通数据或气象数据等;分布式地理信息服务提供商对从数据提供商获得的原始数据进行组织与处理,把原始数据转化成消费者能够理解的知识;服务消费者能够识别服务提供者提供的知识,如消费者的位置、如何到达、统计信息和专题信息等。

如图 4.5 所示,Web GIS 地理信息服务空间数据流程可以分解为如下几个步骤:

1) 服务消费者向分布式地理信息服务提供商发出特定的知识请求;

2) 分布式地理信息服务提供商处理请求,把请求分类,把数据请求转发给数据提供商;

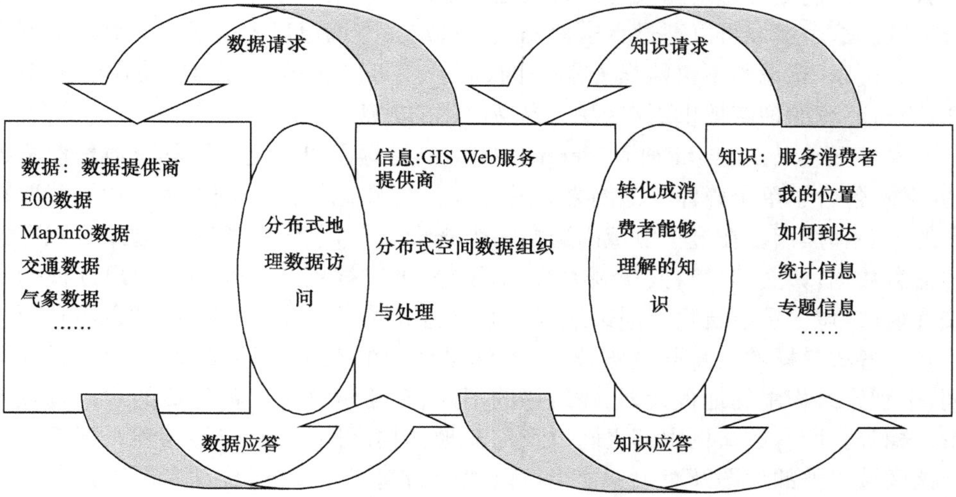

图 4.5 Web GIS 地理信息服务中的信息流程图

3）数据提供商处理数据请求，把数据发送给分布式地理信息服务提供商；

4）分布式地理信息服务提供商把数据根据用户的请求处理后，形成知识响应给消费者；

5）消费者根据响应做进一步的处理。

如此下去，周而复始，完成一个业务。

4.2.3 基于超图的分布式空间数据组织

1. 超地图概念及其发展

地图(map)是空间数据和信息的可视化表达，它帮助用户更有效地了解空间关系。从地图上，用户可以找到有关距离、方向和面积大小等信息。地图通常为用户提供空间数据信息，或以地理为参考的空间数据。在许多应用系统中，超媒体被视为非空间数据的综合应用。许多应用领域，如地球科学、规划（城市再发展规划）、环境管理以及旅游业等，都需要将地图与非空间数据结合。在这些领域中，地图扮演一种附加角色，仅为超媒体数据提供界面和接口功能。这种相结合的方法，引出了超地图的概念。单个超媒体与地图结合，便构成了超地图。超地图不仅允许用户通过专题对数据进行导航式浏览，而且还可以通过空间位置和关系，对数据进行浏览操作。

Laurini 和 Millerent-Rafford 首次于 1990 年提出超地图的概念。他们认为，超地图是具有地理数据获取功能的多媒体超文档。地理数据获取，指通过地理坐标获取。他们提出超地图概念的目的是希望能对与某一地区相关的所有超文档进行浏览。这个区域可以通过点击地图或通过定义查询窗口中的某一对象及范围来表达。所以,超地图不仅能做专题查询,而且还可以做地图查询。使用超地图概念,为对环境的理解提供更有效的、容易使用的方法。

根据 Kraak、Laurini 和 Millerent-Raffort,超地图可以定义为具有地理参考的超媒体,包含了单个媒体与地图之间的链接。在超地图中,地图显示是用户获取数据的中心和焦点。在显示区域内选择一个查询窗口,系统中所有与选择区域有关的信息数据,如文档、声音、视频图像、动画等,可以被用户所使用。用户选择一个查询窗口,包含了建筑物及周边地区。通过超链接,与建筑物相连接的以各种形式存在的各式各样的信息数据被连接上,如更详细的地图、区域的地下管道系统计划、个别建筑物中的地板计划、建筑物的图片、在建筑物中日常生活的一段视频剪辑录像等。所有的文档内部之间以及与其他文档之间,又有连接相连。甚至可以与该区域以外的地图及对象相连接。以地图为起点,空间连接和专题连接的类型和形式是多种多样的。

根据 Kraak 对超地图的描述,超地图与多媒体、超文本、超文档、超媒体等的关系如图 4.6 所示。多媒体分为在屏幕上可显示的和不能显示的两类。超文本仅仅与文本相关。在超文本中包含能在屏幕上显示的多媒体,如图像、声音等,形成超文档;在超文档的基础上,包含了在屏幕上不能显示的多媒体,形成了超媒体;对超媒体进行扩充,使其拥有地理参考数据即空间坐标,便形成超地图。

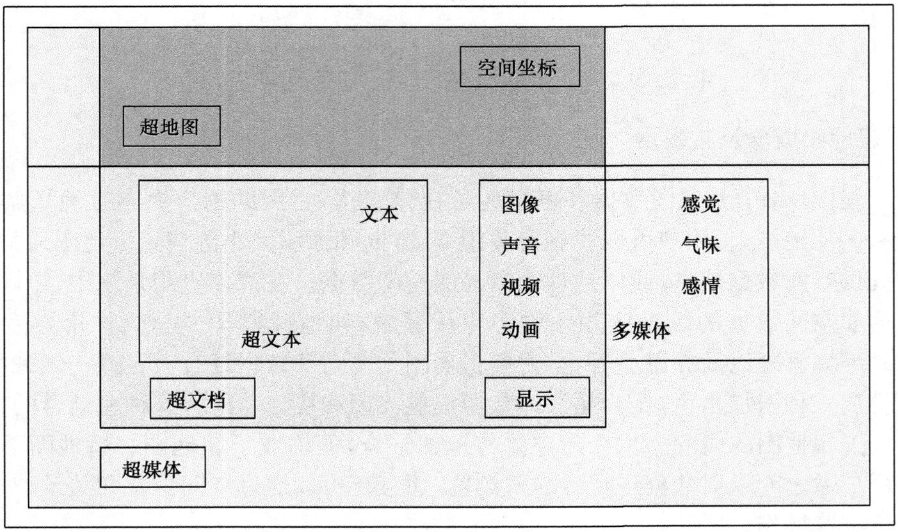

图 4.6　超地图与多媒体、超文本、超文档、超媒体之间的关系

超地图不仅适用于具备空间坐标的超媒体系统，而且还适用于许多基础的动态地图，如可点击地图：在数据库中，可点击地图为其他文档提供索引功能，点击地图上的对象，与该对象相连接的文档便显示出来。在通常情况下，这些层次上面向系统的可点击地图，灵活性十分有限。

超地图的应用主要体现在空间浏览和专题浏览上。如图 4.7 所示，某一旅游要使用超地图查出距旅店 2km 范围的所有博物馆的位置。系统查出了三个满足旅游要求的博物馆，一个玩具博物馆、一个科技博物馆和一个艺术博物馆。假设旅游者希望了解艺术博物馆，点击艺术博物馆，便可得到有关艺术博物馆的详细介绍，包括文本、图形、多媒体等，而且在小镇上与此博物馆相关的展览情况作为超地图的内容之一也显示在图上。这些展览的确是旅游者查询区域以外的内容，但是也在旅游者感兴趣的范围之内。换句话说，当查询区域内的艺术博物馆被点击时，超地图不仅显示艺术博物馆的详细情况，而且还显示与艺术博物馆有关的其他艺术展览。查询其他艺术展览，将改变旅游者的实际旅游计划。

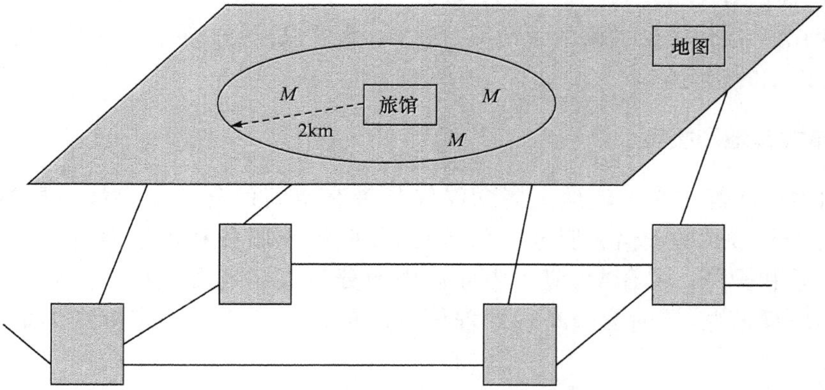

图 4.7　空间和专题的超地图导航浏览的结合

在基于 Web GIS 的分布式地理信息服务中，采用超地图的概念能将不同地域的 GIS 数据库有机组织起来，下面以广东省和下属的几个城市为例，说明超地图的基本工作过程，其关键的问题是如何将不同地区、不同软件建立的 GIS 数据库连接起来。

为了从省一级能导航到各地区一级的地理信息工作区，要求各地区的空间数据服务主管部门，提供该 GIS 数据库所在的服务器的域名地址、建库所用的软件、图的范围以及所采用的投影等信息。对省一级的工作区而言，将各地区的地理信息工作区作为子对象，通过建立一种关系表，创建一种超链连接。一般来讲，在省一级地图，表示有各市、地区一级城市的范围、名称等。因而可以将城市的名称或多边形作为超链连接的结点。从而建立一个超链连接的关系表，如表 4.3 所示。

表 4.3 分布式地理信息的超链连接

对象标识	描述	地理范围	父对象域名地址	数据获取软件/部件	子对象域名地址	数据获取软件/部件
12	佛山	$(x1,y1,x2,y2)$	1	1	Xx. xx. xx. xx	ArcInfo 数据获取部件
13	深圳	$(x1,y1,x2,y2)$			Xx. xx. xx. xx	SuperMap 数据获取部件
14	东莞	$(x1,y1,x2,y2)$			Xx. xx. xx. xx	MapInfo 数据获取部件
15	湛江	$(x1,y1,x2,y2)$			Xx. xx. xx. xx	AutoDesk 数据获取部件
…	…	…	…	…	…	…

如果在省一级地图上双击深圳的位置，系统就可以根据该结点联系到其子结点的域名地址及空间数据的数据结构，启动相应的数据获取软件或者部件，得到与深圳有关的更详细的信息。但是，有时用户认为市一级的地图仍然不够详细，需要得到乡镇甚至管理区一级的信息。此时可以建立次一级的 GIS 数据库，然后与上面一样，提供有关信息，在市一级的地图上建立县区一级的超链连接。如表 4.3 所示，深圳市一级地图所关联的子地图。这样，就可以根据这种超链连接关系，逐步查找更详细的信息。

2. 分布式超地图模型

由 Kraak 等定义的超地图概念仅仅是带有空间信息的超媒体。显然，它还不能用于分布式地理信息服务中的数据管理、组织服务和用来表达空间信息单元的关系和操作。基于此，应用服务器中的分布式超地图模型，可用于组织、管理异构地理信息，同时为分布式地理信息服务消费者提供一定标准的地理空间信息。

从面向对象的观点看，分布式超地图模型(distributed hypermap model, DHM)为空间信息对象(spatial object, O^S)的集合，由一系列的空间信息对象组成：

$$H=\{O_1^S,O_2^S,O_3^S,\cdots,O_i^S,\cdots\};\cdots$$

其中：$i=1,2,3,\cdots$；

每一个空间信息对象包含有四个基本的内容，即对象唯一标识符(ID)、超媒体(H^M)、超图形(H^G)和超链接(H^L)：

$$O^S=\{ID^S,H^M,H^G,H^L\};$$

其中：ID^S 为对象的唯一标识；H^M 为非几何属性，如多媒体信息(A^M)；H^G 为几何属性，如空间属性(A^S)。H^M 和 H^G 一起组成为 O^S 的内部状态。H^L 为 O^S 的方法集合，定义了 O^S 对象内部之间、对象之间以及超地图内部之间、超地图之间的非顺序连接关系和操作方法集合。

空间信息对象 O^S 满足对象的定义，即由三部分构成：对象标识符 ID、内部状态 S 和方法集合 M，因此有

$$ID_{(O^S)} = ID^S,$$
$$S_{(O^S)} = H^M \cup H^G,$$
$$M_{(O^S)} = H^L.$$

对于超地图的定义，作如下几点假定：

1）对于某一个确定的超地图 H_i 中所有的空间信息对象 O^S，具有相同的时间和比例尺特征，即对于特定 H_i 中所有的空间信息对象 O^S 的属性都是基于某一时间的。其中：$i=1,2,3,\cdots$。

2）由超地图 H 表示的空间信息，属性由超媒体 H^M 集中表达，如多媒体属性；空间属性、几何特征或空间关系由超图形 H^G 集中表达。

空间信息对象 O^S 本身是一个复合对象。H^M、H^G、H^L 本身也是对象并且都包含了对象标识符 ID、内部状态 S 和方法集合 M

$$H^M = \{ID^{HM}, \quad S^{HM}, \quad M^{HM}\}$$
$$H^G = \{ID^{HG}, \quad S^{HG}, \quad M^{HG}\}$$
$$H^L = \{ID^{HL}, \quad S^{HL}, \quad M^{HL}\}$$

式中定义的多媒体属性 A^M 包含文本、图形、图片、图像、录像、视频、音频全息图片、互动电影、注释电影、三维虚拟现实、感觉、气味、触觉和感情等内容。多媒体属性 A^M 可以分为可显示属性和不可显示属性。其中可显示属性又有数值的属性和非数值的属性之分。与此同时多媒体属性 A^M 可以表示为

$$A^M = \{A^D\{A^{DN}, A^{DU}\}, A^U\}$$

其中：A^D 为可显示的多媒体属性；A^U 为不可显示的多媒体属性。对于不可显示属性，目前尚没有确切的表达形式。A^{DN} 为可显示数值的属性，可以进行统计分析、专题制图等操作；A^{DU} 为可显示非数值的属性，主要可以进行表现，如图像显示、音频和视频播放、三维虚拟现实表现等。

H^G 用来表达空间信息对象 O^S 的空间属性（A^S），如表达 0 维、1 维、2 维和 3 维的信息。

超链接 H^L 为空间信息对象 O^S 的方法集合，定义了对象 O^S 内部之间、对象 O^S 之间以及超地图 H 内部之间、超地图 H 之间的非顺序连接关系和操作方法集合。这种方法集合通过 H^L 的内部状态 S^{HL} 表现，S^{HL} 由类别标识（TypeID）、类别类型（Type）、类别特征（TypeFeature）和属性特征（AttributeFeature）组成，可以表达为

$$S^{HL} = \{TypeID, Type, TypeFeature, AttributeFeature\}$$

类别标识 TypeID 由五个标志组成，即四维 4D、多尺度 Multiscale、元数据 Metadata、数据目录 Content 和数据仓库 Clearhousing：

TypeID={4D,Multiscale,Metadata,Content,Clearhousing};

类别类型 Type 有数据文件 DataFile、部件 Component 和 JDBC 等,

$$\text{Type}=\{\text{DadaFile},\text{Component},\text{JDBC}\}$$

其中:

当 Type=DataFile 时,表示直接获取远程数据文件,如 Web 服务器上数据提供商提供的原始数据文件;

当 Type=Component 时,表示启动远程部件服务器上的部件,并由部件获取数据;

当 Type=JDBC 时,表示启动远程 JDBC 服务器的服务,并由 JDBC 服务器连接远程的数据库,通过 SQL 语句获取数据。

类别特征 TypeFeature 主要包含有时间特征 F^t_{Next} 和 F^t_{Prev}、多尺度特征 F^s_{Sup} 和 F^s_{Sub}、SQL 语句特征 F_{SQL}、当前值特征 $F_{Currence}$、元数据特征 $F_{Metadata}$、数据目录特征 $F_{Content}$、数据仓库特征 $F_{ClearHousing}$ 和 F_{Other} 等。例如,可以表达为

$$\text{TypeFeature}=\{F^t_{Next},F^t_{Prev},F^s_{Sup},F^s_{Sub},F_{SQL},F_{Currence},F_{Metadata},F_{Content},F_{ClearHousing},F_{Other}\}$$

属性特征 AttributeFeature 主要说明超链接 H^L 的属性,如名称 Name、位置 Location 和协议 Protocol,可以表达为

$$\text{AttributeFeature}=\{\text{Name},\text{Location},\text{Protocol}\}$$

其中:属性特征的名称 Name 说明数据文件名称、部件服务器名称和 JDBC 服务器的名称,如指示下一个超地图 H 的名称;属性特征的位置 Location 指示下一个超地图 H 所在的位置,即在远程的位置,由 IP 值表示,如 202.113.114.240;属性特征的协议 Protocol 指示连接下一个超地图 H 的方式,协议包括 TCP/IP、IIOP(internet inter ORB protocol,ORB 即对象请求代理,object request broker)和 JDBC 等。

在上述新模型中,超地图由超媒体、超图形和超链接构成。超图形包括了所有的图形属性,超媒体则定义了超地图的多媒体信息。超媒体和超图形通过超链接相连,形成一个整体。超地图 H 为超媒体 H^M、超图形 H^G 和超链接 H^L 的并集

$$H=H^M\cup H^G\cup H^L$$

超地图与超媒体、超图形和超链接之间的关系如图 4.8 所示。

分布式超地图模型中定义的超地图关系是指同一个超地图内部关系和两个或多个超地图之间的关系。同一个超地图内部关系体现在超媒体之间、超图形之间以及超媒体和超图形之间的关系。同一个超地图内部关系通过超链接 H^L 内部状态 S^H 的类别特征 TypeFeature 来描述

$$\text{TypeFeature}=F_{Currence}$$

一方面,超媒体 H^M 内部之间的关系,主要表现在多媒体属性 A^M 的表现。例如,多媒体属性的综合、空间分析以及数值性多媒体属性的统计制图等。

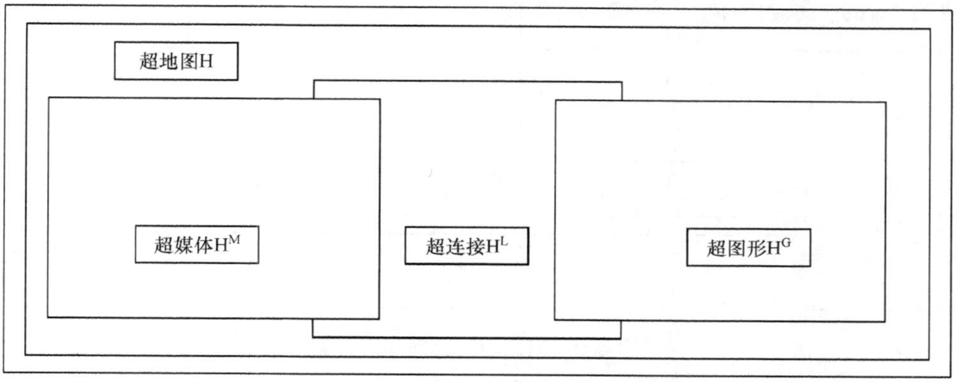

图 4.8 超地图的概念图

另一方面，超图形 H^G 内部之间的关系，主要表现在空间信息表达如 0D、1D、2D、3D 等和空间关系(如叠置、缓冲区)。与此同时，空间属性表现即地图空间属性可视化和综合，几何空间查询(如点、线、多边形和缓冲区查询)。

超媒体 H^M 和超图形 H^G 之间的相互关系，即多媒体属性和空间属性之间的关系，主要表现在多媒体属性和空间属性之间的相互查询，如几何查询、SQL 查询、专题制图和地图综合(由多媒体属性对空间属性进行综合或由空间属性对多媒体属性进行综合)等。

假设有两个超地图 H_i、H_j，其中：H_i 为当前的超地图，H_j 为 H_i 下一个超地图，$i \neq j$。那么，超地图 H_i 和超地图 H_j 有如下相互关系。

1) 部分和整体关系(Σ)。如果 H_j 为 H_i 的整体，$H_j \Sigma H_i$，反之 $H_i \Sigma H_j$。如果 H_j 为 H_i 的整体，$H_j \Sigma H_i$，那么，由 H_i 到 H_j，即 $H_i \geqslant H_j$，是通过 SQL 语句或通过元数据、数据目录和数据仓库，由当前超地图 H_i 获得下一个超地图 H_j 的过程。

2) 地图概括关系(Π)。H_j 为 H_i 的概括，$H_j = \Pi H_i$，或者 H_i 为 H_j 的概括，$H_i = \Pi H_j$。因此有

$$\text{TypeFeature} = \begin{cases} F_{\text{Sup}}^{\text{S}} & \text{if} \quad H_j = \Pi H_i \\ F_{\text{Sub}}^{\text{S}} & \text{if} \quad H_i = \Pi H_j \end{cases}$$

3) 时间序列(时态)关系(⇑)。H_j、H_i 为两个时间点上的超地图，它们的特征通过以下公式表达

$$\text{TypeFeature} = \begin{cases} F_{\text{Prev}}^{\text{t}} & \text{if} \quad i > j \\ F_{\text{Next}}^{\text{t}} & \text{if} \quad i < j \end{cases}$$

如图 4.9 所示，超地图 H_1、超地图 H_2 和超地图 H_3 对应的时间分别为 T_1、T_2、T_3，并且 $T_1 < T_2 < T_3$。如果超地图 H_2 为当前超地图，则超地图 H_1 和超地图 H_2 的关系为 $F_{\text{Prev}}^{\text{t}}$，超地图 H_3 和超地图 H_2 的关系为 $F_{\text{Next}}^{\text{t}}$。超地图 H_1、超地图 H_2 和超

地图 H_3 的关系为时间序列(时态)关系。

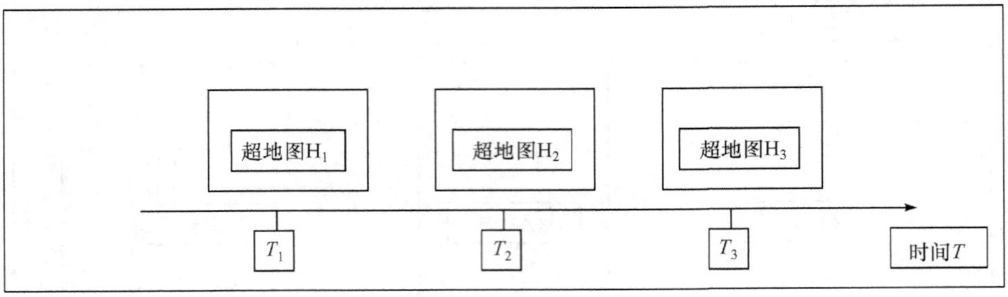

图 4.9　超地图的时间序列关系

武断连接关系(Θ)。超地图 H_j 和超地图 H_i 之间没有任何直接关系。从 H_i 到 H_j 的过程,是一种武断连接的操作过程。超地图之间的横向浏览过程($H_i \geqslant H_j$),可以视为一种武断连接 $H_i \Theta H_j$。有

$$\text{TypeFeature} = F_{\text{Other}}$$

3. 基于超地图模型的 Web GIS 空间数据组织

在分布式地理信息服务的处理中,有许多来自于不同数据源的空间数据,把这些空间数据源分为三类:一是基于标准格式的数据源,如 GML 格式的数据源;二是厂商原始的外部交换空间数据,如 MapInfo 的 mif/mid 格式数据源;三是非空间数据厂商提供的空间数据,如移动定位服务中的位置信息。可以把它们看作三个相互独立又相互联系的超地图,假设为 H_1、H_2 和 H_3,因此分布式地理信息服务的处理服务可以看成为这几种不同类型超地图的操作;其操作的结果认为是三个超地图的集合,用 H 表示。因此基于超地图模型的地理空间数据组织可以用图 4.10 表达,分布式地理信息服务分布在不同的网络节点,在同一个节点内部可以对多个超地图进行包括联合、交叉、差分、投影、选择、乘方和连接的处理,形成新的超地图(图 4.11)。

假设在服务器端采用分布式数据源方法获取了两个超地图 H_1 和 H_2,H' 代表经应用服务器处理得到的超地图,那么有

$H' = H_1 \cup H_2$:超地图 H_1 和 H_2 联合操作是指在超地图 H_1 或 H_2 的空间对象的并集。一个空间对象 O^S 在联合操作中只能选择一次,即使这个空间对象 O^S 为超地图 H_1 和 H_2 共有。

$H' = H_1 \cap H_2$:超地图 H_1 和 H_2 交叉操作是指在超地图 H_1 和 H_2 的空间对象的交集。

$H' = H_1 - H_2$:超地图 H_1 和 H_2 差分操作是指在超地图 H_1 中而不在 H_2 中的空间对象的集合。

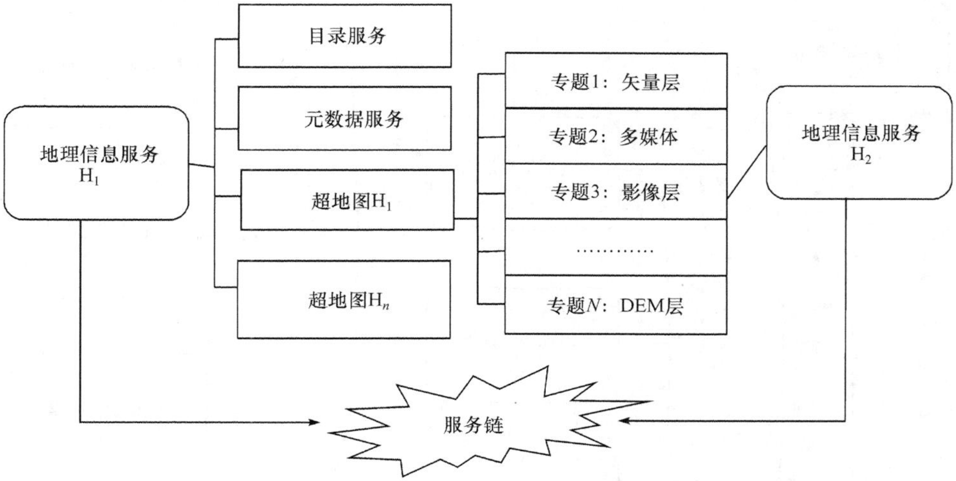

图 4.10　分布式地理信息服务节点基于超地图的地理空间数据组织

$H'=\pi O_1^S, O_2^S, \cdots, O_n^S(H)$：表示超地图的投影操作。投影操作是通过在超地图 H 中的有限空间对象产生另一超地图 H′的过程。表达式 $\pi O_1^S, O_2^S, \cdots, O_n^S(H)$ 值代表仅由超地图 H 中的有限空间对象 $O_1^S, O_2^S, \cdots, O_n^S$ 决定的超地图 H′。

$H'=\sigma_C(H)$：表示超地图的选择操作，应用于超地图 H，产生带有超地图 H 的空间对象 O^S 的子集的新超地图 H′。H′是在 H 满足特定条件 C 空间对象的集合。

$H'=H_1\times H_2$：H′表示超地图的笛卡儿积。超地图 H_1 和 H_2 的笛卡儿积指序偶的集合，序偶的第一成员取遍超地图 H_1 中的元素，第二成员取遍超地图 H_2 中的元素。任何对象与超地图 H_2 中的所有对象的系列，并且这种系列具有传递性、对称性和自反性。

$H'=H_1\otimes H_2$：指把在超地图 H_1 和 H_2 中有共同特性的空间对象提取出来，按一定的规则笛卡儿积形成的对象系列。更精确地说，假设 $A_1, A_2, \cdots, A_n$ 为超地图 H_1 中的空间对象 O_1^S 和超地图 H_2 中的空间对象 O_2^S 的共同属性，那么 H_1 与 H_2 中具有共同属性的空间对象的笛卡儿积就称作 $H'=H_1\otimes H_2$。自然连接促使我们用特定的规则来形成空间对象系列。

例如，假设

$$H=H_1\cup H_2\cup H_3 \text{ 和 } H_1\cap H_2=\varnothing, H_2\cap H_3=\varnothing, H_1\cap H_3=\varnothing$$

其中：H_1 代表名称为 Mexico 的超地图；H_2 代表名称为 Canada 的超地图；H_3 代表名称为 USA 的超地图，其客户端超地图导航如图 4.12 所示，合并操作结果如图 4.13所示。

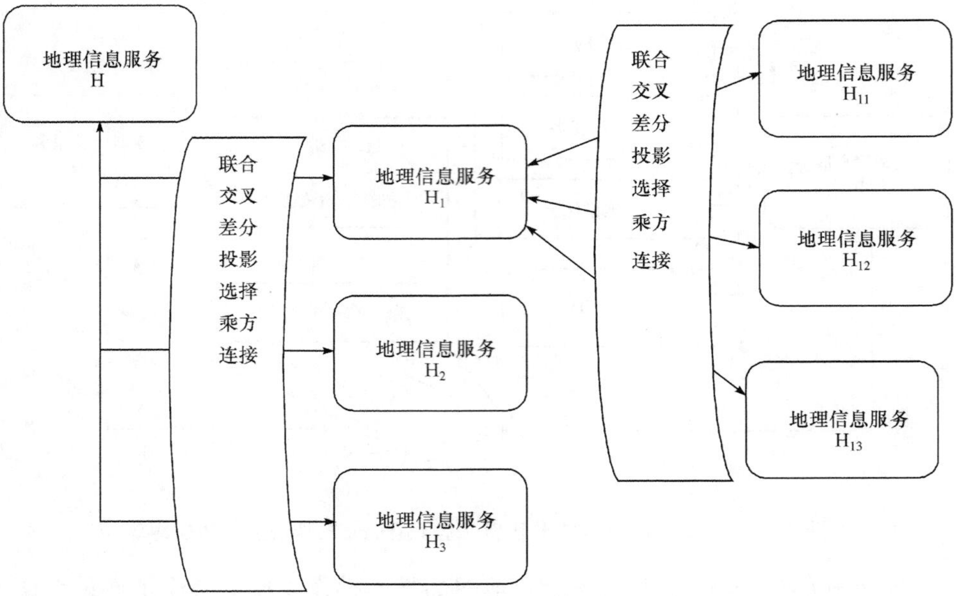

图 4.11　基于超地图模型的地理空间数据处理服务

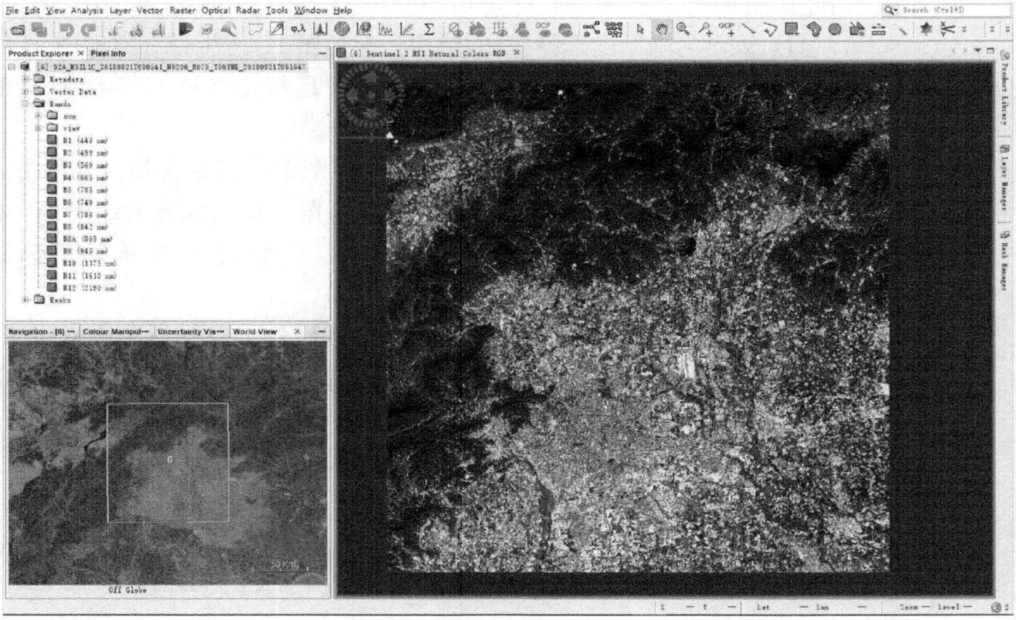

图 4.12　从超地图导航到北京市区域

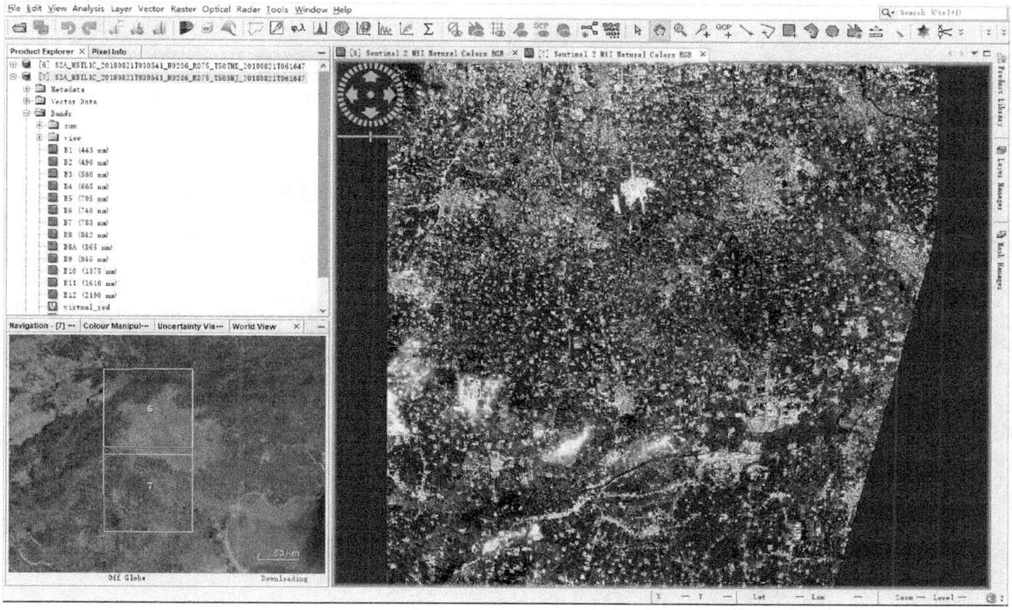

图 4.13　北京区域两景影像超地图合并

在此模型中涉及的数据目录和空间索引方法可以用超地图投影操作算子表示，如下式

$$H'=\pi O_1^S, O_2^S, \cdots, O_n^S(H);$$

对于数据目录方法，$O_1^S, O_2^S, \cdots, O_n^S$ 指带有超媒体 H^M 的空间对象集；对于空间索引方法，$O_1^S, O_2^S, \cdots, O_n^S$ 指带有超图形 H^G 的空间对象集。

在此模型中涉及的 SQL 查询和几何方法可以用超地图选择操作算子表示，如下式

$$H'=\sigma_C(H);$$

对于 SQL 查询方法，条件 C 由带有超媒体 H^M 的空间对象集来定义；对于几何方法，条件 C 由带有超媒体 H^M 和 $O_1^S, O_2^S, \cdots, O_n^S$ 的空间对象集来定义。

超地图的显示，即通过多媒体属性和空间信息的显示表达超地图的信息。例如，表、图像、声音等属性的显示；点、线、面实体的表达；放大、缩小、漫游等操作。

距离分析是通过建立超图形 H^G 和空间属性 A^S 的内在联系完成的。统计图和专题图部件是通过超媒体 H^M 和多媒体属性 A^M 来构造的。

在此原型中，分析操作包括专题制图、SQL 查询、几何查询和缓冲区分析都是在超图形 H^G 和超媒体 H^M 关系基础上设计完成的。专题制图和 SQL 查询操作就是从多媒体属性 A^M 查询空间属性 A^S 的过程。同样地，几何查询和缓冲区查询操作就是从空间属性 A^S 查询多媒体属性 A^M 的过程。

4.2.4 基于GML的异构Web GIS空间数据组织

1. GML概述

可扩展标记语言XML(eXtensible markup language)是一种用于描述其他语言的元语言,即用来定义其他与特定领域有关的、语义的、结构化的标记语言的句法语言。XML包括一套定义语义标记的规则,可以让信息提供者根据需要自行定义标记及属性名,结构化地描述信息内容。由于XML能针对特定的应用定义自己的标记语言,这一特征使得XML可以在各个专业领域的信息交换中一展身手,为不同的系统、厂商提供各具特色的独立解决方案。GML就是XML在GIS中的应用。

GML是由OGC制定的基于XML的地理信息(包括地理特征的几何和属性信息)编码规范,主要用于地理信息的传输和存储。2000年正式推出了GML1.0版本(基于DTD),2001年2月推出GML2.0(基于Schema),2003年2月推出GML3.0。

(1) 设计目的

1) 为数据的存储和传输(特别在Internet环境下)提供一种编码空间信息的方式;

2) 高扩展性,可以满足从空间描述到空间分析等不同空间任务的需求;

3) 以一种渐进的、模块化的方式建立Web GIS的基础;

4) 对几何信息进行高效的编码;

5) 提供一种易于理解的编码方式,以对Internet简单特征模型中定义的空间信息和空间关系进行编码;

6) 可以在数据表述中实现空间信息与非空间信息的分离;

7) 能够容易地集成空间数据和非空间数据,特别是以XML编码的非空间数据;

8) 能够容易地连接空间(几何)元素到其他空间和非空间元素;

9) 提供了一系列通用的地理模型对象,使独立开发的应用之间可以互操作。

GML通过提供一个基本的几何标签集(所有支持GML的系统使用同样的几何标签)、一个通用的数据模型(OpenGIS简单特征模型)和一个创建及共享应用模式的机制在不同系统之间实现地理信息的互操作。

(2) GML模型

GML模型是基于OpenGIS的抽象规范。在抽象规范中,定义一个地理要素(Feature)作为现实世界现象(如果它与地球位置相关)的一个抽象。这样现实世界便可以通过一系列地理特征来描述。地理特征中包含几何属性(Geometry)。

OpenGIS 的抽象规范对地理特征模型和几何模型进行了定义,具体内容见 OGC 相关文档。

(3) GML 框架

GML 提供了三个基于 XML 的 Schema,即要素(Feature)Schema——Feature. xsd、几何(Geometry)Schema——Geometry. xsd 和链接(XLinks)Schema——XLink. xsd。此三类 Schema 的关系如图 4. 14 所示。

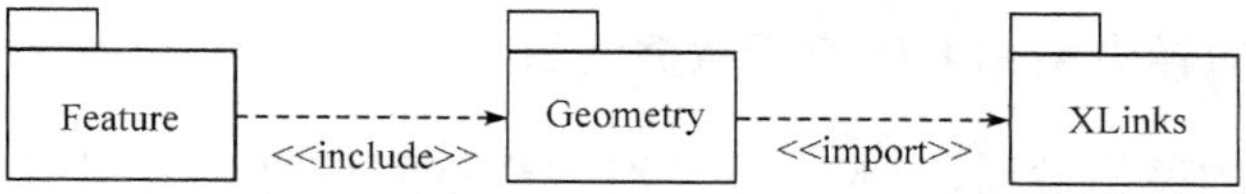

图 4. 14 GML 定义的 Schema 之间的关系

在 GML 中,每个 Feature 和 Geometry 都对应一个相应的类型(Type)。该类型等同于对象建模中的类(Class),Feature 和 Geometry 的状态由类型和类型中的属性决定。GML 中的 Schema 对这些类型和属性等元素进行了定义。

1) Geometry Schema。描述了详细的几何模型,包括抽象几何元素、坐标(Coordinate)、包围框(Box)、Point、LineString、LinearRing、Polygon、MultiPoint、MultiLineString、MultiPolygon、MultiGeometry 等几何元素的定义,并通过<import>元素引入 XLink. xsd 的定义。

<import namespace = http://www. w3. org/1999/xLinkschemaLocation = “xLinks. xsd”/>

2) Feature Schema。描述了全面的要素模型,与 Geometry Schema 一样,Feature Schema 定义了抽象和具体元素和类型,并通过<include>元素引入了几何 Schema 中的定义和声明。

<include schemaLocation=“geometry. xsd”/>

Feature 包括一系列的属性和相应的几何信息,一般来说,属性由名字、类型,GML 的 Feature. xsd 描述了地理要素的编码,可以像一般 XML 语言定义一些不包含几何信息的普通元素,这些元素可以嵌套或者参照,还可以定义相应的属性信息。另外,加入上面介绍的几何信息,就可以定义具体的地理实体(包含了属性信息和几何信息),即所讲的地理对象。GML 定义了抽象的元素类型,同时也定义了一些具体的类型。更为重要的是,用户可以扩充模型的定义,以满足自己的要求。

3) XLink Schema。定义了 XLink 的属性,用于实现链接功能。GML 提供了一种以互联网可关联 XLinking 语言为基础的普通机制来表达 GML 对象间的关联(关系)。简单关联模式是 XLink:type=“simple”和 XLink:href 所隶属的属性的应用。对于一个同时具有 XLink:href 属性和数组元素内容的元素,GML 不会去描述它的任意方式的优先级，完全依靠模式的作者来提供，包括同一元素的两种内容模式以外的东西。属性值通过一种简单关联来决定，此属性表达一种关联，属性名是关联中目标的“中心角色”。

新发布的 GML3.0 具有模块化特点，即用户能够选择必要的部分使用，简化和缩小了执行的尺寸。GML3.0 新增加的内容包括支持复杂的几何实体、空间参照系统、拓扑、元数据、栅格数据、时态数据等多个方面。

2. 基于 GML 的异构 Web GIS 空间数据组织

Web GIS 的蓬勃发展，顺应了社会对地理空间信息进入网络、实现共享的迫切需求。然而，在目前的网络环境下，空间地理信息要真正达成共享，首先必须解决地理信息数据来源复杂、管理多样、数据格式不兼容的瓶颈问题。

基于 GML 的异构空间数据组织实际上是对不同格式的空间数据进行 GML 格式转换，即将 GML 作为一种标准的数据转换文件格式来看待，如图 4.15 所示。

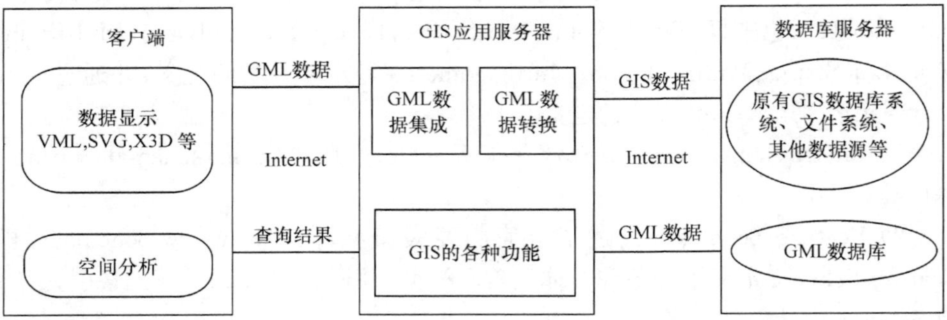

图 4.15　基于 GML 的异构数据集成

图 4.16　某行政区地图

基于 GML 多源空间数据集成的基本思想是，通过将不同格式的空间数据文件中的空间实体通过 GML 定义的各种影射模式，生成对应的 GML 文档。由于 GML 文档本质上是文本的，因此可以很方便地进行集成。

下面以数据格式公开的 Shapefile 为例，说明 GML 的编码模式。Shapefile 是 ESRI 提供的存储地理数据的矢量格式，地图元素以 X、Y 形式出现，其坐标系是笛卡儿坐标。图 4.16、表 4.4 分别是 Shapefile 格式的某地区行政区界和地图数据。

表 4.4 Shapefile 格式的地图数据

Shape	ObjectID	VillageName	Shape_area	Shape_len
Polygon	1	后洞村	10649909.0457000010	19537.66423260000
Polygon	2	前坡村	14456236.4260000010	29843.40371490000
Polygon	3	横山林场	3075146.56933999990	9984.77297888000
Polygon	4	下坂村	3912547.63793000020	13916.51967050000
Polygon	5	下宫村	587176.31958000001	4477.54434198000
Polygon	6	溪东村	17390513.4387000020	26449.87362920000
Polygon	7	下宫村	3991758.81639999990	10989.33131310000

表 4.4 中 Shapefile 格式数据对应的 GML 编码文档为

```
<? xmlversion="1.0" encoding="UTF-8"?>
<dataset xmlns="f:/namespaces/shp2gml">
                    …
<schemaFeatures>
<gml:featureMember>
<Feature>
<featureType>Boundary</featureType>
<property name="VILLAGE_NA">char(20)</property>
</Feature>
</gml:featureMember>
</schemaFeatures>
<dataFeatures>
<gml:featureMember>
<Feature>
<featureType>Boundary</featureType>
<property name="VILLAGE_NA">后洞村</property>
                    …
<property name="gml2_coordsys">
<gml:polygonProperty>
<gml:Polygon gml:srsName="0">
<gml:outerBoundaryIs>
<gml:LinearRing>
<gml:coordinates>
```

```
576255.2980114007,2680473.3690133323
                    …
</gml:coordinates>
</gml:LinearRing>
</gml:outBoundaryIs>
</gml:Polygon>
</gml:polygonProperty>
</Feature>
</gml:featureMember>
</dataFeatures>
```

作为应用于网络环境下的地理空间数据的通用接口，GML 遵循数据互操作模式，可以维护商业地理信息软件专有格式的优点及其所保护的商业利益，也利于数据的交换与传输。为在现有网络上以矢量方式进行传输、交换、集成 WebGIS 的海量地理空间数据，提供了一种十分有效的解决途径。

1）GML 是一个开放的框架结构，可以对其进行扩展和继承来完成数据编码；

2）GML 具有自描述性，可描述性很强，这有益于保持数据的完整性；

3）由于 GML 是由国际组织 OGC 提出的开放标准，现已被很多大公司支持，所以其易于被各种 GIS 接受；

4）GML 可以描述不同 GIS 的数据，由于其结构简单，且易于操作；

5）GML 采用开放的基于文本的格式，可用 Web 的最基本的 HTTP 协议传送，这样易于数据的远程动态集成；

6）GML 可以与非空间数据集成，二进制数据与其他数据的集成是非常困难的，对于二进制数据结构，必须了解其文件结构和数据库设计才能对其进行修改，而 GML 的改变是十分容易的，所以数据组织也就相当容易。

4.3 Web GIS 数据库应用服务器

4.3.1 Web GIS 数据库应用服务器开发技术

1. DCOM 技术

DCOM 是对组件模型对象（component model object，COM）的扩展，它提供了一种使 COM 组件加入网络环境的网络协议，使用户可以将现在基于 COM 的应用、组件、工具以及知识转移到标准化的分布式计算领域中来。在进行分布式计算时，DCOM 处理网络协议的低层次的细节问题，使程序员不必写网络代码，而是集中精力解决用户所要求的问题。

DCOM 建立在对分布式计算环境 DCE(distributed computing environment)的远程调用 RPC(remote process call)的扩展上。为了在异种网络间实现数据传输,它采用了 RFC 的 NDR(network data representation)格式来进行数据分组和传输,还采用 DEC RPC 的安全机制来进行数据的安全认证和一致性检查。

图 4.17 描述了 DCOM 的系统结构,其中组件可以看成是服务器。DCOM 用占 16 个字节的全局唯一标识符标识一个组,这个标识符被称为 CLSID。组件通过注册分别登记到客户和服务器所在机器的注册表中。客户与服务器的交互过程如下:客户指定 CLSID 请求得到对象,对象在服务器端被创建,服务器返回接口指针给客户,客户通过接口指针调用接口函数,结束调用。图 4.17 中的代理模块与占位模块由用户提供的接口定义语言(interface definition language,IDL)编写的 IDL 文件编译而成。代理模块与存根模块以下的部分与应用无关。

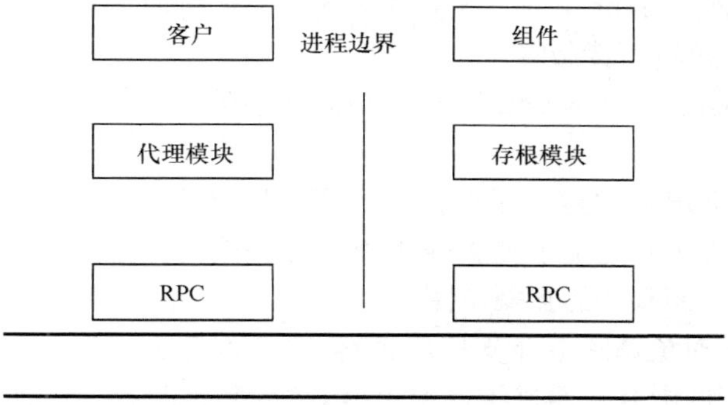

图 4.17　DCOM 的系统结构

当客户调用某一个组件的一个方法时,代理模块把所有的方法参数捆绑于某一个可移动的数据结构内,并将整个集合通过 RPC 送到服务器端。在服务器端,RPC 数据被占位模块接收,当方法调用完成后,对象将控制权连同返回参数返回给占位模块,占位模块将返回参数捆绑在一起,包装成一个可移动的格式,通过 RPC 返回给代理模块。代理模块取出返回值,并将控制权交给客户。

2. CORBA 技术

CORBA(common object request broker architecture)是由 OMG(object management group)组织定义的在不同语言、不同平台上实现对象的一种面向对象应用程序的体系规范。它在不同的操作系统、语言、网络协议和硬件结构间提供给用户在应用层端到端的互操作,实现“软件总线结构”。CORBA 由标准化的定义语言、接口和协议组成。

1) ORB(object request broker)。对象请求中介即对象总线,是 CORBA 的核

心，它为所有对象提供了一种面向总线的机制。ORB 是在对象之间建立客户机/服务器关系的中间件，提供了对象间信息流动所需的通路，它使独立的软件单元在异构环境下无缝地交互操作。利用对象请求中介，客户端程序能够以访问本地对象的方式访问远程服务对象，且与具体的联系、激活或存储服务器对象的机制以及实现服务对象的语言无关；

2）IDL。IDL 规定了组件的边界以及组件与潜在客户之间的接口。IDL 是描述性的语言，它没有定义具体的实现细节，IDL 给所有驻留在 CORBA 总线上的服务和组件提供了与操作系统和编程语言无关的接口；

3）语言映射。它负责将 IDL 定义的接口语言映射成具体的程序设计语言。例如，程序员可以根据需要将 IDL 接口定义语言映射到 IDL 所支持的 C、C＋＋、Java、SmallTalk 语言；

4）IR（interface repository）。接口存储库是运行时的分布式数据库，包含了 IDL 定义接口的机器可读版本；

5）DII（dynamic invocation interface）。动态调用接口用来在运行时发现将被调用的对象；

6）IIOP。IIOP 协议定义了如何在 TCP/IP 传输上构建 GIOP（general inter ORB protocol），GIOP 定义了传送语法和消息格式的标准集，能够在任何面向连接的传输上实现 ORB 间的互操作性；

7）CORBA 对象请求中介支持两种客户机/服务器调用类型：静态调用和动态调用。静态调用中客户通过接口调用客户存根 Stub 程序将请求递交给 ORB。而客户从接口储存库 IR 中动态地产生一个请求，由 DII 直接递交给 ORB 是动态调用的特点。在这两种情况下，客户通过访问对象标记和调用执行这个服务的方法来发出请求，服务器不能区别静态和动态调用。

3. J2EE 技术

J2EE 是一种利用 Java2 平台来简化与多级企业解决方案的开发、部署和管理相关的复杂问题的体系结构。J2EE 提供了一个企业级的计算模型和运行环境用于开发和部署多层体系结构的应用。它通过提供企业计算环境所必需的各种服务，使得部署在 J2EE 平台上的多层应用可以实现高可用性、安全性、可扩展性和可靠性。J2EE 提供了一个基于组件的方法，来设计、开发、装配及部署企业应用程序；其多层的分布式的应用模型、组件重用、基于 XML 的数据交换、统一的安全模式以及灵活的事务控制，使用户不仅可以更快地向市场推出创造性的客户解决方案，而且独立于平台的、基于组件的 J2EE 解决方案不会被束缚在任何一个厂商的产品和 API 上。

J2EE 平台上的企业应用系统实际上是许多实现了企业业务逻辑和用户界面的 J2EE 组件的集合。J2EE 平台支持的 Java 组件类型主要有 Applet、Application、Client、EJB、Servlet 组件，这些组件都在各自的容器内运行。

J2EE 规范定义的服务接口共有以下四种。

1）数据存取接口：J2EE 把 JDBC 作为它向应用系统提供的数据存取服务的接口；

2）事务服务接口：用以向应用系统提供分布式事务处理服务，J2EE 采用 OGC 的事务服务规范 OTS(object transaction service)来保证在分布式的环境下事务处理的 ACID 特性；

3）命名与目录服务接口：J2EE 平台上的应用系统通过这个接口完成与命名和目录服务有关的标准操作，如对象命名、对象与属性的绑定与检索等；

4）安全服务接口：应用系统通过该接口使用 J2EE 平台提供的各种安全服务，J2EE 的安全服务采用身份认证(authentication)和资源授权访问(authorization)模式。

J2EE 通过提供统一的开发平台，降低了开发多层应用的费用和复杂性，同时提供对现有应用程序集成的强有力支持，完全支持 EJB，有良好的向导支持打包和部署应用，添加目录支持，增强了安全机制，提高了性能，简化了应用开发。J2EE 与传统的互联网应用程序模型相比有着不可比拟的优势，是开发 Web GIS 的最佳应用程序模型。

4.3.2　Web GIS 数据库应用服务器框架

应用服务器是一个基于组件的中间层集成框架，它为组件的运行提供运行时环境、基础服务(水平服务)和管理等功能。组件封装业务逻辑和业务数据并依赖于应用服务器而工作。应用服务器和组件各司其职，完成各自的工作。应用服务器和组件之间必须有明确规定好的接口用于管理组件。它位于多层模式中的中间层，支持多操作系统平台，可提供分布处理支撑功能，在其与 Web 服务器集成后，就形成了完整的基于 Web 的分布式应用运行环境。

Web GIS 数据库应用服务器是 Web GIS 应用信息系统的核心部分，所有的应用逻辑相关方法、模型和模型服务器构件都是在应用服务器上实现的。这个服务器用于执行特定公司或部门的应用功能，通过处理由空间数据交换中心提供的数据来得到应用逻辑结果。Web GIS 数据库应用服务器是由模型库、方法库、相关知识库和相应的数据库管理系统、应用执行模块构成的，这些模块结合起来形成一个完整的体系。

下面以 J2EE 技术为例，介绍 Web GIS 数据库应用服务器的总体框架。

如图 4.18 所示，它主要由客户端、Web 服务器、Web GIS 数据库应用服务器和空间数据服务器四大部分组成。客户端又可以分为GIS Applet浏览器客户端和GIS应用客户端,负责完成GIS数据的表达逻辑。Web服务器完成WWW、会话管理、状态管理、日志管理和服务器端脚本管理等功能,可以有多种选择。它是一个基于Java2企业级版本的应用,部署在一个提供企业级应用服务所必需的基础服务(如事务、安全和持久性服务)的容器中,作为服务运行于后台,由GIS Servlet引擎、会话组件和实体组件组成,完成GIS业务逻辑,包括投影变换、空间数据存储、空间查询和空间分析等服务。由于EJB容器提供了分布式计算环境中组件需要的所有服务,实现商业逻辑的GIS EJB组件可以更加高效地运行在GIS应用服务器中,用户可以通过Java Servlet或者JSP调用运行在EJB Server中的EJB,以实现商业逻辑,也可以通过IIOP直接访问运行在EJB Server中的组件。通过JDBC或SQLJ连接到数据库,也可以通过Java连接体系结构(JCA)来访问已经存在的遗留系统。它也可以通过XML的Java函数接口(JAXP)使用Web服务技术(如SOAP、UDDI、WSDL和ebXML)与业务伙伴进行通信。EJB容器是用于管理EJB对象的设备。它负责对象的生命周期管理,实现EJB对象的安全性,协调分布式事务处理,并负责EJB对象的上下文切换。EJB容器还可以管理EJB对象的状态。某些情况下,EJB对象数据是短暂的(如会话EJB对象),只存在于特定的方法调用过程中,另一些情况下,EJB对象数据是长久的(如实体EJB对象),多个访问都要调用此EJB对象数据。EJB容器必须同时支持短暂对象数据及长久对象数据。EJB对象被赋予EJB容器,当EJB对象被使用时,可以通过修改其环境属性来定制EJB对象的运行状态特性。例如,开发者可以使用EJB容器用户接口提供的工具来修改EJB对象的事务模式及安全属性。EJB对象一经使用,EJB

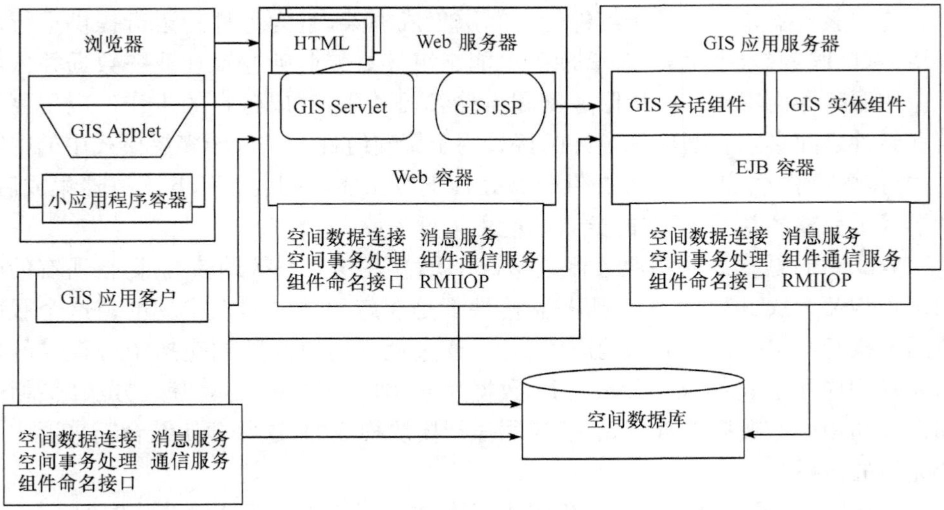

图 4.18 基于J2EE的Web GIS应用服务器体系框架图

容器负责管理 EJB 对象生命周期、EJB 对象安全特性和协调事务处理。空间数据服务器可以采用 SQL SERVER 和 ORACLE 作为存储管理器，空间数据为多源和异构的形式。

通过使用标准的 J2EE 容器（Web 容器和 EJB 容器）完成对 GIS 组件的注册、查找、唤醒、调用和销毁。浏览器和 Web 服务器之间通过 HTTP（HTTPs）协议进行通信；Web 服务器和 GIS 应用服务器通过 RMI 进行通信；GIS 应用服务器之间通过 IP 多目广播协议进行通信。GIS 组件通过空间数据连接器与数据服务器进行通信，完成数据库的存取，通过消息服务基础设施完成与原有系统的集成。GIS 组件之间耦合在一起，形成功能不等的地理信息服务，这些地理信息服务通过标准的 HTTP 协议进行通信，通过对空间数据编码进行传送。

基于 J2EE 技术的应用服务器具有如下的特征：

1）跨平台的组件。使用 Java 语言开发的基于 JavaBean 技术的 GIS 客户端组件和基于 EJB 技术的服务器端组件不仅可以在微软的操作系统中运行，还可以在 Unix、Linux 的操作系统中运行，可以做到一次编写，跨平台运行。

2）可扩展性。由于 JavaBean 遵循组件模型，因此可以与其他的软件组件交互，大大减少了用户的开发费用和缩短了开发周期；与此同时，大多数数据库厂商支持标准的 JDBC 连接协议，有利于数据库驱动程序的迁移与更新。

3）弹性配置。利用 J2EE 开发的分布式 GIS 组件，既可以配置成传统 C/S 结构的两层应用，也可以配置成基于 Web 的 B/S 结构的两层结构，甚至可以配置成三层或者多层应用。

4）广泛的组件类型支持。包含 GIS 会话组件和 GIS 数据组件，GIS 会话组件完成 GIS 业务处理逻辑，GIS 数据组件可以代表存储、处理和传送的数据实体。

5）大量的厂商支持。由于 J2EE 有如 IBM、SUN、ORACLE、BEA 等大量厂商的支持，因此用户选择的范围更加广泛。

6）异构环境的支持。J2EE 能够开发部署在异构环境中的可移植程序，基于 J2EE 的分布式地理信息服务不依赖任何特定操作系统、中间件和硬件平台，只要设计合理，开发一次就可部署到各种平台。

7）应用安全性。提供了多种应用安全策略，包括最终用户身份认证、节点连接的安全认证、应用程序的安全认证、管理界面的访问权限控制、数据加密/解密功能和安全事件报警。

8）可靠性。提供一个坚固的系统运行环境，具有强大的故障恢复能力、系统重新启动和恢复及数据可靠传输能力。

4.3.3　地理信息网上发布案例

我国在地理信息网上发布系统方面的研究与开发也有了很好的发展。利用网络 GIS,借助于 Web 技术,为国民经济建设服务。例如,进行森林火灾和洪水灾情远程预测预报,为救灾抢险和防洪决策提供及时准确的应急信息等。以下介绍和分析地理信息网上发布在我国国土和规划两方面开发的应用系统案例。

1. 基于 Web GIS 技术的吉林省国土资源信息网上发布系统

吉林省国土资源网络综合信息系统建设的目的是为进一步深化国土资源遥感大调查的成果,实现吉林省国土资源信息的共建共享、科学管理、合理开发和有效利用,为吉林省国土资源管理和各个使用部门以及个人提供全面、方便、快捷的国土资源远程空间信息服务。

(1) 吉林省国土资源信息网上发布系统的设计

系统设计主要由 8 个子系统构成:数字矿产、数字旅游、数字气象、数字生态、数字国土、数字水资源、数字植被和地壳稳定性子系统。各子系统又包括多个下一级子系统,如数字矿产子系统包括金属矿产、非金属矿产、能源矿产和预测矿产子系统。地壳稳定性子系统包括地震灾害和地质灾害子系统(图 4.19)。

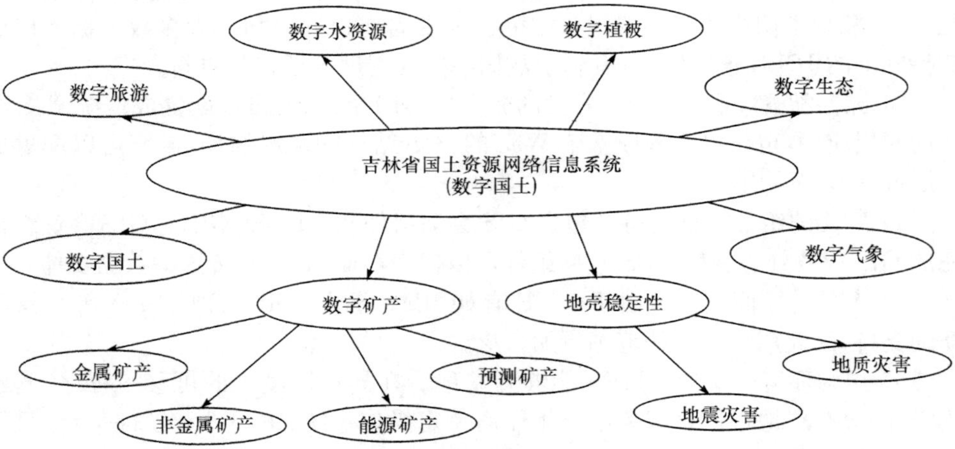

图 4.19　吉林省国土资源网络信息系统构成图

1) 系统总体框架。系统基于 Internet 构建,遵循 TCP/ IP 和 HTTP 协议,可通过防火墙与国内 Internet 连接。系统部署方案采用目前比较流行的三层结构模型,总体框架如图 4.20 所示。三层结构分别为客户端浏览器、服务器和后台数据库。客户端浏览器支持各类数据和信息的显示并可与服务器进行通信;服务器由 Web 服务器和 Web GIS 服务器两部分构成,前者负责基本的网络通信与协调,后者主要支持网络 GIS 功能的实现;数据库由图形库、属性库和元数据库组成。按照国标进行数据分类,数据库设计采用常用关系型结构,图形数据和属性数据通过标识进行连接。

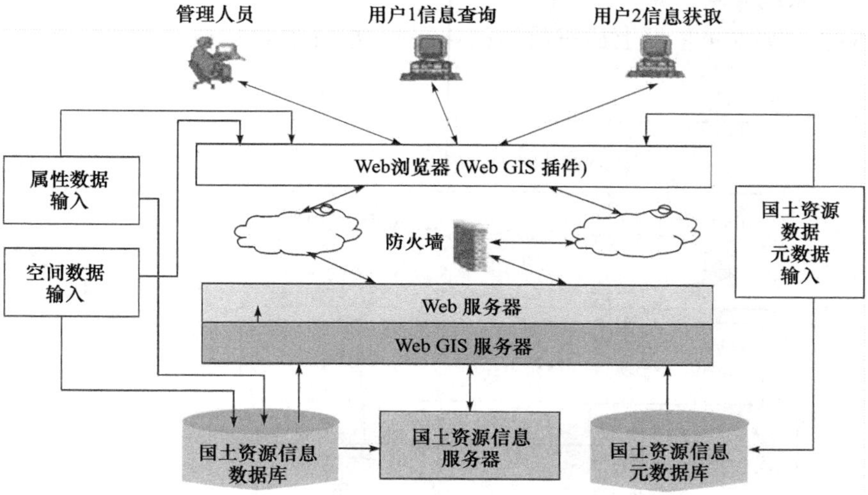

图 4.20　吉林省国土资源网络地理信息系统结构图

2）系统功能设计。①图层管理功能。支持地图工程分层管理，如显隐、上下移、可选、可编控制、显示比例控制等。②地图操作功能。例如，地图放大、缩小、漫游、选择等。③空间和属性数据双向查询功能。例如，指定条件查询图形的空间信息，选定图元查询其属性特征。④专题图显示功能。例如，对空间信息依据属性信息所作的分类、分级、注记、统计图显示、图例显示。

3）应用系统。

应用系统如图 4.21 所示。

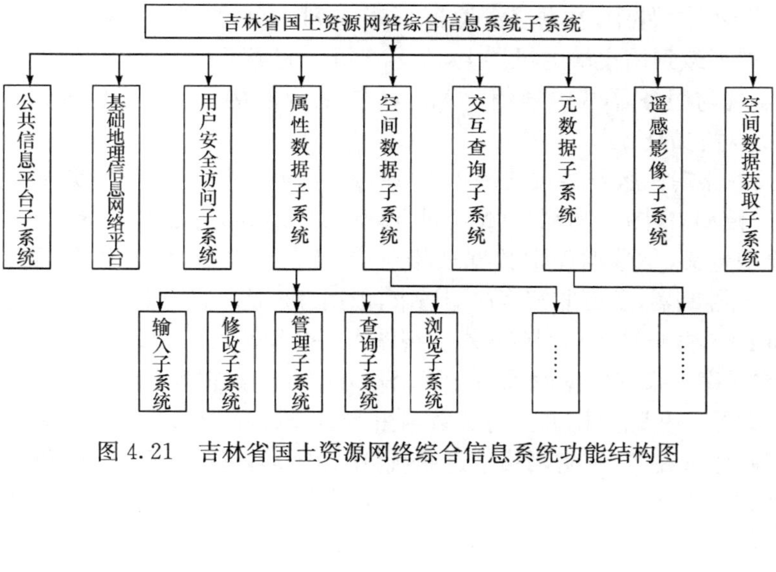

图 4.21　吉林省国土资源网络综合信息系统功能结构图

（2）系统实现方案

系统实现时可依据上述三层结构逐层建立，并通过接口相衔接，其结构如图4.22所示。

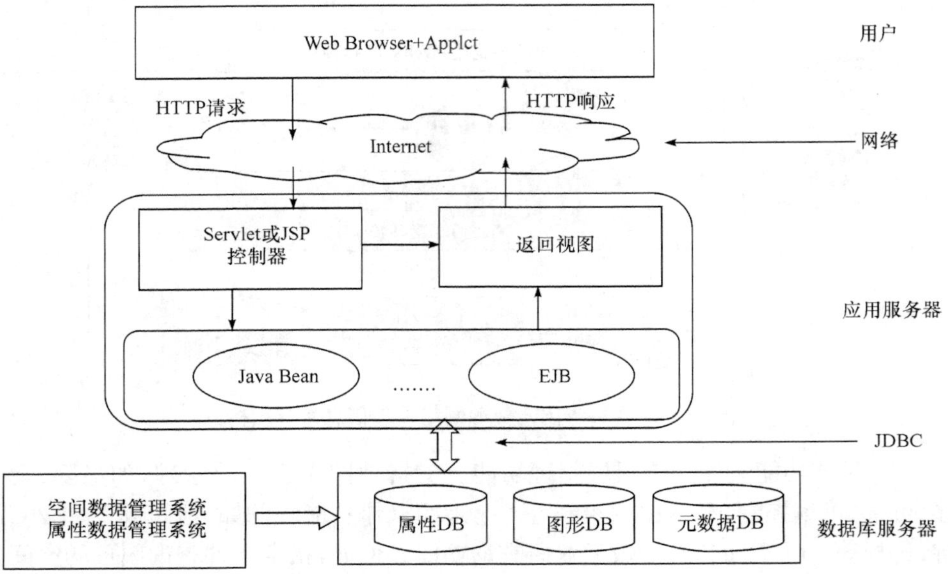

图 4.22　系统实现方案简图

1）三层结构的建立。

① 客户端。客户端主要为常用的商业浏览器，用于接收和解释普通 HTML 文件。对于空间数据的处理，可通过在浏览器中插入并运行 Applet 实现。Applet 可插入 HTML 文件中，在网络浏览器下载该 HTML 文件时，Java 程序的执行代码也同时被下载到用户端的机器上，在客户机上完成 GIS 数据解释和 GIS 分析功能，并可实现与服务器端的通信。Applet 提供内部接口，可使 Java Script 或 VB Script 实现对它的控制。

② 服务器端。服务器端使用 Java Bean、Java Servlet 和 JSP 实现。其开发与管理采用“模型-视图-控制器”（Model-View-Controller）结构。Java Bean 负责实现数据模型定义，与数据库中数据表相对应，由控制器调用，由视图显示给用户。Servlet 充当控制器，负责监控客户端请求，依据客户请求进行相应的分析、运算和数据库访问工作，并将结果返回客户端。视图由 JSP 编写，将 HTML 动态返回给用户。

③ 数据库。系统数据库采用 SQL Server 2000 数据库。有空间信息数据库、属性信息数据库和元数据库。各类数据由 SQL Server 2000 进行管理和维护。数据的加工制作可在“吉林省网络信息系统”中的图形数据管理子系统和数据管理子系统中完成。

2）接口实现

客户端与服务器端的通信和连接使用 TCP/ IP 和 HTTP 通过 Internet/Intranet 实现。服务器端应用程序与后台数据库的通信通过 JDBC 技术实现。

3）安全策略

由于该系统将与国际互联网 Internet 实现互联，所以系统安全问题极为重要。为提高网络安全性，防止外界非法用户入侵，对该系统拟采取合法用户与防火墙相结合的方式限制网络用户对系统的访问。系统设有合法用户数据库，对不同用户设定不同的权限，如高级用户权限、数据管理者权限、数据输入者权限等。同时该系统网络引入防火墙(Firewall)，它能决定外界能访问哪些 Internet 服务；哪些外部用户能访问哪些 Internet 服务；内部人员能访问哪些 Internet 服务。同时，防火墙只允许授权数据通过。Firewall 提供了两种主要功能：网络安全性和数据安全性。网络安全性方面，防火墙提供一个复杂的、可根据需要进行定制的 Internet 安全解决方案，提供对 IP 源地址、IP 目的地址、ICP、UDP、ICMP、FTP、HTTP、DNS 等各种协议的安全检查，防止非法用户进入。防火墙使用先进的包过滤方式来防止非法访问。它检视每个包的源 IP 地址，决定是否给予其访问的权利。整个内部网络与 Internet 必须只有一个接口，以保证防火墙能捕捉每一个进出的包。通过这些安全技术可以禁止不期望的网络通信，并可以利用其强大的监听和报警机制记录任何有疑问的通信。在数据安全性方面，防火墙提供了 SHTTP 和 SSL 安全协议。SHTTP 是 HTTP 的超集，可以采用多种方式封装信息。它的封装包括加密、签名和基于 MAC 的认证。通过以上安全措施，合法的网络用户和应用可以得到全面而透明的连接保障，正确的系统操作随时可得到确认，而非法的网络用户和操作得到的是完全禁止。

(3) 网上信息发布

1）成果展示。提供对“吉林省国土资源遥感调查”研究成果的展示。通过网络，展示该省的土地资源、矿产资源(图 4.23)、水资源评价、植被资源、旅游资源以及在资源开发与利用中存在的环境问题，如气象灾害、地质灾害、水环境问题等。

2）空间信息的远程管理。系统提供远程管理功能。通过 Web 技术，各县市可通过密码登录中心服务器，上传最新国土资源数据，实现数据库的实时更新。

3）国土资源开发宏观管理。吉林省国土资源网络信息系统是管理开发土地、植被、矿产、水资源、旅游、生态、地质灾害等的综合信息系统，为各级政府及从事国土资源与生态环境研究的相关单位提供相关资源环境信息并享受最终成果。系统建立可实现网络浏览、查询，帮助管理分析吉林省国土资源现状和近阶段存在的环境问题，为资源开发与可持续发展战略决策提供利用和决策支持手段。

总之，吉林省数字国土信息网上发布系统的建立，通过将系统有机结合人员、数据、模型、工作流程以及计算机软硬件设备，实现了对吉林省国土资源网络管理与开发。

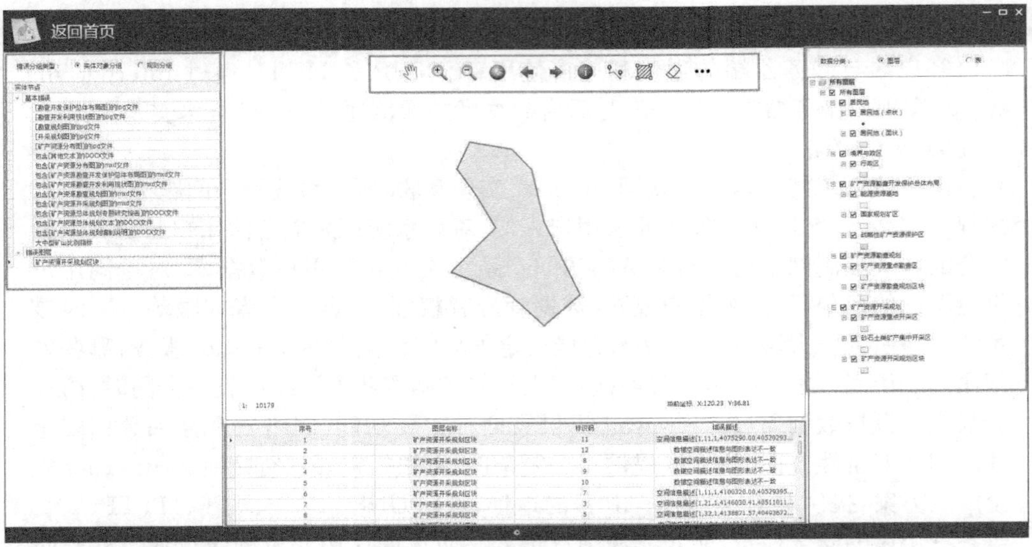

图 4.23　矿产资源网络信息系统

2. 广州城市规划信息网中的 Web GIS 方案设计与应用特点

广州市城市规划信息网以网络中心计算为特征，有着 Internet 管理集中、系统升级方便、信息高度分散、共享程度高、可伸缩扩展性强等优点，具有高度的开放性和灵活性，同时具备高速率和安全性，以新的工作模式和新的数据共享机制广泛应用于城市规划和管理等方面，为全市用户提供快速信息服务。该信息网上发布系统的网络结构如图 4.24 所示。

(1) 软件及系统综合分析

a. IMS 2.0 软件特点

IMS 2.0 采用 CGI(common gateway interface)技术，对用户的请求在 Web 服务器上运行一个应用程序用来接收用户请求，并把结果动态传送回用户。在物理上，CGI 是一段程序，运行在 Server 上，提供同客户端 HTML 页面的接口，用户对地理信息的交互空间操作(如用鼠标选择感兴趣的用地地块)和属性操作(如指定某年年拨出的土地地块信息查询、统计分析)可通过 Internet 传送到 Web 服务器上，Web 服务器上的服务程序启动相应的 CGI 程序来解释和完成这种请求，并把结果经由 Web 服务程序发送到客户端的 Internet 浏览器上，浏览器端用户感觉就像查询本地数据一样。IMS 2.0 根据客户端用户的请求从服务器数据库里查询数据生成页面再返回客户端，双向交互式的生成动态页面，实现 Internet 上的可视化动态制图。

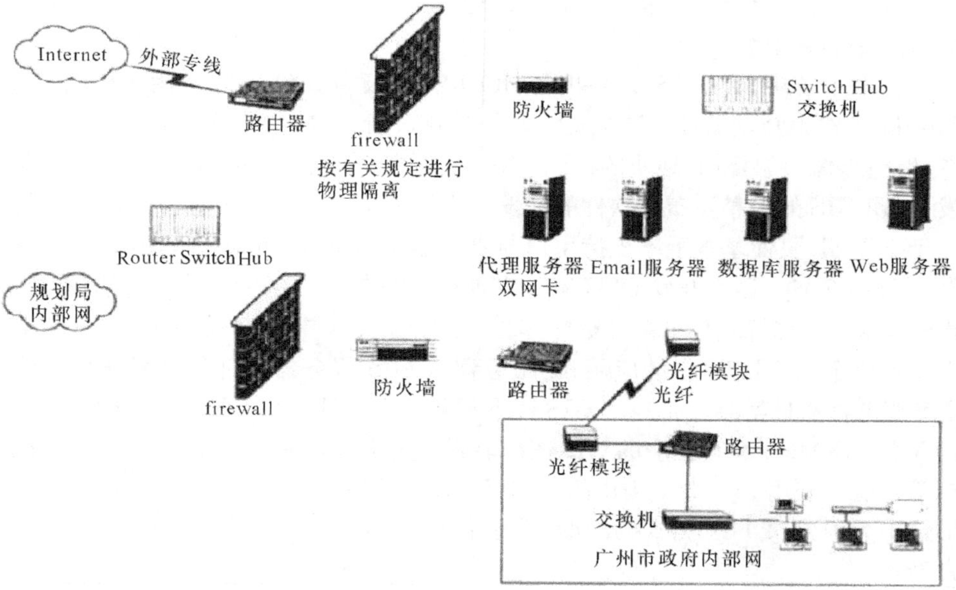

图 4.24　广州市城市规划信息网网络结构图

b. IMS 2.0 的组成

1) IMS 2.0 是在 Internet 上扩展的一个 CGI 应用，负责解释用户的请求，把请求分发给相应的制图应用程序，并把结果经由 Internet 服务程序传送给用户；

2) 制图应用程序在 Internet 上扩展的这个模块通过 TCP/IP 协议与 CGI 程序通信，接受来自 CGI 对制图应用请求，把制图应用程序的结果交给 CGI；

3) 制图应用程序负责响应 CGI 请求。Web 服务和 IMS 服务可放在不同的计算机上，两者通过 TCP/IP 协议通信。一个 Internet 服务器可支持同一或不同计算机上的同样或不同的制图应用，IMS 能自动分发来自用户的请求，并对性能自动优化。同时还可根据应用和网络的负载情况调整其配置。

c. IMS2.0 的工作原理

IMS2.0 的工作原理如图 4.25 所示。

图 4.25　IMS2.0 工作原理

(2) 服务软件的开发与应用特点分析

a. 软件的开发

在本系统中，将 IMS 2.0 中的 MO 1.0 升级为 MO 2.0，使用 VB 6、Visual InterDEV作为开发工具。结合实际办公需要，进行相应的 GIS 功能开发，如地形图、航空影像图的叠加，地块的标注，相关信息的查询等，通过 IMS 中 WebLink 开发，实现 GIS 的信息发布。软件的开发分为两大部分：①客户端应用程序的开发。由于 HTML 页面基本上不支持用户与服务器端的交互，可采用 Visual InterDEV 结合 Java Script 语言开发 DHTML，实现用户的交互，向服务器提交相应的查询、操作请求。为提高客户端的易操作性，在软件升级中计划采用 Java 开发 Java Applet程序，实现跨平台的应用；②服务器端 GIS 服务器软件的开发。服务器端 GIS 服务器软件实际上是一个 GIS 图形提供软件加上 Web 页面生成软件。可采用 VB+MO 2.0 编写相应的 GIS 图形软件，编写相应的图形增加、平移、查询、分析等功能。利用 IMS 2.0 提供的 Web LinkOCX 控件，将 GIS 软件当前生成的图形输出为 JPG 或 GIF 格式的图形，再与 HTML 页面结合，形成新的页面，返回用户请求。

b. 应用及特点分析

1) 以开发的用地土地划拨信息查询系统为例。共分三个功能区：上方为操作工具(平移、放大、缩小、标注、查询)等，左面为图层控制及背景图控制，右方为显示数据区(图 4.26)。

图 4.26 查询功能图示

2）利用本方案有以下特点：①真正交互式的动态 GIS 应用。利用 CGI 技术，实现用户与 Web GIS 服务器的交互，根据用户指定条件动态形成相应的图像及查询符合条件的属性信息。②跨平台的 GIS 应用。利用 Java 开发的图形浏览程序，具有“一次开发，四处运行”的特点，不仅可以在 Windows 操作系统上运行，还可以运行在 UNIX 系统上。③不受地域的限制，全球范围内的 GIS 信息共享系统。本方案为全球范围内的 GIS 应用系统，只要能接入 Internet 的地方，均可自由的访问、查询广州市城市规划网提供的有关广州城市规划的地理信息。④高效、便捷的开发，应用系统功能自定义开发，具有良好的可扩展性。基本不用改变原有 GIS 服务器端的调用函数，构造 Web 时较为简便迅速，开发效率高。针对不同的用户操作完成相应的响应，能完成 GIS 的大多数功能。同时可与其他信息服务有机、无缝的集成，扩展 GIS 系统的功能。⑤数据保密性高，有效保护好数据文件。由于用户访问的只是 Web GIS 服务器根据用户请求返回的栅格图形，不会直接访问服务器上的矢量数据和属性数据，不会被人抄袭，有效保护知识产权及地图数据成果。⑥“瘦客户”端的应用，增大用户群，加大了信息的共享度。在客户端只需浏览器，用户就可自由的浏览、查询本站的有关内容，减少终端用户的经济和技术负担，很大程度上扩大了 GIS 的潜在用户范围。

在广州市城市规划信息网中应用本方案进行有关广州城市规划的 GIS 信息发布，方便快捷地提供给广大广州市民了解规划，积极参与规划的手段。总之，Web GIS 技术拓展了地理信息应用的新领域，提供了 GIS 信息发布的新技术、新手段，为 GIS 信息的高度社会化共享提供了可能，展现了 GIS 产业的社会化前景。

GIS 从 GIS 到 Web GIS 实现了一次跨越。传统的 GIS 已经发展得很成熟了，应用得也比较广泛，因此和传统的 GIS 相比，根据目前的应用现状来看，Web GIS 的发展还必须得到更多的关注和支持。当然，地理信息用户的需求、技术的进步和应用方法论等的提高，也将深深地影响着 Web GIS 的发展，而网络技术日新月异的飞速发展更是大大加速了 GIS 普及应用的进程，最终将使 GIS 真正实现大众化服务。

4.4　基于 Web Service 的开放式 Web GIS

传统的 Web GIS 都是面向数据的，即以 Web 为平台，集成和发布异构的、多源的空间数据。大多数 Web GIS 的应用都是从一次性开发的角度实施的，不容易通过跨应用集成的方式来实现 GIS 的重用。这是由于各个 GIS 站点都有自己特有的基础架构，即使可以用 CORBA 或者 DCOM 来实现分布式的系统，但是在部署、更改和维护上的代价是很高的，如果系统在开发前未留有相互调用的接口，更是要改变系统的概要设计。传统的 Web GIS 缺乏统一的开放式架构，不能方便、迅速、动态的互相发现。可以说，Web Service 的出现，将从根本上改变目前 Web GIS 的架构。

4.4.1 Web Service 概述

1. 什么是 Web Service

Web Service 是指使用标准技术实现的、公布并运行在互联网上的一些业务流程。应用 Web Service 的公司可以轻松地通过标准网络协议使用 XML 格式把应用程序连接到任何客户端(包括桌面应用程序、Web 浏览器、移动设备和 PDA)，与此相似的是，Web Service 还可以轻松地把来自完全不同硬件平台(如大型机、应用服务器和 Web 服务器)的应用程序互相连接起来。另外，Web Service 还支持在异构操作系统中实现互联。Web Service 还使开发人员创建的电子商务平台应用程序能够与世界上任何地方的、任何客户、供应商和业务伙伴进行连接，并且这种连接与开发平台或编程语言无关。

Web Service 是下一代 WWW，它允许在 Web 站点上放置可编程的元素，能进行基于 Web 的分布式计算和处理。Web Service 的发展非常迅速，其规范 SOAP、WSDL、UDDI 的构建对设计、开发和部署基于 Web 的应用产生了巨大的影响。

2. 技术特性

作为下一代 WWW 核心，Web Service 具有如下特征。

1) 互操作性。任何的 Web Service 都可以与其他 Web Service 进行交互。有了 SOAP(simple object access protocol)这个主要供应商都支持的协议，可以避免在 CORBA 和 DCOM 和其他协议之间转换的麻烦，可以使用任何语言来编写 Web Service。

2) 普遍性。Web Service 使用 HTTP 和 XML 进行通信。因此，任何支持这些技术的设备都可以拥有和访问 Web Service。

3) 易于使用。Web Service 背后的概念易于理解，并且有来自于 IBM 和微软供应商的免费工具能够让开发者快速创建和部署 Web Service。此外，其中的某些工具箱还可以让已拥有的 COM 组件和 JavaBean 方便成为 Web Service。

4) 完好的封装性。Web Service 既然是一种部署在 Web 上的对象，自然具备对象的良好封装性，对于使用者而言，他能且仅能看到该对象提供的功能列表。

5) 松散耦合。这一特征也源于对象/组件技术，当一个 Web Service 的实现发生变更时，调用者不会感到这一点，对于调用者而言，只要 Web Service 的调用接口不变，Web Service 实现任何变更对他们来说都是透明的，甚至当 Web Service 的实现平台从 J2EE 迁移到 .NET，用户都是一无所知。对于松散耦合而言，尤其是在 Internet 环境下的 Web Service 而言，需要一种适合 Internet 环境的消息交换协议，而 XML/SOAP 正是目前最为适合的消息交换格式。

6）使用标准协议规范。作为 Web Service，其所有公共的协约完全需要使用开放的标准协议进行描述、传输和交换。这些标准协议具有完全免费的规范，以便由任意方进行实现。一般而言，绝大多数规范最终由 W3C 或 OASIS 作为最终版本的发布方和维护方。

7）高度可集成能力。由于 Web Service 采用简单的、易理解的标准 Web 协议作为组件接口描述和协同描述规范，完全屏蔽了不同软件平台的差异，无论是 CORBA、DCOM、还是 EJB 都可以通过这一标准的协议进行互操作，实现了当前环境下最高的可集成性。

3. 体系结构

图 4.27 是 Web Service 的基本结构。

(1) Web Service 目录

它提供 Web Service 在 Internet 上的位置。统一说明、发现和集成(universal description, discovery and integration, UDDI)规范定义了一种发布和发现 Web Service 相关信息的标准方法。UDDI 企业注册中心是 UDDI 方案的核心，使用它，企业应用可以动态地定位其他企业提供的 Web 服务信息。

图 4.27 Web Service 的基本结构

(2) Web Service 发现

定位一个或多个说明特定 Web Service 服务的过程。这些文档通常使用 Web Service 说明语言 WSDL(Web Service description language)来表示。Web Service 的客户通过服务发现过程来获知某个 Web Service 是否存在，以及从哪里获取这个服务。

(3) Web Service 说明

Web Service 的基本结构是建立在基于 XML 的消息进行通信的基础上的，而这些消息必须遵循 Web Service 说明的约定。服务说明是一个使用 WSDL 表示的 XML 文档，其中定义了 Web Service 可以理解的消息格式。

(4) Web Service 对象传送

Web Service 可以采用多种开放协议作为其服务对象的传输协议，如 CORBA、DCOM 等。SOAP(simple object access protocol)是 Web Service 上应用最广泛的对象传输协议。SOAP 是一种基于 XML 的简单协议，以 HTTP 为承载，它消除了不同操作系统、网络环境的差别，为 Web Service 在一个松散的、分布的环境中使用 XML 对等地交换结构化和类型化信息提供了一个简单而轻量级的机制。

图 4.28 是 Web Service 的实现模型。

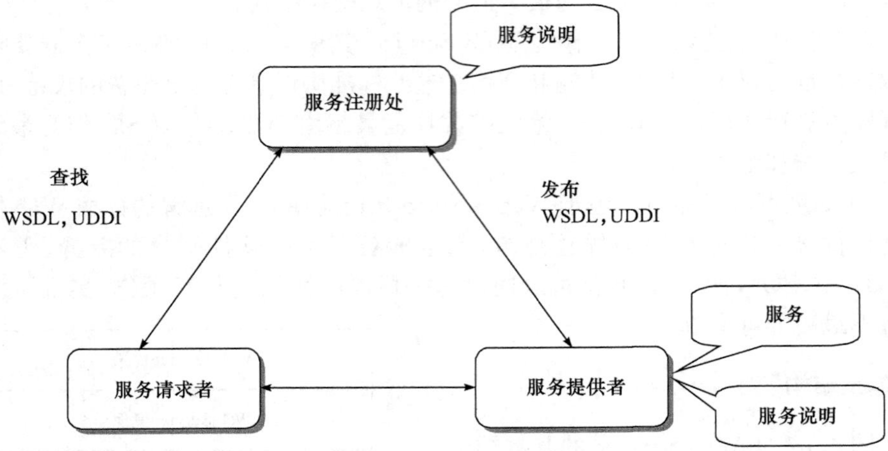

图 4.28　Web Service 的实现模型

实现一个完整的 Web Service 包括以下步骤。

1) Web Service 提供者设计实现 Web Service,并将调试正确后的 Web Service 通过 Web Service 中介者发布,并在 UDDI 注册中心注册;

2) Web Service 请求者向 Web Service 中介者请求特定的服务,中介者根据请求查询 UDDI 注册中心,为请求者寻找满足请求的服务;

3) Web Service 中介者向 Web Service 请求者返回满足条件的 Web Service 描述信息,该描述信息用 WSDL 写成,各种支持 Web Service 的机器都能阅读;

4) Web Service 中介者返回的描述信息生成相应的 SOAP 消息,发送给 Web Service 提供者,以实现 Web Service 的调用;

5) Web Service 提供者按 SOAP 消息执行相应的 Web Service,并将服务结果返回给 Web Service 请求者。

4.4.2　开放式 Web GIS

Web Service 这一划时代的网络计算技术将成为新的开放式 Web GIS 的基础,这是因为以下几点。

1) Web Service 具有十分广阔的应用前景,Web Service 代表了一个具有革命性的、基于标准的框架结构,它可以使各种在线的地理空间数据处理系统融合目前广为流行的技术。Web Service 提供了与厂商无关的、可互操作的框架结构来对分布式异构的地理空间数据进行基于 Web 的数据发现、数据处理、集成、分析、决策支持和可视化表现；

2）Web Service 是一个为地理空间数据处理应用建立网络连接的框架结构，或者说是将框架数据处理功能与其他信息应用系统，如 MIS 和 ERP 系统集成的平台。这个平台可以想象成为一个自由市场，市场中人可以是卖主，也可以是消费者。因此，Web Service 的提供者既可以提供具有地理空间数据处理功能的服务器，也可以是各种服务器使用者。从这种意义上讲，Web Service 提供了一种开放的、可互操作、动态链接的空间信息服务网络体系平台；

3）Web Service 将使未来的地理空间数据处理系统和基于位置的服务通过 Web 有机的联系在一起。它是一个自我包含、自我描述、模块化的应用，可以用于数据的分布、访问，以及通过 Web 来进行调用。一个 Web Service 可以认为是一个"黑箱"，它屏蔽了操作的具体细节，通过提供一系列访问接口来提供地理空间数据服务。它可以以元数据的形式来描述所执行的操作，因此，可以通过 Web 搜索来获取这些服务的相关信息。

图 4.29 是一个基于 Web Service 的开放式 GIS 的框架。

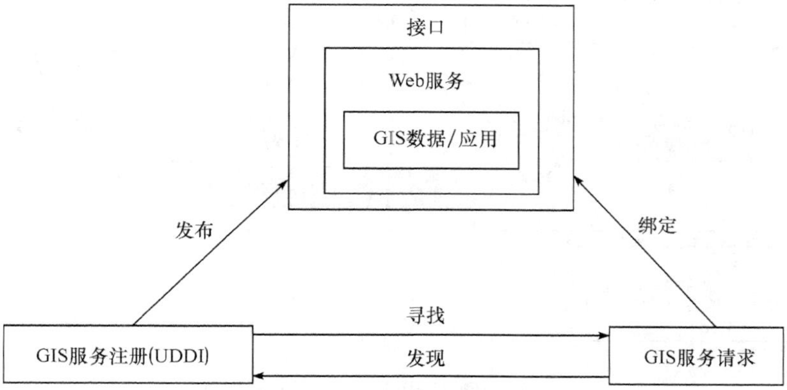

图 4.29　基于 Web Service 的开放式 GIS 框架

所开发的 GIS Web Service 要被用户发现并使用，中间还有一个服务发布的过程。发布一般情况下需要两个标准：Web Service 描述语言 WSDL 被表示成一系列 XML 语句，由这些语句组成了每个服务接口的定义；为了使服务互相找到对方，统一描述、发现和集成 UDDI 协议定义了一个注册中心和相关协议用来定位和访问服务。如图 4.29 所示，Web Service 提供者把 Web Service 发布到 UDDI 的站点，服务需求者到 UDDI 的站点寻找所要的服务，然后 UDDI 站点把找到的 Web 服务的 WSDL 告诉服务需求者，需求者就可以通过 WSDL 与服务提供者进行绑定，需求者可以不需要安装 GIS 工具以及空间数据，就能实现 Web Service 所提供的各种 GIS 功能。Web Service 提供者发布 Web Service 到 UDDI 是可选的步骤，他可以直接把 WSDL 文件提供给服务需求者就可以实现客户端到 Web Service 的绑定，同时他也可以选用非 UDDI 的其他发布机制。

建立基于 Web Service 的开放 GIS 已得到 OGC 的关注和大力支持，图 4.30 是 OGC 提出的一个 OGC Web Service(OWS)抽象框架，在这个框架中，以 Web Service 为基础，描述了客户端 Service(Viewers & Editors)、目录和注册 Service、应用 Service、数据 Service 之间的流程关系。

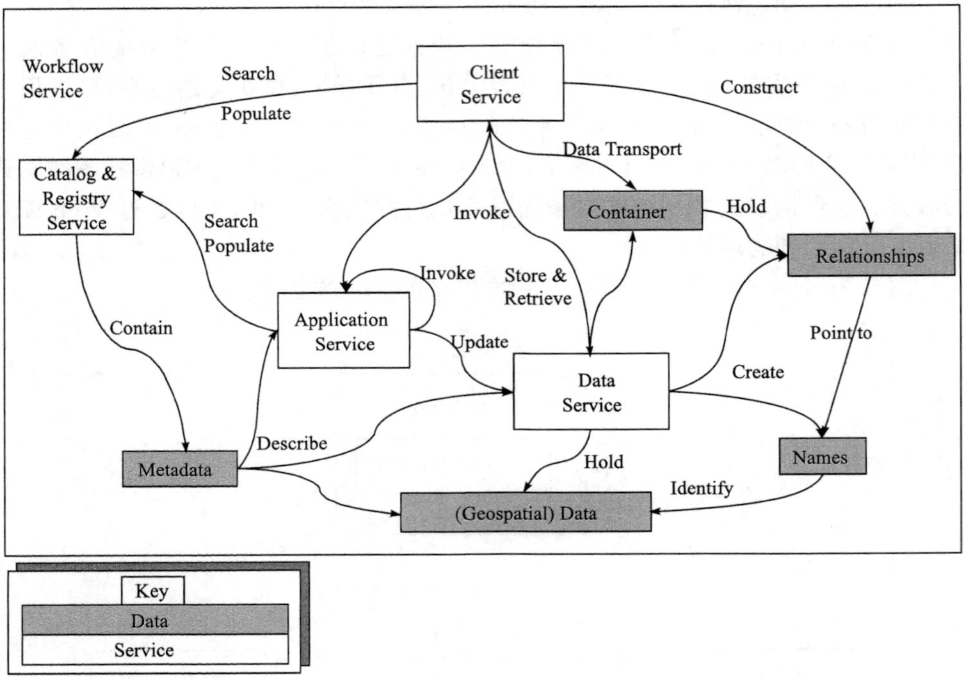

图 4.30 OGC Web Service 抽象框架

到目前为止，OGC 已发布了多个关于地理信息共享和互操作的实施规范，如 OpenGIS® Catalog Interface Implementation Specification、OpenGIS® Coordinate Transformation Services Implementation Specification、OpenGIS® Web Map Server Interfaces Implementation Specification、OpenGIS® Geography Markup Language(GML) Implementation Specification 等。这些实施规范有的已成为建立基于 Web Service 开放 GIS 的标准。当今，OGC 已在 Internet 上发布了多个 TestBed，详情请访问 OGC 的网站。

总之，Web Service 使得 Web GIS 由封闭走向开放，将有利于促进 NSDI、GSDI以及数字地球(DE)的建设。当然，Web Service 还存在一些问题需要解决，如服务的授权和收费问题、服务的安全问题、服务的测试和调试问题等。

思 考 题

1. 论述 Web GIS 的基本概念并比较它的几种实现模式。
2. 论述超图模型及其在 Web GIS 中的应用。
3. GML 的特点是什么？如何通过它处理异构的 GIS 数据？
4. 实现 Web GIS 数据库应用服务器的技术是什么？
5. 论述基于 Web Service 的开放式 Web GIS 与传统的 Web GIS 有什么不同。
6. 谈谈你对 Web GIS 的应用现状及其将来发展趋势的看法。

主要参考文献

龚健雅，李斌，汤勤等. 1999. 当代 GIS 的若干理论与技术. 武汉：武汉测绘科技大学出版社
韩海洋，黄建明，龚健雅等. 1999. Internet 下多数据源、超媒体空间信息的分布式调度与管理. 武汉测绘科技大学学报，24(3)：204-208
韩海洋，龚健雅，袁相儒. 2000. 基于 B/S 体系的 Internet GIS 分布式异构空间数据库的集成. 遥感学报，4(1)：76-82
刘南，刘仁义. 2002. Web GIS 原理及其应用. 北京：科学出版社
邬伦，张晶，刘瑜等. 2001. 地理信息系统——原理、方法和应用. 北京：科学出版社

第5章　GIS数据库标准化

5.1　GIS数据库标准体系

5.1.1　制订标准体系的目的和意义

1. 标准的概念

标准在牛津英语字典中解释为“某种用来测量重量、长度、质量的尺度或某种事物的要求程度”。标准是我们日常生活的一部分。例如，我们用公制或英式标准测量距离、重量和体积，而本章只涉及直接或间接与信息技术相关的标准。

为理解信息技术标准的一般特征，可以以语言为例，语言代表着用特定声音组成能表达特定内容的词的约定。说话者可以用词语来表达宇宙间万物，可以有一定程度的含糊。大部分通用语言特征都可以用于信息标准，包括它们的通信能力、执行的难点以及数据源间的关系、用户间的竞争利益。但是语言与信息技术标准是不同的，人类适应多义性的能力比机器强。为了便于使用，机器标准必须是相容的、明确的。这两个要求必须同时满足。语言是有机的、进化的、通用性的，但标准是系统的，具体到它所运行的机器。标准只有在发布并被认证之后才能发展。

2. 标准产生的原因

计算机通过由0和1组成的比特流表达信息，所以需要使用规则，以固定的形式来排列、分类和解释这些比特流。广义上讲，数字化设备有它自己的运行方式，某组特定的数字可以代表图画、声音或指令。一台计算机在与其他计算机一起工作的时候，需要通信。一台计算机上的信息要令其他计算机能够识别，可以通过三种方式：①两台计算机必须用同一种方法来解译比特流；②一台计算机必须承认另一台计算机的标准；③在两台计算机间安装一台翻译器来转换各种不相容的信息。识别的失败会导致两台计算机间的比特流不能互相解译，更糟的是可能会出现解译错误。

标准是一种工具，通过它给比特流和字节指定准确含义使通信畅通。例如，大多数计算机使用美国国家信息交换标准码(ASCII)，把一个八位比特流——01100001翻译成字母“a”，另一标准可能翻译成一种颜色，第三种标准可能翻译成一段音乐。

标准要能固定、准确、兼容地用于大部分通信，要有适应还想不到的信息的灵活性。

标准是信息的核心，即使它只在一个组织范围内使用，已经广泛讨论过，企业信息组织工作人员的主要任务是建立标准、确保标准的兼容性和建立界面，不同的办公室分别负责硬件、软件和数据。

3. 标准的特点

标准旨在解决某一问题，如怎样有效地描述数据或管理通信系统，标准建立很多有益的功能：互操作性、可移植性、便于使用、扩充选择权和比例尺制度，这些功能只有在许多系统以同样的方式工作时才起作用。互操作性、可移植性和数据交换很相似，但它们在标准中是不同的。

互操作性是指系统间通信的能力。如果某一工作环境具有统一的硬件和软件配置，互操作性不成问题，但是这种统一的计算机环境在现实中很少见，尤其在 GIS 机构中。许多标准的内容都是关于计算机间对话，某些类型的响应要在通信开始前就出现，如果那些响应丢失、错误或被误解，通信的作用域和功能会受限甚至通信会无效。

可移植性是指在一台计算机上使用在别的计算机上编写的软件，对编程语言和计算机操作系统来说，它是一个要重点考虑的问题。如果软件的功能能以一种固定的方式由其他程序应用，那么这一软件的价值会大大提高。可移植性的价值表现在节省费用以及标准增强了可移植性。

数据交换是标准价值有力的证明，例如大部分计算机用 ASCII 表现文本，但大多数文字处理程序有它们自己表现非文本的属性(如字体、脚注、表格和文件标题)。为把由一个文字处理系统制作的文件翻译成另一系统下的文件，开发者们做过很多努力，这成为软件开发一项主要费用。一个表现非文本属性的标准会有很高的价值，它使数据交换更有效、更协调。

5.1.2　GIS 标准体系的编制原则和内容

1. GIS 标准的编制原则

(1) GIS 标准化的范围和目标

GIS 标准的制订是为适应日益增长的对地理信息和地理信息服务的标准化需求制订的一系列用于直接或间接与地球上位置相关的目标或现象信息的结构化标准。它阐明了地理信息定义、描述与管理的方法、工具和服务，包括在不同的用户、系统和地点之间，对数字或电子形式的地理数据定义、获取、分析、访问、表达和传输。GIS 标准化的主要目标是推动 GIS 的互操作，包括在分布式计算环境下的互操作。

（2）制订 GIS 标准的基本原则

1）在标准化的制订过程中，必须以现有信息技术的概念与标准为基础，要将地理信息的概念相结合，只要可能，就要采用信息技术标准或在其基础上制订适应地理信息的标准；

2）独立于任何特定的实现环境或分布式计算平台。

2. GIS 标准的内容

GIS 标准化包括各种 GIS 标准（或标准体系）和标准的制订，它是一个综合而复杂的概念，内容广泛，涉及几乎所有与 GIS 相关的领域。狭义的标准化主要包括空间数据标准和信息技术标准两个方面，如数据、数据交换、数据库转换、图形、软件、硬件、通信等方面的标准。广义的标准化，其内容更为广泛，除以上两个方面外，还包括地理、算法、解译和行业标准等方面的内容。

（1）应用标准

GIS 的应用非常广泛，影响 GIS 标准的因素多种多样。在 GIS 的主要应用领域，如土地管理、资源管理和城市规划等之中，均有各自的技术标准和规范，它们都是 GIS 标准化的基础。当然，对应用领域影响最广泛者要算是测绘部门，即与地图相关，如空间要素的表达、地图规范和算法要求等，这些是进行空间要素处理的基础，也可以说是一种基础性标准。

1）地理标准。主要指地图和空间数据表达方面的标准，它们主要涉及地图要素的位置和位置精度等，如地图比例尺、投影和图示规范等均属此范畴。实际上，这类标准已有数百年的发展历史，十分完善，许多国家都建立了自己的标准。另一个重要方面是空间信息的分类编码，这一工作在近二十年里得到迅速发展，如美国在 20 世纪 60 年代初就开始制定区位编码系统。我国也制定了多种用途的区位编码系统，如行政区划、邮政编码、公路、河流的国家标准编码均已制定或正在制定之中。这类标准可以根据具体需要直接应用于 GIS 的建立。但是，现在仍然存在许多问题，有待进一步发展和完善。

2）算法标准。在进行空间分析和数据处理中，一个目标的实现，往往有多种算法，如空间插值和视景分析就是如此。为了提高应用精度和进行数据转换，各种算法需要达到一定的基准，同时给用户提供指南。

3）解译标准。目前解译标准仍很少引起人们的注意。对地理现象和实体的表达，地图是一种行之有效的手段，然而，地图表达地理空间现象通常是通过某种“模型”来实现的。至今，人们所强调的往往是地图的产品，而没有检验最终产品结果的标准，缺乏对隐含其后逻辑的探讨，即缺少建立各种地理模型的标准。然而，要实现对空间要素的认识、解译和表达的标准化是非常困难的，即无法找到一种统一的模型。现在离解译标准相距遥远，但这将是 GIS 标准化的一个重要方向。

(2) 数据标准

因为数据是GIS的基础,所以关于数据方面的标准是非常重要的,也是目前GIS标准化工作的重点。数据标准主要包括数据交换、数据精度和数据说明文件三方面的内容,这里只介绍数据交换和数据精度的具体内容。

1) 数据交换。数据交换是将一种数据格式转换成为另外某种数据格式的技术。简单地说,它是一种专门的中间媒介转换系统。这类标准往往涉及环境要素的描述、分类、编码等方面的内容,但是在具体的应用和实施过程中,由于空间数据的格式、结构、应用和软硬件的复杂多样性,制订这类标准的难度非常大。

2) 数据精度。在应用过程中,用户都希望获得现时的、完整而准确的数据。每个部门对数据的精度、流通性、完整性以及其他方面的要求是不同的,即便在同一单位,不同的应用项目对数据的精度要求也不相同。所以很难以某种数据阈值来确定统一的精度标准,现在的做法是采用“数据质量报告”的概念来描述所了解的数据精度。例如,SDTS就采用数据质量报告对数字空间数据的一些要素进行描述,包括空间数据精度、属性数据精度、逻辑一致性、数据完整性层次关系等。具体包括下列内容。

数据精度内容。①数据的世系性:数据来源,获取数据的方法、转换方法,控制点等;②数据位置精度;③属性精度;④数据的逻辑一致性;⑤数据的完备性;⑥数据的实效性。

精度类型(包括空间精度和属性精度)。①数据采集中的误差(总误差、任意误差、系统误差等);②数据采集后阶段出现的误差(绘图控制误差、编辑误差、编辑错误、地图生成错误、要素定义错误、数字化或扫描误差等)。

精度标准。数据采集受精度制约,对于测量精度,各国均制订了自行的标准,如美国的国家测量精度标准(NMAS)。我国也制订了多种测量精度标准。然而,要制订包括GIS各个方面的精度标准,如数字化、编辑、绘图、属性、数据转换等,仍是一件非常艰巨的任务。

(3) 信息技术标准

信息技术(IT)标准主要来自计算机界,计算机的硬件与软件生产者早已采用了多种标准,用于通信、用户界面、图形、操作系统、数据库查询等许多方面。这类标准具有比较广泛的适用性,与GIS相关的信息标准较多,据有关文献,与GIS相关的信息技术标准多达百余种。

(4) 行业标准

行业标准主要指从事这一技术的专业人员的标准与规范。随着技术的成熟和推广应用,越来越多人员从事GIS或相关业务,所以有必要制订统一的标准和规范,以确定GIS人员的资格,保证人员的技术水平。目前仍没有这类标准,参照其他学科的做法,如我国的软件水平升级考试等,可以制订某种规定或标准,通常可以基于专业学历和技术培训，发放技术水平确认和从业许可证等。当然在实施过程中，是非常复杂的，很难进行标准化和规范化。

5.1.3 国内外 GIS 标准的研究进展

可以把 GIS 标准看作是用于地理数据(或空间数据)的标准。对地理数据一个简单并被广泛接受的定义是一种作为空间参照的数据，根据这个定义，地理数据实体必须由一个参考坐标系(如经度和纬度)定位在地球表面(或地球表面以下或大气层中)。地理信息包含四个相互关联的内容——地理位置、空间关系、属性和时间的表示法。GIS 标准必须能充分处理地理数据以上四个方面的内容，以确保数据转换的稳定性和质量，并且要保证 GIS 间的互操作性。目前，GIS 标准的研究已经引起广泛关注，标准的制订和实施以及标准化组织的建立在国内外都取得很大发展。

1. 美国空间数据交换标准

FGDC 制订的美国空间数据元数据标准和空间数据转换标准，FGDC 是美国政府机构的一个协调性组织，其主要目的是在全国范围内促进对地理数据的共同开发、使用、共享和传播。

空间数据的元数据标准定义了一套数字化地理元数据的内容，并建立了相应的概念和术语，根据该标准的定义，元数据可以从以下七个方面对空间数据进行描述。

1) 标识(indentification)：包括数据名称、开发者、数据描述的区域、专题、现势性、对数据使用的限制等；

2) 数据质量(data quality)：数据质量的定义、数据精度、完整性、一致性、产生该数据的原始数据以及处理过程；

3) 空间数据组织(spatial data organization)：数字编码的空间数据组织方式、空间实体的数目、除空间坐标外其他的属性；

4) 空间参照(spatial reference)：数据采用的地图投影、存储格式(矢量或是栅格)、水平与垂直的地球参照系、从一种坐标系统转换到另一种坐标系统的方法；

5) 实体和属性信息(entity & attribute information)：数据中包括的地理信息、信息的编码方式、编码的意义描述；

6) 分发(distribution)：数据的来源、数据的格式、存储介质、价格等；

7) 元数据参考信息(metadata reference)：该数据何时完成，由谁完成等信息。

空间数据转换标准(spatial data transfer standard，SDTS)是目前美国许多政府部门和商业组织所采用的交换格式标准。SDTS 是一个分层的数据转换模型，定义了数据转换的概念、逻辑和格式三个层次，同时采用元数据来辅助数据转换和评价。

概念层建立了地理要素及其特征的模型，可以是矢量数据也可以是栅格数据，提供了地理要素的标准实体和属性的定义。逻辑层将概念化的地理要素转换成为逻辑化的模型、记录、数据项和子项，它提供了各种空间数据类型和关系的基础内容。SDTS的物理格式层定义了与标准相符合的文件格式，以进行空间数据的转换。

SDTS使得任意两种空间数据可以相互转换，并保证最小的信息损失，对于国家空间数据基础设施的实现起到了决定性的意义。

2. ISO/TC211 地理信息标准

ISO/TC 211 地理信息/地球信息科学专业委员会成立于1994年3月，其目的是促进全球地理信息资源的开发、利用和共享，即制订ISO/TC 211地理信息/地球信息科学标准，它是对与地球上位置直接或间接有关的物体或现象信息的结构化标准。该标准共分为25个部分(截至2000年5月)，主要针对地理信息的内容和相关的方法；各种数据管理的工具和服务及有关的请求、处理、分析、获取、表达；在不同的用户、系统平台和位置上进行数据的转换。

(1) 参考模型(reference model)

描述GIS标准的使用环境、使用的基本原则和标准的改造框架，同时也定义了该标准的所有的概念和要素。参考模型是一个独立于任何应用、方法和技术的模型，也是整个ISO/TC 211的委员会的工作指南。

(2) 综述

综述(overview)是整个ISO/TC 211标准系列的介绍和回顾。ISO/TC 211将是一个完整全面的GIS的标准族，该部分提供给潜在用户一个整体的标准系列和个别标准的综合介绍，包括标准的目的、标准以及标准之间的关系等，使用户可以快速查询到所需要的内容，提高标准的可理解性和可接收性。

(3) 概念化模式语言

使用一种标准化的模式语言来促进互操作标准的开发，并提供一个快速建立地理信息标准的基础。概念化模式语言(conceptual schema language)是在现有的标准概念化语言之上发展而成的。

(4) 术语定义

术语定义(terminology)中定义了所有ISO/TC 211标准中使用的专有词汇，其目的是产生通用的与地理信息标准有关的词汇，供GIS的标准制订者、使用者和开发者使用。

(5) 一致性和测试

一致性和测试(conformance and testing)是为了保证所有 ISO/TC 211 标准的一致性而制订的测试框架、概念和方法。建立测试方法的标准和保持一致性的原则可以使 GIS 软件的开发者来核实各类标准的一致性。

(6) 专用标准

专用标准(profiles)定义了所有 ISO/TC 211 标准的子集产品,它确定了在 ISO/TC 211 制订的全部标准的基础上,针对某些具体应用提取出专用标准子集的方法和参考手册。

在 ISO/TC 211 中,定义和描述了一系列地理信息以及地理数据管理和地理过程的标准。其中,某个方面可能有多个标准,如测量标准和编码标准;其他一些标准可能描述了一系列内容,如空间模式标准。在实际应用中,可能只采用某个标准或标准的一部分,甚至是对某个标准进行特化,专用标准给出了使用的指导。

(7) 空间模式

空间模式(spatial schema)定义了对象空间特征的概念模式,主要从几何体和拓扑关系的角度来制订概念模式。几何体和拓扑关系是地理信息的两个主要特征,它们的标准制订将为其他空间特征标准制订提供方便,同时可以帮助 GIS 开发者和使用者理解空间数据结构。

(8) 时间尺度子模式

时间尺度子模式(temporal subschema)定义了空间实体时间尺度特征的概念,地理信息并不局限于三维尺度,许多 GIS 需要时间特征。

(9) 应用模式规则

应用模式规则(rules for application schema)定义了地理信息应用的模式,包括地理对象的分类和它们与应用模式之间关系的原则。采用一致的形式定义应用模式,将增强应用之间数据共享能力,并且允许应用之间实时地交互操作。

(10) 要素分类方法

要素分类方法(feature cataloguing methodology)定义了对地理对象、属性和关系进行分类的方法论,并且确定建立一个国际化的多语言的分类的可能性。地理信息的类别一般都决定于应用模式,提供一致的分类方法学增强了从一个类别映射到另一个类别的可能性。

(11) 坐标空间参照系统

坐标空间参照系统(spatial referencing by coordinates)定义了坐标空间参照系统的概念化模式以及描述大地参照系统的指导,其中也包括一些国际上使用的参考系统,制订坐标空间参照系统同样有助于各类应用之间的交流和数据共享。

(12) 基于地理标识的间接参考系统

基于地理标识的间接参考系统(spatial referencing by geographic identifiers)

定义了间接的空间参照系统的概念化模式。ISO 认为越来越多的有关地理信息的应用使用非坐标类型的参照系统，即间接空间参照系统，如地址数据，因而有必要产生一套间接参考系统的标准模式。

(13) 质量原则

质量原则(quality principles)定义了应用于地理数据的质量模式。对地理信息的创建者和使用者而言，质量信息都是十分重要的。一致的质量标准模式，便于一个应用中创建的数据在另一个应用中被适当的评估和使用。

(14) 质量评价过程

质量评价过程(quality evaluation procedures)给出了对数据质量进行评估和描述方法的指导。关于地理数据质量的评价信息不仅需要一致的标准，而且需要一个一致的、标准的评估和描述方法。一个标准的评估准则可以保证不同数据集合的质量具有可比性。

(15) 元数据

元数据(metadata)定义了地理信息和服务的描述性信息的标准。该标准制订的目的是为了产生一个地理元数据的内容及有关标准。这些内容包括地理数据的现势性、精度、数据内容、属性内容、来源、覆盖地区以及对各类应用的适应性如何等。对地理数据进行标准的描述可以使地理信息用户方便地得到适用的数据。

(16) 空间信息定位服务

空间信息定位服务(positioning service)定义了定位系统的标准接口协议。全球定位系统的发展使得一个地理对象在全球范围内定位成为可能，定位信息标准接口的制订将促进这些定位信息在各类应用中被更有效使用。

(17) 地理信息描述

地理信息描述(portrayal)定义了地理信息描绘方法，不同应用系统之间采用一致的符号表现方法，将便于人们更好地理解和识别各类地理信息。

(18) 编码

选择与地理信息使用的概念模式相匹配的编码(encoding)规则，并且定义了概念模式语言之间以及编码规则之间的映射方式。编码规则使得地理信息在以数字形式进行存储和传输时，按照一定的编码语言和系统进行编码。

(19) 服务

识别和定义地理信息的服务接口以及与开放系统环境(open system environment)模型之间的关系。服务(service)接口的定义有助于不同层次的各种应用访问和使用地理信息。

(20) 功能标准

功能标准(functional standards)定义了地理信息科学领域已经识别出的功能标准的分类方法。功能标准的分类有利于 ISO/TC211 与其他标准的协调一致，标准子集的制订也与功能标准的识别有关。

(21) 图像和栅格数据

为了使 ISO/TC211 能够处理地理信息场模型中的图像和栅格数据(imagery and gridded data),ISO/TC211 需要定义图像和栅格数据标准。它确定了其他组织以及 ISO 其他委员会定义的图像标准,这些标准支持地理信息中栅格和矩阵数据标准的建立。由于地理信息中图像和栅格数据产品的增加,需要该方面标准的制订。

(22) 职员的资格认证

职员的资格认证(qualifications and certification of personnel)描述了地理信息科学/地球信息学中人员的资格认证体系,定义了地理信息科学/地球信息学与其他相关学科以及专业的边界。详细说明了属于地理信息科学/地球信息学领域的技术。建立了该领域中技术人员、专业人员以及管理人员的能力范围和资格水平体系。

(23) 覆盖几何和功能的模式

定义了描述覆盖的空间特征的标准概念模式。覆盖通常包括栅格数据、不规则三角网、点覆盖和多边形覆盖。在大量地理信息应用领域中,覆盖是主要的数据结构,包括遥感、气象、地形、土壤、植被等。覆盖几何和功能的模式(schema for coverage geometry and functions)将有助于提高地理信息在这些领域内的共享能力。

(24) 图像和栅格数据的成分

图像和栅格数据的成分(imagery and gridded data components)给出了描述和表现图像和栅格数据的概念标准,这包括针对图像和栅格数据的新的工作:应用模式规则、质量原则、质量评价过程、空间参照系统、可视化和服务等,并指明新的标准与已有的针对矢量数据标准的不同之处。

(25) 简单要素的访问——SQL 选项

简单要素的访问——SQL 选项(simple feature access SQL option)为面向 SQL 环境的简单要素访问的实现规范,该实现规范将支持要素的存储、检索、查询和更新操作。

3. 开放式 GIS 协会

Open GIS(open geodata interoperation specification,OGIS,开放的地理数据互操作规范)由美国 OGC(OpenGIS 协会,OpenGIS Consortium)提出。OGC 是一个非赢利性组织,目的是促进采用新的技术和商业方式来提高地理信息处理的互操作性(interoperability),OGC 会员主要包括 GIS 相关的计算机硬件和软件制造商(包括 ESRI、Intergraph、MapInfo 等知名 GIS 软件开发商),数据生产商以及一些高等院校,政府部门等,其技术委员会负责具体标准的制订工作。

Open GIS的目标是,制订一个规范,使得应用系统开发者可以在单一的环境和单一的工作流中,使用分布于网上的任何地理数据和地理处理。它致力于消除地理信息应用(如GIS、遥感、土地信息系统、自动制图/设施管理(AM/FM系统))之间以及地理应用与其他信息技术应用之间的藩篱,建立一个无"边界"的、分布的、基于构件的地理数据互操作环境,与传统的地理信息处理技术相比,基于该规范的GIS软件将具有很好的可扩展性、可升级性、可移植性、开放性、互操作性和易用性。

Open GIS规范主要定义了以下三个模型。

(1) 开放的地理数据(open geodata)模型

定义了一个概括的、公用的基本地理信息类型集合,该集合可以被应用于特定领域的地理数据建模。Open GIS将现实世界抽象成为两类基本对象:要素(feature)和覆盖(coverage),前者描述现实世界中的实体对象,后者描述现实世界中的现象。对于要素,将与空间坐标相关的属性抽取出来,称为几何体(geometry)。同时,Open GIS又定义了要素的时空参照系统、语义(semantics)以及元数据来对要素进行描述,以便于共享和互操作。

(2) Open GIS服务

定义了一个服务的集合,该集合用于访问地理数据模型中定义的地理类型,提供了同一信息团体(information community)内不同用户之间或者不同信息团体之间的地理数据共享能力。

服务模型中的主要组成为:①要素实例(feature instance)的创建过程;②获取地理数据的方法;③时空参照系统的获取和转换;④语义转换。

(3) 信息团体模型

信息团体模型的目的是建立一种途径,使得信息团体或用户维护对数据进行分类和共享所遵循的定义;实现一种有效的、更为精确的方式,使不同信息团体之间可以共享数据,尽管他们并不熟悉对方的地理要素定义。信息团体模型定义了一种转换模式,使得不同信息团体的"地理要素辞典"可以自动"翻译"。

Open GIS规范包括抽象(abstract)规范,实现(implementation)规范以及具体领域(specific domain)的互操作性问题,其中抽象规范是Open GIS的基础,也是Open GIS的主体;实现规范定义了抽象规范在不同分布计算平台上的实现,目前OGC已经定义了针对CORBA、OLE/COM和SQL的简单要素访问的实现规范;针对领域的互操作性研究通过提取领域的互操作性用例(use case),检验抽象规范能否满足该领域的需求,它是抽象规范的扩展。抽象规范建立了一个概念模型,并将其文档化,采用了在面向对象技术中通用的UML作为其形式化的建模语言。抽象规范通过对现实世界的描述,建立了系统实现与现实世界之间的概念化的联系,它是与具体的软件实现无关的,而只是定义了软件应该实现的内容。

4. 国内 GIS 标准研究进展情况

中国历史悠久、人口众多、文化多种多样、标准化复杂和困难,所以采用国外标准不实际。例如,把汉字一体化到数字制图和数据库中,就不能直接采用国外标准。20 世纪,GIS 标准化工作主要集中在以下几个方面:

1) 统一国家 GIS 坐标系;

2) 统一数据的来源和环境信息的分类到国家水平上来;

3) 统一国家数据编码系统;

4) 统一数据交换格式。

从 1991 年开始,就已经出版了相关的 GIS 标准,包括国家土地信息的地理栅格、分类和编码、森林资源的分类和编码、中国河流名称编码系统、地形特征分类和编码、城市地理特征编码规则等。技术标准也由国家测绘局编写,如质量控制与评估、数字领域测量数据记录格式、数字化照相测量法和地籍薄、数据交换格式、数据更新规则、数字化绘图符号系统和测绘信息数据字典。

在国内这些 GIS 标准中,由武汉大学测绘遥感信息工程重点实验室主持制订的"中华人民共和国国家标准地球空间数据交换格式(CNSDTF)",在各个 GIS 数据生产部门、GIS 工程部门得到很好的应用,同时许多 GIS 商业软件平台也支持 CNSDTF 标准。

CNSDTF 为空间数据共享提供了很好的中间交换基准。它参考了国外多种数据转换标准,以完备性、简单性、可扩展性为制订原则,具有以下特点:

1) 采用 ASCII 码文件,便于查看和理解;

2) 空间数据按"要素"进行分类组织。"要素"是具有相同几何类型(点、线、面)等,代表同一物理含义的实体集合;

3) 一个文件可包含多个要素,且可以是不同的几何类型;

4) 可以容纳二维或三维坐标;

5) 可接受 CAD 等计算机辅助软件的数据,如圆、椭圆、B 样条和光滑曲线等空间对象;

6) 可带有属性数据;属性数据和图形数据都存放在交换格式文件中,不同的要素拥有不同的属性数据结构,属性数据通过目标标识码和几何数据连接;

7) 既可以处理有拓扑关系的数据,又可以处理没有拓扑关系的数据。

从数据组织、属性数据、拓扑关系、三维信息几个方面看,CNSDTF 对国外几种主要的 GIS 平台,如 Arc/Info、MapInfo、Microstation、AutoCAD 等有较好的兼容性。因此,不同的 GIS 系统可以在很小信息损失的条件下以 CNSDTF 为中间媒介交换数据(图 5.1)。

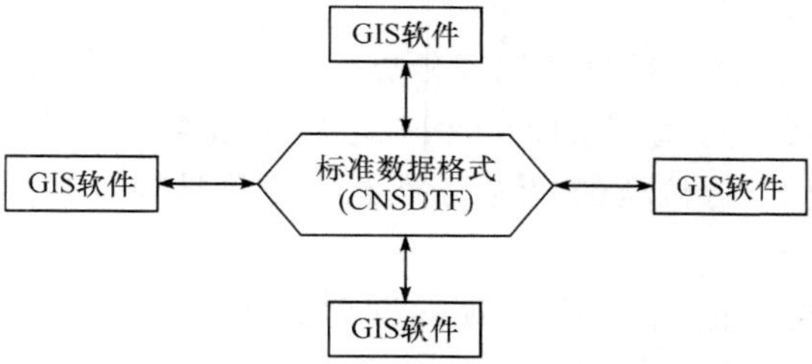

图 5.1 通过 CNSDTF 交换数据

有关 CNSDTF 标准，请参照国家标准《地球空间数据交换格式》。

5.2 GIS 数据的分类与编码

5.2.1 GIS 数据分类编码的意义

作为地理信息分类编码对象的地理信息，它表示地理系统中自然、人文现象的空间分布与各种地理过程的数量、质量、分布特征、内在联系和运动规律。各种基于 GIS 技术与方法的应用工程，包括目前热点的“数字省区”、“数字城市”、“数字社区”等大型信息系统建设项目，地理信息都是这些系统的主要数据基础和内容。而统一的地理信息分类编码是实现系统内和系统间信息交换、集成与信息共享的关键问题之一。

5.2.2 GIS 数据分类编码的原则

GIS 数据分类编码必须遵循科学的原则，考虑各种因素，权衡众多的利弊关系，有利于 GIS 数据的采集与管理。其分类原则如下。

1）科学性和系统性。信息分类必须尽可能地体现科学和系统原则，以适合计算机的直接存储和数据库管理的技术要求，有利于方便和快捷地数据检索和更新。系统内部类别和属性互不重叠和交叉并形成体系。通过类别的合并和分解，系统之间保持最大限度的数据共享，共同组成分层次的信息分类体系。

2）稳定性。地理信息分类应以国家使用多年的基础信息和各种专业信息常规分类为基础。以各要素最稳定属性或特征为依据制订出分类方案以及与之相应的编码方案，应在较长时间里不发生重大变更。代码数值必须稳定，一旦确定就不再更改。

3）不受比例尺限制。在不同比例尺的 GIS 数据库中，信息分类的详尽程度可以有差异，但应形成上下层间的隶属关系，同一要素具有一致的分类和代码，以达到分类与编码的一致性。

4）兼容性与一致性。地理信息的分类必须与国家现有的各种国家标准、行业标准和规范具有一致性。已有的标准和规范应尽量直接采用，并根据具体情况分别采用高位或中位类、低位类的归纳，求得最大限度地兼容和协调一致，随着国标、行标的逐渐调整而调整。

5）适用性。地理信息的分类与编码方案要便于使用，分类名称应尽量沿用各专业习惯名称，应不会发生概念混淆和二义性。代码应尽可能简短和便于记忆。

6）规范化。所谓规范化主要是指有利于数据库的规范化，规范化是使数据结构简单化的过程，有利于建立数据完整的地理信息数据，是保证数据独立性、一致性的手段，使数据库在做删除、修改操作时不易出错。

7）国际性。随着国际交往的增多，地理信息的分类编码还应考虑到国际信息交流的需要，尽量与国际现有的相关标准接轨。

5.2.3　GIS 数据分类编码的方法

1. GIS 数据的分类方法

数据分类的基本方法有两种：线分类法和面分类法；线分类法也称为层级分类法。国家标准化工作导则对分类原则与方法已做出了详细的描述。

（1）线分类法

线分类法就是将分类对象所选定的若干个属性或特征，作为分类的划分基础，逐次地分成相应的若干个层级的类目，并排成一个有层次的，逐级展开的分类体系。同位类类目之间是并列关系；下位类与上位类存在着隶属关系；同位类不重复，不交叉。

线分类法分类原则如下：

1）由某一上位类划分出的下位类类目的总范围应与其上位类类目范围相等；

2）当某一个上位类类目划分成若干个下位类目时，应选择一个划分标准；

3）同位类目之间不交叉、不重复，并只对应于一个上位类；

4）分类要依次进行，不应有空层或加层。

线分类法的优点是：层次性好，能较好地反映类目之间的逻辑关系；使用方便，既符合手工处理信息的传统习惯，又便于电子计算机处理信息。

线分类法的缺点是：结构弹性较差，分类结构一经确定，不易改动；效率较低，当分类层次较多时，代码位数较长。

（2）面分类法

面分类法就是将分类对象的若干个属性或特征视为若干个“面”，每个“面”中又可分成许多彼此独立的若干个类目。使用时可根据需要将这些“面”中的类目组合在一起,形成一个复合类目。

面分类法分类原则如下:

1) 选择分类对象本质的属性或特征作为各个“面”;

2) 不同“面”内的类目不应相互交叉,不能重复出现;

3) 每个“面”有严格的固定位置;

4)“面”的选择以及位置的确定,根据需要而定。

面分类法的优点是:有较大弹性,一个“面”内类目改变,不影响其他“面”;适应性强,可视需要组成任何类目;易于添加和修改类目。

面分类法的缺点是:不能充分利用容量,可组配的类目很多,但有时实际应用的类目不多;难于手工处理信息。

实践证明线分类法和面分类法各有其优、缺点。在地理信息分类实践中,高层的定性信息(门类、大类、小类)分类适合使用线分类法,定量属性往往处于类别的较低层次,适合应用面分类法。

2. 编码原则

地理数据分类是编码的基础,编码是将分类的结果用一种易于被计算机和人识别的符号体系表示出来的过程。编码的直接结果是代码,下称分类码。每一类别的信息都有一个唯一的分类码。分类粒度愈细,代码就愈长。在细粒度的信息分类,可能包括某些信息类型的地理实体,如地籍信息分类中可能涉及一些主要的建筑物,为了便于逐个检索,赋以识别代码,简称标识码。编码时应遵循如下基本原则:

1) 唯一性原则。虽然一个编码对象可有很多个不同的名称,也可以按各种不同的方式对其进行描述,但是在一个分类编码标准中,每一个编码对象仅有一个代码,一个代码只唯一表示一个编码对象。

2) 合理性原则。代码结构要与分类体系相对应。

3) 可扩充性原则。代码结构必须能适应编码对象不断增加的需要,为新的编码对象留有足够的备用码,从而使分类集可以进行必要的修订和补充。

4) 简单性原则。代码结构应尽量简单,长度尽量短,以便节省机器存储空间和减少代码的差错率,同时提高机器处理效率。

5) 适用性原则。代码要尽可能反映编码对象的特点,有助于记忆,便于填写。

6) 规范性原则。在一个信息分类编码标准中,代码的类型、代码的结构及其代码的编写格式必须统一。

代码类型有数字型、字母型与数字字母混合型。从直观与记忆方便角度看,数字型的代码比较好,并且使用等长型的码位设计(右侧空码位补 0)。码位排列体现分类框架,按门类、大类、小类、一级、二级、三级等级序依次排列。若某一分类粒度的地理信息类别数目在 10 类以内,则用一位代码表示,可采用的数字有 1～9,同理,类别数目在 100 以内,用二位代码 01～99 依次表示。

以可持续发展数据分类编码为例,代码结构如图 5.2 所示。其中,大类码用一位数字,小类、一级、二级、三级均用二位。这种代码编排结构可容纳 9600 万个类别,具有足够的可扩展性。

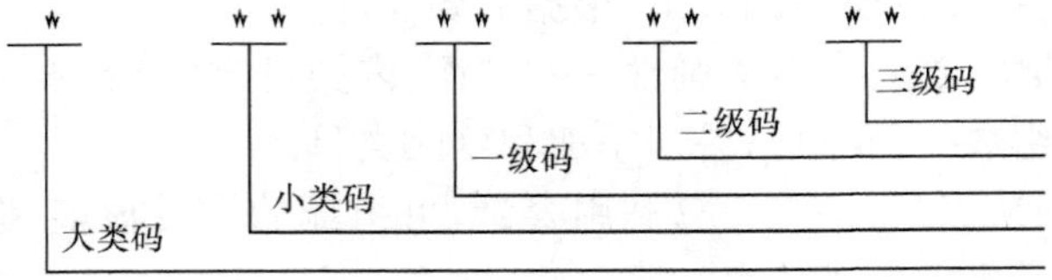

图 5.2　可持续发展信息代码

代码主要用于对数据进行存储、管理、检索和交换。在采集数据时,可利用代码作为专题数据类型的标识,也可用作用户标识码进行输入数据,并用于检查数据的精度和完整性,对数据层进行修改或重新组织。代码还常用于数据检索,在各种查询语句使用。借助于代码进行数据交换与集成分析,实现各类大型应用系统内部和不同系统之间的数据共享。

3. 我国国家基础地理信息编码原则

我国基础地理信息编码采用的代码为层次码,层次码的码长采用四位码、五位码或六位码。基础地理信息代码由实体类别代码与实体属性信息组成。因此,信息编码应包括编写基础地理信息实体类别代码和确定实体属性项及相应的属性值内容。为满足基础地理可视化的需要,信息编码还应包括图形符号代码编写的内容。

(1) 实体代码的结构

基础地理信息要素的分类体系为线划分体系,适合采用层次码。层次与分类体系一致,为三层六位数字:

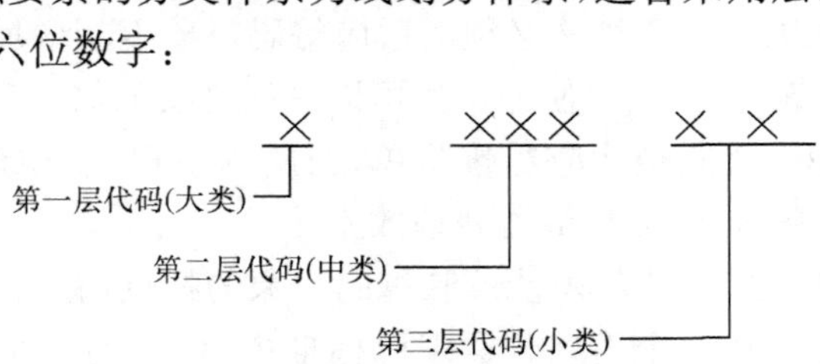

(2) 代码唯一

为保证基础地理信息实体在不同比例尺数据库中保持始终唯一的代码,对任一比例尺要素进行编码时,都应将各级比例尺地形图中所表示的所有实体按类别一一列出。为克服层次码不易在中间插入、增加代码的缺点,编码时大类码和中类码可隔开进行编码，以留有较充足的空间用于扩展。

由于不同比例尺地图上所包含和表示的地理要素内容不同，在较小比例尺图中所表示的信息一般少于较大比例尺图中表示的信息，因此在各级比例尺分类代码标准中，对于不表示（未包含）的信息，则空缺该码，允许出现不连续（空码）的现象，而不将后续的实体向前填补。基础地理信息实体始终唯一的代码有助于数据的共享、交换和处理。

(3) 输入代码的编写

为保证代码的可扩充性和相对长的使用周期，代码冗余度比较大，因而代码的码位较长。为便于代码输入，可相应编制实体的输入代码。该输入代码需要与实体代码一一对应。根据代码试验，采用拼音代码易于记忆。因此输入代码可采用数字字符型的代码。其代码结构如下：

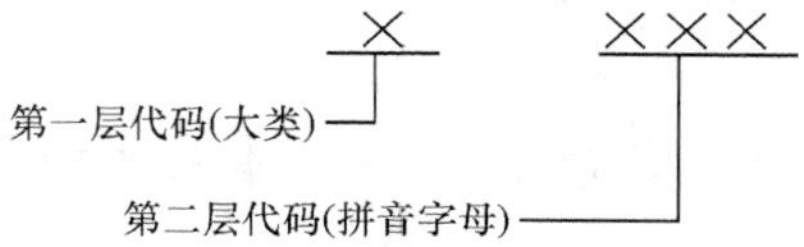

第一位数字代码为实体大类码，即1、2、3、4、5、6、7、8分别代表测量控制点、居民地、工矿建筑物、交通运输、水系、境界、地貌与土质、植被。三位字符型代码一般取实体名称的前三位汉字读音的第一个字母顺序排列，如“小三角点”的输入代码为“1XSJ”；对于较长的实体名称也可取汉字简称，如“国家干线公路”取“国干线”，输入码为“4GGX”；对于重复的读音需做特殊处理，如“时令河”与“时令湖”的输入码均为“5SLH”，因此将“时令湖”改为“时湖泊”，即改为“5SHB”。

(4) 实体属性项及相应属性值的编写

基础地理信息实体属性项应尽可能完整地描述其所具有的数量和质量特征。每一种基础地理信息实体可包含多种属性信息；对每一种属性，应给定一个值（数字或字符）予以描述；为满足用户的多种需求，属性值可尽量采用各专业部门的分类与代码，以满足各部门的使用。例如，公路的属性项除宽度、路面材料等基本属性外，还可包括公路等级、公路编号等多种专业部门的代码信息。

确定属性信息时，需根据用户需求或软件功能等多种因素完善属性项。例如，为满足GIS分析的需求，对于用于封闭面状要素的辅助线，面状要素的公共边，点、线、面等特征的识别等，均可在属性信息中予以描述。

(5) 图形符号码的编写

一个GIS还涉及制图，它需要有地图符号的信息，用于输出和显示。图形符号码采用无含义代码中的数字型顺序码。将符号库中所有的符号进行顺序编码，使得每一种图形符号对应于一个标识码。

下面是两个国家基础GIS数据编码国家标准：

1）国家基础 GIS 地形数据库境界和居民地要素执行国家标准。《中华人民共和国行政区划代码》(GB 2260—1995)，并根据需要扩充了部分代码。代码的结构如下：

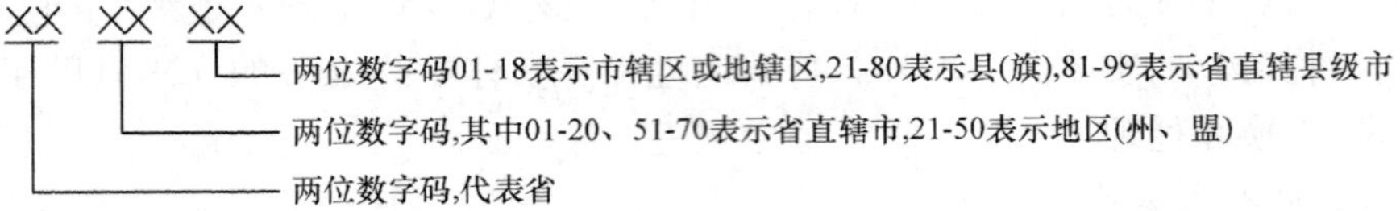

2）国家基础 GIS 地形数据库国道编码执行国家标准。《公路路线命名编号和编码规则》(GB 917.1～917.2—89)。代码的结构如下：

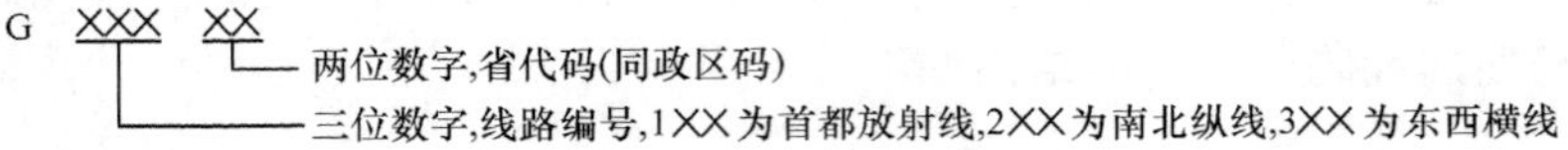

5.2.4　GIS 数据的分类体系和指标体系

在传统地理研究中，对研究对象进行系统化处理往往是构成研究工作的基础环节，对地理概念系统化的主要方法一般依赖于分类学方法，即利用由水平上的分类和垂直上的分级共同组成的分类体系来表达地理概念之间的相互逻辑关系。在地理分类学研究中，线分类法是一种被普遍使用的方法。GIS 技术出现后，地理信息的处理成为地学工作者的主要任务，地理分类学研究的重点及应用重心也由主要对地理概念的处理转为主要服务于对地理信息的处理及管理。对资源与环境信息进行分类与编码研究更成为我国在“六五”、“七五”科技计划中的重要工作内容，并借此形成了一批国家标准，例如 GB/T13923—1992《国土基础信息数据分类与代码》、GB/T5660—1995《1∶5000、1∶10 000、1∶25 000、1∶50 000、1∶100 000 地形图要素分类与代码》、GB/T14804—1993《1∶500、1∶1000、1∶2000 地形图要素分类与代码》。在 GIS 领域，对地理信息分类主要依赖以下三类指标。

1）地图分类法。一般继续沿用地图制图界所普遍使用的分类体系。制图分类体系具有以下特点：第一，由于其具有较长的历史，分类体系相对合理并且稳定；第二，考虑到地图表达的合理及清楚，较多地考虑所表示客体的空间属性，如在进行地图内容设置时考虑点状、线状、面状实体的组成等；第三，表达内容较有限，表达内容侧重于地理组成，对地理运动规律的揭示是间接的。

2）成因分类法。对地理信息的分类更多地依赖于其成因，这种方法较第一种方法所考虑的因素具有更深的层次，对小比例尺的土地类型图，应从气候、水文、植被、土壤、地质、地貌六大因素考虑，至少需要 6 位码。以成因分类法编码的地理信息一般属于自然范畴的地理信息。以这种分类法进行地学的编码，所体现的只是一种分类的概念，垂直方向上的分级概念没有体现出来。

3）空间分类法。对地理信息进行分类时，以空间分布作为分类分级的主要指标，这种方法一般较普遍地用于对某种地理客体的等级表示之中，如对我国水系的划分，一般首先依流域作为分类的指标。

5.3 GIS 数据库的数据质量

5.3.1 GIS 数据质量概述

为了对 GIS 地理数据的特征、属性及空间几何位置进行评价，使它们综合到 GIS 数据库中，必须对 GIS 中的数据质量进行评价。如果进入数据库的数据质量过高，超过实际需要，则是浪费；反之，质量偏低，则达不到要求，不能满足生产需要。数据质量的评价指标不像传统测量数据那样主要是精度或误差，而通常是七项指标：数据情况说明、精度（包括点位精度和属性精度）、现势性、逻辑一致性、完整性、可靠性和安全等级。这些数据质量和属性问题来源于人们对客观世界认识的不足和局限性以及技术水平和仪器设备的限制。数据质量问题是不可能完全避免的，但我们应认识和控制它。

GIS 数据质量包含以下几个基本概念。

1）准确性。即一个记录值（测量或观察值）与它的真实值之间的接近程度。这个概念是相当抽象的，似乎人们已经知道存在这样的事实。在实际中，测量的知识可能依赖于测量的类型和比例尺。一般而言，单个的观察或测量的准确性的估价仅仅是通过与可获得的最准确的测量或公认的分类进行比较。空间数据的准确性经常是根据所指的位置、拓扑或非空间属性来分类的。它可用误差（error）来衡量。

2）精度。即对现象描述的详细程度。如对同样的两点，精度低的数据并不一定准确度也低。精度要求测量能以最好的准确性来记录，但是这可能误导提供了较大的精度，因为超出一个测量仪器的已知准确度的数字在效率上是冗余的。因此，如果手工操作的数字化板所返回的坐标不可能依赖于比 0.1mm 还要准确的一个“真正的”数值，那么就不存在任何的点，在十分之一的地方是以 mm 表示的。

3）空间分辨率。分辨率是两个可测量数值之间最小的可辨识的差异。那么空间分辨率可以看作记录变化的最小距离。在一张用肉眼可读的地图上，假设一条线用来记录一个边界，分辨率通常由最小线的宽度来确定。地图上的线很少以小于 0.1mm 的宽度来画。在一个图形扫描仪中最细的物理分辨率从理论上讲是由设施的像元之间的分离来确定的。在一个激光打印机上这是 1in（1in＝2.54cm）的 1/300，而在高质量的激光扫描仪上，这会细化 10 倍。如果没有放大，最细的激光扫描仪的线是看不到的，尽管这依赖于背景颜色的对照。因此，在人的视觉分辨率和设备物理分辨率之间存在着一个差异。一个相似的区别可以存在于两个最小距离之间，即当人作为操作者操作数字化仪时所区别的最小距离和数字化仪硬件可以不断地报告的最小距离。

4）比例尺。

比例尺是地图上一个记录的距离和它所表现的"真实世界的"距离之间的一个比例。地图的比例尺将决定地图上一条线的宽度所表现的地面的距离。例如，在一个 1∶10 000 比例尺的地图上，一条宽 0.5mm 的线对应着 5m 的地面距离。如果这是线的最小宽度，那么就不可能表示小于 5m 的现象。

5）误差。

定义出一个所记录的测量和它的事实之间的准确性以后，很明显对于大多数目的而言，它的数值是不准确的。误差研究包括：位置误差，即点的位置的误差、线的位置的误差和多边形的位置的误差；属性误差；位置和属性误差之间的关系。

6）不确定性。

GIS 的不确定性包括空间位置的不确定性、属性不确定性、时域不确定性、逻辑上的不一致性及数据的不完整性。空间位置的不确定性指 GIS 中某一被描述物体与其地面上真实物体位置上的差别；属性不确定性是指某一物体在 GIS 中被描述的属性与其真实属性之差别；时域不确定性是指在描述地理现象时，时间描述上的差错；逻辑上的不一致性指数据结构内部的不一致性，尤其是指拓扑逻辑上的不一致性；数据的不完整性指对于给定的目标，GIS 没有尽可能完全地表达该物体。

5.3.2 GIS 数据源的质量问题

1. 地理现象自身的不稳定性

GIS 系统中所处理的空间对象是对地理现象的抽象，但地理现象自身是不稳定的，因此，空间数据质量问题首先来源于地理现象自身存在的不稳定性。地理现象自身存在的不稳定性包括空间特性和过程在空间、专题、时间和内容上的不确定性，地理现象在空间上的不确定性是指其在空间位置分布上的不确定性变化，如道路可能在扩展，建筑物可能被拆迁等；地理现象在时间上的不确定性表现为其在发生时间段上的游移性，如河流的河道在不同的时间有可能在变化；地理现象在属性上的不确定性表现为属性类型划分的多样性、非数值型属性值表达的不精确性，如同样一条河流对于不同的部门它的属性分类是不同的。

2. 数据采集产生的误差

数据采集中的测量方法以及量测精度的选择受到人类自身的认识和表达的影响。在以下的几种 GIS 数据采集过程中都会产生影响数据质量的误差。

1) 用全站仪、电子速测仪、GPS 施测的野外测量误差包括：仪器误差（仪器不完善、缺乏仪器检校、未作改正）、人为误差（对中误差、读数误差、平分误差）、环境误差（天气、磁场、信号干扰、照明度）等；GPS 误差涉及发射信号的相对精度、接受机的精度、定位方法、信号处理的算法、坐标变换、轨道精确定位等；

2) 由航片或近景测量所导致的遥感数据误差包括：地面控制点误差、几何校正误差、影像增强误差、影像分类误差等；

3) 地图数据误差包括：原始数据误差、坐标转换误差、制图综合与印刷产生的误差等。

3. 数据处理中的误差

数据处理误差是指数据录入后进入数据处理过程中产生的误差，导致误差的产生主要有以下一些因素。

1) 地图投影变换。地图是通过特定拓扑变换的三维椭球面上的地物在二维场中的平面表示。在不同的投影形式下，地理特征的位置、面积和方向的表现会有差异。

2) 地图数字化及矢量化处理。在数字化过程中，采点的位置精度、空间分辨率、属性赋值等都可能产生误差。

3) 数据转换。包括数据结构变换、数据格式转换和数据计算变换等。数据结构转换误差主要包括栅格向矢量格式的转换和矢量向栅格格式的转换所引起的误差；数据格式转换主要是指数据在不同系统中的文件格式之间的转换。在转换的过程中，由于各系统内部数据结构不同和功能差异，往往造成信息的损失；数据计算变换是指通过各种计算方法对数据进行处理，包括数据坐标变换、比例变换、投影变换，在变换的过程中由于算法模型本身的局限而引起的误差。

4. 数据使用与分析产生的误差

在空间数据使用和分析过程中也会导致误差的出现，主要包括以下几个方面：

1) 对数据解释的偏差，即解译误差。

2) 缺少对数据集相关信息的声明。对于同一空间数据来说，不同用户对它的内容的解释和理解可能不同，处理这类问题的方法是随空间数据提供各种相关的说明，如元数据等。另外，缺少对某一地区不同来源的空间数据的说明，如缺少投影类型、数据定义等描述信息，这样往往导致数据用户对数据的随意性使用而使误差扩散。

3）在空间分析时，在数据之间建立拓扑关系和不同数据层进行匹配、叠加与更新时，也会产生空间位置和属性值的差异。

4）进行数据的可视化表达时，数据在可视化表达过程中为适应视觉效果，需对数据的空间特征位置、注记等进行调整，由此会产生数据表达上的误差。

5.3.3 GIS 数据库建立过程中的数据质量问题

1. 属性表的规范化设计

很多 GIS 数据库建设中存在一个很突出的问题，即重视几何图形数据库建设，轻视属性库的建设，使得 GIS 系统演示性强而不实用，因此，在建立 GIS 数据库时，必须对属性表进行规范化设计。用户定义的用以描述空间特征的属性存储方式一般有两种：一是把描述某一空间特征的所有属性放在一个属性表中；二是把描述某一空间特征的属性分别放在若干个逻辑上有联系的，属于第三范式的属性表中。

第一种方式简单，容易造成数据的冗余和更新异常。所以，如果一个属性表是非规范化的，则应根据关系型数据原理的函数依赖关系将该表进行分解，使之成为逻辑上有联系的，但物理上独立的属于第三范式的数据表，如图 5.3 所示。进行属性表之间的关系设计，首先要确定属性表之间的关系是一对一、多对一还是一对多，一般来说，一对一、多对一关系容易操作，一对多关系操作较复杂。对于 GIS 属性数据来说，将数据表分解成第三范式就足够了。

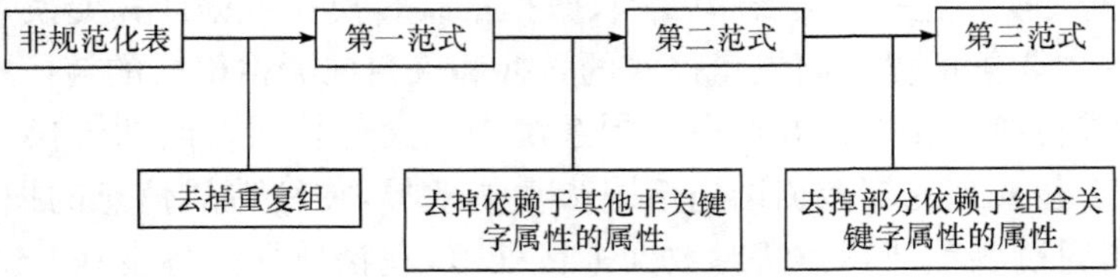

图 5.3 第三范式分解过程

2. 高程数据的采样设计

高程数据是每个 GIS 数据库必不可少的内容之一。例如，在防汛 GIS 数据库中，其重要性非常突出，不仅用于地形分析，而且用于洪水的场景模拟。因此，在建立有高程数据的 GIS 数据库时，应注意以下问题。

1）高程基准面的选择与统一。

在建立 GIS 数据库时，经常会收集到不同高程系的资料，因此，首先要选择一个高程基准面，作为整个数据库的统一高程基准面。目前，高程基准一般选择黄海平均海水面。

2）高程采样方式。

高程数据有三个来源：①地面直接测量；②航空或 SPOT 像对；③地形图。从地形图上获取高程数据有三种方式：①扫描；②手扶跟踪数字化；③按给定网格读取。三种方式各有优缺点：扫描输入过程简单，但预处理和后处理复杂，扫描前需要清绘，扫描后需要细化、矢量化、赋值，编辑工作量大；数字化输入过程繁琐，但可以不作清绘，编辑量小，数字化过程可以解决控制采样密度等问题；网格读取方式可以组织人突击采集和输入，对设备要求不高，适宜于平原地区采用。

3）高程采样距离。

理论上，地表的点是无数的，计算机不可能记录所有点的坐标与高程，所以只能使用采样方法来抽取具有代表性的点。通过函数建立近似于实际地面的模型。

以等高线作为数据源，以 TIN 建立地面模型为例，在数字化等高线时，如果采用密等高线，密采样点，有时效果并不好，这是因为 TIN 数据模型采用不规则三角网表示地表形态，三角网中每个三角形的顶点就是从等高线上采集的中间点和结点，三角形的建立遵循 Delaunay 法则，如果等高线的点太密，在等高线的拐弯处，同一等高线上的三个点将被连成一个三角形，产生实际上并非水平的水平三角面，在山区容易出现这一问题。如果等高线稀疏，而等高线上的采样点密，则会产生细长三角形，影响坡度、坡向等地形分析精度，在平原地区容易出现这一问题。因此数字化等高线前必须进行认真设计：①确定需要的等高线，沿等高线的采样密度；②使最邻近的三个点构成的三角形尽可能接近等角，相邻等高线上采集的点位尽量错开；③采集高程点以及重要的地性线（山脊线、山谷线），这样可以得到比较理想的数字地面模型。

3. 空间数据的配准

大型 GIS 数据库的数据来源多样，对于不同时间、不同比例尺、不同数据格式的 GIS 数据，必须对这些数据进行空间配准，以便能进行各种地理要素之间的拓扑叠加分析。空间配准结果的好坏，将直接决定 GIS 数据库的数据质量。

（1）统一坐标系与投影方式

我国目前采用的坐标系有 1954 北京坐标系、1980 西安坐标系以及各个地方坐标系。1954 年北京坐标系采用克拉索夫斯基椭球体，坐标原点为 1954 年测定的北京天文原点，地方坐标系则采用当地测量原点，主要用于 1∶2000、1∶1000、1∶500等大比例尺地图。如果一个 GIS 数据库的数据来自不同坐标系的数据，则应选择一个坐标系为该数据库的公共坐标系，把其他坐标系中的数据转换到该坐标系中。

地图投影是用以将地球椭球表面或部分表面转换为一个二维平面的数学方法，投影方式可分为等角投影、等面积投影、等距离投影和任意投影四种。投影方式的选择主要根据空间分析的应用目的来确定，若要量算面积则选用等面积投影，若要量算距离则选用等距离投影，若要正确反映和描述空间物体的形状和相关方向，则选用等角投影。

(2) 不同信息源空间数据配准

GIS 数据的另一个重要的数据源是遥感影像数据，遥感与 GIS 一体化技术应用已取得重大进展。遥感与 GIS 一体化技术可以利用各种不同信息源的数据，具有动态监测与综合分析的能力。一体化技术的关键是解决多源空间数据的精确配准问题。例如，在洪水灾害评估中，洪水淹没范围是从遥感数据中获取，淹没范围与背景信息叠加复合产生结果，如果配准误差大，其复合结果将与实际情况不符。为提高配准质量，应该注意以下几个问题：

1) 选择合适的地图投影，进行信息复合时，所有空间数据的大地坐标必须统一到同一投影下；

2) 选用正确的数学模型进行地图数据的投影转换；

3) 进行遥感影像校正时，控制点的选取要均匀合理，尽量采用小区域分割法把图形分割成一个个小区域，使几何畸变量最小。

4. 数据质量控制

建立 GIS 数据库质量控制主要从以下几个方面进行。

(1) 完备性

GIS 系统中的图形数据和属性数据，包括注记不得有错漏和偏移，数据必须完备，每组数据文件应该完整。

(2) 唯一性

图形数据必须具有唯一性，不得有重复重叠。

(3) 接边

图形数据采集后，所有相邻要素的接边不能出现逻辑裂隙、几何裂隙，应满足相应规范的要求。任何数据采集方式的图形数据接边，均不允许出现逻辑裂隙，几何裂隙超限时，或地物、地貌走向交角太大无法拼接时，野外实测数据采集的图形数据，应到实地检查纠正，内业数字化采集的图形数据，应检查原图。

(4) 图廓整饰质量

GIS 的一个重要功能就是能输出模拟地形图。因此，输出的地形图必须清晰、易读，图廓整饰符合图式的规定，而且内容要完整。

(5) 元数据的质量控制

要保证元数据的数据项齐全，内容正确、无遗漏。

（6）数据转换

因数据来源不同，分辨率不同和时相不同，在数据入库过程中经常需进行不同数据之间的转换，转换过程中要保证数据精度、空间数据的拓扑关系、空间数据与属性数据的连接关系不会丢失。

（7）数据精度

属性数据主要通过键盘录入，过程较为简单，质量评估和检验比较容易，图形数据误差源较多，最直接改善数据精度方法主要有两种。

1）利用少量野外控制点和各种几何条件对图形数据的联合平差技术来改善空间数据几何精度。

2）内外业一体化作业，用数字测图方法为 GIS 直接提供数字依据。

5. 数据现时性的解决

现时性是 GIS 数据库数据质量的一个重要指标，现时性反映了数据内容的时间内涵，数据库中的数据应及时反映出现实世界当前的地理特征。度量现时性的指标一般是指新的地理特征出现后需多长时间能加入到数据库中，老的地理特征消失后需要多长时间能从数据库中去掉。我国 GIS 数据库的现时性问题比较严重，关于现时性问题的解决方法仍然处于研究中。

目前，GIS 数据库现时性问题的解决主要从两个方面入手。

（1）空间数据

解决空间数据现时性问题，一方面测绘部门应采用现代化数字测图方法，向用户直接提供数字产品，省去资料整理、清绘、编图等中间环节；另一方面用户应充分利用遥感数据和摄影测量自动数字化处理技术，遥感影像数据不仅可以作为 GIS 数据库的一种重要的数据源，用它进行影像分类，特征提取产生新的地理要素，而且更重要的是可以对数据库原有地理要素进行半自动化、自动化的检查与更新。目前，基于遥感影像的 GIS 数据库自动更新的方法仍然处于研究中。

（2）属性数据

描述空间实体特征的属性数据一般分散在各个管理部门。例如，道路的属性数据一般在公路管理部门，而水系的属性数据一般在水利管理部门。目前情况是，为了完成一个研究项目或工程项目，一般由项目成员突击收集资料（属性数据），项目完成后，如果项目有最终用户，则数据更新可由最终用户负责，如果项目没有最终用户，则很难再进行数据更新。我国“三金”工程的“金桥”工程的建设，将有助于属性数据现时性问题的彻底解决。

6. 利用数据字典的数据质量跟踪

数据字典是数据库的重要内容，其用途是多方面的。它在数据库的整个生命周期都起到很重要的作用。GIS 数据库建设应重视对数据字典的设计和建立。用数据字典跟踪数据质量可以加强对数据的了解。数据字典应该是规范化的属性表，属性表之间的关系是层次结构，数据字典文件应包含数据质量的详细定量描述，数据质量跟踪的内容包括：数据内容、数据现时性、数据精度、拓扑关系与连通性、逻辑一致性等。

5.3.4　数据质量分析与评价

1. 空间数据质量的评价方法

空间数据质量评价方法分直接评价方法和间接评价方法。其中，直接评价方法是通过全面检测或抽样检测的方式对数据集（产品）进行评价的方法，又称验收度量；间接评价方法是对数据的来源和质量、生产方法等间接信息进行数据集质量评价的方法，又称预估度量，它们之间的关系如图 5.4 所示。这两种方法本质区别是面向的对象不同，其中直接评价方法面对的是生产出的数据集；而间接质量评价方法则面对的是一些间接信息，因此，只能通过误差传播的原理，根据间接信息估算出最终成品数据集的质量。

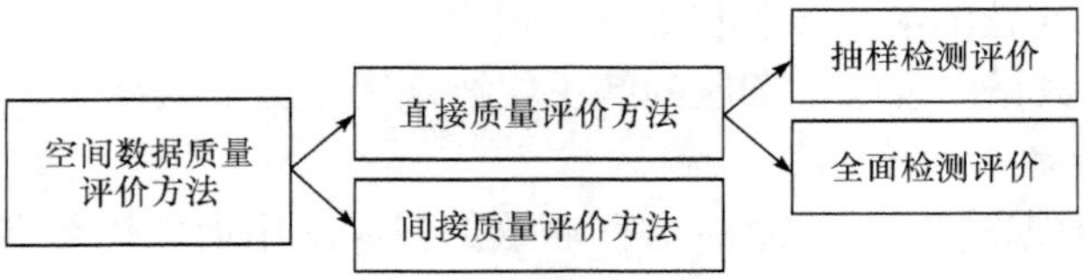

图 5.4　空间数据质量评价方法

可见，在对空间数据质量进行评价时，首先要选择评价方法，然后根据评价方法和质量规范再确定质量特性（元素），并对数据集进行质量评价，最后形成质量评价报告，其过程如图 5.5 所示。在实际操作时，数据质量评价方法的优选顺序为：先直接评价方法，后间接评价方法；或以直接评价方法为主，间接评价方法为辅。

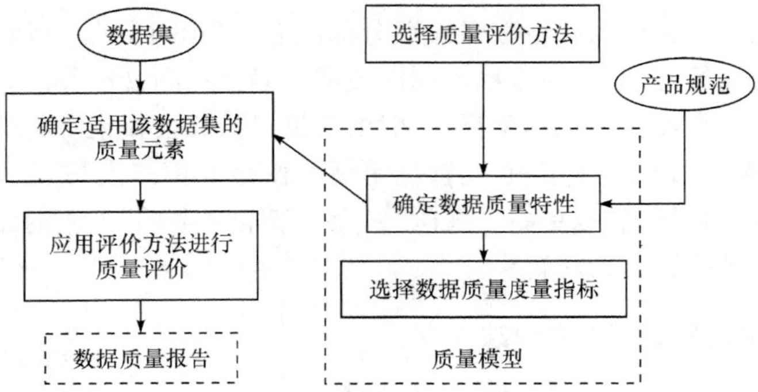

图 5.5　空间数据质量评价过程

2. 空间数据质量模型

空间数据分为矢量数据和栅格数据，其中，栅格数据又分为影像数据和格网数据。不同类型的数据质量应采用不同的数据质量模型来评价。由于空间数据质量是众多影响因素共同作用的结果，因此质量模型的确立，应在充分考虑这些因素后再确立其质量特性。本节提出的空间数据质量模型是采用层次化抽象方法建立的，以便逐渐趋近产品的技术特性与指标。

（1）直接评价质量模型

从用户的角度出发，直接评价质量模型应包括可用性、可共享性和可加工性三个方面。可用性就是指空间数据在精度、现势性、逻辑一致性、要素完备性等技术指标方面能否满足用户应用的要求；可共享性反映的是数据存储格式的通用性和开放性；可加工性则表示要素分类编码的合理性，即分类编码标准化的程度或反映现实世界真实性的程度。直接评价质量模型由用户层和技术指标层两个层次来表达(图 5.6)。

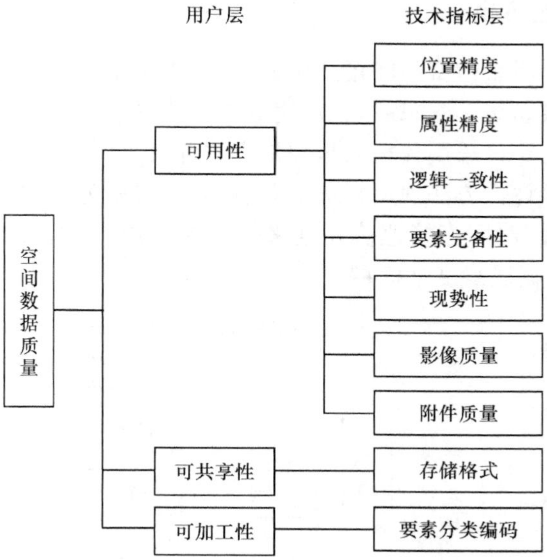

图 5.6 直接评价质量模型

（2）间接评价质量模型

间接评价的依据是一些间接信息，没有直接面对最终的数据集，其质量模型的选取只能以间接信息来确定，而这些间接信息也只能按照数据集形成的数据流中误差传播的途径来选择。该质量模型通常有数据源质量、数据生产质量和数据加工处理质量三个层面。其中数据源质量又可进一步细分为源图形(像)数据质量、源属性数据质量、文档数据质量；而数据生产质量则包括数字化质量和数据转换质量；而数据生成、处理质量则分为计算误差、拓扑分析质量和图层叠置质量(图 5.7)。

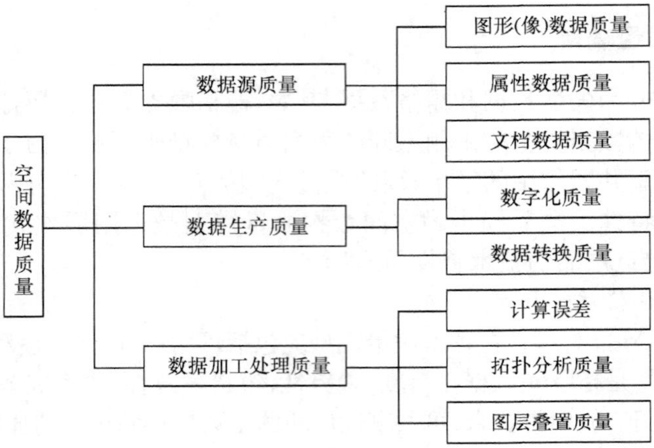

图 5.7　间接评价质量模型

3. 空间数据质量度量模型

根据直接评价质量模型与间接评价质量模型间的关系，将直接评价质量模型与间接评价质量模型统一起来后，就可用其中一个子列的质量元素来统一度量数据质量，也就是说，不论采用什么质量评价方法都可以用一致的元素来度量空间数据质量。由于直接评价方法使用得更多，质量表达得更为准确，更适于用户判定产品适用性，因此我们选用直接评价元素来作为数据质量度量的元素，并建立如图5.8所示的空间数据质量度量模型。

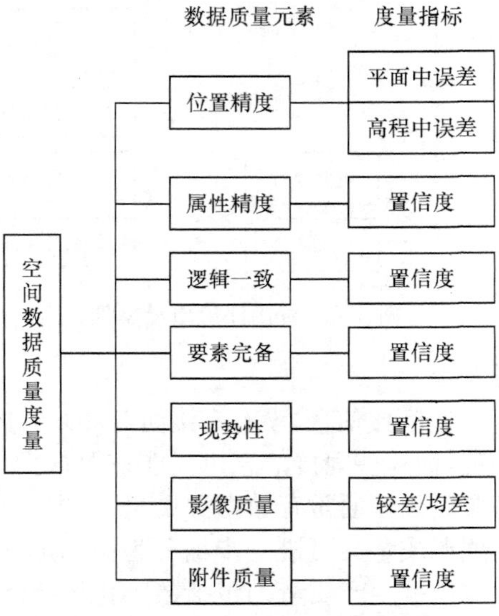

图 5.8　空间数据质量度量模型

5.4　GIS 数据库行业规范

目前，我国许多行业，如测量行业、城市规划行业、国土房产行业已经制订了 GIS 数据库建立的规范和编码标准，这些规范和标准为 GIS 数据库的建立提供了很好的参考，也在 GIS 数据共享中发挥了很好的作用。

下面以国土资源部颁布的《县（市）级土地利用规划数据库标准》为例，介绍 GIS 数据库行业规范。

1. 适用范围

本标准包含县（市）级土地利用规划数据库内容、存储方式、交换格式，规定了土地利用规划信息的分类与代码、规划数据文件的命名规则、规划要素的分层、数据结构及元数据，适用于县（市）级土地利用规划数据库建设。县（市）级土地利用规划数据库包括县（市）和乡（镇）两级土地利用规划数据。

2. 引用标准

GB/T 2260—1999	《中华人民共和国行政区划代码》
全国农业区划委员会	《土地利用现状调查技术规程》
GB/T 17798—1999	《地球空间数据交换格式》
原国家土地管理局	《县级土地利用总体规划编制规程》（试行）
国土资源部	《县（市）级土地利用数据库标准》（试行）
国土资源部	《乡（镇）级土地利用总体规划编制规程》

3. 土地利用规划信息的基本内容和分类体系

根据土地利用规划信息的主要特征，将土地利用规划信息划分成不同的门类、大类、小类，构成土地利用规划信息的分类体系，以控制各类信息的编码和使用（表 5.1）。

表 5.1　土地利用规划信息分类体系表

层名称	层代码	层内容	要素特征	属性表名	约束条件
基础地理要素					
行政区划	A10				M
行政区	A11	县、乡、村级行政区	Polygon	XZQH	M
行政区界线	A12	各级行政界线	Line	XZQJX	M
行政区注记	A13	行政区注记	Point	ZJFH	M

续表

层名称	层代码	层内容	要素特征	属性表名	约束条件
地貌	A20				O
等高线	A21	等高线	Line	DGX	O
高程点	A22	高程注记点	Point	GCZJD	O
土地利用要素					
地类图斑	B11	地类图斑	Polygon	DLTB	M
线状地物	B12	线状地物	Line	XZDW	M
零星地物	B13	零星地物	Point	LXDW	M
土地利用要素注记	B14	土地利用要素注记	Point	ZJFH	M
基期环境要素					
风景旅游资源	B20				O
面状旅游资源	B21	主要面状风景旅游资源、文物古迹	Polygon	MZLYZY	O
线状旅游资源	B22	主要线状风景旅游资源、文物古迹	Line	XZLYZY	O
点状旅游资源	B23	主要点状风景旅游资源、文物古迹	Point	DZLYZY	O
基础设施	B30	高压走廊、区域性管道设施等			O
面状基础设施	B31	面状基础设施	Polygon	MZJCSS	O
线状基础设施	B32	线状基础设施	Line	XZJCSS	O
点状基础设施	B33	点状基础设施	Point	DZJCSS	O
主要矿产储藏区	B40	主要矿产储藏区	Polygon	ZYKC	O
蓄洪、滞洪区	B50	蓄洪、滞洪范围	Polygon	XHZH	O
地质灾害易发区	B60	地质灾害易发范围	Polygon	DZZH	O
环境要素注记	B70	环境要素注记	Point	ZJFH	O
土地用途分区要素					
土地用途分区	C11	土地用途分区图斑	Polygon	TDYT	M
土地用途分区注记	C12	土地用途分区注记	Point	ZJFH	M
基本农田保护	C21	基本农田保护区	Polygon	JBNT	M
土地整理复垦开发	C22	土地整理复垦开发项目(区)范围	Polygon	ZLFKKF	M
标准农田建设	C23	现代标准农田建设范围	Polygon	BZNTJS	M
城乡建设用地扩展边界	C24	规模边界和扩展边界之间为城镇村用地范围变形区域，以及城乡用地挂钩的预留空间	Polygon	CXJSYDKZBJ	M
生态环境建设	C25	生态环境建设项目(区)范围	Polygon	STHJ	O
土地利用活动注记	C26	土地利用活动注记	Point	ZJFH	O

续表

层名称	层代码	层内容	要素特征	属性表名	约束条件
重点建设项目要素					
面状建设项目	C71	面状建设项目	Polygon	MZJSXM	M
线状建设项目	C72	线状建设项目	Line	XZJSXM	M
点状建设项目	C73	不宜采用图斑和线表示的建设项目	Point	DZJSXM	M
土地管制分区要素					
土地利用管制分区	C81	土地利用管制分区图斑	Polygon	TDLYKZ	M
土地利用管制分区注记	C82	土地利用管制分区注记	Point	ZJFH	M
土地规划地类要素					
期末地类图斑	C91	规划期末的土地利用地类图斑	Polygon	QMDLTB	M
期末地类图斑注记	C92	规划期末地类图斑注记	Point	ZJFH	M

注：约束条件取值：M(必选)、O(可选)、C(条件可选)。以下同。

4. 土地利用规划信息分类与编码

1）分类编码的原则与方法。

采用线分类法，根据分类编码通用原则，按照土地利用规划要素分类体系分为若干大类，并依次分为小类、一级类和二级类，基本分类代码由七位数字层次码组成，可根据具体情况进行缩减或扩充，其结构如下：

X	XX	XX	XX
大类码	小类码	一级类码	二级类码

其中：大类码、小类码、一级类码、二级类码分别用数字顺序排列。

二级类以下的分类代码可分别采用一位数字顺序码进行扩充。

2）基础地理信息分类与编码。

基础地理信息分类与编码如表 5.2 所示。

表 5.2　基础地理信息分类与编码表

代码	类目名称	说明
1000000	基础地理要素	
1010000	行政区划	
1010100	行政区域	
1010200	行政界线	
1010201	国界	

续表

代码	类目名称	说明
1010202	省、自治区、直辖市界	
1010203	自治州、地区、盟、地级市界	
1010204	县、自治县、旗、县级市界	
1010205	乡、镇、国营农场、林场、牧场界	
1010206	村界	乡(镇)级规划
1020000	地形	
1020100	等高线	
1020101	计曲线	
1020102	首曲线	
1020200	高程点	
1030000	其他	

3) 土地利用规划基期信息分类与编码。

土地利用规划基期信息分类与编码如表 5.3 所示。

表 5.3　土地利用规划基期信息分类与编码表

代码	类目名称	说明
2000000	土地用途要素	
2010000	农用地	
2010100	耕地	
2010101	灌溉水田	
2010102	望天田	
2010103	水浇地	
2010104	旱地	
2010105	菜地	
2010200	园地	
2010201	果园	
2010202	桑园	
2010203	茶园	
2010204	橡胶园	
2010205	其他园地	
2010300	林地	
2010301	有林地	
2010302	灌木林	

续表

代码	类目名称	说明
2010303	疏林地	
2010304	未成林造林地	
2010305	迹地	
2010306	苗圃	
2010400	牧草地	
2010401	天然草地	
2010402	改良草地	
2010403	人工草地	
2010500	其他农用地	
2010501	畜禽饲养地	
2010502	设施农业用地	
2010503	农村道路	
2010504	坑塘水面	
2010505	养殖水面	
2010506	农田水利用地	
2010507	田坎	
2010508	晒谷场等用地	
2020000	建设用地	
2020100	居民点用地	
2020101	城市	
2020102	建制镇	
2020103	农村居民点	
2020200	独立工矿用地	
2020201	采矿地	
2020202	其他独立建设用地	
2020300	特殊用地	
2020301	国防、监教用地	
2020302	宗教用地	
2020303	墓葬地	
2020400	风景旅游设施用地	
2020500	交通用地	
2020501	铁路	

续表

代码	类目名称	说明
2020502	公路	
2020503	管道运输用地	
2020504	民用机场	不包括已划为城市和建制镇用地的
2020505	港口码头	
2020600	水利设施用地	
2020601	水库水面	
2020602	水工建筑物	
2030000	未利用地	
2030100	未利用土地	
2030101	荒草地	
2030102	盐碱地	
2030103	沼泽地	
2030104	沙地	
2030105	裸土地	
2030106	裸岩石砾地	
2030107	其他未利用土地	
2030200	其他土地	
2030201	河流水面	
2030202	湖泊水面	
2030203	苇地	
2030204	滩涂	
2030205	冰川及永久积雪	
3000000	环境要素	
3010000	风景旅游资源	
3020000	基础设施	
3030000	主要矿产储藏区	
3040000	蓄洪、滞洪区	
3050000	地质灾害易发区	
3060000	其他要素	

4）土地利用规划期信息分类与编码。

土地利用规划期信息分类与编码如表 5.4 所示。

表 5.4　土地利用规划期信息分类与编码表

代码	类目名称	说明
4000000	土地用途分区	
4010000	基本农田保护区	
4020000	一般农地区	
4030000	林业用地区	
4040000	牧业用地区	
4050000	城镇建设用地区	
4060000	村镇建设用地区	
4070000	村镇建设控制区	
4080000	工矿用地区	
4090000	风景旅游用地区	
4100000	自然和人文景观保护区	
4110000	其他用地区	
5000000	土地利用活动	
5010000	基本农田保护	
5020000	土地整理	
5030000	土地复垦	
5040000	土地开发	
5050000	生态环境建设	
5060000	规划水源地	
5060000	其他活动	
6000000	重点建设项目	
6010000	规划新建铁路	
6020000	规划改扩建铁路	
6030000	规划新建公路	
6040000	规划改扩建公路	
6050000	规划管道运输用地	
6060000	规划民用机场	
6070000	规划港口码头	
6080000	规划水利设施用地	
6090000	规划水库用地	

续表

代码	类目名称	说明
6100000	规划高压线走廊	
6110000	其他重点建设项目	
7000000	土地利用规划指标	
7010000	土地利用结构调整指标	
7020000	耕地保有量规划指标	
7030000	建设用地控制指标	
7040000	土地整理、复垦、开发面积指标	
7050000	土地用途分区面积指标	
7060000	重点建设项目用地规划指标	
7070000	各类用地平衡指标	
7080000	其他规划指标	

注：根据土地利用规划建库的实际需要，可在上述小类的基础上划分更小一级的分类，并在第三位扩充相应编码，如林业用地区下再分出生态林区，则生态林区的编码可为4030100。

思　考　题

1. 论述GIS标准化在国内外的发展状况。
2. 谈谈你对Open GIS标准的认识和看法。
3. 控制地理信息数据质量应从哪几个方面进行？
4. 为什么要制订地理信息标准？制订原则是什么？
5. GIS数据分类编码的方法、原则和意义是什么？

主要参考文献

边馥玲. 1996. GIS原理和方法. 北京：测绘出版社

杜道生，王占宏，马聪丽等. 2000. 空间数据质量模型研究. 中国图象图形学报，5(A)：7，559-562

何建邦，闾国年，吴平生等. 2003. 地理信息共享的原理与方法. 北京：科学出版社

李春田. 2001. 标准化基础. 北京：中国计量出版社

邬伦，张晶，刘瑜等. 2001. 地理信息系统——原理、方法和应用. 北京：科学出版社

张新长，曾广鸿，张青年等. 2001. 城市地理信息系统. 北京：科学出版社

第6章 GIS数据库基础应用

6.1 在城乡地形地籍数据建库中的应用

6.1.1 概述

地形地籍数据库建库总体思想是城乡一体化。数字化技术是城乡一体化建库得以实施的前提和保障,数字化技术创建了新信息承载方式。在传统的信息管理方式下,数据信息主要通过纸质的图纸和文件作为载体,空间信息只能通过分块拼接的方式来存储,各种地籍要素依照不同比例被独立地分开。空间信息和属性信息以不同的方式存储,难以检索和查询,更谈不上综合利用。然而在过去几十年中,数字化技术得到飞速发展,地籍数据的存储、管理和利用也产生了巨大的变化。空间信息可以在数字虚拟空间中原样存储,不同的图元要素可以分层叠加,比例的缩放只是一种观测方式和手段,传统的比例尺在现在看来主要是一种要素的取舍规则,而不再需要完全是实物的微缩表征。所以城乡地籍数据在数字空间中也完全是一致的,是空间实际信息的表示,不应该被人为地独立开来。数据库的建立将有效地利用数字化技术,真实地反映客观实际,把城镇数据和农村数据统一起来,构建出城乡一体化的建库模式。

海量存储、高效检索的数据库技术和成熟的GIS技术为实现生产、入库一体提供了有力的技术支持。过去十几年中,数据库技术取得了长足的发展,主要包括查询优化、数据复制和数据并行处理等,尤其近年来数据仓库、对象关系数据库系统、可视化数据挖掘、工作管理与多媒体数据库、多维数据库与OLAP等技术的出现和深入发展,为地籍数据的存储、管理和更新发展提供了一个巨大的空间。在数据库发展的基础上,地理信息技术也得到了全方位的发展,尤其以美国ESRI公司为代表创建的地理信息平台,不仅包括制图、数据管理、地理分析和空间处理;还包括与Internet地图和服务的整合、地理编码、高级数据编辑、高质量的制图、动态投影、元数据管理、基于向导的截面和对各种数据格式的支持。

6.1.2 建库规范与标准

城乡地形地籍数据的建库、入库将严格按照国家、地方和行业的有关标准与规范，如空间数据分层与编码标准、数据质量与元数据标准等，并考虑与国际接轨。本书中的城乡地形地籍数据的建库是以广东省广州市某区为例对数据建库、入库主要依据以下标准规范：《中华人民共和国行政区划代码》；GB/T 7929—1995《1∶500 1∶1000 1∶2000 地形图图式》；GB/T 17986—2000《房产测量规范》；全国农业区划委员会《土地利用现状调查技术规程》；国土资源部《土地登记规则》；国土资源部《城镇地籍调查规程》；国土资源部《城镇地籍数据库标准》（试行）；建设部《城镇房屋所有权登记暂行办法》；国家测绘局《地籍测绘规范》；广东省国土资源厅《广东省农村土地登记规则》；广东省国土资源厅《广东省城镇地籍调查测量实施细则》；广州市国土房管局《广州城乡地籍数据库建库标准》等以上标准规范。

6.1.3 数据建库总体方案

1. 数据建库物理平台

关系数据库平台采用目前业界普遍使用的 Oracle 公司的 Oracle 9i 或微软公司的 SQL Server 2000 关系数据库平台。空间数据管理采用美国 ESRI 公司的 GIS 数据库引擎 ArcSDE。

作为世界 GIS 的拓荒者及当今技术的领导者，ESRI 公司在 GIS 领域已有近 30 年的历史。它全面整合了 GIS 与数据库、软件工程、人工智能、网络技术及其他多方面的计算机主流技术，组成了一个功能强大，适用于各行各业的地理信息体系。1997 年，美国 SOFTWARE MAGAZINE 公布的全球前 500 名纯软件厂家排名中，ESRI 名列第 44 位，也是唯一进入前 50 名的 GIS 厂家，根据 DARATECH 公司发布的数据表明，ESRI 公司独占 2001 年世界 GIS 软件市场份额的 34.6%，保持着全球第一的市场占有率，同时在中国 Arc/Info 也是使用最为广泛的 GIS 平台。

ArcSDE 是 ESRI 公司提供的一个基于关系型数据库的地理数据库服务器，是对关系型数据库的一个扩展。其体系结构如图 6.1 所示。

ArcSDE 具备以下主要优点。

1) ArcSDE 是一个地理数据共享服务器。它采用数据库技术和 Client/Server 体系结构，地理数据以记录的形式存储，数据可以在整个网络上共享，为跨越 Internet 开放的空间数据访问提供了有力的手段；

2) ArcSDE 是一个高效的地理数据服务器。由于利用了数据库的强大数据查询机制，ArcSDE 可以实现在多用户条件下的高效并发访问。它不仅采用了空间索引，而且对空间坐标采取了整数量化和增量压缩存储的计算方式，减少浮点运

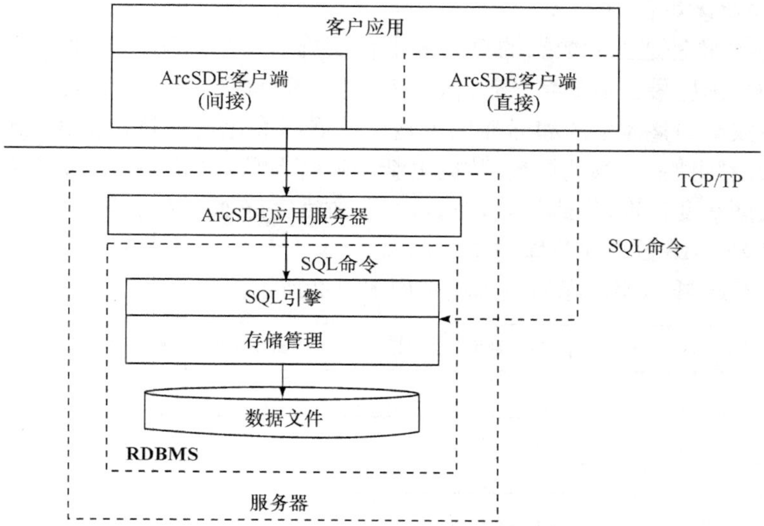

图 6.1　ArcSDE 结构体系

算，所以获得了快速的检索和处理地理数据的能力；

3）ArcSDE 可以管理海量的无缝地理数据。由于数据库强大的数据处理能力加上 ArcSDE 独特的空间索引机制，每个数据集的数据量不再受限制。和传统的地理数据存储方式不一样的是，数据不用根据地理位置分割管理，用户和客户端只要指定数据的类型，而不需要指定所在的人为定义的图幅图号。海量的数据管理能力使数据可以集中管理，从而降低了数据的维护费用，大大推动了 GIS 的数据共享和应用；

4）ArcSDE 是一个安全的地理数据库。它采用了数据库技术，利用了数据库的安全手段，从而使地理数据更安全，更有保障。通过数据库的备份功能可以随时备份地理数据。另外，由于不再是文件系统通过网络共享，用户不能拷贝和删除数据集，只能通过连接来访问授权的数据，保证了数据访问的合法性。

因此，采用安全、高效、海量的 Oracle 9i 数据库平台和 ArcSDE GIS 数据库引擎，为城乡地形地籍数据库的建库提供坚实的物理基础和技术手段，为城乡地形地籍数据将来广泛、安全、高效的应用提供了有力的保障。

2. 建库总体方案

1）基础 GIS 数据库设计方案的建立、测试及物理实施。

2）数据标准化方案的确立。在基础 GIS 数据库设计方案完全确立后，根据现状数据和基础 GIS 数据库各自的特点和它们之间的关系，确立数据标准化方案。对数据标准化方案，对不同种类数据选取典型样区进行测试，不断完善标准化方

案,使之完全满足各项需求;

3) 生产软件选型和数据的全面标准化实施。根据数据标准化方案的相关规定,一方面,选型最合适的生产软件,以满足生产过程各个阶段的需要。另一方面,全面组织数据的整体生产和标准化实施。数据标准化过程将包括预处理,标准化数据提取,逻辑性、一致性检查,数据更新入库等阶段,全面整合现有数据成果,保证现状数据精度合理,格式正确,逻辑性、一致性完好地进入数据库;

4) 基础 GIS 数据库建库的总体流程。

基础 GIS 数据库建库的总体流程如图 6.2 所示。

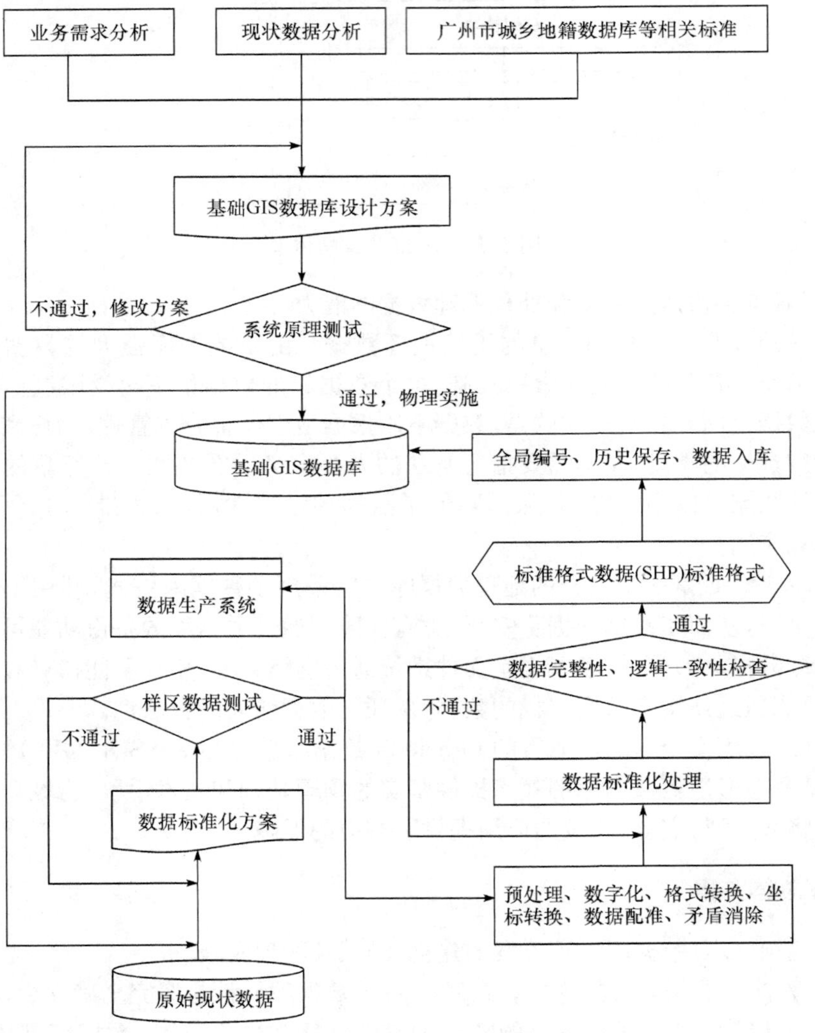

图 6.2 基础 GIS 数据库建库总体流程

6.1.4　数据标准化方案

(1) 房地籍与土地利用要素的分类

采用线分类法，根据分类编码通用原则，将城镇地籍与土地利用要素分为五大类，并依次分为小类、一级类、二级类，分类代码采用四位数字层次码组成，并增加图件类别描述要素所从属的图件，其结构如下

X	X	X	X
|	|	|	|
大类码	小类码	一级类码	二级类码

其中：

大类码、小类码、一级类码、二级类码分别用一位数字顺序排列；

二级类码作为扩充位，以便必要时进行扩充，一般为 0。

(2) 比例尺代码

比例尺代码规定如表 6.1 所示。

表 6.1　比例尺代码

比例尺	1∶500	1∶1 000	1∶2 000	1∶5 000	1∶10 000	1∶25 000	1∶50 000	1∶100 000
字母代码	K	J	I	H	G	F	E	D
数字代码	8	7	6	5	4	3	2	1

(3) 地籍、房籍命名规则

地籍号共 16 位，组成如下：

区(县级市)号(2 位，国家编号后两位)＋ 街道号 | 街区号 | 乡镇代码(3 位，省规定代码)＋ 街坊号 | 行政村代码(3 位，区局统一编号) ＋ 基本宗地号(5 位，顺序号)＋ 宗地支号 | 使用权宗地号(3 位，顺序号)。

说明：

1) 1∶500 城镇地籍图中，可以采取行政意义上的街道、街坊划分测区，也可根据道路、河流等明显地物划分测区，但全市统一进行编号；

2) 在编号各组成部分中，如实际编号位数未达到规定数，以前置“0”补充；

3) 宗地编号由“基本宗地号 ＋ 宗地支号 | 使用权宗地号”组成。宗地支号指在基本宗地号所指宗地发生分割而产生子宗地的编号，如果宗地无支号，则宗地支号为“000”；使用权宗地号指农村集体土地使用权宗地的编号，如果集体土地所有权宗地中不区分集体土地使用权，则使用宗地号为“000”。上述情况，宗地编号可用 5 位基本宗地号表示；

4) 图面上地籍号只标注宗地编号；

5) 以图幅号进行宗地编号的图件，前 8 位为图幅号，位数不足以前置“0”补充。在生产中逐步由图幅编号方式向街道坊编号方式转变；

6)城镇地籍图中，块地编号参照宗地编号方式，在基本宗地号的第一位从“6”开始编号。

(4) 要素分类代码表

各类要素的要素分类代码、名称、几何特征、层名、属性表名如表 6.2 所示。

表 6.2　要素分类代码表

代码	要素名称	几何特征	层名	属性表名	说明
1000	基础地理要素		A00		
1100	测量控制点	Point	A10	CLKZD	多来源、相互不一致的控制点要素选择原则为选取精度高的点
1200	地物		A20		
1210	点状地物	Point	A21	DZDW	除以下特别列出要素外
1211	点状房屋	Point	A211	DZFW	指(地籍)房产测量中的“房屋”的点状要素
1212	房角点	Point	A212	FJD	指(地籍)房产测量中房屋的房角点
1213	房屋辅助点	Point	A213	FWFZD	指(地籍)房产测量中辅助房屋要素表达的点状要素，如土城墙的城门
1219	其他辅助点	Point	A219	QTFZD	协助地物表达的点要素，如房屋中心点
1220	线状地物	Line	A22	XZDW	除以下特别列出要素外
1221	房屋围护物	Line	A221	FWWHW	指(地籍)房产测量中“房屋围护物”要素
1222	房屋辅助线	Line	A222	FWFZX	指(地籍)房产测量中辅助房屋要素表达的线状要素，如分层线
1229	其他辅助线	Line	A229	QTFZX	
1230	面状地物	Polygon	A23	MZDW	除以下特别列出要素外
1231	面状房屋	Polygon	A231	MZFW	指(地籍)房产测量中的“房屋”的面状要素
1232	房屋附属设施	Polygon	A232	FWFSSS	指(地籍)房产测量中“房屋附属设施”的面状要素

续表

代码	要素名称	几何特征	层名	属性表名	说明
1233	房屋辅助面	Polygon	A233	FWFZM	指(地籍)房产测量中辅助房屋要素表达的面状要素,如城楼
1239	其他辅助面	Polygon	A239	QTFZM	
1240	复合地物	Complex	A24	FHDW	参见相应注释
1241	地物分解点	Point	A241	FHDW-D	
1242	地物分解线	Line	A242	FHDW-X	
1243	地物分解面	Polygon	A243	FHDW-M	
1300	地貌		A30		
1310	点状地貌	Point	A31	DZDM	
1319	地貌辅助点	Point	A319	DZFZD	
1320	线状地貌	Line	A32	XZDM	
1329	地貌辅助线	Line	A329	DMFZX	
1330	面状地貌	Polygon	A33	MZDM	
1339	地貌辅助面	Polygon	A339	DMFZM	
1340	复合地貌	Complex	A34	FHDM	参见相应注释
1341	地貌分解点	Point	A241	FHDM-D	
1342	地貌分解线	Line	A242	FHDM-X	
1343	地貌分解面	Polygon	A243	FHDM-M	
2000	地籍要素		B00		
2100	行政区要素		B10		
2210	行政区	Polygon	B11	XZQ	
2120	街道	Polygon	B12	JD	
2130	街坊	Polygon	B13	JF	
2200	宗地要素		B20		
2210	宗地	Polygon	B21	ZD	指集体土地所有权和国有土地使用权宗地及其块地,全覆盖
2211	集用宗地	Polygon	B211	JYZD	指集体土地使用权的宗地
2220	界址线	Line	B22	JZX	参见“宗地”说明
2221	集用界址线	Line	B221	JYJZX	参见“集用宗地”说明
2230	界址点	Point	B23	JZD	参见“宗地”说明
2231	集用界址点	Point	B231	JYJZD	参见“集用宗地”说明
2300	地类要素		B30		

续表

代码	要素名称	几何特征	层名	属性表名	说明
2310	点状地类	Point	B31	DZDL	
2320	线状地类	Line	B32	XZDL	
2330	面状地类	Polygon	B33	MZDL	
2340	地类界		B40		
2341	一般地类界	Line	B41		不表达,根据需要生成
2342	特殊地类界	Line	B42	TSDLJ	虚线表达,如是多边形则以封闭线进行表达
3000	注记要素		C00		如数据库管理系统可自动生成,对注记要素可以不入库。但数据交换和制作专题图件按此标准
3100	内图廓	Polygon	C10	NTK	参见相应注释
3300	地籍要素注记		C30		
3310	行政区注记	Point	C31	XZQZJ	
3320	街道注记	Point	C32	JDZJ	
3321	街坊注记	Point	C33	JFZJ	
3330	宗地注记	Point	C34	ZDZJ	
3331	集用宗地注记	Point	C35	JYZDZJ	
3340	界址线注记	Point	C36	JZXZJ	
3341	集用界址线注记	Point	C37	JYJZXZJ	
3350	界址点注记	Point	C38	JZDZJ	
3351	集用界址点注记	Point	C39	JYJZDZJ	
3360	地类注记	Point	C3A	DLZJ	
3370	地类号注记	Point	C3B	DLHZJ	
3380	地类代码和地类号分隔线	Line	C3C		
3390	地籍要素注记指引线	Line	C3D		
3400	房产注记		C40		

续表

代码	要素名称	几何特征	层名	属性表名	说明
3410	房产编号		C41		
3411	房产界址点号	Point	C411	FCJZDH	
3412	幢号	Point	C412	DH	
3413	房产权号	Point	C413	FCQH	
3415	房产共有权号	Point	C415	FCGYQH	
3416	门牌号	Point	C416	MPH	
3420	房屋产别分类代码	Point	C42	FWCBFLDM	
3430	房屋建筑结构分类代码	Point	C43	FWJZJGFLDM	
3440	房屋层数和建成年份		C44		
3441	房屋层数	Point	C441	FWCS	
3442	房屋建成年份	Point	C442	FWJCNF	
3450	边长和面积		C45		
3451	用地边长	Point	C451	YDBC	
3452	房屋边长	Point	C452	FWBC	
3453	用地面积	Point	C453	YDMJ	
3454	房屋建筑面积	Point	C454	FWJZMJ	
3460	其他注记		C46		
3461	自然名称	Point	C461	ZRMC	
3462	单位名称	Point	C462	DWMC	
3463	说明注记	Point	C463	SMZJ	
3490	房产注记指引线	Line	C49		
3500	地形要素注记		C50		
3510	测量控制点注记	Point	C51	CLKZDZJ	
3520	房屋注记	Point	C52	FWZJ	

续表

代码	要素名称	几何特征	层名	属性表名	说明
3530	构筑物注记	Point	C53	GZWZJ	
3540	管线注记	Point	C54	GXZJ	
3550	水系注记	Point	C55	SXZJ	
3560	交通注记	Point	C56	JTZJ	
3570	高程点注记	Point	C57	GCDZJ	
3580	等高线注记	Point	C58	DGXZJ	
3590	地形要素注记指引线	Line	C59		
3600	地名注记	Point	C60	DMZJ	
3690	地名注记指引线	Line	C69		
3700	其他注记	Point	C70	QTZJ	
3790	其他注记指引线	Line	C79		
4000	影像要素		D00		对于影像要素，根据影像的影像特性、生产年代等分层，影像层名从D01开始顺序编号；栅格层名从等D90开始顺序编号
4010	2000年1∶2 000正射影像图	Image	D01		
4020	1996年1∶10 000正射影像图	Image	D02		
4900	栅格	Grid	D90		
5000	其他要素		E00		
5100	地籍图范围区	Polygon	E10	DJTFWQ	根据实际测量情况动态更新

6.1.5　数据预处理与入库

1. 数据预处理入库方案

（1）数据预处理入库原则

数据成果在建库入库之前，虽然经过了严格的数据质量检验，但仍然必须经过数据的预处理阶段，以保证数据的建库入库质量。数据预处理须具备如下原则。

a. 针对性原则

1）要素几何类型问题。对需处理的数据按照其当前的几何类型，通过开发自动类型转换程序，实现自动化处理。然后对处理后的结果，进行程序和人工检查，如果尚存在问题，再通过手工方式逐一改进。

2）要素分层问题。针对要素分层错误的具体类型采取不同的方法：①对于个别要素放错层，首行判读是否几何类型错，如果几何类型错，则调整放入层；其次如果类型一致，则结合资料和数据本身信息进行人工判断，进行手工调整；②对于一个层放入多个层的问题，则把各层数据合并起来；③对于多个层放入一个层的问题，则按照资料和数据关系，手工挑选，把要素放入相应的层；④层名错误，严格按照数据标准进行定义。

3）要素拓扑关系的问题。要素拓扑关系本质是数据直接的逻辑关系，这是关系到数据整理成败的关键因素之一。由于拓扑关系的隐蔽性、逻辑性，因此主要是通过编制程序来解决：①同层面要素的拓扑关系。根据地籍图特性，存在两种面关系，一是全覆盖性的层，如按照《广州市城乡地籍数据库建库标准》要求的宗地、面状地类。对于这样的层，必须通过程序检查是否存在重叠、裂隙，同时进行岛处理。由于这批数据这样的层原来没有进行全覆盖，只有针对接壤的面要素进行这个处理。二是非全覆盖的层，如房屋，对于实际完全接壤（共线）或有岛的图形也是像第一种情况一样需要进行有关处理，对于非接壤的情况，则按照实际情况来处理。②同层线要素关系，这主要是：一是共线，通过线拷贝、线打断、线结合来处理；二是悬挂点，通过点位移动或新节点生成来获取；三是交叉线，如线状地物按照GIS要求，如果交叉，则需要打断，因此对于这种情况则打断处理，另外如果一条线要素与另一条线要素端点之外相接，则后者需要在相接位置有对应节点，如没有则生成节点或将线打断；四是共点，尤其是共端点，按照同层点要素共点方法处理。③同层点要素关系，这包括共点关系和重复点（包括小于标准所规定距离的点），对于共点则采用相同坐标表达，对于重复点删除。④非同层存在空间逻辑关系的几何要素。一是面与面，这种空间逻辑关系主要是包含与被包含的关系（如面状地类应被宗地包含）、共线关系（如线状地类分割宗地的情况），这种情况，通过几何精度要求高低和实际含义的不同，通过采取合并、分割、相交、取异等拓扑运算来处理，共线则采用拷贝级别高的线条来处理；二是面与线，其处理方法参照第一种情况；三是面(或线)与点，如界址线与界址点，这主要是共点关系，因为 1∶500 地籍测量是通过采集点生成线与面，因此共点关系则通过点要素坐标修改线、面要素。⑤由层之间逻辑关系而产生的属性数据，这主要是通过程序来自动生成，如房屋里"属于宗地"的字段内容，通过房屋被宗地包含的关系，取得宗地编号。

4) 属性缺失和不正确命名问题。属性是 GIS 数据的重要内容之一，在这批数据整理中，缺失属性要尽可能获取：①层逻辑关系而产生的属性数据，处理方法如上一点⑤所示；②由图形要素本身特性产生的属性，如面要素的面积，通过编制程序产生；③原有数据注记表达的，如房屋结构，这种主要是通过注记提取形成属性，一种处理是通过图形与注记表达的逻辑关系生成，如包含关系，这种通过程序与手工干预实现；另外如果图形与属性没有强烈空间逻辑关系的，主要是手工实现；④通过资料来补充的，通过手工输入方式来获取。对于命名正确性的保证，主要是严格按照数据标准构造表结构来实现，这包括属性表命名、属性字段命名、字段的多余与缺少等情况。

5) 符号表达问题。对于 AutoCAD 数据，主要是通过在 AutoCAD 中定义线、面符号实现。AutoCAD 支持简单线，复杂线、点等符号定义。从这批数据来看，尤其是要重点处理好铁路、陡坎等复杂线符号。成果提交时，同时提交符号文件。

b. 程序处理最大化与手工处理结合原则

对于测量获得的数据为了达到 GIS 建库目的而应进行的整理工作，其工作量非常大，如果完全采用传统基于 AutoCAD 手工制图目的而做，其工期难以保障，成本也非常高，尤其是质量难以保障。而 GIS 数据的逻辑关系决定了图形之间、图形与属性之间以及属性与属性之间存在密切的关系，因此为程序化处理提供了可能性，因此需要通过程序开发，实现最大化程序自动化处理是必由之路。而通过一些不存在逻辑关系的孤立要素或只存在弱逻辑关系要素，则不能够通过程序自动化处理，这就要通过大量的手工处理来实现。

1) 程序化处理。根据广州市某区 GIS 基础数据库建设的特性和这批数据的特点分两种方式相互结合进行程序化处理：①数据初步预处理，基于AutoCAD进行 VBA 方式开发，形成数据整理工具，整理出初步数据；②数据主要处理环节，采用与开发区 GIS 基础数据库平台一致的 ESRI 系列平台进行程序开发处理。开发以 MO+ArcSDE 为基础平台，对于 ArcView 和 Arc/Info直接具备的功能，则直接利用有关软件。

2) 手工处理。手工处理将贯穿整个数据整理的过程，主要区分为两大类：①在程序自动化处理之前的手工处理，包括要素分层处理、属性表结构处理等，这是预处理的重要内容；②在进行程序自动处理后，进行手工处理，包括属性输入、程序无法处理的要素关系处理等。手工处理往往容易产生错误，所以将加强质量检查进行质量保证。

c. 全面质量监控原则

质量是 GIS 数据的生命线，质量监控将贯彻整个数据整理工作，作为该项目的管理人员和技术人员的最高准则被执行，具体包括以下几个方面。

1) 分步检查与分级检查相结合。由于在 GIS 数据整理中存在比较多的步骤，而且各步骤之间存在比较强的影响关系，如果前一步骤处理不好，将直接影响下一步骤。如果出现了这样的问题，返工工作量比较大，直接影响工作进度，因此对于开发者需建立严格的分步检查制度，确保一个步骤的数据合格后才进入下一步骤。同时在质量检查的时候，为了避免工作人员存在疏忽的问题，将严格建立作业者—小组组长—专业质检人员—管理人员系列分级体系，结合分步检查，确保数据质量万无一失。

2) 人工检查与程序检查相结合。与数据整理工作一样，质量检查由于数据特性必须采用人工检查和程序检查两种方式交叉进行，对于强逻辑关系的数据采用程序“黑箱”检查，把规律性的要求通过程序 100%检查，一方面采用开发区自身的空间数据检查系统，另一方面开发相应的检查工具，加强检查。对于程序检查的结果，以及无法进行程序检查的内容，采用手工检查的方法，逐一检查。

3) 普查与抽查结合。对于程序检查的内容，要进行 100%普查，而对于手工检查的内容，按照分级检查的特性，采取普查与抽查结合，对于作业人员自检、专业质量人员检查则采用普查的方式，做到全面普查，而对于小组检查和管理人员检查则采用抽查的方式进行，其比例保持在 30%和 10%左右。

d. 整理入库与建库相结合原则

从数据整理的目的来看，整理后数据需要进入到广州市某区 GIS 基础数据库，因此必须将整理入库与建库结合起来，才能保证整理的目的能够不打折扣地实现。

1) 整理基础平台保持与 GIS 基础数据库平台的一致性。除了在 AutoCAD 上进行数据预处理以及对 DXF 结果进行符号化外，重点的数据整理将在 ESRI 平台上开展，一方面保持与广州市某区 GIS 空间基础数据库平台的一致性，另一方面采用了 GIS 软件，从而能够较好地保证拓扑质量。同时采用 ArcSDE 平台，将数据边整理边入库。

2) 无缝数据拼接处理。首先，由于原有数据宗地、房屋等要素都被图幅(内图廓)分割，甚至采用了分段线进行表达，所以只有通过图幅拼接才能够实现要素良好的组织和合并；其次，图幅线作为数学意义的线，基本上不与实际世界要素的空间位置保持一致，因此在 GIS 建库中，一般通过系统生成数学意义要素来表达；再次，通过拼接后，才能够从总体来平差，提高数学精度；最后，通过无缝拼接的数据才能更有效地执行质量检查。数据整理完后，按照建库要求，通过数据整理的程序生成标准分幅图。

3）严格保持与数据标准一致。由于数据整理有明确的标准要求，尤其是《广州市城乡地籍数据库建库标准》和《广州市土地编号和使用规范》两者对数据整理提出了非常明确的具体要求及其目标，只有按照标准要求进行数据整理，才能够保证数据顺利进入数据库。

4）通过样区实验进行验证。为了避免大规模数据整理后出现不能顺利入库的情况，在开始阶段进行完整样区实验，进入数据库后进行检验，确保入库无问题后，才大规模推开数据整理。

（2）数据入库方案

数据入库包括数据预入库和最终入库。预入库和最终入库之后，还需对要入库的空间数据进行拓扑处理，以保证入库后数据的可用性和真实性。

a. 数据预入库

由于通过人工手动或者程序自动整理过的数据也不可能完全符合入库标准，所以还需要使用程序对这些数据进行预入库，程序对不能入库的数据自动检测并进行记录，以便数据整理人员可以知道哪些数据还需要进行修改。而且数据整理人员可以对已经可以入库的空间数据的属性数据进行一一检查，通过人工手动的方式来对属性数据进行全面检查。

b. 拓扑处理

拓扑处理主要完成打断线(是所有的线都是简单线)、重叠处理、容差处理、构建多边形等工作。其中对环岛、飞地、区域等特殊要素的拓扑处理是比较关键的因素。

c. 数据最终入库

在确认数据完整性和一致性后，就可以使用入库工具把整理好的数据按照对应的图层导入库中的图层，入库后，还需对数据进行最后的拓扑处理。拓扑处理完毕，数据就具备了系统所要求的一切特性。

2. 数据预处理入库成果目标

1）数据的无缝集成

数据的无缝集成将为功能集成打下坚实的基础。GIS 数据集成包括两类：空间数据的无缝集成和空间数据与属性数据的无缝集成。

2）空间数据的无缝集成

基于图幅的传统的空间数据将不复存在，完全解决“图幅缝隙”问题，保证空间要素的一致性，使得本来属于同一地物的分段地物还原其本来面目。

3）空间数据和属性数据的无缝集成

实现空间数据和属性数据的无缝集成，把宗地或房产的图形表示与其相关的产权信息高度关联起来，实现真正的图文一体化。

4）满足“房地一体化，城乡一体化”需要

房地一体化保证了房产图和地籍图从空间位置上是一致的，把房产数据和土地数据进行高度关联，形成房地在空间位置和属性上的联系。

5）属性、空间、时间数据的集成化管理

根据地籍信息管理的特殊性，增加时间维数据，把有关土地的空间数据、属性数据和时间数据进行集成管理，并进行地籍数据的动态变更管理。利用地籍信息的时态特征，将能完整描述每一时刻的土地利用状况；记录宗地的变更过程；对宗地信息的变更历史进行跟踪，并利用它进行恢复和预测。以历史库为基础，能够对地籍历史数据的管理，系统能够恢复到建库任何时刻的状况。

6）矢量图与影像图的叠加管理

实现矢量图和影像图的集成管理，提供按控制点配准矢量图与影像数据的方法，充分利用各种遥感影像图、航片图像在土地利用动态监测中的作用。在矢量图上叠加影像图（图 6.3），直观地了解土地利用的现状与变化情况，及时了解矢量数据库中的数据与图像数据的差异，发现并纠正违法用地情况，同时也为矢量数据的更新提供参考。

图 6.3　1∶500 城镇地籍图与 1∶2000 影像图数据叠加

7）多种比例尺地籍图（1∶500、1∶2000 及 1∶10 000）的分层显示

1∶500、1∶2000、1∶10 000 地籍图及土地利用图在统一 GIS 数据库坐标系

的前提下实现配准。设置不同的比例尺显示范围，使其在不同比例尺下分别显示概略地籍图与详细地籍图(图 6.4)。根据办公流程和用户需要的不同，设计不同的地图显示机制，分别调用 1∶500、1∶2000 或 1∶10 000 图纸。

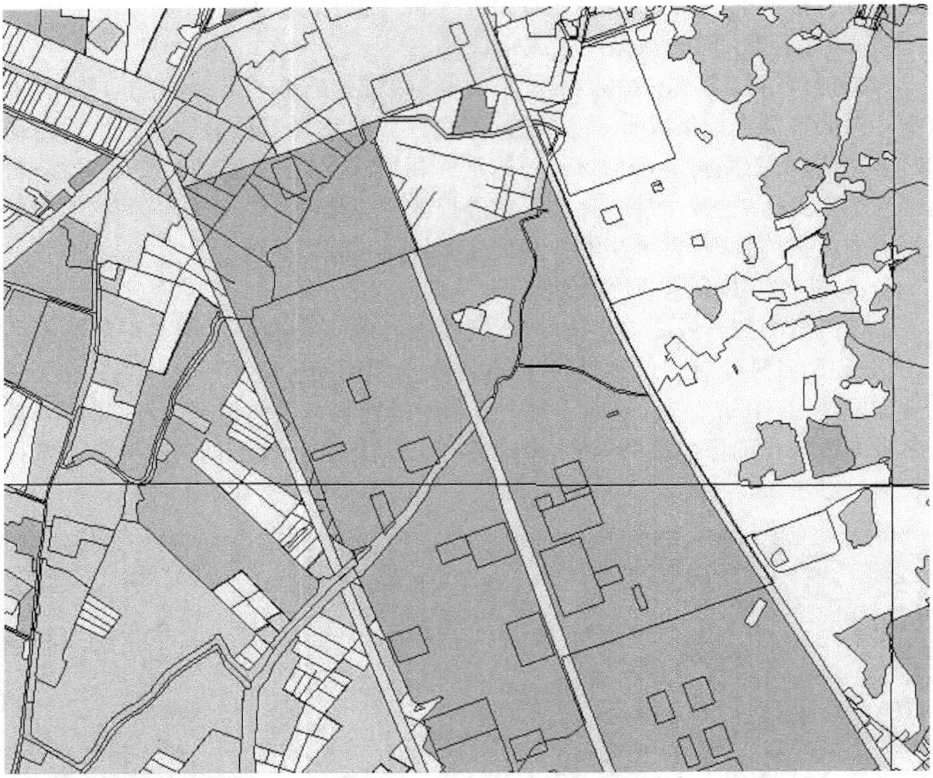

图 6.4　1∶500 城镇地籍图与 1∶2000 土地利用线划图数据叠加

6.1.6　地籍数据库安全保护方案

1. 数据库安全的实现

(1) 数据库系统安全性策略

1) 管理数据库用户。数据库用户是通过访问 Oracle 数据库而获得信息。因此系统将很好地维护管理数据库用户的安全性。数据库安全性管理者是拥有 create、alter 或 drop 数据库用户的一个特殊用户或一组用户，所以管理数据库用户的权限将交给值得信任的人；

2) 用户身份确认。数据库用户可以通过操作系统，网络服务或数据库进行身份确认，通过主机操作系统进行用户身份认证的优点有：①用户能更快、更方便地连入数据库；②通过操作系统对用户身份确认进行集中控制，如果操作系统与数据库用户信息一致，那么 Oracle 无须存储和管理用户名以及密码；③用户进入数据库和操作系统审计信息一致；

3）操作系统安全性。①数据库管理员必须有创建和删除数据库文件的操作系统权限；②一般数据库用户不应该有创建或删除与数据库相关文件的操作系统权限。

（2）数据的安全性策略

考虑到系统涉及的空间数据、属性数据及其他数据非常重要，系统将采取慎重的安全性策略，用它来维护对数据对象访问的有效控制。

（3）用户安全性策略

1）一般用户的安全性。①密码的安全性。系统将采用密码加密的方式与数据库进行连接。加密设置方法如下：在客户端的 Oracle. ini 文件中设置 ora_encrypt_login 参数为true；在服务器端的 initORACLE _SID. ora 文件中设置 dbling_encypt_login 参数为 true。②权限管理。考虑到数据库系统的用户很多，应用程序和数据对象很丰富，系统将利用“角色”这个机制所带的方便性对权限进行有效的管理。

2）终端用户的安全性。系统将针对终端用户制定安全性策略。例如，对于一个有很多用户的大规模数据库，安全性管理者可以决定用户组分类，为这些用户组创建用户角色，把所需的权限和应用程序角色授予每一个用户角色，以及为用户分配相应的用户角色。当处理特殊的应用要求时，安全性管理者也必须明确地把一些特定的权限要求授予给用户。系统也将使用“角色”对终端用户进行权限管理。

（4）数据库管理者安全性策略

1）当数据库创建好以后，系统将更改有管理权限的 sys 和 system 用户的密码，防止非法用户访问数据库；

2）只有数据库管理者才能用管理权限连入数据库；

3）使用角色对管理者权限进行管理。

（5）应用程序开发者和数据整理入库者的安全性策略

1）控制应用程序开发者和数据整理入库的权限。数据库应用程序开发者是一类需要特殊权限组完成自己工作的数据库用户。开发者需要诸如创建工作表、存储过程等系统权限，然而，为了限制开发者对数据库的操作，系统将只把一些特定的系统权限授予开发者；

2）应用程序开发者和数据整理入库者的环境。①程序开发者和数据整理入库者不与终端用户竞争数据库资源；②程序开发者不能损害数据库其他应用产品，数据整理入库者不能接触到其他的业务数据。

2. 数据的备份方案

数据备份包括实时和定时两种方式，实时备份是对短期内数据库最新的数据进行增量备份；定时备份是定期（一个星期、一个月或者一个季度）对数据库进行备份。这里所谓的实时和定时也是相对的，系统要用到的数据量达到吉字节级，以后可能还要上升到太字节级，对大数据量的数据系统要真正做到实时备份是不现实的，只能做到比较短期（一天或者两天）的增量备份。

（1）实时备份

实时备份主要是对数据库中的数据进行增量备份，这种备份方式是针对双机热备提出的，备份服务器定时（一般在不使用时）对应用服务器和数据库服务器进行增量复制。

（2）定时备份

定时备份是定期地对数据库中的数据进行完全备份，而且是备份到其他大容量的存储介质上，包括磁带、磁盘阵列等，一般这种备份要通过备份软件来实现。

（3）日志管理机制

系统可以采用 Oracle 或 SQL Server 自带的日志管理功能和在服务器端安装日志管理中间件相结合的方式来对日志进行有效的管理。这样可以达到对日志进行双重监管的效果。

一种是采用 Oracle 自带的日志管理功能。Oracle 数据库的所有更改都记录在日志中，而且提供了日志查看工具 LogMiner 来对日志进行查看。日志中记录的信息包括数据库的逻辑更改、用户的误操作、数据库的更改历史、更改类型（INSERT、UPDATE、DELETE、DDL 等）、更改对应的 SCN 号以及执行这些操作的用户信息等。

另一种是在服务器端安装日志管理中间件的方式。客户端对所有服务器端的请求首先要通过日志管理中间件，中间件对客户端的请求进行分析，如果是简单的查询工作就不做任何的处理，如果是要修改、增加、删除数据或对系统、数据可能会造成损失、破坏的操作，中间件就会把此操作自动记录到日志库中，以备事后分析处理。

6.2 在国土资源基础地理信息建库中的应用

6.2.1 综　　述

建立国土资源基础地理信息数据库是一个城市或一个地区建设“数字城市”和“数字国土”的最基础的工作之一，本节将以广东省东莞市国土资源基础地理信息建库为例，介绍如何建立国土资源基础地理信息数据库，从而为国土资源管理信息系统建设提供完善、安全和可靠的数据支持和运作保障，为城市或地区信息中心电子政务体系建设提供基础数据平台和软件支持。建立国土资源基础地理信息数据库工作主要包括以下几个部分：①国土资源 GIS 数据库设计；②国土资源 GIS 数据库建库支撑软件开发；③国土资源 GIS 数据库建设；④国土资源 GIS 数据库应用设计。其中国土资源空间数据从广义上指涉及国土资源管理业务的所有图形空间数据、属性数据和业务处理数据等。国土资源 GIS 数据库包括了从网络数据库、窗口办文数据库、流程性业务数据库、非流程性业务数据库到系统管理数据库的整个数据库体系。

1. 国土资源 GIS 数据库设计

(1) 国土资源 GIS 数据库设计的总体指导思路

数据库设计总体上从数据库设计规范、数据库生产以及数据库应用方面来考虑，尽一切可能满足国土资源管理业务的实际需要。

a. 数据库设计规范

1）过程规范。从数据库建设的过程来看，GIS 数据库的建设将经历需求分析、概念模型建立、逻辑结构设计、物理设计、数据库实施以及运行和维护等阶段。

① 需求分析阶段。进行数据库设计首先必须准确了解分析用户的需求(包括数据与业务处理)。需求分析是整个设计过程的基础，是最困难、最耗费时间的一步。作为基础的需求分析是否做的充分与准确，决定了在其上构建数据库系统的速度与质量。

本项目通过对东莞市国土局业务处理数据、业务处理过程以及软硬件状况进行了全面调查，基本上对国土资源局的空间数据以及业务有了较为全面的了解，并在后续的阶段进行了不断的补充。

② 概念模型设计。概念模型设计是数据库设计的关键，它通过对用户需求进行综合、归纳与抽象，形成一个独立于数据库实现的概念模型。

根据对国土资源空间数据建设的需求调查和分析，在相应的设计工具中设计处理各个分业务的概念模型视图，并最终经过整合，形成东莞市国土资源局 GIS 数据库整体概念模型。概念模型对各个业务数据以及业务处理内部有了较为明晰的表现。同时，在业务处理之间的关系上，也建立了一定的衔接关系。整个概念模型以工作流系统作为主线，将各个业务数据库与工作流运行数据库挂接起来，形成统一的、相互衔接的、思路明晰的数据库概念模型。

③ 数据库物理设计阶段。数据库物理设计是为逻辑数据模型选取一个最适合应用环境的物理结构(包括存储结构和存取方法)。将设计的概念模型转换为逻

辑模型,并在优化的基础上,按照各个业务进行划分,在此基础上对空间和业务模型进行逻辑优化,并转换为数据库物理模型。物理模型基于大型数据库管理系统ORACLE。

④ 数据库实施。在数据库实施阶段,设计人员根据所使用的空间数据引擎以及DBMS提供的数据语言及其宿主语言,根据逻辑设计和物理设计的结果建立数据库,编制与调试应用程序,组织数据入库,并进行试运行。

⑤ 数据库运行与维护阶段。数据库应用系统经过试运行后即可投入正式运行。在数据库系统运行过程中必须不断地对其进行评价、调整与修改。数据库设计整个过程如图6.5所示。

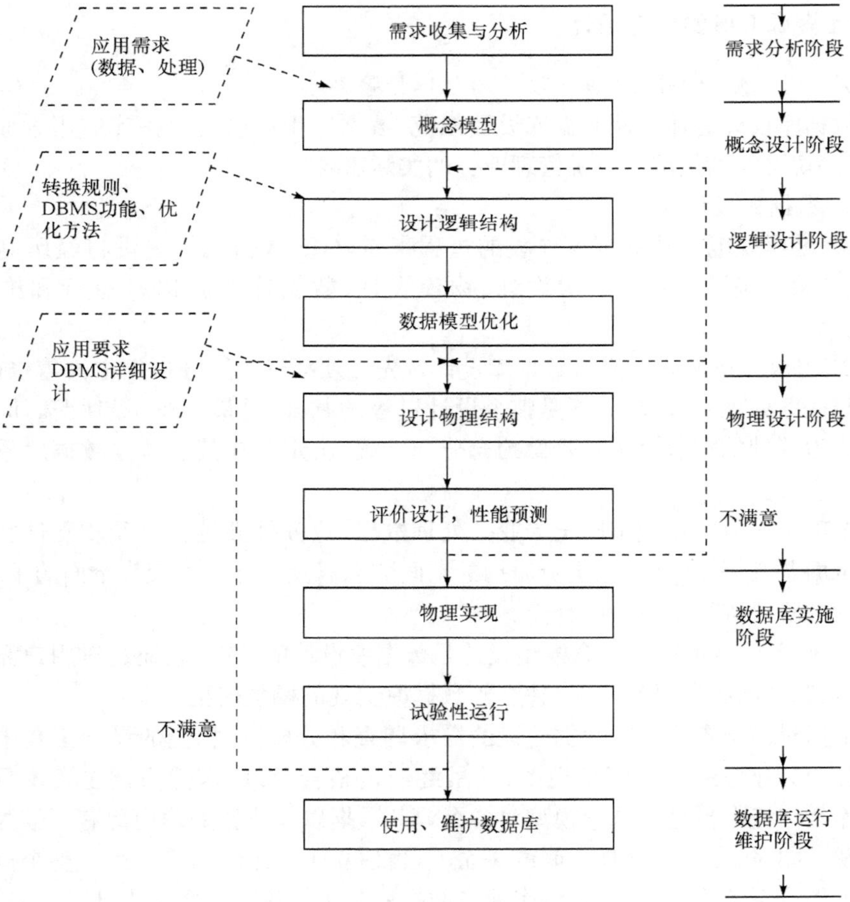

图6.5 数据库设计过程

2）业务规范。在数据库的设计中，将国土资源行业的相关规范和东莞市国土资源局实际的业务处理过程相结合。数据库结构做到涵盖国土资源行业的相关标准和规划；同时，根据业务处理的过程要求以及目前国土资源信息系统建设的技术发展方向，争取最大限度地满足业务处理的需要，综合考虑以后业务变更的需求，同时，紧跟信息技术发展的新方向。

3）设计工具。数据库设计整个过程使用 Sybase 公司的数据库设计 CASE 工具 Powerdesigner9.5，Powerdesigner9.5 提供了从数据库概念模型设计、数据库逻辑结构设计以及物理结构的生成的一整套数据库设计的功能，不仅能够很好地辅助数据库设计工作，同时，提供了全面的模型查错和模型纠错功能，是目前市场上最好的数据库设计工具之一。使用 Powerdesigner9.5 不仅可以生成相应的设计文档，还可以对软件的功能描述以及软件实现进行部分的辅助开发，真正实现从数据库设计到系统设计开发辅助的整个过程。

b. 数据生产

在运行阶段，需要对数据进行入库，数据入库前要根据数据库的逻辑结构对数据进行处理，以及满足数据库设计的要求，东莞市国土资源局空间数据处理主要包括数据转换、数据检查、数据修改以及数据入库，对于影像和扫描数据而言，需要对其进行压缩，然后进行入库操作（图 6.6）。

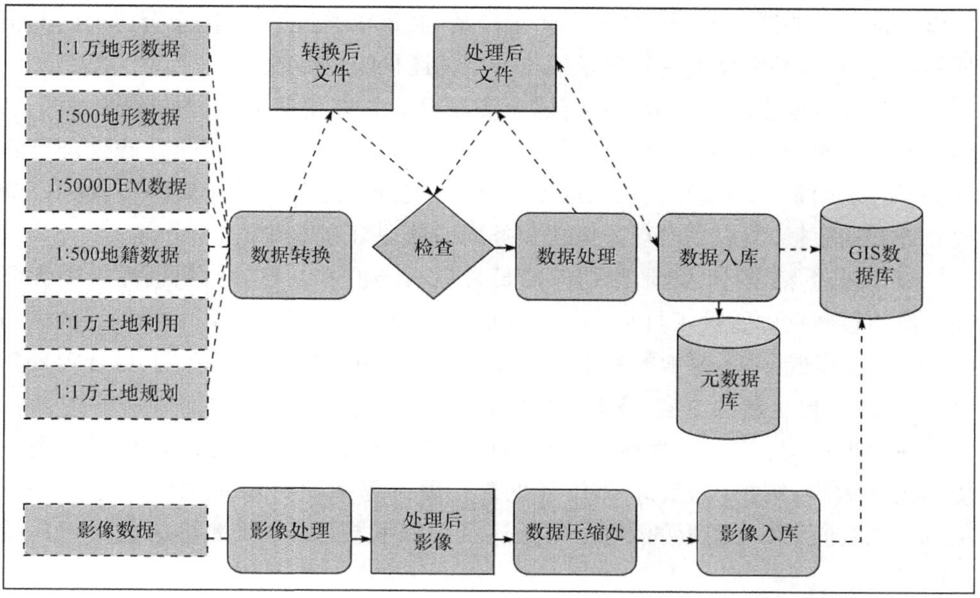

图 6.6　数据生产过程

在数据生产过程中，实施严格的质量控制，质量控制由多项内容构成，主要包括以下几个方面。

1）采用抽样方式检查原有数据向目标软件转入后的完整性；

2）使用数据检查软件对转换后的数据进行检查，存在错误，返回测绘管理科进行修改；

3）检查作业人员数据入库过程的操作规范；

4）数据处理过程采用逐个检查的方法，从处理日志中提取作业人员的作业内容，进行逐条检查。

通过严格的质量控制以及数据检查策略，使得入库后的数据具备较高的质量水平。

c. 数据应用

1）数据共享的要求。在数据库设计的过程中充分考虑到以后数据共享的需要，将国土资源空间数据按照不同的分层进行组织，用户可以根据业务处理的需要灵活定义所需要的地图类型，可以灵活选择不同的专题地图进行浏览。以后建成的GIS数据库在空间上是无缝的，覆盖了整个东莞市辖区所有区域的空间图形信息。这些信息按照种类进行分层。国土资源局内部可以根据实际的图形需要从数据库中提取出自己所要的专题图层，创建自己的专题地图。国土资源局外部用户可以根据自己的需要向国土资源局提出申请，经审核通过后，由国土资源局内部根据用户的需要，并考虑保密性要求输出特定的图层组成专题。

在设计数据库时充分考虑到与国土资源分局一体化业务办理的需求，由于东莞市国土资源局目前基本上实现了与下属各个分局的联网，网络化业务处理已经具备了一定的条件和基础。在数据库设计时，充分考虑到了国土资源分局和市局业务处理的衔接，为以后实现一体化业务网络处理打好基础。

2）数据更新设计。地形数据库的日常更新维护可以直接由数据库维护和管理人员通过数据库管理工具来进行。大批量的地形要素变更可以通过提供的桌面GIS平台来完成，地形要素的变更根据要素的种类进行划分，由变更人员选定要变更的区域，将要更新的内容(按图层单位)导入到系统数据库中。

在数据库运行阶段，原则上所有的地籍数据应该在提供的地籍数据处理环境下进行编辑、维护，如宗地只有在业务办理过程中通过法定的程序才允许变更，而直接进行宗地图形的变更，则是违反程序和规定的，但地籍的首次入库情况除外。

为方便地形地籍的大批量入库，充分利用GIS数据库建设支撑软件中地籍数据编辑工具提供的批量宗地的输入功能，使外业测绘来的地籍图高效、快捷的数字化成图，也可直接利用现有的地形地籍图成图软件GTC2000进行数字化成图，然后通过支撑软件交换接口程序读取提供的交换格式数据，将地籍数据转入到系统中。但对于地籍数据的变更仍要严格按照法定的业务程序在系统环境下编辑变更。对于地形少量的编辑修改，则直接在系统环境中进行。

3）历史数据的管理问题。由于国土信息的动态性特点，国土信息从时间、空间上都不断发生变更，国土信息系统必须记录和实现这些变更。同时国土资源管理中心必须强调历史数据的管理和应用，宗地历史数据的回溯、土地动态监测等，都需要解决历史数据的管理问题。因此国土资源信息时空动态变更与历史回溯是系统建设的重点和难点之一。

该数据库建设充分考虑到了空间数据的历史存储问题。空间数据的历史存储主要目的有以下几个方面：①可以直观的展现历史国土资源信息；②确保国土资源空间信息的连续性；③可方便的实现宗地、图斑等要素的历史信息查询，确定国土资源的历史变化信息，为国土资源管理部门提供依据和决策支持；④可以方便地实现土地历史信息的回溯，为国土资源管理部门内部进行统计、变更计算等提供基本的依据；⑤通过历史和现状空间数据相结合，可以形象的显示国土资源的历史动态变化信息。

历史数据的存储主要是在目前关系数据库管理系统的基础上，通过记录实体的产生时间、消亡时间来确定实体的生命周期，从而将实体的整个生命过程记录下来，为历史回溯奠定基础。但是仅记录这些信息还是不够的，对于重要的实体，如宗地，还需要记录历史实体和现状实体的父子关系，从而可以将实体的变迁状态和变迁的轨迹记录下来。

4）国土资源信息系统建设应用。对国土资源管理业务进行了较为深入细致的调查，挖掘全局业务需求，结合相关的行业标准和规范，构建了 GIS 数据库系统总体框架，设计了东莞市国土资源 GIS 数据库总体结构。

目前国土资源信息系统建设的总体趋势是实现业务处理、办文以及图形管理的一体化。将与国土资源和房屋管理相关的业务审批信息管理系统称为 MIS 系统，将政府部门日常的政务收发文管理等工作系统称为 OA 系统，还有与政务管理和业务管理相关的地图管理系统称为 GIS 系统。在总体技术设计上，将 GIS、MIS、OA 技术集成于同一系统之中，存储于同一数据库，真正实现了 GIS、MIS、OA 的技术一体化，为各级领导和工作人员提供了图文一体化的基于 B/S 结构（同样支持 C/S 结构）的协同工作应用环境。例如，在同一个工作环境下，土地出让处的业务人员可以办理国有土地出让业务案卷（MIS），可以填写相关表格，查阅相关的申报材料，查阅案卷的办理过程（工作流）；同时可以查阅出让宗地图，并查阅周边宗地图和地形图的信息（GIS）；同时可以办理从办公室转来的有关交办文（领导交办件、人大政协建议提案等）。同时，一体化还体现在可以把相关的公文、会议纪要、相关的业务案卷、相关的地图建立关联，方便领导和业务人员进行查阅（图 6.7）。

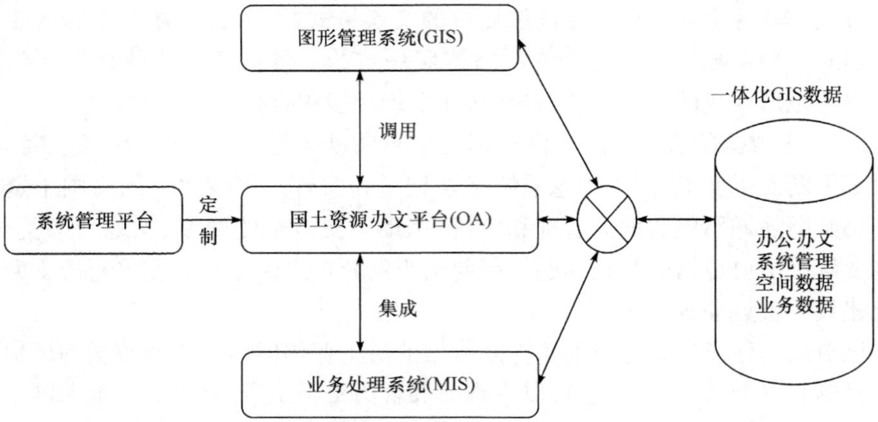

图 6.7　国土资源信息系统总体框架

国土资源 GIS 数据库在设计的过程中，充分考虑到了建立一体化国土资源信息系统的需要，以办公办文和工作流系统为主线，在数据库底层解决了办公办文、系统管理、空间数据以及属性数据一体化存储的问题，并在此基础上设计了数据之间的衔接和调用关系，如图 6.8 所示。

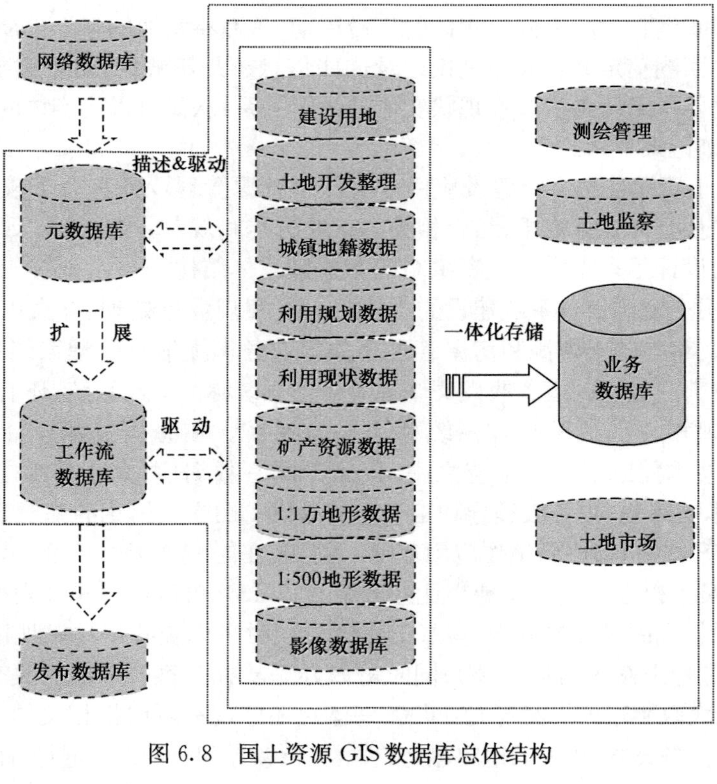

图 6.8　国土资源 GIS 数据库总体结构

按照安全性来考虑，把东莞市国土资源局数据库分为外网数据库和内部业务数据库。外网数据库主要存储网络服务的数据内容，如网络受理、网络答疑、网站相关的数据等；内部数据库包括元数据库、工作流数据库以及所有的 GIS 数据库以及国土资源管理非空间的业务数据库。

按照国土资源信息系统对国土资源数据库建设的要求，将国土资源数据库分为三大部分。

1）办公办文与系统管理数据。办公办文与系统管理数据实现国土资源窗口办文数据、办文流程模版数据、国土资源局机构设置数据以及各种系统参数数据等。

2）国土资源图形空间数据。按照业务的类别来考虑，以国土资源部对国土资源 GIS 数据库的相应划分规范，将东莞市国土资源局 GIS 数据库进行划分，包括如下的一些数据分层：①建设用地红线数据；②土地开发复垦与整理数据；③城镇地籍数据；④土地分等定级与地价数据；⑤土地利用规划数据；⑥土地利用现状数据；⑦矿产资源管理数据；⑧基础 1∶10 000 地形数据；⑨基础 1∶500 地形数据；⑩影像数据。

3）国土资源业务数据库。国土资源业务 GIS 数据库主要包括各种业务处理数据以及空间数据，按照国土资源部对国土资源数据库的相关标准描述，将国土资源业务数据库按照不同的业务类别从逻辑上进行划分，包括：①建设用地业务数据库；②地籍业务数据库；③土地利用业务数据库；④土地利用规划业务数据库；⑤土地开发复垦业务数据库；⑥其他业务数据库（包括土地监察、土地市场、测绘管理等数据库）。

（2）国土资源基础空间图形数据库设计

a. 一体化数据库

一体化 GIS 数据库主要表现在如下几个方面。

1）属性数据和空间数据的一体化存储。采用关系数据库或对象关系数据库管理空间数据，可以充分利用 RDBMS 数据管理的功能，利用 SQL 语言对空间与非空间数据进行各项数据库操作，同时可以利用关系数据库的海量数据管理、事务处理（transaction）、记录锁定、并发控制、数据仓库等功能，是空间数据与非空间数据一体化集成。采用关系数据库管理 GIS 数据库将成为 GIS 发展潮流，这将增加空间数据的互操作性，并使 GIS 融入 IT 技术的主流。该项目数据库建设使用关系数据库管理系统存储空间和属性数据，实现了图形属性的一体化。

2）多尺度空间数据的融合。在东莞市国土资源局空间数据设计过程中，涉及多尺度的空间数据融合的问题。存在 1∶10 000、1∶500 以及各种比例尺的影像数据，这些数据坐标体系不统一，数据格式不固定，为了国土资源管理综合应用，有必要将这些数据融合起来。在空间数据建库过程中，采用如下手段：①将不同坐标体系转换到同一坐标体系下，以 1∶500 的主区坐标为基准，将其他的空间数据转换到主区坐标；②统一的 GIS 数据库，按照不同的空间数据分层组织；③根据显示比例控制图形的显示，用户也可以随时修改图形的显示属性。

b. 多用途 GIS 数据库

按照分层组织的 GIS 数据库可以满足国土资源局内部以及政府相关部门的多用途应用(图 6.9)。

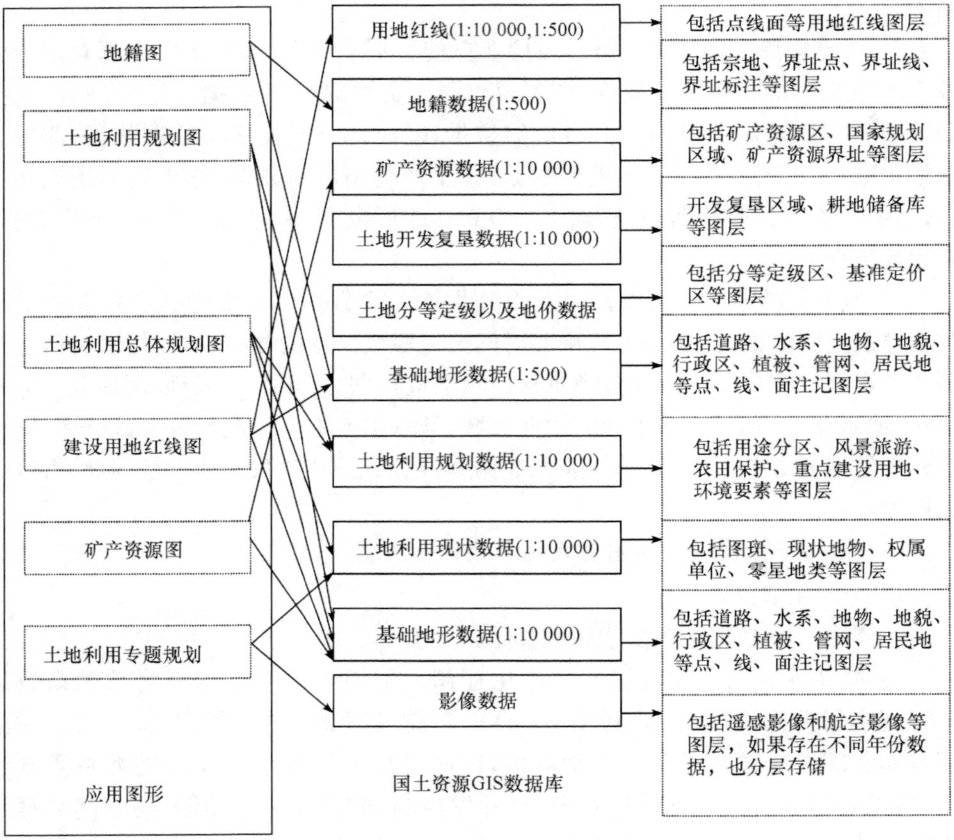

图 6.9 国土资源空间数据按种类分层

如使用 1∶500 的地形空间数据和地籍要素图层可以生成地籍专题地图；可以在土地利用现状要素和 1∶10 000 基础地形要素的基础上生成土地利用规划专题地图；局内空间数据的使用者可以根据自己应用的不同在 GIS 数据库中增加自己的专题要素，如植被专题图、水系专题图等。

局外其他政府部门也可以通过向国土资源局进行申请产生自己的专题地图。例如，环境保护部门侧重于基础植被要素，可以从GIS数据库中获取相应的图层制作专题地图；房产和税务部门对房屋层有自己的专门需要，可以在该图层的基础上增加相应的属性内容并制作相应的专题地图；公安、交通和消防部门可能需要全市的道路分布情况，可以以道路交通图层为基础，在其上增加相应的应用。

这样一来，东莞市国土资源局GIS数据库在建成后，将为整个“数字东莞”提供最基础的地理空间信息。

c. 多级索引策略

GIS数据库采用行政分区、街坊分区、1∶10 000地图、分幅索引等多级进行索引，实现地图显示的平滑过渡和逐步载入。

1）行政分区索引：行政分区索引是最高一级索引，在全幅时进行显示；

2）乡镇分区图索引：乡镇分区图索引是二级索引，在全幅到1∶20 000左右时进行显示；

3）1∶10 000地图索引：1∶10 000地图是三级索引，在1∶20 000到1∶2000时显示；

4）1∶10 000分幅索引：1∶10 000分幅索引是四级索引，在1∶10 000到1∶3000时显示；

5）1∶500地图索引：1∶500地图索引是五级索引，在1∶2000以上时显示；

6）1∶500分幅索引：分幅索引为六级索引，提供最大比例尺下的数据显示的索引。

以上各级索引不是绝对分界的，部分图层在不同的比例尺下将会有所交叉。根据不同图层的情况可以使用相应工具在系统参数库中进行调整。

d. 空间数据元数据

针对目前东莞市GIS数据库建设的需求以及数据应用的需要，建立数据源、数据集、字段、常量四级元数据结构体系，元数据以关系数据库方式保存。四级数据库型元数据主要基于如下考虑。

四级元数据符合目前大多数GIS数据组织的层次结构：①在局域网内，可以直接通过C/S机构存取元数据库，达到共享的目标；②采用与业务系统相同的结构，因而能够非常容易地开发并整合到总体系统；③与整体系统采用一致的软硬件结构，可以获得集中化、备份、集群等好处；④相对于XML等格式，可以达到快得多的存取检索速度，而且可以任意组合查询条件；⑤数据库能够承担非常高的系统容量，不会带来XML格式随着数据量增长性能急剧下降的问题；⑥数据库格式的存取能够得到目前最为广泛的开发工具、应用工具的支持。

在需要时，数据库内容也可以输出到任何标准化的元数据标准格式。从系统建设的实际需要出发，本系统中拟采用三级的元数据结构，主要包括三个主要层次，即数据源、数据集、字段级的元数据信息。除此之外，还包含各种常量元数据（图 6.10）。

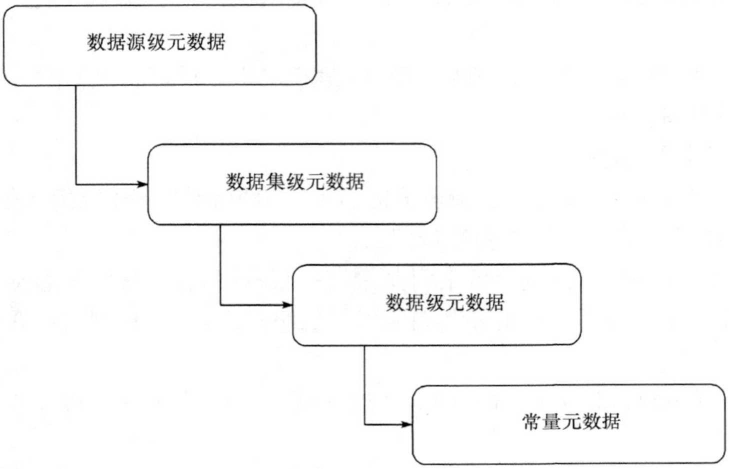

图 6.10　分级的元数据结构

这四层元数据中，数据源代表了数据文件或者 GIS 数据库；而数据集组成了数据源，类似于数据源中的分层；数据集是由数据集的字段组成的，包含各种实体要素类别的属性字段的相关信息。每一级元数据采用平面结构进行存储，平面结构中的每一条记录称为"元数据项"，元数据项具有相应的属性，适应不同的需要，不同级别的元数据项的属性内容各有自己的特点。

(3) 国土资源业务数据库设计

以面向对象和实体概念模型相结合，设计出国土资源数据库的概念体系，并建立了业务之间的数据的流转以及衔接关系。

构建了国土资源业务管理系统数据的对象体系。按照对象-概念数据库设计方法，以高端的数据库设计工具为支持手段，参考国土行业的相关标准和规范，对国土资源数据库结构体系中的各个对象系统进行了高度的抽象和设计，形成了面向关系-对象数据库管理系统的国土资源 GIS 数据库结构详细设计，详细设计按照对象概念设计、逻辑设计到物理设计的过程的完成。

(4) 国土资源办文办公与系统管理平台数据库设计

根据"国际工作流管理联盟"(workflow management coalition，WFMC)的定义，工作流是指在一定组织和机构内，文档(document)、信息(information)或任务

(task)按照一系列已定义的规则(rules)和按一定的时序在参与者(participants)之间传递以达到整个业务目标的自动化过程。

工作流思路的引入为建立窗口办文系统，尤其是建成图文一体化的国土资源管理信息系统提供了崭新的思路。其实现了业务流程的可定制、可调整，业务流转过程可监督，业务情况可查询，工作情况工作效率可统计，同时为业务系统直接同流程管理相结合提供有效的技术机制。

如图 6.11 所示，工作流可以分为“建立”和“运行”两个方面。“建立”就是将业务流程定义到系统中去，或者是对已经定义好的流程进行修改；“运行”就是具体经办人员操作已经定义好的流程。“建立”和“运行”都是借助于特定的系统来进行的，这个系统实质就是窗口办文系统。流程的建立、维护和运行都借助系统的解释来实现，工作流的这种机制又被称为“工作流引擎”。

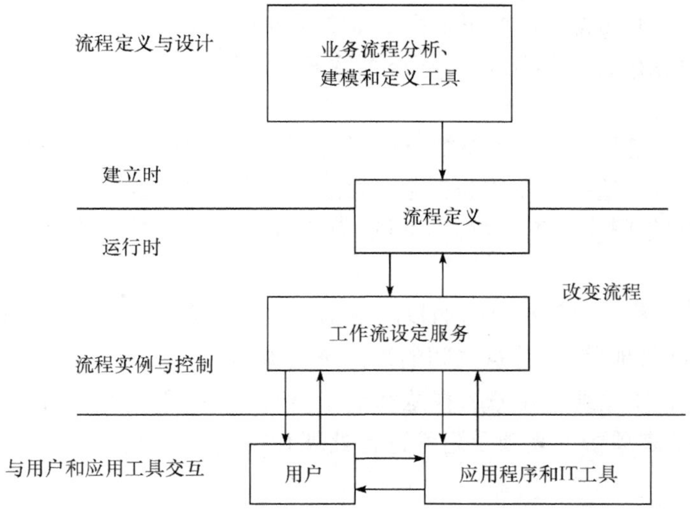

图 6.11　工作流系统的应用模型

依靠“工作流”机制，整个流程或者流程中的任意环节都可以有时间限制，更重要的是有权限限制，“工作流”能设置流程的各个环节由哪些部门的哪些人来操作，同时可设置各个操作环节的时间期限。这样系统就能方便的统计出一个流程的具体项目在各个环节的完成情况，从而可以对工作效率进行监督。在这种机制下，对具体项目的跟踪很容易实现，能很方便地为东莞市国土资源局内部管理提供参考，也能很方便地为用户的业务查询及时提供信息。

规范的国土资源管理，需要按照规范的流程来处理，将这个过程称为工作流，根据具体的业务要求，可以将每项具体的业务进行如下形式的抽象。

1）表单。土地管理的大部分办公和业务处理，主要是按照业务办理规范，根据各种实际情况，填写各种业务表格，将这些表格称为工作流中的表单；

2）表项。每个表单中有若干项内容需要填写，这些内容一般在表单中规范为一定的格子，将所有要处理的表单中的项称为表项。

3）附件。在一项土地业务办理的过程中，该项业务往往包括许多证明材料，也有很多电子的文档，这些材料一般都没有既定的规范，一般要直接放到工作流程中供审阅，将这类数据称为附件，其形式一般为扫描图件或电子文档。

4）用户。凡是需要纳入到通过信息化办公系统进行办公的人员，都需要在系统中定义一个名称，这个名称就是用户的登录名。

5）角色。土地管理部门的每个人都在具体的业务中承担一定的工作职责，需要按照有关规定填写要求自己填写、修改的数据；该人在工作流中的这一职责，称之为角色。

6）节点。土地管理需要多个岗位来逐步处理完成，每个岗位有固定的工作内容，需要由角色在权限范围处理一系列表单，在工作流中，将每个步骤称为一个节点。

7）权限。按照实际业务要求，每个角色只能在既定的节点上对指定表单中的表项进行处理，将这一限制称为权限，权限分为对表单的权限和对表项的权限；根据情况可以将权限作如下分类：不可见（看不到表单或表项的内容）、可见、可填写几项。

8）流向。某个角色在自己的权限范围内处理完自己的表单后，按照流程要求将业务传递到其他节点，节点之间的连接称为流向。

9）流程。按照某项业务的规范和要求，通过一系列节点，由相关角色在权限范围内对指定表单中的表项及附件进行处理并按流向传递到下一个节点的过程称为一个流程。

10）优先级。每项办理的业务有不同的级别，普通、加急、特急，加急希望提早办理，而特急希望停止一切其他的工作来办理本项业务。

11）承诺期限。每项工作流程，都有一个办理承诺时间，即从接件开始，到办理完成的时间周期，如果超过这个时间即为过期。

12）工作日。工作日是设定哪些日期为工作时间，哪些日期为休息时间，这样实际承诺周期是以工作日来核算的。

13）日志。为了确保系统的安全性，保证步步留痕，对每个用户的每个处理事件都在数据库中做记录保留，保留的内容是哪个用户、什么时间、在哪台机器上、对哪个流程中的哪个表单中的哪个表项进行了什么样的处理（修改、填写），以便可以随时监察是否存在不合常规的处理。

根据以上对于工作流系统的描述，在国土资源 GIS 数据库设计的同时，还需要根据业务办理的需要进行工作流控制和流转的设计。其中，工作流数据库的设计是关键。从逻辑上划分，工作流数据库可以分为工作流定义、工作流实例、工作流参数三种数据库设计。在三者之中，工作流定义数据库的设计最为重要，工作流定义数据库的核心是流程、子流程以及活动这三个对象的设计。

在该系统的设计中，对工作流定义、工作流实例数据库进行了更为详尽的分析，考虑到了复杂业务流程，如多通道转入转出以及角色与地区关联、项目退回、协办、挂起、延期、转办等复杂业务处理功能。

2. 国土资源 GIS 数据库建库支撑软件开发

（1）空间数据处理工具

a. 数据转换工具

数据转换工具主要完成将原始的不同格式的数据转入到目标 SuperMap 软件格式下。其中包括 MapInfo 的 MIF 格式、AutoCAD 的 DWG、DXF 格式、ArcInfo 的 E00 格式、GTC2000 的 QS、SCS 格式等。数据转换工具提供完善的数据转换日志功能以及批量数据转入的功能，可以在无人值守的情况下由系统进行自动数据转换。数据转换工具采用事务方式进行处理，在转换过程中，如果出现错误，在以日志的方式保存错误信息的同时，数据转换会自动取消，整个数据转换过程将回退到转入之前的状态，减少了数据一致性、重复转入等错误。数据转换工具使用 SuperMap 数据转换组件，支持多种不同的数据交换格式以及多种第三方软件的自身数据格式，而且在数据的转换过程中很少有数据损失、数据变化以及数据增加的情况。

b. 数据检查工具

1）地形数据检查。地形数据检查软件主要是检查出转换后的数据存在的错误和问题，并打印出错误列表或报告。地形数据检查软件实现了如下的功能：①包括地形要素代码检查（代码的正确性、代码和图层的一致性、代码和实际图形是否符合等），地形要素的逻辑一致性检查（要素重叠、重复等），等高线、高程点的高程值一致性检查等；②检查错误列表显示和打印输出，将检查的结果以列表的形式显示出来，对于每一个有问题的要素，可以查看其属性，可以定位到图形；同时，对检查结果列表可以输出到文本格式，也可以输出到打印机上；③在以上功能的基础上，根据实际需要增加了其他功能。

2）地籍数据检查。地籍数据检查软件是在地籍数据检查软件方案的基础上，按照相关的标准和规范，采用 GIS 开发平台开发的地籍数据检查软件。主要就地籍要素，如宗地、界址点、权利人等转换后存在的问题和错误进行检查，并打印出错误列表或报告。该软件主要实现了如下的功能：①地籍数据检查，包括宗地必须字段检查、宗地地号重复检查、空宗地地号检查、宗地面积和图形面积误差检查、宗地空间重复检查、宗地无权利人的检查、权利人属性检查、宗地界址点界址线的拓扑一致性检查等方面；②检查错误列表显示和打印输出，将检查的结果以列表的形式显示出来，对于每一种有问题的宗地，可以查看其宗地属性和对应的权利人属性，可以定位到图形。同时，对检查结果列表可以输出到文本格式，也可以输出到打印机上；③在以上功能的基础上，根据实际需要增加了其他功能。

c. 数据处理和编辑工具

1）地形数据处理和编辑工具。地形数据处理和编辑相对地籍数据来说是比较简单的，一般可以通过目前通用的 GIS 软件平台来实现。在数据处理过程中，需要完成如下的功能：①通用的 GIS 功能，如放大、缩小、漫游、选择、全屏显示、图层控制等；②图幅拼接功能；③查询统计功能；④投影变换以及配准功能；⑤图形编辑、修改以及属性编辑和修改功能；⑥编辑中的智能捕捉功能；⑦图形输出功能；⑧专题图功能；⑨空间分析功能，如叠加、自动拓扑功能等；⑩符号编辑、修改、导入、导出功能；⑪多源数据支持和转换，包括 CAD 格式、GIS 格式、图像格式（ECW、MrSID 等）等；⑫在以上功能的基础上，根据实际需要增加的功能。

2）地籍数据处理和编辑工具。基于以上设计开发的地籍数据修改和编辑处理的工具。该工具应该具备如下的功能：①通用的 GIS 功能，如放大、缩小、漫游、选择、全屏显示、图层控制等；②界址点按坐标的精确编辑，同步的修改宗地地面和界址线；③界址点的拖动功能，同步的修改宗地面和界址线；④新增、删除宗地、界址线、界址点时，自动修改三者之间的拓扑关系；⑤宗地的合并、分割、混合合并功能，自动修改三者之间的拓扑关系；⑥宗地属性编辑，自动建立宗地、权利人之间的关系；⑦根据宗地的属性自动生成宗地注记功能；⑧宗地图、地籍图、街道图、街坊图、任意范围图的输出功能；⑨空间查询功能，如邻宗地查询、缓冲查询等功能。⑩在以上功能的基础上，根据实际需要增加的功能。

d. 数据入库工具

采用某一种空间数据引擎，将文件形式的数据转入 GIS 数据库中。后端数据库为 Oracle 大型关系数据库管理系统。该工具主要完成如下功能：①按照数据库详细设计的结果生成 Oracle 数据库物理存储结构；②采用空间数据引擎 SuperMap SDX＋将文件数据转入到 GIS 数据库中；③对于地籍数据，在转入的过程中，自动建立宗地、权利人之间的关系；④对于地籍数据，在转入的过程中，自动构建宗地、界址点、界址线之间的拓扑关系；⑤生成相关的属性数据结构，如地籍调查表、土地登记卡等业务数据存储结构。

（2）数据管理工具

空间数据管理工具主要完成建成的空间数据的管理功能，空间数据管理工具主要包括如下功能模块。

1）基本GIS图形管理。基本GIS图形管理包括常用的GIS功能模块，主要包括如下的一些方面：①基本图形控件；②数据编辑控件；③基本属性编辑控件；④图查属性控件；⑤属性查图控件；⑥查询结果控件；⑦数据交换控件；⑧统计控件；⑨其他控件。

2）其他组件。①征迁分析控件；②地籍宗地编辑组件；③权属编辑组件；④缓冲分析组件；⑤制图组件；⑥地籍拓扑组件；⑦查询组件；⑧其他组件。

3. 国土资源GIS数据库建设

（1）1∶10 000地形数据入库

东莞市1∶10 000数据测绘科总共有111幅数据。提供的原始数据格式是MapInfo的MIF。将原始的数据转入到目标软件的文件数据格式，然后将各个图幅的数据源拼接成一个整的数据源。对数据源进行检查，检查数据源后，用1∶10 000的数据入库工具导入到数据库中。

（2）1∶500地形数据入库

原有数据格式为GTC2000数据格式，以CAD的数据格式来存储，它的空间信息和属性信息是以文件的方式存储的，通过GTC2000操作CAD数据，能够实现类似GIS的一些基本功能。但是它的基础是CAD平台，有CAD的优点，也有CAD的弱点。CAD着重描述空间对象的图形表达（如颜色、线型等），而忽略了属性数据及空间对象之间的关联关系。与CAD的描述方式相比，GIS侧重于描述空间对象的关系（如拓扑关系）及空间对象的属性信息。在大型信息系统建设方面，CAD难以实现海量数据的存储和操作，数据的安全性保护、并发访问、事务处理、空间分析等功能更是无法实现，所以，有必要采取一些有效的方案，把现在大量的GTC2000数据转换到基于GIS的数据库格式储存的数据，以利用国土资源信息系统的建设。

数据入库工作包括以下主要过程。

a. 数据转换

转换原始的数据格式到目标软件（SuperMap）的数据格式。目标软件数据格式为SuperMap的SDB格式。在转换过程中，以原有软件的明码数据格式为基础，结合CAD数据格式，以保证在转换的过程中没有信息损失和冗余现象。

b. 数据检查

使用数据检查工具对转换后的数据进行检查，确认数据的完整性，对错误的编码、图层、图层之间的一致性关系进行检查，确认数据是否达到入库要求。

1）地形要素编码检查。对地形要素的编码检查主要是在新的标准的地形数据编码的基础上，检查原有的数据是否符合入库的规范，如果不符合，对原数据进行修改或建立转换关系。

2）一致性检查。①检查地形要素注记与其属性是否一致；②检查高程点与等高线的高程值是否一致；③检查房屋与房屋、房屋与其他地形要素、其他地形要素之间的逻辑一致性，如房屋和房屋不能有交叉重合等；④其他一致性检查。

3）完整性检查。①根据国土资源元数据规范，确定目前数据缺少哪些图层和要素；②要素的属性是否完整，如等高线的高程值等是否存在缺失的问题；③图形要素是否完整，是否存在有属性信息而无图形信息的情况。

4）正确性检查。正确性主要是检查国土资源数据的正确性，正确性检查主要包括：①编码的正确性，是否存在非法的编码；②图层的正确性，是否存在非法的图层；③检查转换后长度、面积和转换后长度面积的误差；④检查应该封闭地物的封闭性，如房屋的封闭性等。

示例1：在CAD制图过程中，因为人为等原因，错把符号线的编码和其他房屋线的编码设置为相同，也就是符号线的编码错误。这样使得在居民地拓扑构面的过程中，会将房屋沿符号线分成两块（图6.12）。类似于这样的编码问题，在数据入库过程中还存在许多，经过多方的协商和共同努力，将出现的编码问题都进行了纠正处理。

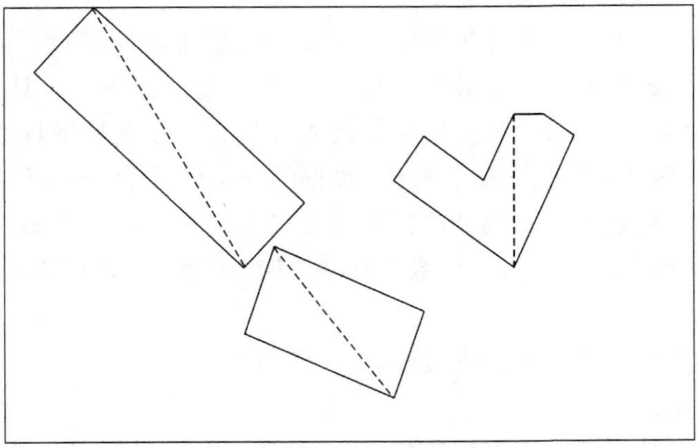

图6.12 房屋符号线错误示意

示例2：一致性问题（空地问题）。四周都被房屋严密包围的空地没有表明“空”，或者虽然表明“空”，但是不是正确的编码。正确的应该是表明为“空”，并且“空”所在层为“ZJ”，编码是“2316098”（图6.13和图6.14）。

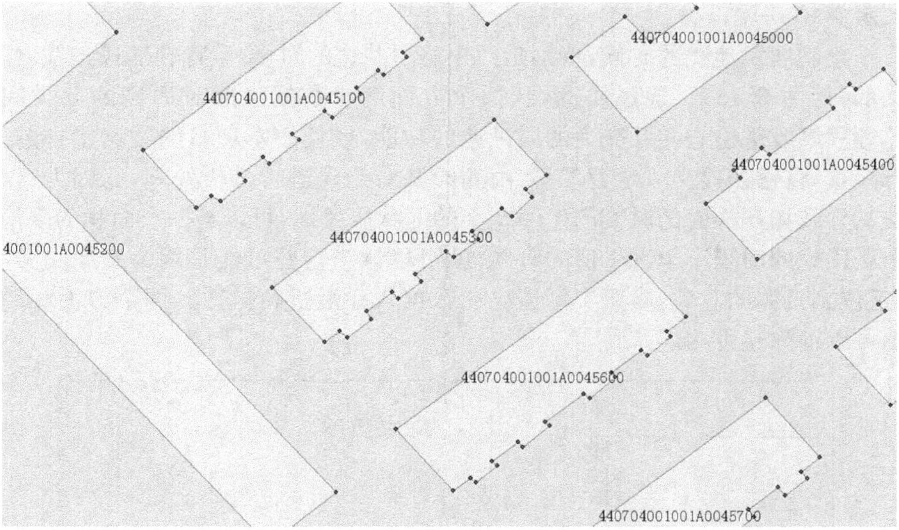

图 6.13　空地没有相应标注图示

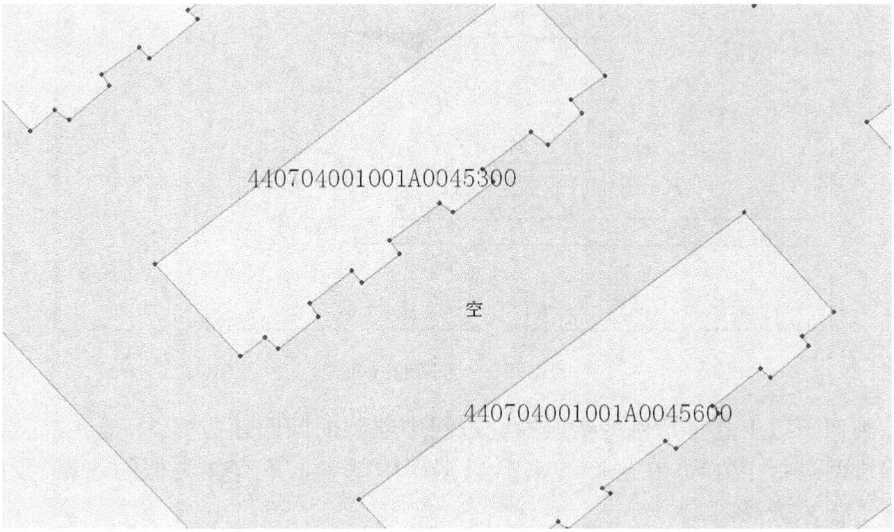

图 6.14　空地相应标注编码错误图示

通过协商，从两个方面解决数据入库时的问题：①监理程序在居民地线层中搜索四面被房屋环绕的空地，判断是否有空地标注，空地标注是否正确；②构面完成后，把房屋注记添加上，并对房屋面制作专题图，对数据进行人工判读，遇到面上标有“空”，或者房屋面被其他房屋面紧密包围的情况，参照实际 CAD 图，对它们进行取舍。

示例 3:房屋重叠。

在绘制居民地线的时候,特别是两个房屋共边的时候,会存在居民地线之间有交叉部分(图 6.15)。通过协商,从两个方面解决数据入库时遇到的此类问题:①监理程序改进检查相互交叉的居民地的功能,或使用本项目的数据检查的工具进行检查,将错误提交测绘管理科,由测绘队对错误进行分析处理;②因为这些线的交叉导致拓扑构面的时候产生一些小的面状居民地,可以给一个面积的限值,当一个居民地的面积小于这个值的时候,就可以认为这些可能是因为房屋交叉引起的,定位到具体的对象,参照实际情况在数据入库后进行修改。两个方面相结合,基本可以消除这种错误。

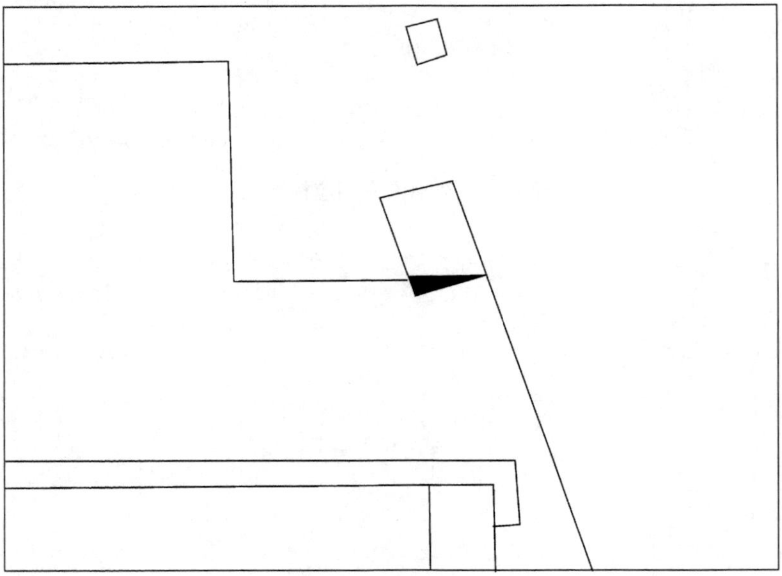

图 6.15　居民地线相交

类似于以上几个示例的错误检查过程中遇到的问题还有好多,最终都经过多方的协商进行了处理,在生产的 GIS 数据库中基本上不存在类似的错误,数据质量有了很大提高。

c. 数据处理

GTC2000 的数据格式是基于 CAD 格式的。由于两者数据结构和数据组织方式的差异,CAD 格式的数据在转入 GIS 过程中本身会存在一些问题。所以需要进行一些处理,处理主要包括:提取符号线,面状要素的构面,构面后有的要素可能由于种种原因没有要素编码等信息,需要人工干预修改。另外,还涉及图形接边以及等高线连接等处理过程。

线状要素构面主要包括建筑物的构面和道路构面以及水体的构面等，另外还包括面状的地类、地貌、行政区域等。线状要素构面需要首先检查其封闭性。例如，在房屋构面的过程中，如果房屋不封闭，则在构面时容易出现错误(图 6.16)，类似的情况还有水域、面状地类、地貌等。不封闭的线要检查，输出检查报告，提交国土资源局测绘部门进行修改，如果修改完成后，检查没有不封闭的线，可以完成构面操作。

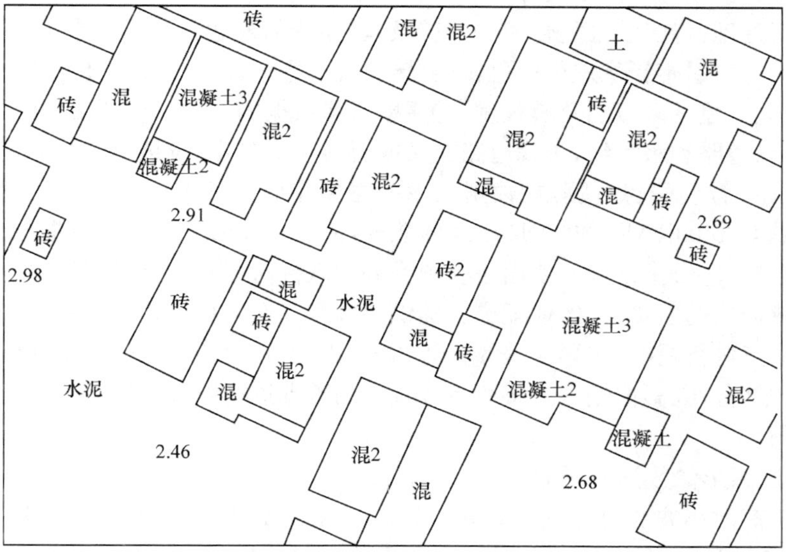

图 6.16　房屋构面

线状要素封闭性检查：线状要素封闭性检查采用 GIS 的拓扑差错功能实现，当存在断线、悬线时给出错误报告，并能够在图上直观的显示出来。同时，也可以直接在图上进行延长、消除短悬线等操作。

面状要素配赋属性：在线状要素构面完成后，经检查完全正确时，如果没有将线状属性配赋过来，则需要根据线状要素的编码确定面状要素的编码。在 GTC2000 中，以线状要素的属性代表面状要素的属性，当给面状要素配赋属性时，可以应用 GIS 的空间分析功能，获取其属性信息。

d. 数据入库

提供专门的数据入库工具完成 1∶500 地籍、地形数据的入库工作。

数据入库工作以详细设计中对于国土资源 GIS 数据库的数据库结构为参考，按照设计的数据分层、数据编码、字段、常量等信息进行入库。入库以 GIS 数据库元数据库作为基本的参考依据，将临时的数据文件转入到 Oracle 数据库中。同时提供空间数据引擎 SuperMap SDX＋完成对 Oracle GIS 数据库的导入与读取过程。

(3) 航空影像以及遥感影像数据入库

航空影像和遥感影像的处理经历了影像处理、影像压缩、影像入库三个阶段。

a. 影像处理

1) 对于遥感影像数据，在数据入库之前主要完成了如下工作：①遥感影像的纠正和复合。原有数据格式为 GEOTIFF 格式。在遥感影像处理软件中进行了简单的纠正处理，将多波段复合为一个波段，转换为假彩色影像；②遥感影像数据的简单处理。对遥感影像进行彩色转换，转换为真彩色影像，并对影像进行增强等操作，以强化对建设区域的分辨程度；③遥感影像数据的配准。使用 1∶10 000 的地形数据，以道路和水系线，查找道路交叉或者河流交叉点，及地物特征点进行配准。

2) 对于航空影像数据，在数据入库前主要完成如下工作：①数据转换。提供的数据是 CorelDRAW 的 CDR 格式的数据，使用 CorelDRAW 将数据导出为 TIF 格式的数据；②影像处理。使用遥感图像处理软件对遥感影像进行增强等处理，以提高遥感影像的质量；③影像配准。提供的数据存在坐标方格网，在配准时以方格网的交叉点进行配准；④影像裁减。配准后用 1∶10 000 数据中的图幅面裁去内图廓外的部分；⑤影像镶嵌。将所有裁减好的数据进行镶嵌，形成整个东莞市的航空影像图。

b. 遥感影像数据的压缩

基于离散小波变换(discrete wavelet transform，DWT)的多分辨率无缝影像数据库 MrSID(multiresolution seamless image database)是由美国 LizardTech 公司开发的新一代图像压缩、解压、存储和提取技术。它利用离散小波变换对图形进行压缩、拼接和镶嵌，通过局部转换，使图像内任何一部分都具有一致的分辨率和非常好的图像质量。MrSID使高质量的海量遥感影像的存储与传输成为可能。由于离散小波变换和离散余弦变换本质上的区别，MrSID 具备了 JPEG 所无法比拟的明显优势，因而有着非常广泛的应用前景。除 MrSID 外，另外一种成熟的小波影像压缩技术是澳大利亚 ErMapper 公司的 ECW。

SuperMap 同时支持这两种压缩格式。在遥感影像数据压缩时，采用 MrSID 或 ECW 对遥感影像进行压缩，压缩完成后进行入库。

c. 遥感影像数据的入库

航空影像以及遥感影像进行压缩后，使用影像数据入库工具保存到 Oracle GIS 数据库中。SuperMap 在影像数据存储方面提供了一种快速的索引和浏览技术，称为“影像金字塔”，使用“影像金字塔”可以大大提高遥感影像的提取、漫游以及缩放的性能。所以在影像入库后，还需要建立“影像金字塔”机制。

4. 国土资源 GIS 数据库应用设计

在数据库设计的基础上完成了数据库应用详细设计，即东莞市国土资源信息系统平台设计，设计主要包括如下内容。

1）结合目前国土资源信息系统建设的新思路，提出以办公办文系统为思路、以业务处理系统为核心、以 GIS 技术为辅助的国土资源信息系统总体结构。

2）对国土资源信息系统建设所需要的软硬件设备需求进行了较为详细的设计。

3）对国土资源办公办文系统的功能模块进行了划分，并对每个功能模块详细的描述了其功能、界面表现以及数据存储情况。

4）针对目前国土资源业务不断变化的需要，该设计突出体现了系统管理部分的功能，该部分功能为国土资源信息系统灵活性提供了一种崭新的构架思路。通过系统管理平台，可以使系统适应国土资源管理业务不断变化的需求。

5）设计以东莞市国土资源局内部"一表通"业务处理过程为核心，重点对业务处理系统的功能进行了描述。从分局窗口收文到市局办理，从市局办理到分局发件的整个过程，每个环节系统应完成的功能，对应每项功能，描述了其实现以及数据的流向和存储的情况。

6）系统还就业务处理过程的控制进行了分析设计，对常见的业务控制如业务退件、业务停办、业务协办、业务延期、业务注销等功能进行了详细的分析和设计。更重要的，该设计就系统的督办和催办功能进行了较深入的设计，可以对业务办理过程进行全程监控。

7）设计就办公办文系统中涉及的查询统计功能进行了多方面的考虑。提供了多种不同的查询统计方式以及数据库检索机制，在查询的便捷性、查询的效率以及查询方式等方面有更深层次的改进。

8）设计就国土资源信息建设所面临的安全性问题给出了全面的、先进的解决方案，提出了系统建设、系统运行以及系统维护过程中对于数据、系统以及网络等方面的多种安全保障策略。

6.2.2 项目技术特色和创新点

1）以 GIS 数据库建设为基点，着眼于国土资源信息系统建设，在国内国土资源信息化方面具有一定的创新性和超前性。

国土资源 GIS 数据库是国土资源信息系统的基础，东莞市国土资源局在充分调研和论证的基础上，以 GIS 数据库建设为先行，带动后续的全局信息化，这在某种程度上具有一定的远见和创新性。从以往国内国土资源行业的信息化建设经验和教训来看，成功的信息化建设必然有良好的空间数据作为基础；GIS 数据库作为基础设施，如果没有进行深入的分析、设计、生产，将会对国土资源信息系统的建设造成致命的影响。

2）国土资源 GIS 数据库技术的全面应用，将推动国土资源信息系统应用的网络化、全局化。

当前 GIS 技术发展的最新趋势是采用关系数据库或对象关系数据库管理空间数据。SuperMap 的 SDX、ESRI 的 SDE 和 ArcSDE、Oracle 的 Oracle Spatial、Informix 的 Spatial Datablade、MapInfo 的 SpatialWare 等，构成了 GIS 服务器，可以充分利用 RDBMS 数据管理的功能，利用 SQL 语言对空间与非空间数据进行各项数据库操作，同时可以利用关系数据库的海量数据管理、事务处理（transaction）、记录锁定、并发控制、数据仓库等功能，使空间数据与非空间数据一体化集成，实现真正的 C/S 和 B/S 结构。采用关系数据库管理 GIS 数据库将成为 GIS 发展潮流，这将增加空间数据的互操作性，并使 GIS 融入 IT 技术的主流。

东莞市国土资源 GIS 数据库采用大型关系数据库管理系统 Oracle，确保空间与非空间数据的一体化集成。着眼全局业务，设计了空间数据仓库，打破科室信息壁垒，实现科室信息规则共享。设计中，设计了内部科室数据共享的方案，实现业务数据的规则共享，用以实现国土资源局各业务科室协同办公和信息共享。以往各个科室都有封闭的系统，例如监察科的违法用地信息不能被地籍科共享，有可能造成本来已经被立案调查的违法用地，却被拿来进行土地登记。而建立全局 GIS 数据库以后，违法用地和土地登记数据库都由中心数据库服务器统一管理，土地登记发证之前，系统就会调用违法用地信息，检验此宗地是否存在违法，如果存在违法，则不允许发证。

GIS 数据库的建设同时将促进空间数据在局属机构以及东莞市其他政府部门的信息共享，为以后建设“数字东莞”奠定了一定的资源基础。

3）多分辨率无缝影像数据库技术的应用，将为国土资源管理提供更为真实、可靠、方便、快捷的动态监测以及数据更新手段。

利用多分辨率无缝影像数据库技术可以建立历年航空、卫星遥感影像数据库，并采用多源数据无缝集成技术与矢量栅格数据复合、融合技术，提取土地矢量数据，更新数据库。多分辨率无缝影像数据库技术的应用，将使航空和卫星遥感数据能直接在系统中应用，使工作人员和领导能更直观的了解地表的各种地理信息，为了解国土资源信息的动态变化提供了更为便捷的手段，同时增强了数据的直观性。

ERmapper 的 ECW 影像压缩技术使多分辨率无缝影像数据库技术在 GIS 系统中的应用成为可能。ECW 格式可以将影像文件以 30∶1 的压缩比压缩，并支持多幅航空影像颜色值均衡和拼接压缩，可以将航空影像和其他遥感影像压缩为一个 ECW 文件。由于 ECW 采用小波变换技术，可以将影像按不同分辨率还原，而占用较少的内存，显示速度与文件大小关系不大。在东莞市国土资源 GIS 数据库建设中，充分考虑到以后影像应用的需求，在影像数据库上可以支持 ECW 和 Mrsid 两种压缩格式。

4）多元空间数据无缝集成技术的应用，将国土资源空间数据有机地融为一体，为业务办公以及领导决策提供了更为有力的支持。这里的一体化主要表现在如下的几个方面：

① 图形数据和属性数据的一体化。采用关系数据库管理图形和空间数据，以提高存储能力和共享访问、并发操作的能力。

② 多源空间数据融合。包括多尺度的空间数据的融合和多源数据的融合。在建成的示范 GIS 数据库中，将航空影像、遥感影像（TM、SPOT）、1∶500、1∶10 000的空间图形数据有机融合在一个地图中，实现了按照不同比例显示不同尺度数据。同时，支持多种空间数据引擎以及大部分常用的图形文件格式。

③ 空间数据的历史数据管理。在国土资源 GIS 数据库的设计过程中，充分考虑到国土资源管理的时间变化特点，实现了国土资源空间数据的历史管理和历史回溯。

5）通过对东莞市国土资源局办文以及业务流程的分析，以 GIS 数据库为基础，将国土资源办文(MIS)、业务处理(OA)以及图形管理(GIS)功能有机地结合起来，形成了东莞市国土资源局办公办文系统详细设计（国土资源 GIS 数据库应用设计），为后续整个国土资源信息系统的开发提供了参考和依据。设计以东莞市国土资源局“一表通”业务需求为基础，主要具备如下的特点。

① 图文一体化的办公环境。GIS 和 OA、MIS 技术相结合的最好方式是采用全组件式 GIS 开发平台。全组件式 GIS 软件将 GIS 的功能从数据输入、编辑、处理（建立拓扑关系）、查询显示、分析（拓扑叠加、网络分析、栅格分析、TIN）和制图输出全部封装成组件，可以根据用户需要，以组件方式嵌入 Web 页面上，自由定制操作方式。这种组件式技术和 Web 开发技术（如 ASP，ASP. NET 等）相结合，不仅可以成功地完成用户的业务处理需要，同时，也增强了软件的可复用性，代表了未来 GIS 软件发展的新趋势。

国土资源信息系统的开发采用组件式 GIS 和 OA、MIS 相结合。在办文的过程中，可以查看业务的办理情况，同时，可以查看不同尺度、不同类型、不同空间数据结构的空间图形信息，在图文一体化办公方面，达到了较高的水平。

② 工作流驱动与土地业务相结合。使得业务流程可定制，系统能适应一定的变化，因为核心数据库较全面，当国土资源管理业务和部门机构发生变化时，系统不需要推倒重来，只需要对相关的页面作相应的调整，即可满足业务的需要。

③ B/S 结构，方便系统管理。所有的应用都是在中心服务器上发布的，一般的客户端只需浏览器即可，不用安装客户端软件，这样所有的维护基本上是在服务

器端进行的，大大减少了系统维护的难度和工作量。

④ 系统统一筹划，打破科室信息壁垒。系统的数据都存储在中央数据库中，科室之间可以通过安全机制检验后访问其他科室的相关数据信息，这样可以实现科室之间的协作共享。

⑤ 操作方便，系统是基于浏览器方式的。用户有较好的操作基础只要有土地业务的相关知识，不用特别的去学习某个软件操作，上手快。

⑥ 工作人员的工作可监控，能很好地配合局机关效能监督工作。在办公系统中，一个土地业务项目的每一项环节中，是由谁办的，花了多少时间，超期的项目主要是因为在哪个环节出现问题。某个阶段内，局领导可以统计每个科室的办件情况，科室领导也可以查看每个科员的工作情况，这些都不需要特地翻阅大量的资料统计，只需要鼠标一点，信息就可以方便获得。

⑦ 能很好地实行对件的监控，督办组或者有相关权限的工作人员可以在任何时候获知一个件现在已经办理到哪个环节；督办组可以对件进行督办，如果一个件过期的时候，系统会对这个件自动实施督办；对于满足“绿色通道”的件，分局收件人员凭借用地单位的相关资料，可以设置其为“绿色通道”件，使该件可以被优先办理。

⑧ 方便工作人员办件。工作人员进入系统后，他所要办理的件将会按优先级顺序排列下来，并有醒目的提示，例如，“绿色通道”件排在最上面，并以绿灯标示，而一般的件排在最后，以橘红色标示。这样工作人员工作的优先顺序就一目了然了。

⑨ 信息的挖掘再利用。信息社会，数据＝信息＝效益，在办公系统中，所有的信息都是以大型关系数据库方式存储的，日常的土地业务将产生大量的数据，这些数据通过综合，可以建立数据仓库，然后对数据仓库进行挖掘，能总结出很多规律性的信息，可以提供决策支持信息给市、局领导，从而成为辅助决策的电子政务系统。当然，这个是在系统建立起来以后，通过一定时期的运行，积累起一定数量的数据以后才能进行的。

6.3　地形数据库增量更新实现

基础地形数据是基础地理信息系统的核心和基础。基础地形数据库是客观世界的表达模型，它是将表示城市基本面貌并作为其他专题数据统一的空间定位载体的地形、道路、建筑物、水系、境界、植被、地名等基础空间信息以结构化文件形式组成的集合。基础地理数据库建成后，必须对其进行动态的维护与更新，以保证数据的现势性，提高数据的质量。这也是数据库建设中的一个重要任务。随着各大中城市大比例尺地形图数据库建设的完成，大比例尺地形图数据的现势性问题成为用户关注的热点问题，用户对大比例尺地形图数据库提出了“持续更新”的要求。中华人民共和国测绘法第五条规定，对基础测绘成果应当定期进行更新，国民经济、国防建设和社会发展急需的基础测绘成果应当及时更新。D. Fritsch 博士认为，当前 GIS 的核心已从数据生产转为数据更新，数据更新关系着 GIS 的可持续发展。

从 1997 年起，我国就把基础测绘列入国民经济和社会发展计划。其中一项重要内容，就是各种比例尺地形图的更新机制。国家基本比例尺地形图更新机制主要采用航空摄影测量方法。从更新机制的内容看，主要是地物部分的更新。航测成图过程中测绘地物一般均采用实地调绘的方法。而就城市基础数据库的 1∶500，1∶2000 的大比例尺地形图主要采用实地测绘的方法。采用全站仪和 GPSRTK 技术进行局部修测。但因为数据过于庞大，更新的效率并不理想。各省（直辖市、自治区）在建的较大比例尺地形图数据库（1∶10 000、1∶1000、1∶500）虽然数据源本身精度较高，但缺少规范有效的更新机制与技术方法，极大地影响了系统的可持续发展。数据更新的理论研究主要涉及更新策略、更新模式、数据模型和数据精度。但由于数据更新的复杂性和特殊性，目前在这方面的研究较多，实际应用较少，也没有形成可灵活操作的技术方法。本书以增城市规划数据库管理系统中的地形图更新模块来论述基础地形数据的增量更新。

6.3.1　城市基础地形数据的分类分层设计

在城市基础地形数据库中，地形数据采取分类分层存储。按地形图的地形要素内容可分为：测量控制点、居住建筑、工矿设施、交通、管线设施、水系、境界、地质土貌、农田植被等类别（图 6.17）。

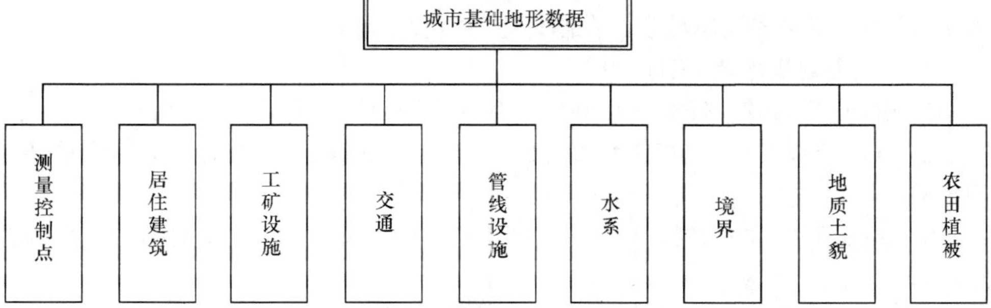

图 6.17　城市基础地形数据分类图

6.3.2 在数据库中的编码

为了更科学地了解、管理和应用城市矢量地形数据，保证基础地理信息在系统内及其他专业信息系统间采集、存储、检索、分析、输出及交换的一致性，实现系统兼容、信息共享，研究和制定地形要素分类与编码的标准，具有十分重要的意义。

地形要素分类与编码的原则如下：

1）科学性：在对城市地理信息进行分类和层次划分时，要以城市规划发展的趋势、地理信息系统的特点等作为依据和出发点，进行科学的分类和分层，不能以一个或几个行业和部门的分类作为标准。

2）系统性：将整个城市地理信息作为一个大的系统，划分为若干个层次，在各层次的结构、要素的代码编制等方面保证层次清楚、结构合理，相互协调配合，形成完整的编码体系。

3）适用性：编码要能适应地形图数据采集的作业习惯、数据库建设的要求以及多种行业的需要，做到易记，适应面广。

4）唯一性：列入分类结构体系中的各地理要素的位置唯一，且只有唯一的一个代码与之对应。

5）兼容性：兼顾国家标准和其他单位的分类编码标准为信息跨行业、跨地域共享打好基础。

6）可扩展性：考虑到地理要素的发展变化，在码位的分配上留有充分余地以便要素增加时不致打乱既有的分类编码体系。

以上分类编码原则应综合考虑，力求使编码的设计能达到最优化的效果。

针对增城市基础地形数据的实际情况，我们制订了 1∶2000 地形数据的分层方案、编码方案和各层属性表。在制订方案过程中参考了如下标准。

1）《城市测量规范》CJJ—99；

2）《GB/T 6962—1986 1∶500 1∶1000 1∶2000 地形图航空摄影规范》；

3）《GB/T 7931—1987 1∶500、1∶1000、1∶2000 地形图航空摄影测量外业规范》；

4）《GB/T 7930—1987 1∶500、1∶1000、1∶2000 地形图航空摄影测量内业规范》；

5）《广州市 1∶500、1∶1000、1∶2000 地形图图示》。

上一小节已说明了基础地形数据的分类、分层设计，下面针对上面的分类、分层介绍一下数据编码方案。

地形要素分类代码由大类、小类、一级和二级等 4 级代码构成。结构为：大类码＋小类码＋一级码＋二级码，其中：大类码有九个，详细描述如表 6.3 所示。

表 6.3　大类及其代码表

大类名称	代码
测量控制点	CTL
居民地	RES
工矿设施	IND
交通	TRA
管线设施	PIP
水系	HYD
境界	BOU
地质土貌	TER
农田植被	VEG

每一个大类对应若干小类，相应的每个大类代码对应若干小类代码。居住建筑类别下有居住建筑附属点（不依比例的门墩、圆柱、支架等）、居住建筑附属线（围墙建筑物的看台、出入口、台阶和门廊、依比例门墩、圆柱等）、居住建筑（各类房屋、楼房）、单位名称标记点、居住建筑注记（房屋结构、层数注记）等小类，其代码如表 6.4 所示。

表 6.4　大类、小类代码表

大类名称	小类名称	（大类＋小类）代码	实体类型
测量控制点	测量控制点	CTLPNT	点
	控制点辅助线	CTLLIN	线
	控制点注记	CTLANN	点
居民地	居住建筑附属点	RESPNT	点
	居住建筑附属线	RESLIN	线
	居住建筑	RESRGN	面
	单位名称标记点	RESPNT	点
	居住建筑注记	RESANN	点
工矿设施	工矿设施附属点	INDPNT	点
	工矿设施附属线	INDLIN	线
	工矿设施建筑	INDRGN	面
	工矿设施注记	INDANN	点

续表

大类名称	小类名称	(大类＋小类)代码	实体类型
交通	交通附属点	TRAPNT	点
	交通附属线	TRALIN	线
	道路中心线	TRACNL	线
	交通注记	TRAANN	点
管线设施	管线设施附属点	PIPPNT	点
	管线设施附属线	PIPLIN	线
	管线设施建筑	PIPRGN	面
	管线注记	PIPANN	点
水系	水系附属点	HYDPNT	点
	水系附属线	HYDLIN	线
	水体	HYDRGN	面
	水系注记	HYDANN	点
境界	境界线	BOULIN	线
	境界面	BOURGN	面
	地名标记点	BOULBL	点
	地名注记	BOUANN	点
地质土貌	高程点	TERPNT	点
	等高线	TERLIN	线
	地貌附属点	TEROTP	点
	地貌附属线	TEROTL	线
	地貌注记	TERANN	电
农田植被	植被附属点	VEGPNT	点
	植被附属线	VEGLIN	线
	农田植被	VEGRGN	面
	植被注记	VEGANN	点

6.3.3　基础地形数据的获取与转换

基础地理信息系统建设所使用的矢量地形数据获取手段总结起来主要有以下几种：

1）原图数字化。图解地图的内容可以通过数字化方式转换成数字地图，采用数字化仪或扫描仪将地图的图解位置转换成统一坐标系统中的解析坐标，并应用数字化地图符号菜单或计算机键盘输入地图符号和注记的代码。这种方法建立的数据精度不会高于原图，不能满足某些工程用图的需要，随着全站仪的普及和GPS 全站仪系统的成熟，数字化原图将会被摒弃。

2）全野外数据采集。用全站仪、GPS RTK 进行实地测量，将野外采集的数据自动传输到电子手簿、磁卡或便携机内记录，并在现场绘制地形（草）图，在室内将数据自动传输到计算机，人机交互编辑后，由计算机自动生成数字地图。在基础地理信息系统中，全野外数字测图作为测量与更新数据的主要方法，具有机动、灵活、易于修改等特点。这种方法也称为内外业一体化地面数字测图。

3）部分原图数字化，部分全野外数据采集。用一部分实测精确坐标代替数字化坐标的地图数字化方式，在已有地图地区，在野外采用电子全站仪和电子记录手簿进行碎部测量，得到一些建筑物点的精确坐标，在地图数字化作业中，可以用这些点的精确坐标代替相应点的数字化方法得到的坐标。这种方法利用了现有地图资料，又在一定程度上提高了原有图解地图的精度，随着地图的不断更新，具有准确坐标的地物点将逐步增加，地图精度也相应得到提高。

4）数字摄影测量方法。随着计算机软、硬件技术的发展以及摄影测量数据处理手段的不断进步，摄影测量的方法逐渐在数据采集中采用，目前很多城市都已经开始利用航空摄影测量的方法来获取 1∶500 地形图数据。该方法作业速度快、覆盖面积大，对于大范围、比较开阔地区的基础数据采集来说，也是一种比较理想的模式，该方式需要进行像控点测量、航片调绘等工作。另外精度比起野外数据直接采集来说要差一些，但可以根据具体情况进行选用。国内大多数城市就是通过以上几种方式获取覆盖城市范围或部分范围的基础地理图形数据，给城市基础地理信息系统的建设提供空间数据源。

通过以上各种采集方式和属性存储方式获取了城市基础建设所需的矢量地形数据，但是由于历史上不同时期数据生产方式的差异以及进行数据生产的灵活性较大，加上在作业工程中没有统一标准和要求，往往造成这些数据还不能满足基础地理数据建库的要求。因此获取了城市矢量地形数据时，还不能立即进行数据转换处理，需要进行大量相应的处理工作。目前，实现数据转换的模式大致有四种，即外部数据交换模式、直接数据访问模式、数据互操作模式和空间数据共享平台模式。后三种数据交换模式提供了较为理想的数据共享模式，但是对国内大多数普通用户而言，外部数据交换模式在具体的工程应用中更具可操作性和现实性，与现实的技术、资金条件更相符，具体转换时可直接利用软件商提供的交换文件（如DXF、MFI、E00 等），也可以采用中介文件转换方式，即在 DLG 平台软件下，编程把空间数据连同属性数据按自定义的格式输出为一文本文件，作为中介文件，该数据文件的要素和结构符合国家数据转换标准，然后在 GIS 平台下开发数据接口程序，读入该文件，自动生成 GIS 数据。但是这种模式从源数据到标准数据和从标准数据到目标数据两次转换，可能产生大量的冗余数据，增加了磁盘荷载，耗费了大量的人力物力。同时，现行的空间数据转换标准还很不完善，还不能完全概括空间对象的不同描述方法，不能统一为各个层次以及不同应用领域、为空间数据转换提供统一的标准，并且没有为数据的集中和分布处理提供解决方案，不能同步更新。

城市的基础地形数据一般为 DWG 格式，为了满足基础地理数据建库的要求必须按照数据库建库标准把 DWG 格式转换为 SHP 格式。在增城市城市基础地形数据库的建设过程中利用 FME 转换工具自定义将 DWG 格式转换为 SHP 格式。

FME(feature manipulate engine)Suite 是加拿大 Safe Software 公司（成立于1993 年）推出的用于不同数据格式之间转换的一种方法，该方法基于 OpenGIS 组织提出的新的数据转换理念“语义转换”，通过提供在转换过程中重新构造数据的功能，实现了超过 100 种不同空间数据格式（模型）之间的相互转换。此外，利用该软件还可以改善用户已有数据的质量，实现同一单位内部或不同单位之间的不同数据的集中式管理及共享。通过 FME 提供的多元数据访问技术及其提供的多种接口和运行模式，可以建立多种类型的访问多元空间数据的应用系统，以及提供多种数据格式的数据分发系统，这可以大大提高对数据的应用，减少人工进行繁杂数据转换处理的工作量。

语义转换是由 OpenGIS 协会（1996 年）提出的一个术语，允许用户在数据转换过程中重新构造数据，用户可以根据其特殊的需求，提取相同数据源的不同层面和内容，而不是以单一格式输入数据。语义转换是基于语义层次上的空间数据转换，它除了数据结构的转换外，更重要的是对语义数据模型的转换和操作。语义转换相比传统数据转换有着很大的不同，如图 6.18 所示。

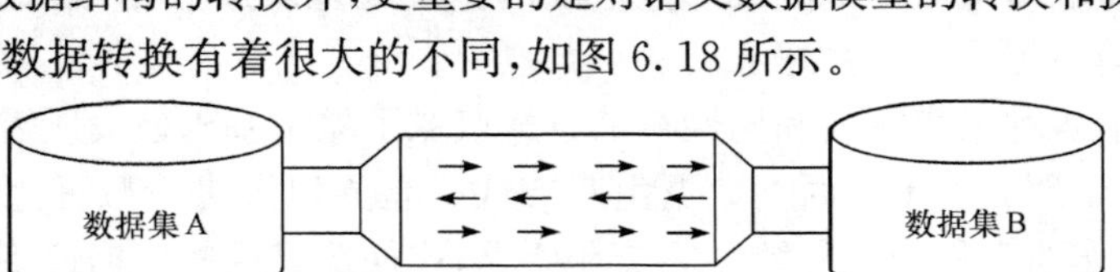

图 6.18　语义转换示意图

如图 6.18 所示，语义转换就像一个宽宽的管子把两个数据集连接起来，数据转换双方可以自由地进行数据的转换与共享。在转换器中不仅有与数据相关的几何空间信息还有语义信息。语义转换具有以下特点：

1）定义了数据集间的相互映射(mapping)；

2）使用要素(feature)操作语言；

3）允许转换方案的重定义；

4）提供查找、复杂计算的函数；

5）提供从原始数据生成过程数据的方法。

语义转换如同一个引擎，通过要素操作语言，不仅可以对输入数据而且也可以对输出数据进行数据的重定义。因为在语义转换的背后存在一个丰富的数据转换模型，它具有内部一致性和外部可扩展性。

FME 是对语义数据转换方法的实现，它不再将数据转换问题看作是从一种格式到另一种格式的变换，而是力求将 GIS 要素同构化并向用户提供组件以使用户能够将数据处理为所需的表达方式。

FME 语义定制转换举例：我们将 DWG 格式地形图中的道路转换成 SHP 格式，在 CAD 地形图中道路的图层名为：D104、D110…。如图 6.19 中直线标示。

图 6.19　CAD 地形图图层情况

FME 自定义转换界面如图 6.20 所示，在 FME 转换过程中用户还可以根据数据库建库标准向 SHP 要素类添加属性字段。

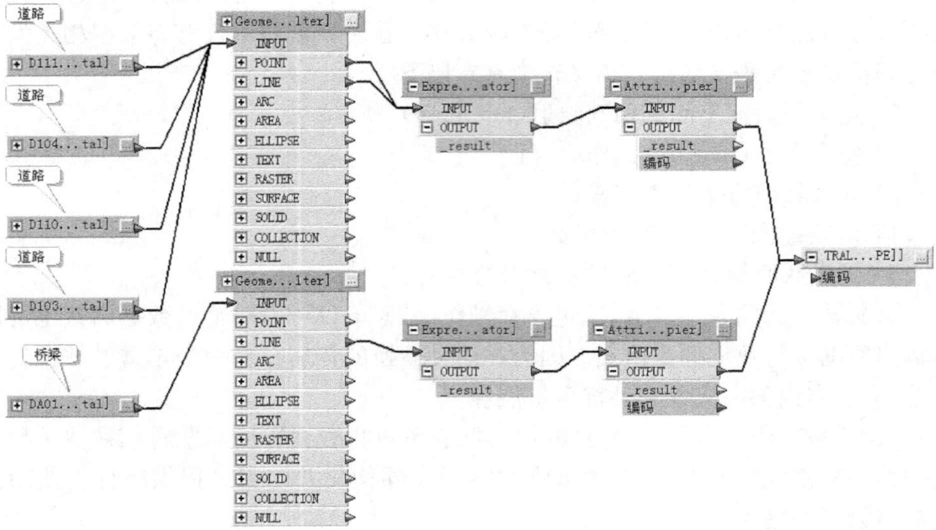

图 6.20　FME 语义定制界面

空间数据不是单纯的几何要素，其转换涉及的问题很繁杂，这需要灵活地进行各种处理变换，选择更为适合的处理软件。在福建电信数据项目中，多次利用 FME 软件提供的数据格式转换、空间数据处理功能，有效地进行各种空间数据处理(包括图形和属性)，并根据数据特点作特殊处理，根据特定的项目开发数据格式的插件，编写更为灵活的应用程序。福建电信数据项目工期很紧，技术难度大，FME 软件基于语义的转换减少了信息的丢失，完成了大部分的处理工作，数据处理后不需要在目标软件 ArcGIS 中作额外的修改，从而大大提高了空间数据处理、转换的效率，减少了工作量，保证了项目的顺利进行，也为空间数据加工项目提供了一个很好的思路。

6.3.4　更新流程及方法

从时态的角度看，获取城市空间基础数据的变化数据主要有两种基本方法：一是对同一数据的不同版本进行采集；二是仅对变化的要素进行采集。因此，对于城市空间基础数据库更新来说，也有两种基本的方法：一是基于版本的数据更新；二是基于基态修正的数据更新。

尽管城市空间数据的变化是单个实体的逐步变化，但由于应用的需求和技术所限，不必记录所有数据每时每刻的变化。例如，用地现状数据，本身是一块地一块地逐渐地变化的，但实际上可按照国土资源部调查的需要，每年以 10 月底为限进行一次统一变更调查，那么一年只有一个版本的用地现状数据，没有必要再细分到哪月哪天的变化。地形图更新也是如此，城市每时每刻都在发生变化，而地形图的更新总有一个周期的概念，有不同的版本，遥感影像、数字高程模型、规划道路网等数据都属于这一类数据，都不是连续获取的，都有一个周期和版本的概念。对这些数据的更新都是以新的版本取代旧的版本。同时，还要将这些不同版本的数据同时存放在数据库中，以便进行对比分析，开展空间数据挖掘和知识发现。基于版本数据的更新适合于版本数据密不可分或数据量相对较小的数据，如不同版本的卫星遥感影像、不同版本的规划道路网络等。这种更新方法不能识别在不同版本上到底变化了哪些内容。由于城市空间基础数据量大，采用基于版本的数据更新方法，需要将不同版本的城市空间基础数据完全进行备份和更新，相对于整个城市空间基础数据而言，更新的部分只是少数，没有更新的数据也需要在各个不同的版本中重复存储，从而造成大量的数据冗余，给数据的存储和备份造成一定的麻烦。

有些城市空间数据需要有严格的时态表达，如地籍地政数据、建设项目审批数据等，每个宗地的权属变化时间是要精确到“日”的，甚至有几小时几分钟的概念，均必须在空间数据库中有详细的描述。这就要求在数据原始状态的基础上，对变化的实体信息更新，这种更新的方法称为基于基态修正数据的数据更新。这种更新方法先用现状数据取代历史数据，再建立现状数据与历史数据的联系，以便能在反映现状数据的同时，随时实现历史与现实的响应。基态修正模型按事先设定的时间间隔采样，只储存某个时间的数据状态(称为基态)和相对于基态的变化量。基态修正的每个对象只需储存一次，每变化一次，只有很小的数据量需记录。同时只在有事件发生或对象发生变化时才存入系统中。时态分辨率刻度值与事件发生的时刻完全对应，提高了时态分辨率，减少了数据冗余量。基态修正模型非常适用于全局变化较少，而局部变化较多的情形，对于局部的单个或少数几个对象的变化，基态修正模型仅存储发生变化的对象，基于基态修正模型的这种特性，在进行时空数据库设计时能够较好地采用关系数据库存储这种对象变更的亲缘继承关系。如当一个空间对象 A 分割成为几个小的空间对象(A_1，A_2，…，An)时，关系数据库中只需简单地记录空间对象 A 相对于基态的变化量，建立对象 A 与 A_1，A_2，…，An 间的亲缘继承对应关系((A，A_1)，(A，A_2)，… ，(A，An))。可见，基于时间、以事件驱动的面向对象的基态修正模型，与面向对象的关系型数据库能较好地结合，时间表与对象表易于关联，对于给定时间表中的元素，可即时查询出符合条件的基态变化量。

1. 城市基础地形数据更新原则

为了保证更新后数据的现势性与准确性，需要按照一定的原则实施数据更新。

(1) 现势性原则

对于城市基础地理数据的更新，一定要准确及时地对基础数据进行更新，以保证基础数据的现势性。基础数据是对城市目前发展状况的一个很重要的反映，只有保证其现势性才能充分发挥出城市基础地理信息系统的作用。

(2) 精度匹配原则

对于更新的城市基础地理数据应该保证其精度要求，否则在和原有地理数据进行叠加的时候会出现问题，因此在更新的时候要注意更新部分和未更新部分的精度匹配问题。精度匹配问题上可以采用多项式变换的方法来保证新、旧地图之间的精度匹配，或者用精度较高的空间数据来纠正精度较低的空间数据，一般情况下，可通过一定数量的公共点实现整个图面的精度匹配。

(3) 空间信息与属性信息同步更新原则

由于城市基础地理数据库的内容较多，其中的属性数据也十分复杂，因此在更新的时候，仅仅是对图形数据进行更新，而且要同步地对属性数据进行更新，保证两种数据同时更新对原来的一条道路而言，现在有可能变成了两条道路，因此属性信息中的道路名称、道度等信息都应该一起进行更新。

(4) 一致性原则

在城市基础地理信息系统中，由于存在大量的图种，在更新的时候，如何保证各个图之间数据的一致性是很重要的，同时还涉及同一个图种内的坐标系统的一致性等问题，很好地保证基础地理数据的一致性，才能利用这些基础数据做出正确的分析和决策。为保证数据的一致性，必须采取严格的措施来进行控制，也包括数据质量的控制等内容。

2. 基于规划管理成果的城市基础地形数据更新流程

中国正处于快速的城市化进程中，新区建设、旧区改建速度很快，成片测量周期长、出图慢，获得成果后，往往很快过时。为了及时更新必须不断投入巨资，“滚地毯”式地反复测绘，但实际效果仍不理想。实践证明，在城市建设速度快、规模大的形势下，对大比例地形图、地下管线图实施成片测量，花费资金再多也难以及时更新，尤其在旧城区及建设频繁的地区，地图更新落后于现实的矛盾相当突出。相比之下，针对建设项目，实施竣工测量，可以及时更新基础地形图、地下管线图，而所需的测绘经费却比成片测量大幅下降。因为成片测量时，测绘人员事先分不清什么东西该测、什么不该测，到现场后，往往对没有变化的地物也进行测量，重复性的、不必要的工作可能占了大部分。竣工测量时间及时，该测什么地物、不该测什么地物事先基本掌握，被测量的地物是有针对性和选择性的，可以避免成片测量中大量的重复劳动。另外，地下管线是覆土之前还是覆土以后测量，在技术的复杂程度、对象分类的准确性、对象定位的精确性上更无法相互比较。从严格意义上说，所谓竣工测量，是对建筑物、构筑物实行竣工后测量，对地下管线则实行竣工前测量。在解析测量、数字制图技术得到推广的条件下，靠竣工测量来更新地图，技术上是合理的，可操作性也是很强的。利用规划管理成果更新基础地形图数据就是在建设项目完工后，及时进行项目竣工测量，用竣工测量的成果来最终更新基础地形图。工程建设项目流程与基本地形图更新过程如图 6.21 所示。这样就保证了基本地形图的现势性，达到了实时更新的目的。

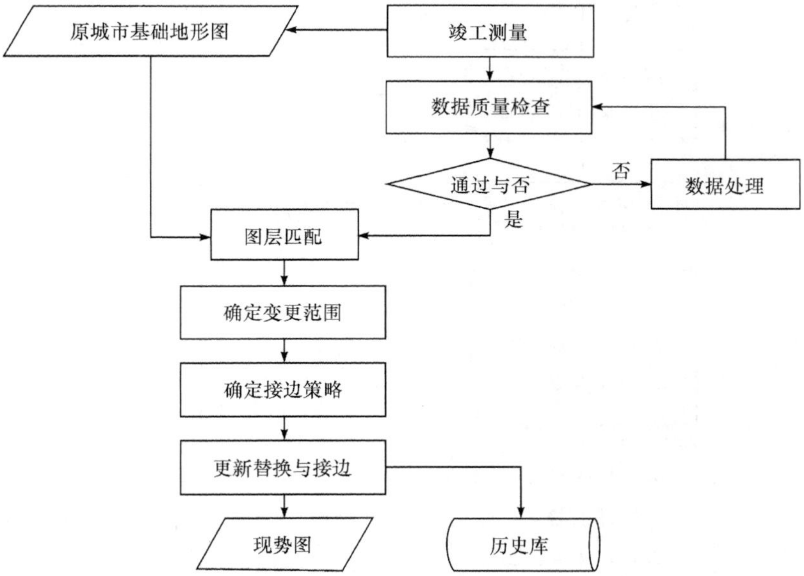

图 6.21　工程建设项目流程与基本地形图更新过程图

3. 更新前对变更数据的质量检查

虽然在矢量地形更新数据(地形图修补测)更新前进行了各种各样的检查，但可能会因为入库前检查的不全面、软件实现的局限或其他原因，使得数据检查不彻底，再加上数据入库过程本身以及入库后数据的修改可能会对数据质量造成新的影响。为此，在矢量地形数据成功转入数据库后，还需要对该 GIS 数据进行一些必要的检查。通过 GIS 数据检查可以检查出入库前矢量地形数据检查的遗漏问题，完善更新前检查工作，使得数据检查的工作完整。通过 GIS 数据检查可以检查出矢量地形数据由非 GIS 格式向 GIS 格式转换中产生的一些新问题，有效地控制更新过程。

为了保证更新后数据的现势性与准确性，在更新数据库之前，首先要对采集得到的图幅范围的更新数据进行检查。本书结合增城市基础地形数据的实际情况对更新数据从以下几个方面进行检查(图 6.22)。

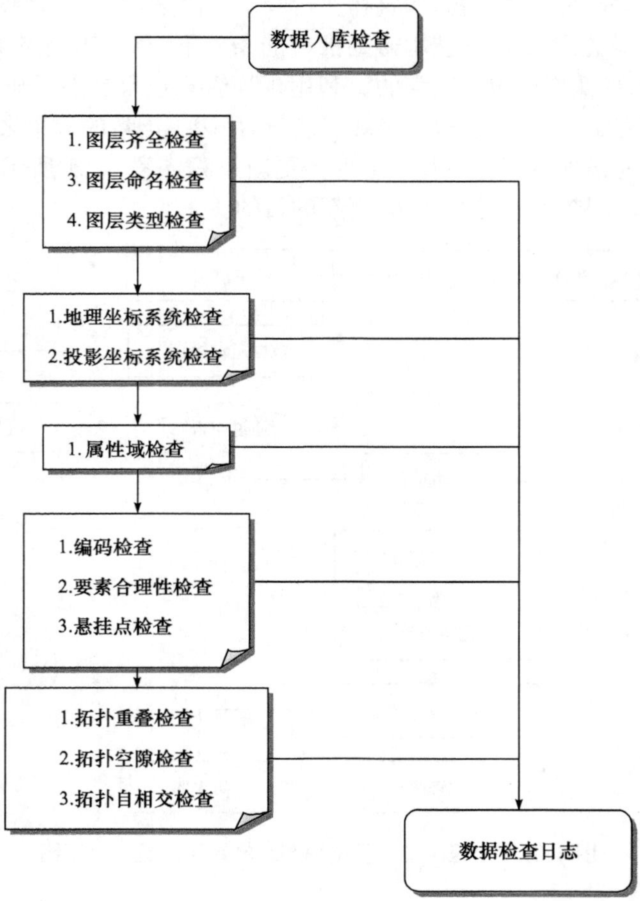

图 6.22　数据检查内容

1）空间参考。在数据入库的检查中，对于空间参考的检查是相当重要的，对于空间参考与建库标准不相同的数据，在空间信息的表达上，会形成非常大的空间错位，不能表达各种空间信息之间的关系，故要求入库的数据一定要有统一的、与建库标准相符的空间参考。空间基准检查包括：地理坐标系统的检查和投影坐标系统的检查。

2）属性。GIS 数据最主要就是包含了图形信息和属性信息，图形信息表达实体的空间方位、大小、位置等空间信息，而属性信息，则是实体的文字性描述的各种信息的载体。保证属性信息的正确性、全面性,是系统能够进行各种分析、查询、统计功能的关键。对属性数据的检查主要是:地形要素分类与代码的正确性。地形要素属性信息的正确性、完整性。

3) 逻辑一致性。数据的逻辑一致性检查主要是检查数据在逻辑上的错误。例如,面状区域应闭合,属性应一致。线段相交应无悬挂点或过头。

4) 拓扑关系。空间数据的表达还有一个重要的特征,就是各要素之间存在着拓扑关系,检查空间数据的拓扑关系是保证空间数据正确性的一个重要步骤。各种重叠,空隙,相交等拓扑关系的合理性就是通过拓扑关系检查来实现的。

数据是 GIS 的"血液",是组成系统的重要元素。数据质量的好坏是地理信息系统成功与否的关键所在。对数据质量存在问题的数据要返回修改。只有通过数据质量检查的数据才能进行下一步的更新。

4. 城市基础地形数据更新方法

基于规划管理成果的城市基础地形数据增量更新是一个复杂的过程。更新前首先要对更新数据检查,更新数据符合要求才能进行更新操作。图 6.23 为数据更新操作示意图。用右边的更新数据(竣工成果图或地形图修补测)去替换左边数据库中的地形数据就必须在数据库中确定变更范围,在替换中还要处理要素接边等问题。为了保证更新后数据的现势性与准确性,需要按照一定的步骤和方法实施数据更新。

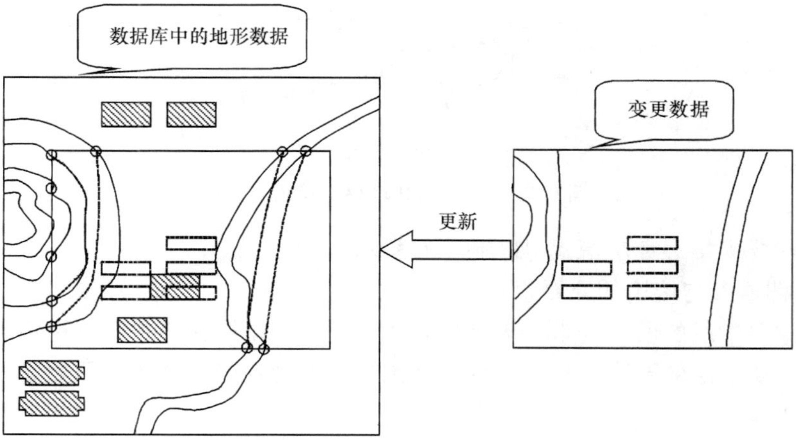

图 6.23 数据更新示意图

数据更新前,需要人机交互的方式来匹配更新数据中的图层与数据库中的地形数据图层。例如,用更新数据中的居住建筑层去更新数据库中的居住建筑层。

在数据更新之前,需要确定数据更新的范围(图 6.24 中的矩形粗边框)。本书采取开窗方式对基础地形数据进行更新,在更新开始之前数据库管理员要确定更新的范围。范围可以是规则的也可以是不规则的。

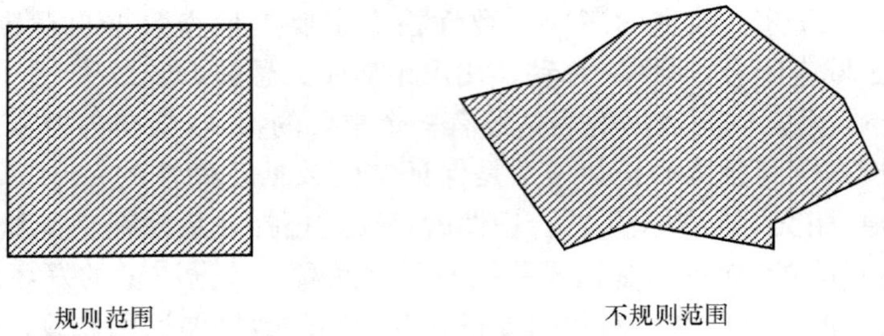

图 6.24　数据更新范围示意图

(1) *更新过程中线状要素接边方法*

在变更过程中会遇到变更要素与原要素接边的问题。如图 6.25 所示,原要素在变更范围的部分被变更要素替换后,原要素的变更范围外的部分(A 部分)要与替换的变更要素(B 部分)接边形成一个完整的地理要素。

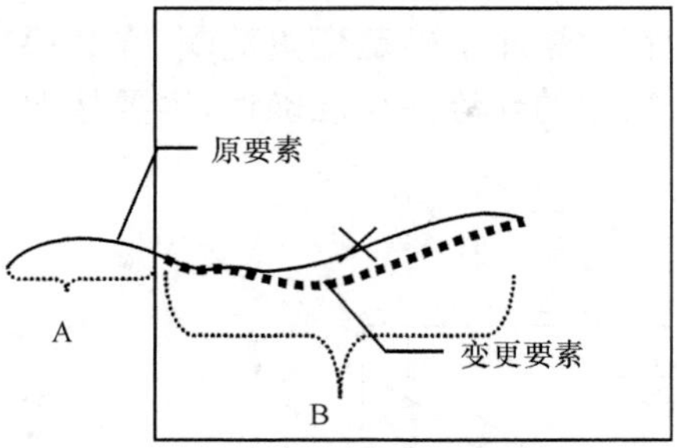

图 6.25　数据更新过程中接边示意图

线状要素接边算法流程,如图 6.26 所示。

a. 搜索参与接边的原要素

让原要素层的所有要素参与接边是不合适的,本书用变更范围的几何形状空间过滤原要素层的要素。只有与变更范围相交或者在变更之内的原要素才参与下一接边步骤。

b. 确定原要素与变更范围框的关系

原要素与变更范围框的关系有如下几种:

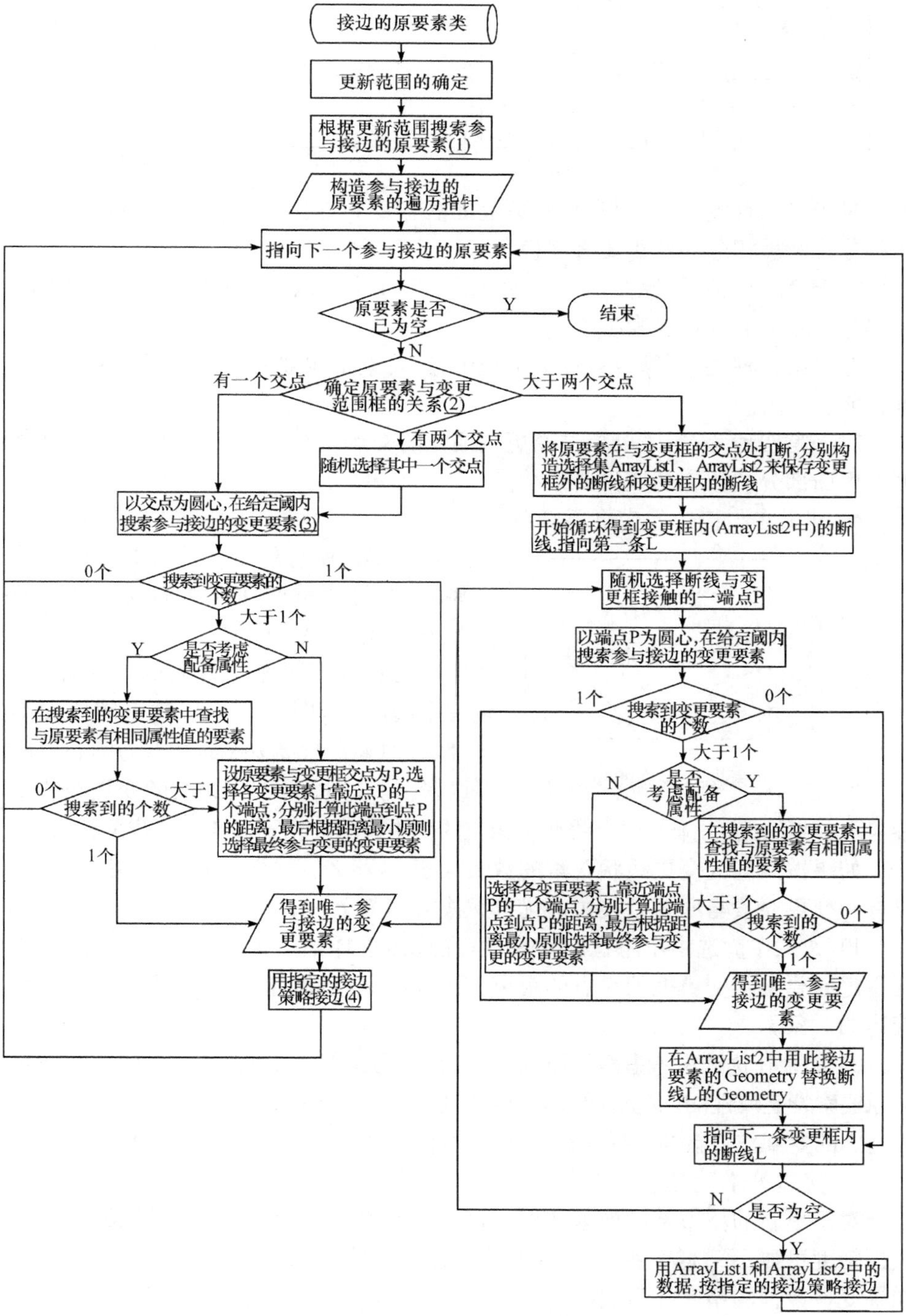

图 6.26　线状要素接边算法流程

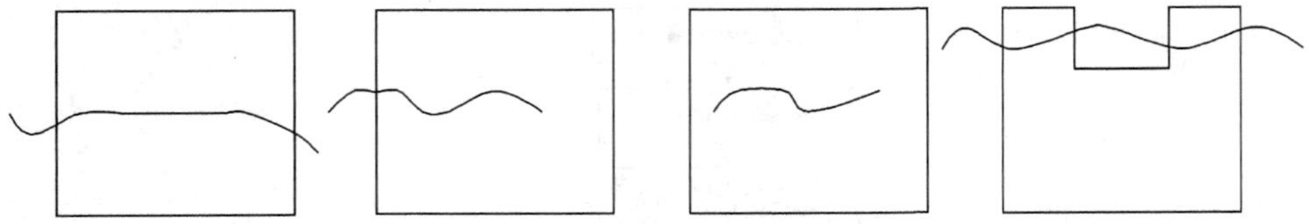

对于第一种关系:原要素与变更范围框有 2 个交点,原要素在变更范围框的中间部分打断被相应的变更要素替换。

对于第二种关系:原要素与变更范围框有 1 个交点,原要素在变更范围框的里面部分被相应的变更要素替换。

对于第三种关系:原要素在变更框中,原要素整体被变更范围框里相应变更要素替换。

对于第四种关系:原要素与变更范围框的交点个数大于 2,原要素在变更范围框的里面部分被相应的变更要素替换。

c. 搜索参与接边的变更要素对象

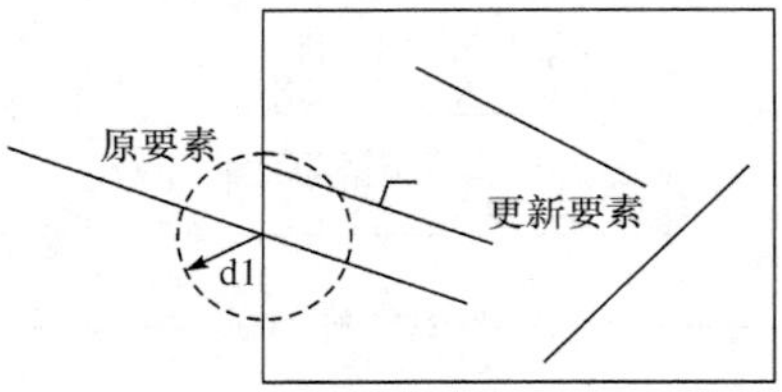

图 6.27　搜索参与接边的线要素

让图幅内所有的变更要素参与接边是不必要的,这将严重增加算法的复杂度。为提高效率,算法首先搜索变更范围左右边参与接边的变更地理要素。搜索的方法如下:给定一个阈值 d1(图 6.27),以这个阈值大小为半径,以原要素与接边线的交点为圆心形成缓冲区,凡是与这个缓冲区相交的变更线状要素参与下一步的接边,未与这个缓冲区相交的变更线状要素不参与下一步的接边。

如果搜索到的变更线状要素的数量大于 1,那么算法继续再选择集优选,确保仅有一变更要素与原要素接边。优选解决方案如下:

1) 如果在优选中不考虑配备属性,在遍历选择集中的要素时,分别计算它们到指定原要素与变更框的交点的距离。选择离交点最近的变更要素作为最终参与接边的对象。

2) 如果在优选中考虑匹配属性,那么在遍历选择集中的要素时,分别判断它们与原要素特定属性的匹配情况,匹配好的被选中。如果被选中的要素个数大于 1 时,被选中的要素作为新的选择要素集被继续优选,优选法则与不考虑属性匹配相同。

d. 接边策略设置

对于更新的城市基础地理数据应该保证其精度要求,更新数据与数据库中的数据精度可能不一样。在更新前需要对接边过程进行接边优先设置(图 6.28)。如果变更数据的精度比数据库中的精度高,那么可以选择接边到更新要素,而且该方式简单易行,适用于接边误差在精度允许范围内的各种直线、多义线类的接边处理,容易实现接边的全自动批量处理。如果数据库中的数据精度比变更数据的精度高可以选择接边到原要素。如果两者的精度相差不大可以选择平均法接边。以上三种常用接边方法各有优缺点,可根据图形的实际情况来分别采用。

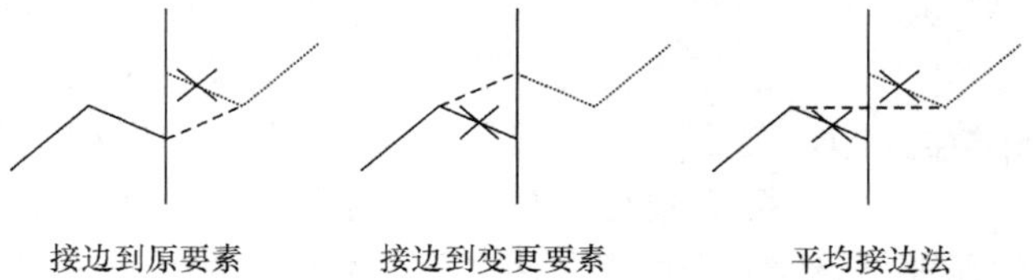

图 6.28　接边策略

但是在使用以上接边方法时,在变更框接边处,本应是直线的地物,其线内出现了折点。此问题是因为采用的接边算法不精密所致。为解决以上问题可考虑以下接边算法。

找出一条直线,使其能最合理表示接边地物。图中 A、B、C、D 四点的点位精度相同,要对之进行接边处理,可用数学方法找出一条直线,使得四点"最靠近"该直线,再把相应点投影到该直线上,即可得出接边点数据。这里,我们可以使用最小二乘法原理,求出此条直线,使得四点偏离直线的平方和最小。图 6.29 中:设直线方程

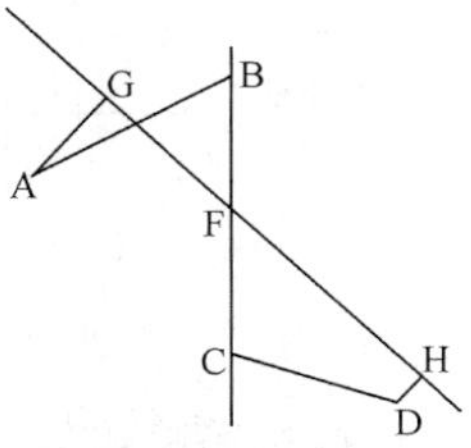

图 6.29　精密接边示意图

$$P(X)=a_0+a_1X$$

适当选取 a_0、a_1 使得

$$\varphi(a_0,a_1)=\sum_{i-1}[P(x_i)-y_i]$$

取得极小值。根据求极值原理有

$$T_0=\begin{cases}\dfrac{\delta\varphi}{\delta a_0}=0\\ \dfrac{\delta\varphi}{\delta a_1}=0\end{cases}\Rightarrow\begin{pmatrix}S_0\\S_1\end{pmatrix}\begin{pmatrix}S_1\\S_2\end{pmatrix}=\begin{pmatrix}a_0\\a_1\end{pmatrix}$$

其中

$$S_0=\sum_{i-1}^{4}i\qquad S_1=\sum_{i-1}^{4}x_i\qquad T_0=\sum_{i-1}^{4}y_i\qquad T_1=\sum_{i-1}^{4}x_iy_i$$

解二元一次方程组得直线方程 $P(x)$。得 G、H,移 A 至 G,D 至 H,B、C 至 F。

e. 属性匹配

接边后新要素的属性可以是原来两个要素其中一个的属性,也可以由原来两个要素的属性采用一定的方法计算得到。

(2) 更新过程中面状要素接边方法

在更新过程中会遇到面状要素的接边问题,如图 6.30 所示。面状要素接边着

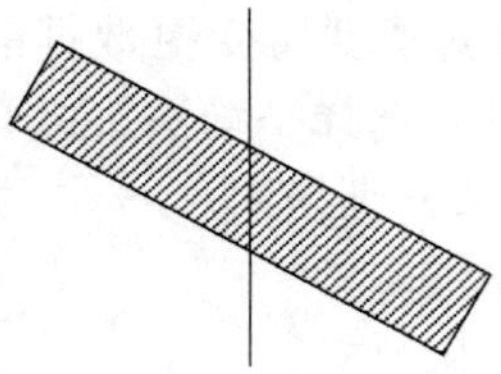

图 6.30　面状要素接边问题

重注意的是接边后的图形角度不会严重变形。

a. 搜索参与接边的对象

给定一个阈值 d1，以这个阈值为大小，求取接边线的双侧缓冲区，凡是与这个缓冲区相交的面状要素，分别记录在两个集合里（原要素与变更要素各一个），参与下一步的接边；未与这个缓冲区相交的线状要素，排除在集合之外，不参与下一步的接边。然后遍历变更要素集合里面的面要素，给定一个阈值 d2，求取变更要素缓冲区，凡是与这个缓冲区相交的原要素集里面的要素，参与下一步的接边；未与这个缓冲区相交的线状要素，不参与下一步的接边，如图 6.31 所示。

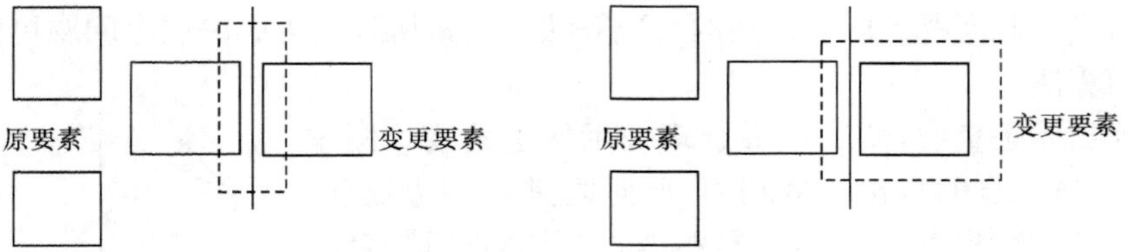

图 6.31　搜索参与接边的面要素

b. 接边策略设置

假设整体的房屋有 4 个节点，而被分开的房屋有 8 个节点。比较在接边线上的节点 P1、P3 或 P2、P4 的坐标，计算出坐标偏移量。因为四点房屋是比较规则的矩形，它产生错位后偏移量应该是一样的(不计数字化错误)，所以计算坐标偏移量时用相邻的一对坐标计算便可。然后将 P1、P2 和 P3 、P4 这两条房线的节点分别向下和向上平移坐标偏移量的一半。最后利用 P1′、P2′、P3′、P4′四个节点重画一个矩形，如图 6.32 所示。

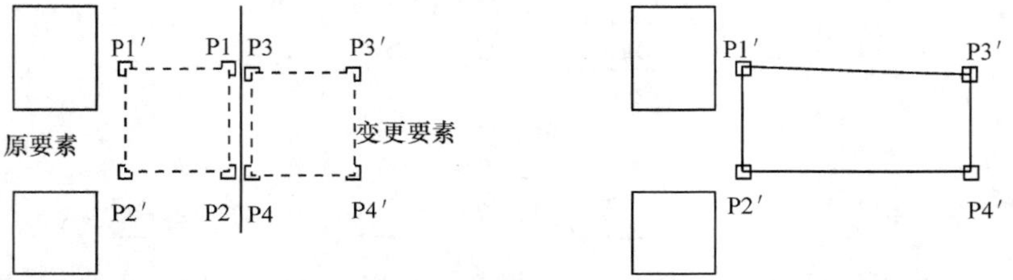

图 6.32　面状要素接边策略

c. 属性接边

面状要素接边后，其属性也需要重新配置。接边后新要素的属性可以是原来两个要素其中一个的属性，也可以由原来两个要素的属性采用一定的方法计算得到。

6.3.5　基础地形数据历史回溯

城市的面貌随着时间不断的改变，相应的城市基础地理数据库中的内容也不断的变化。为了城市规划与建设的需要，有时需要再现某个区域在过去某个时间的历史状态，实现新旧数据的对比。历史数据回溯是时态 GIS 的一个重要环节，因此城市基础地理信息系统也应提供历史数据回溯的功能。本书结合实际需要，利用 ArcSDE 和 ArcObject 提出了一种能有效地管理基础地形历史数据，很好地对地形数据进行历史回溯的方法，并在实际应用中验证了该方法的可行性和有效性。

1. 历史数据的组织

历史数据的组织关系到历史数据回溯的实现，好的组织机制一方面可以方便数据库管理员对历史数据进行管理，另一方面可以使数据用户快捷进行历史数据的回溯。本书结合实际需要，提出了一种历史数据的组织方式，如图 6.33 所示：

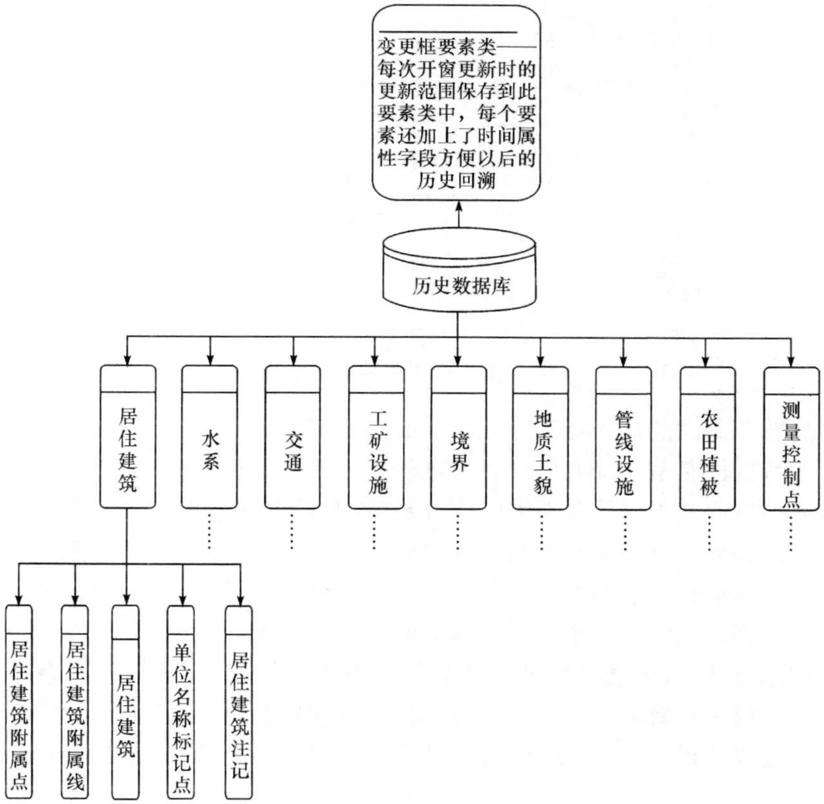

图 6.33　历史数据的组织

在历史数据库中地形数据按上图的九大类分类，每一大类下包含一些实际的数据库物理层。每次更新的数据就分别保存在这些物理层中。这些物理要素层都包含一个标签字段，用来表示更新的时间。历史数据库中还包含一个特殊的物理要素类用来保存每次更新的范围框，它包含一个标签字段，与历史图层中的标签字段相对应用来标示更新的时间。

2. 历史数据的回溯机制

每次更新的过程中变更框的范围都会保存在历史数据库中，并且附上变更开始时设置的时间属性标示。与变更框相交、在变更框内、与变更框相接触的各现状要素类中的要素都被保存到历史数据中相对应的物理图层中，在此过程中各被保存的要素会附上变更开始时设置的时间属性标示。

历史数据回溯思路，如图 6.34 所示。

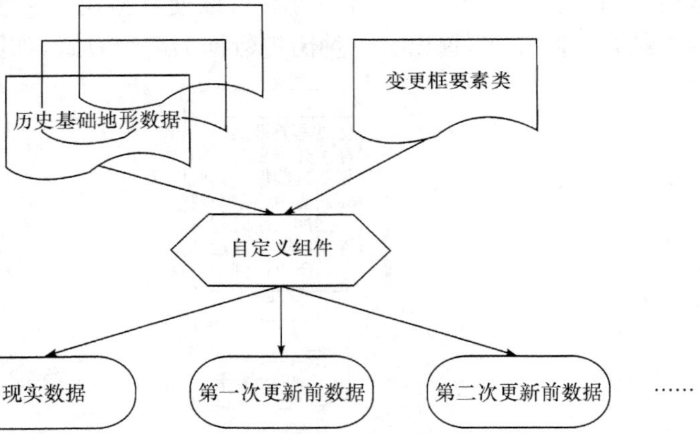

图 6.34　历史数据回溯示意

历史数据回溯的流程，如图 6.35 所示。

历史数据回溯是一个人机交互的过程。当开始进行历史回溯时，系统会从历史数据库中读取变更框要素类中的所有要素，并显示这些要素。一个区域范围内的数据有的部分经过了多次更新，有的部分从未被更新。这些变更框要素代表的区域就是已被更新过了的区域，用户可以通过点击选择这些变更框区域来进行历史数据的回溯。系统下一步会开始遍历所选中的这些变更框区域，以当前的变更框作为空间过滤器，来选择那些与它相交、相接触、或在它里面的历史数据库中相应地形要素层中的要素，接着再以当前变更框的时间属性字段值作为属性过滤器来进一步选取前面被选的历史要素，最后这些被选取的要素构成一个新的显示图层。

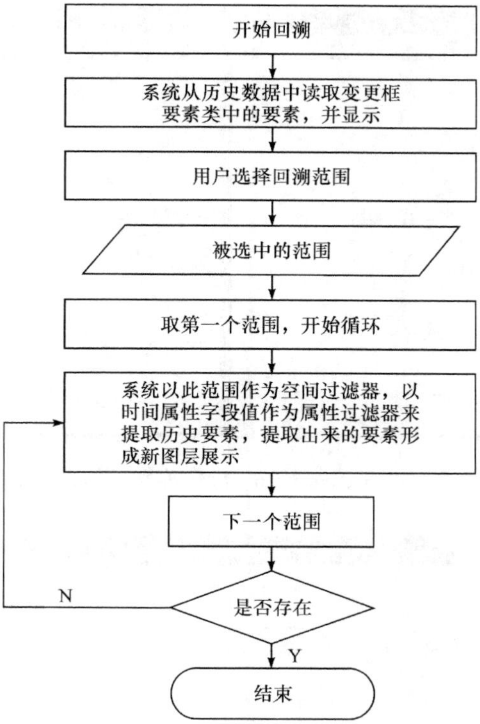

图 6.35　历史数据回溯流程

历史回溯问题在时态 GIS 中具有重要的意义，它不但可以再现一个阶段内的变更状况，供管理部门评估，而且可以根据分析纵向的历史数据和横向的现势数据，为检测、管理和决策部门提供支持。

6.3.6　实 例 研 究

增城市规划数据库管理系统基于规划管理成果更新基本地形图的主要思路和工作流程和上述提出的更新策略和方法，提供了城市基础地形数据的更新模块。具体的更新过程如下：

首先打开变更数据（如竣工测量的成果图、地形图修补测）（图 6.36 左），然后根据变更数据的更新范围和图层来加载数据库中对应范围内的图层数据（图 6.36 右），更新数据图层需与数据库中的数据图层匹配。

图层匹配，数据更新前，需要人机交互的方式来匹配更新数据中的图层与数据库中的地形数据图层，如图 6.37 所示。

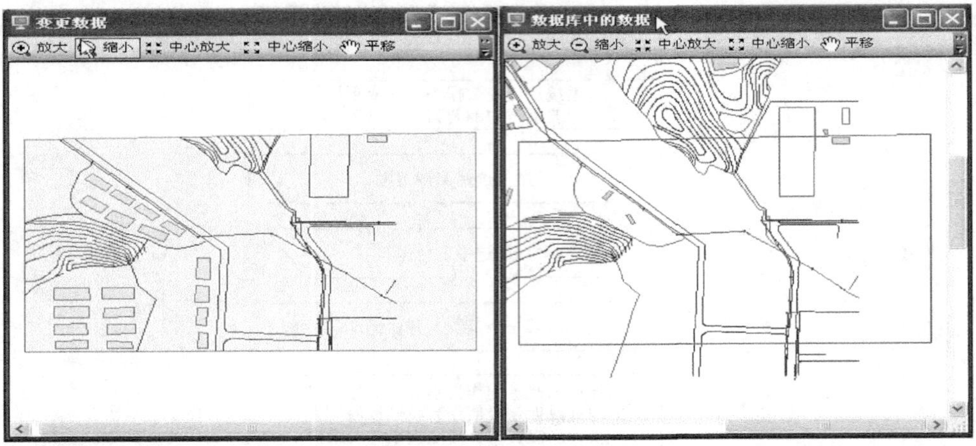

图 6.36　竣工测量图(左)和数据库中的地形图(右)

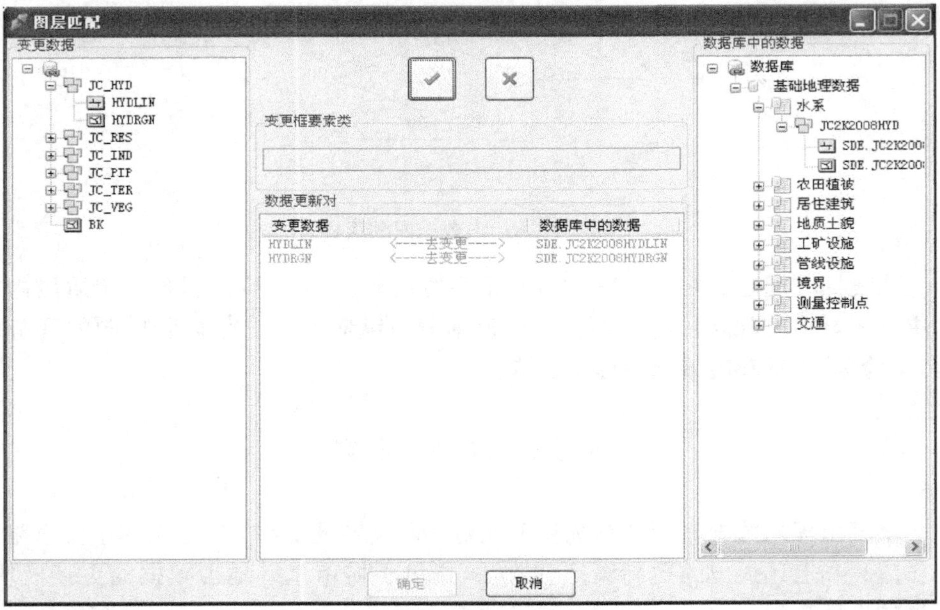

图 6.37　图层匹配

在变更前要确定一些变更策略,如搜索参与接边的变更要素对象半径的设置,接边优先级的确定,本次变更的标签设置(便于历史回溯)(图 6.38)。

数据变更后,可对变更数据进行历史回溯。图 6.39 左为变更前数据库中的数据,图 6.39 右为变更后数据库中的数据,可以看到变更后的数据已经进行了接边处理。

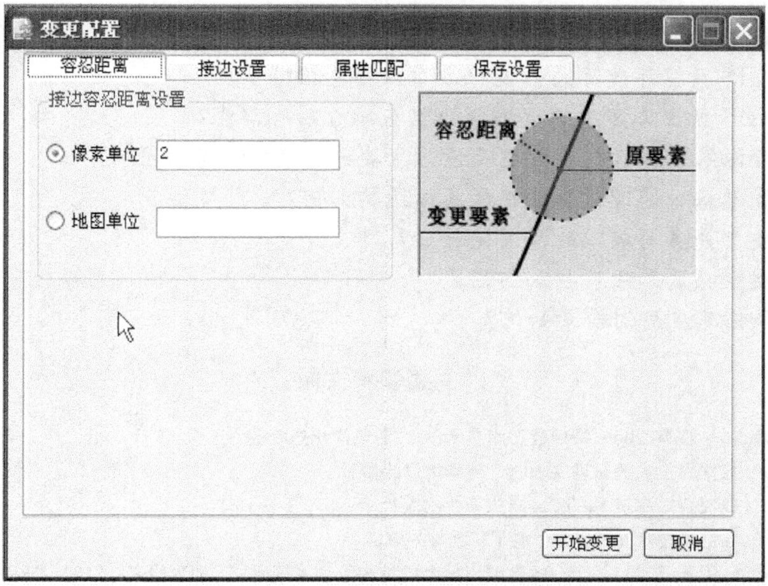

图 6.38　接边策略设置

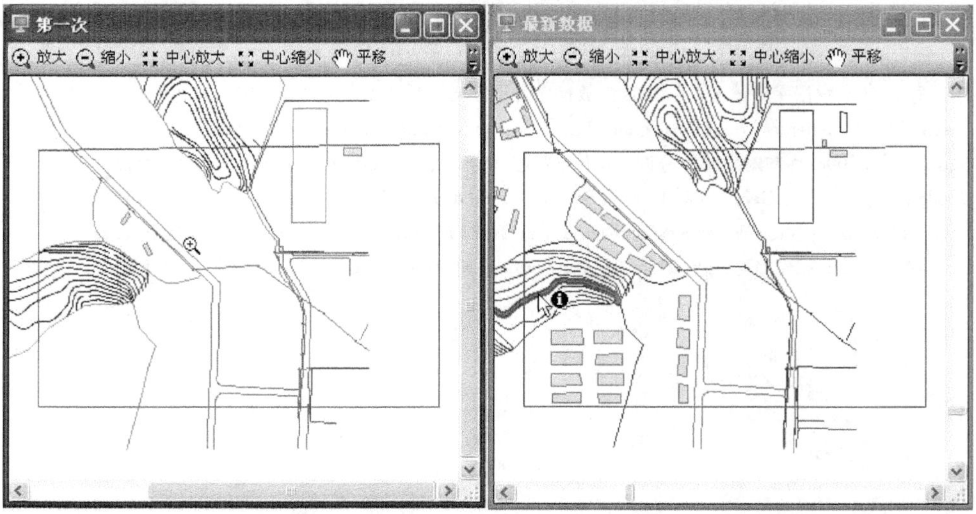

图 6.39　历史回溯

思 考 题

1. 基础 GIS 数据库建库总体流程方案主要包括哪些？
2. 基础 GIS 数据库建库的数据预处理入库原则有哪些？
3. 国土资源基础地理信息数据库设计主要包括哪些主要过程？
4. 国土资源基础地理信息数据库总体结构如何？
5. 地形要素分类与编码的原则是什么？
6. 线状要素接边算法流程如何描述？
7. GIS 数据库应用的前景如何？

主要参考文献

何新贵，唐常杰，李霖等. 2000. 特种数据库技术. 北京：科学出版社
李邵原. 2000. 数据库技术的新进展. 北京：清华大学出版社
刘云生. 2001. 现代数据库技术. 北京：国防工业出版社
罗晓沛. 1999. 数据库技术及其发展. 电子科技导报，(3)：1-5
潘瑜涛，钟耳顺，梁军. 2003. 基于 GIS 数据库技术的地籍管理系统研究. 地理研究，22(3)：237-244
潘雨青，陈天滋. 2002. 基于 GML 的地理空间数据模型. 江苏大学学报(自然科学版)，(11)：82-85
乔林，费广正. 2000. OpenGL 程序设计. 北京：清华大学出版社
王珊，陈红. 1998. 数据库原理教程. 北京：清华大学出版社
邬伦，张毅. 2002. 分布式多 GIS 数据库系统的集成技术. 地理学与国土研究，(2)：6-10
许飞龙. 2000a. 21 世纪数据库发展方向. 现代计算机，(9)：21-25
许飞龙. 2000b. 数据库新技术——21 世纪数据库发展方向. 现代计算机，(3)：13-17
Bosch J. 2001. Generative and Component-Based Software Engineering. Berlin：Springer
George J 等. 2008. 面向对象系统分析与设计. 龚晓庆，张远军，陈峰等译. 北京：清华大学出版社
Goodchild M F. 2002. Geographic Information System and Science. New York：John Wiley and Sons
Lyon J G. 2002. GIS for Water Resources and Watershed Management. London：Taylor & Francis
Ozsu M，Valduriez P. 1999. Principles of Distributed Database Systems. Englewood Cliffs：Prentice Hall

第 7 章　GIS 数据库发展前沿

7.1　GIS 数据库研究和应用现状

GIS 是一种决策支持信息系统(decision support system,DSS),是以地理数据库(geospatial database)为基础,采用空间模型分析方法,实时提供多种空间和动态的地理信息。作为 GIS 基础的 GIS 数据库理论与技术研究,近年来在国内外发展十分迅猛。以下通过简单介绍国内外 GIS 数据库的几个主要理论与技术方向来说明目前它的研究和应用现状。

7.1.1　国外研究现状

1. GIS 数据库的准确性研究

地理信息数据中误差处理和不确定性错误处理的方法和技术包括:①不确定性误差模型;②误差跟踪并对误差进行编码的方法;③计算和表达在 GIS 应用中的误差;④数据精度的评估;⑤数据质量、元数据和数据标准等问题研究。

2. 海量 GIS 数据库的结构体系研究

主要包括以下几方面:①海量数据库中数据模型、结构、算法、用户接口等问题的实现方法;②空间代数学;③基于逻辑的计算机查询语言;④元数据的具体内容和组织;⑤数据压缩和加密方法。

GIS 技术的瓶颈之一就是如何解决海量空间数据管理问题,因为对于一个城市级或以上的 GIS 系统,其数据量极其巨大,一般可达到吉字节的数据量级。传统的基于文件的管理方式显然不能处理这些问题,而利用面向对象的大型数据库技术则能够有效地解决这一问题。在面向对象的 GIS 数据库中,海量地图数据的使用变得更加简单而只需建立单一图层,不必再进行分幅处理。如果用户原来的数据源是分幅的,可将其全部存储到一个图层中,数据库将自动对其进行拼接和索引处理,即可形成一个完整的图层。在应用时,客户端只需极少量的编程(实际上只是指定数据源),就可实现对数据库里数据的动态显示。数据库会根据当前地图客户端的显示视野,自动将此范围内的图形检索出来,并送到客户端显示。因此,即使服务器端的数据是 GB 级的,在客户端的数据量却仅是几十到上百千字节,大大减轻了客户端系统的配置需求,并减轻了网络流量。所以,利用面向对象的数据库技术，可建立一种真正的 Client/Server 结构的空间信息系统，这不仅可以解决海量数据的存储与管理等问题，也解决了多用户编辑、数据完整性、数据安全机制等许多问题，将给 GIS 的应用带来更广阔的前景。

3. 空间决策支持系统

主要包括以下几方面：①GIS 及其相关学科在决策形成中的作用；②区域灾害问题解决的空间决策支持方法；③空间决策支持系统的模型和数据；④空间决策支持系统技术和实现；⑤用户需求和组织等问题研究。

GIS 的决策支持是指辅助决策者通过数据、模型、知识以人机交互方式进行半结构化或非结构化决策。与其他决策支持信息系统不同的是 GIS 处理的是空间数据，是用于空间决策的空间信息系统。空间数据的复杂性，使得 GIS 的数据模型和数据结构非常复杂。GIS 的决策支持是在管理信息系统（management information system，MIS）基础上发展起来的，但增加了非结构化的处理，模型计算和各种方法，为解决结构化、非结构化和半结构化的问题提供了更加广泛的方法。它为决策者提供分析问题、建立模型、模拟决策过程和方案的环境，调用各种信息资源的分析工具，帮助决策者提高决策水平和质量。

4. 空间信息的可视化研究

主要包括以下几方面：①数据质量的管理和可视化表达构成研究；②误差模型和数据质量指标；③数据库中数据的质量管理；④使内在表达和地图显示更容易的可视化工具；⑤对数据质量信息的用户需求评估。

地学可视化是科学计算可视化与地球科学相结合而形成的，主要包括地图可视化、GIS 的可视化及其在专业应用领域的可视化。地图可视化的研究包括信息表达交流模型和地理视觉认知决策模型的构建以及在上述模型指导下的虚拟地图、动态地图、交互交融地图、超地图的设计、制作和应用。GIS 可视化的研究包括：①地学体三维、时空多维数据内插加密；②可视化数据模型设计；③三维、多维数据显示与分析；④矢量、张量和不确定数据显示与分析；⑤人文、经济数据可视化；⑥实时动态交互处理；⑦并行技术；⑧基于网络和互联网的地学可视化；⑨多用户合作可视化等。

三维 GIS 是许多应用领域对 GIS 的基本要求。三维 GIS 和二维 GIS 相比，可以帮助人们更加准确真实地认识我们的客观世界。现在，三维 GIS 可以支持真三维的矢量和栅格数据模型及以此为基础的三维 GIS 数据库，解决了三维空间操作和分析问题。

5. 地理信息数据共享的研究

主要包括以下几方面:①由地理信息和技术共享到空间数据共享;②空间数据共享的理论研究;③空间数据共享的场所;④空间数据共享的处理方法。

GIS 技术和 Internet 技术的融合,正逐渐形成一种新的技术,称之为 Web GIS。和传统的基于 Client Server 的 GIS 相比,Web GIS 有如下优点:

1) 更广泛的访问范围。客户可以同时访问多个位于不同地方的服务器上的最新数据,而这一 Internet/Intranet 所特有的优势大大方便了 GIS 的数据管理,使分布式的多数据源的数据管理和合成更易于实现。

2) 平台独立性。无论服务器客户机是何种机器,无论 Web GIS 服务器端使用何种 GIS 软件,由于使用了通用的 Web 浏览器,用户就可以透明地访问 Web GIS 数据,在本机或某个服务器上进行分布式部件的动态组合和空间数据的协同处理与分析,实现远程异构数据的共享。

3) 降低系统成本。传统 GIS 在每个客户端都要配备昂贵的专业 GIS 软件,而用户使用的经常只是一些最基本的功能,这实际上造成了极大的浪费。Web GIS 在客户端通常只需使用 Web 浏览器(有时还要加一些插件),其软件成本与全套专业 GIS 相比明显要节省得多。另外,由于客户端的简单性而节省的维护费用也不少。

4) 更简单的操作。要广泛推广 GIS,使 GIS 系统为广大的普通用户所接受,而不仅仅局限于少数受过专业培训的专业用户,就要降低对系统操作的要求。通用的 Web 浏览器无疑是降低操作复杂度的最好选择。

6. GIS 中时空关系的研究

主要包括以下几方面:①地理空间中空间、时间以及和变化相关联的对象研究;②不同时间概念的划分,如离散的、连续的、单调的等;③具体应用中,笛卡儿坐标和欧几里得坐标的选择;④将人类对时间和空间的认知过程具体化、形式化;⑤空间现象的模拟计算模式。

各种地理实体和地理现象的变化类型是多种多样的,演变的方式各不相同。GIS 中的传统数据模型可以记录地理实体属性的这种变化,它会将记录中的相关字段更新为新属性值,在更新过程中原属性值将消失不见。可见传统的 GIS 数据模型缺乏跟踪现实世界实体变化的能力,因为它只保存实体的现势数据,而对于它过去的各种状态数据则无法加以保存,自然随后无法获取和分析实体的历史数据。所以,现在的 GIS 无法回答:某一实体过去如何,它是如何演变的问题。随着 GIS 应用的逐步深入和业务领域的拓展,人们正在认识到传统 GIS 数据模型的这一缺陷。如何在 GIS 中反映和记录现实世界的动态变化或演变过程,是近年来 GIS 领域内的研究热点。现在各国的学者正在尝试建立时态 GIS(TGIS)可以用来帮助人们认识和了解现实世界的演变历程，以期获得更好的分析效果；同时期望能够更进一步在时空数据的支持下，预测将来的变化趋势。TGIS 为从事地学研究的人们勾画了一种美好的前景，但是在这种分析功能更为强大的 GIS 实现之前，GIS 研究和开发人员面临着一个真正的挑战：实现时空数据模型。时空数据模型是包括时间和空间要素在内的数据模型。采用时空数据模型，人们就可以建立时空数据库。时空数据库是在 GIS 数据库的基础上增加时间要素而构成的三维（无高度维）或四维数据库，时间维的加入大大丰富了数据库的内容。它一方面增加了数据库管理的复杂性；另一方面，海量数据为空间和时间分析提供了极其广阔的舞台。时态数据库在下列两个方面具有重要意义：

1) 使数据库成为真正意义上的资源清单。目前的数据库基本上不存储旧的、过时的数据，而时态数据库则包括任何历史数据，使数据库可以成为任何一个系统和部门的完整的电子信息档案库。

2) 为动态监测和分析提供丰富的数据。它可以为分析提供横向的现势和纵向的历史数据，对历史、当前和将来进行对比、分析、监测和预测预报，从而为预测预报系统、决策支持系统和其他分析系统服务。目前，TGIS 在地籍、土地利用、房地产、交通、能源等方面有着良好的应用。

7. 遥感和 GIS 的集成研究

解决遥感和 GIS 集成方面的关键问题主要包括：①数据结构和存取问题；②数据处理流程；③误差分析。

现在，高分辨率的遥感影像已逐渐应用到商业领域当中，其最高精度可以达到 0.6m 左右。高分辨率遥感影像意味着什么？它意味着人们在数据采集和数据更新上的一场革命。在传统的地图数据采集过程中，人们是采用手工作业方式，这要耗费大量的人力和物力，而且数据更新的周期很长。但是，利用卫星拍摄的高分辨率的遥感影像，人们可以迅速得到几周前甚至几天前的最新更新数据使得数据更加真实准确，成本还可以降低十几倍。高分辨率的遥感影像在商业领域有很多应用，如国土资源统计、灾害评估、自然环境监测以及城建规划等各个领域。以 GIS 为核心的高分辨率遥感影像与 GIS、GPS 的集成，使得人们能够实时地采集数据、处理信息、更新数据以及分析数据。GIS 已发展成为具有多媒体网络、虚拟现实技术以及数据可视化的强大空间数据综合处理技术系统；高分辨率遥感影像是实时获取、动态处理空间信息对地观测、分析的先进技术系统，是为 GIS 提供准确可靠的信息源和实时更新数据的重要保证；GPS 主要是为遥感实时数据定位提供空间坐标，以建立事实数据库。这些系统各自独立，又可平行运行。它们之间的集成，不仅实现了互补，而且产生了强大的边缘效应，将极大地增强以 GIS 为核心的综合体系的功能。

8. GIS 和空间分析研究

主要包括以下几个方面:①空间统计学地理数据的空间统计分析;②地理边界和地图比例尺在空间数据体系中的作用;③空间数据的采样和内插;④GIS 数据结构和空间统计计算之间的关系。

GIS 中的空间分析与模拟。GIS 的应用领域都有独特的专用模型,GIS 成功应用的关键在于对建立该领域空间分析模型的支持,包括对面向用户的空间分析模型的定义、生成和检验的支持以及对与用户交互式的分析、建模和决策的支持,这种 GIS 系统又称为地理信息建模系统(GIMS)是 GIS 研究的热点之一。目前主要通过松散耦合式和嵌入式两种途径来实现通用 GIS 空间分析功能与各种专用模型的结合,它离支持实现数据集定义、模型定义、模型生成和模型检验的全过程还有相当大的距离。

GIMS 的研究有几个值得注意的动向:一是面向对象技术在 GIS 中的应用,面向对象技术为描述复杂的三维空间提供了一条结构化的途径,为模型的定义和表示提供了有效的手段,因而在面向对象 GIS 基础上研究面向对象的模型定义、生成和检验比在传统 GIS 上用传统方法容易得多;二是基于 icon 的用户建模界面,建模过程中的对象和空间分析操作均以 icon 形式展示给用户,用户亦可自定义 icon,用户在对 icon 的定义、选择和操作中完成模型的定义和检验;三是 GIS 与专业模型库和知识库的集成,这是应用领域面临的一个非常实际的问题,即存在于 GIS 之外的模型和知识库如何与 GIS 耦合成一个有机整体;四是不依赖尺度的空间分析方法;五是遥感信息模型、空间统计分析方法和空间信息模型的拓展;六是空间知识发现的技术与方法。

9. GIS 的互操作研究

主要包括以下几方面:①开放的、分布式存储的 GIS 结构;②地理数据语义特性获取方法;③数据抽象和处理模型研究;④地理空间数据的粒度(granularity)。

所谓互操作是指不同的用户、应用程序及计算机系统能共享信息并一起工作,而不管它们使用的桌面设备、联网硬件、各种协议以及运行数据的程序有什么差别。而数据互操作是指不同系统之间,利用通用数据的转换标准,实现数据的间接转换。

GIS 的互操作是在异构数据库和分布式计算的情况下出现的,它是继数据转换方法之后又一种实现信息和资源共享的新途径,网络技术推动了这一技术的发展,并使 GIS 走向开放式 GIS。GIS 的互操作强调将具有不同数据结构和数据格式的软件系统集成在一起进行操作,它在不同情况下具有不同的侧重点,强调软件功能块之间相互调用时称为软件的互操作；强调数据集之间相互透明地访问时称为数据的互操作；强调信息的共享，在一定语义约束下的互操作称为语义的互操作。目前主要从技术、语义和组织层次上开展研究，在技术层次上主要确定系统之间数据格式的兼容性、用户界面的一致性以及空间问题概念化方法的一致性；在语义层次上主要致力于各系统间核心概念的相互解释，以便于系统间功能互操作的实现；在组织层次上，需要从基本行为、法律法规、经济要素以及机构等方面来研究系统的共享。

通过上面的一些国外研究方向与应用，可以看出 GIS 数据库在国外的研究现状，也有理由相信，在未来的几十年内，GIS 将保持理论化、工程化和学科交叉领域泛化的发展特点；GIS 理论研究将呈现信息标准化和信息表达多维化的发展态势；GIS 技术的发展将具有集成化和智能化的特色；GIS 工程和应用将向平台网络化和应用社会化的方向发展。

7.1.2 国内应用现状

我国虽然在 GIS 数据库的建设方面起步较晚，但发展势头迅猛。仅以农业建立 GIS 数据库为例，据农业部 2003 年年底提供的资料表明：目前在农业方面，农业 GIS 开发应用的有代表性的数据库有：中国农林文献数据库、中国农业文摘数据库、农副产品深加工题录数据库、植物检疫病虫草害名录数据库、农牧渔业科技成果数据库、中国畜牧业综合数据库、全国农业经济统计资料数据库、农产品集市贸易价格行情数据库、农业合作经济数据库等。我国还引进了世界 4 个技术先进的大型 GIS 数据库，即联合国粮农组织的农业系统数据库（AGRIS）、国际食物信息数据库（IFIS）、美国农业部农业联机存取数据库（AGRI-COLA）、国际农业生物中心数据库（CAB1）。这 4 种大型农业 GIS 数据库的引进，为我国广大农业工作者及时了解世界农业科学技术和生产动态，提供了大量的国际农业信息资源，同时也推动了我国 GIS 数据库技术的进步。以下简要介绍 GIS 数据库在国内应用的几个主要方面。

1. 地理空间数据管理中应用

以多种方式录入地理数据，以有效的数据组织形式进行数据库管理、更新、维护、进行快速查询检索，以多种方式输出决策所需的地理空间信息。目前流行的数据库管理系统，与 GIS 数据库管理系统在对地理空间数据的管理上，存在两个明显的不足：一是缺乏空间实体定义能力；二是缺乏空间关系查寻能力，这使得 GIS 在对空间数据管理上的应用日趋活跃。如 Arc/Info 在公路管理中的应用，Arc/Info在对市政设施管理中的应用。后者如北京某测绘部门以北京市大比例尺地形图为基础图形数据，在此基础上综合叠加地下及地面的八大类管线(包括上水、污水、电力、通信、燃气、工程管线等)以及测量控制网，规划路等基础测绘信息，形成一个测绘数据的城市地下管线信息系统。从而实现了对地下管线信息的全面的现代化管理。为城市规划设计与管理部门、市政工程设计与管理部门、城市交通部门与道路建设部门等提供地下管线及其他测绘部门的查询服务。

2. 空间查询和空间分析功能应用

为了便于管理和开发地理信息(空间信息和属性信息)，在建库时是分层处理的。也就是说，根据数据的性质分类，性质相同或相近的归并一起，形成一个数据层。这样GIS对单幅或多幅图件及其属性数据进行分析和指标量算。这种应用以原始图为输入，而查询和分析结果则是以原始图经过空间操作后生成的新图件来表示，在空间定位上仍与原始图一致。因此，也可将其称为空间函数变换。这种空间变换包括叠置分析、缓冲区分析、拓扑空间查询、空间集合分析(逻辑交运算、逻辑并运算、逻辑差运算)。这方面应用例子有很多。例如，在城市规划过程中，对城市中救护车、救火车的分布位置以及行车路线和控制的规划；如何安排多路警车交通路线，以保证在紧急时刻，在任意地方应至少能有一辆警车在事发后最短时间内赶到出事地点；在环境保护方面，对水土流失导致土地资源的破坏进行评价；在区域环境质量现状评价过程中，对整个区域的环境质量进行客观地、全面地评价，以反映出区域中受污染的程度以及空间分布状态；在地学方面，MapGIS在油气勘探中和在成矿预测中的应用，解决了肉眼所不能看见的深部构造问题和指明矿产的远景区。

3. 属性数据的综合及融合应用

在现有的GIS中，属性数据只是用于检索和查询，或进行简单的统计，难以深入的分析，难以发掘隐含在其中的模式和规律。在众多项的属性数据中，有时将几个属性项的属性数值加以综合，构成一个具有某领域特定意义的新属性项新属性值，这种综合不是综合前属性数据值的简单反映，也不是它们的孤立集合，而是经过某领域研究人员深思熟虑的综合分析，用数量表示某领域问题的综合概念和结果特征。国家科委“九五”攻关项目“紧缺矿产资源开发评价系统”中，对研究区进行合理网格大小划分后，利用GIS空间数据分析功能，求得每个网格单元的各地层、岩体、脉体的面积及相应的面积百分数、各断裂的长度、方向等众多的属性数值。在此基础上，用具有特定意义数学模型计算出三个综合属性值，分别为相对熵、断裂的优益度和中心对称度；用相对熵来考查围岩蚀变组合特征与矿化的关系；在以构造为主要控矿因素的内生矿产中，用断裂的优益度来评价每个网格单元是否有利储矿；用中心对称度来研究和圈定古火山机构、小型等轴状隐伏侵入体等具有放射状断裂体系的环形构造。

数据融合的概念始于 20 世纪 70 年代，但直接促其迅速发展的是 90 年代以后，最初以军事应用为目的的数据融合技术现今亦用于工业和农业。我国在开发国家科委“九五”攻关项目“紧缺矿产资源开发评价系统”中，引进数据库融合技术，融合 GIS 的属性数据，进行地质异常单元的圈定与评价。利用 GIS 数据库强大的显示功能，显示其结果。在开发国家科委九五攻关项目“紧缺矿产资源开发评价系统”中，如前面所述，求出各网格单元的各属性项的属性数据值（即各变量值），在数据融合前，必须统一量纲、把定性数据定量化，然后筛选出独立、有用的变量（包括综合变量），选择相应的数学模型（包括定量模型、定性模型和定量定性混合模型）和模型单元，确定地质异常临界值大小，根据它对未知单元进行异常圈定和异常评价，最后利用 GIS 其显示结果。通过 GIS 空间叠加分析，对其属性数据值的预处理、筛选、数据融合，利用 GIS 数据库管理、显示，使其结果的应用范围与利用价值大大提高。

在 2004 年沈阳市绿地信息系统的规划中，系统的属性数据库采用 SQL Server 数据库，其结构根据沈阳市城市建设管理局《绿化统计年报表》设计，地理对象的基本单位为绿地和街路，绿地的分类标准采用 2002 年建设部最新颁布的《城市绿地分类标准》(CJJ/T 85—2002)，系统所管理的属性数据分为 20 个表，各表间存在复杂的多对一关联关系。系统的地图数据库采用 MapInfo 表，该表只保存 1 个字段，在地图数据库和外部数据库的连接上，采用唯一字段连接的方法，将已存的地图对象信息库与对象地理数据库相联系，在信息数据库中，每个对象都有唯一的 ID 值。即先在地图上标注这些绿地或街道的地图对象，再将绿地或街道和对应的 ID 值存储在地图数据库中。

GIS 在 20 世纪 90 年代才进入用户时代，是一个新兴的学科。虽然数据库已是一门成熟的技术，但在 GIS 数据库建设中，仍存在许多问题值得注意和重视，尤其是我国也是在近几年才发展比较快，所以在各城市的应用中出现一些普遍存在的问题，这些问题在我国 GIS 数据库的建设中应得到高度重视。其主要表现在以下几个方面。

(1) 投入比例失衡问题

数据库是 GIS 的基础，也是整个 GIS 系统建设的重要内容，这是因为数据库建设是人力、物力和时间资源的高额投入而又在短时间内难以见效的系统工程。在国外，GIS 建设的投资比例是硬件：软件：数据库＝1：2：10。据了解，在国内的城市信息系统建设中，GIS 数据库的投资比例也相当高。一般地，GIS 数据的建设速度制约着 GIS 的建设速度，在 GIS 通用软件基础上进行二次开发已经完成，应用界面已做好，等待的只是数据，“深圳市城市规划与国土信息系统”的第一期子系统便是一例。决策者们对城市 GIS 建设中的高额投入的认识，是决定该系统建设是否成功的关键所在，因为数据库建设的费用以百万计的巨额投入及短期难以见效的反差，往往令人难以接受。

(2) 数据的现时性问题

现时性反映了数据内容的时间内涵，数据库中的数据应及时反映出现实世界当前的地理特征。度量现时性的指标一般是指新的地理特征出现后需多长时间能加入到数据库中；老的地理特征消失后需多长时间能从数据库中去掉。我国数据库的现时性问题比较严重，特别是在近几年每年的变化都很大，属性变动频繁的情况下，空间数据和属性数据的更新与维护任务尤显繁重。必须建立数据更新的可持续发展机制，以保持数据库的生命力。

(3) 数据采集和上传问题

数据采集是一项长期和艰苦的工作，北京植物园曾用肩背式移动工作站在植物内采集数据，可以大大提高工作效率，但这种方式对硬件设备、技术、人员素质的要求都很高，不是仅仅拥有一部手持 GPS、在短时间内就可以完成的，对于我国大部分地区来讲，目前人力、物力及决策者的认识水平上尚不具备移动工作站式调查的条件。传统手工调查无法保证数据质量和精度，这些与调查者的责任心有很大关系。

在社会高度信息化、数字化的时代，在我国大部分地区建立 GIS 数据库是迫在眉睫的任务。GIS 数据库更新是当前 GIS 研究中急需解决的问题，努力提高我国的生产力水平，将会带动我国的科研技术的提高，同时也将推动我国 GIS 数据库的发展，迎来 GIS 快速发展的春天。

7.2　Open GIS 标准与 GIS 互操作

许多年以前的 GIS 系统已经被当成一个独立系统建立起来了，这种系统可以获得高性能，但当这些由不同的 GIS 软件平台构成的系统建成时，它们之间就存在了异构性。为实现空间信息的共享和空间信息服务的互操作，需要建立开放的体系结构和规范化的接口标准来达到互操作的需求。

OGC 就是为进行这一工作而组织成立的，在它的设想中认为，通过遵循 Open GIS 规范，地理信息处理在分布式的计算环境中可以获得开放性与互操作性的好处。

7.2.1　Open GIS 标准

开放的地理信息互操作规范(Open GIS)是 GIS 标准规范，它对 GIS 的体系结构作了全面的描述。从操作系统到客户端应用可分为六个层次：应用服务、共享领域服务、公共设施服务、分布式计算与对象服务、平台服务、外部实体服务，其中空间数据操作服务作为共享领域服务的一部分，描述了基本的空间数据操作功能，如空间数据建模、空间实体操作、空间查询、地图影像操作、坐标系管理等。空间数据引擎将空间实体操作、图层管理、数据交换、空间参考系等核心功能集成起来形成功能模块，对外提供调用接口，从而使外部应用自动获得空间数据操作的功能。

开发者用开放 GIS 规范的界面建立系统的过程中要开发一些过渡软件、组件软件和能处理所有类型地理数据和具有地理数据处理功能的应用软件。这些系统的用户可以共享一个巨型的网络数据空间，数据可以在不同的时间由无关的组织用不同的方法为不同的目的采集的，也可以处于早期的控制系统之下。具有开放 GIS 规范统一界面系统中的地理数据可以被其他所有具有开放 GIS 规范统一界面的软件访问。

Open GIS 联盟多年来致力于 Open GIS 并且制定了一套支持 Open GIS 的开放的地理数据互操作规范 OGIS(open geographic interoperable specification)。这些规范为软件开发者提供了框架，根据这些框架开发的软件可以使它们的用户在一个开放信息技术的基础上通过一般的计算界面就可以访问和处理不同来源的地理数据。按照 OGIS 所定义的 Open GIS 基本要求如下：①互操作应用环境。用户工作台是可配置的，以充分利用特定的工具和数据来解决应用问题。②共享数据空间。支持多种分析和制图应用的通用数据模型。③异质资源浏览器。用户从网络获取信息和分析资源的方法与传统的 GIS 相比，OGIS 建立起通用的技术基础以进行开放式的地理信息处理。

全球信息社会正迅速地发展，Internet 和其他计算机网络为数以亿计的用户提供刚刚起步的数据源和服务器的访问。这一技术为大多数地理数据和地理处理源的用户带来了极大方便。大型组织通过广域网集成地理数据和地理处理源，小型组织也一样。在桌面环境中，不同地理数据和地理处理源必须集成到有用的工作中。开放 GIS 规范方便了网络环境和桌面“复合文档”环境的集成。十年内，成千上万个 GPS 装置将被安装在汽车、移动电话、商务通、个人定位器、农业和推土设备、航运集装箱。基于开放 GIS 规范的专用设备将辅助 GPS 装置的利用。

归纳起来 Open GIS 标准具有以下这些特点：

1）可互操作。开放 GIS 规范为地理数据和地理处理服务器提供了标准的界面，这些界面可应用于独立系统或通过互联网支持并支持地理数据间的访问、分布客户服务器地理处理操作和分布一对一的网络地理处理操作。

2）信息协会的支持。开放 GIS 规范为共享通用地理属性词典协会内部的用户和采集者间以及使用的地理属性词典不一致的用户和采集者间的数据共享提供了可能。

3）普遍性。开放 GIS 规范为所有信息技术应用软件提供了通过标准界面和协议使用开放 GIS 服务器的方法。

4）可靠性。分布式地理处理要求高水平的管理功能和集成性，开放 GIS 规范提供一个技术框架支持开放 GIS 特定方案，是开放 GIS 基础软件的购买者提供交互性的可靠保证。

5）便于使用。基于开放 GIS 规范的软件为地理数据和地理处理服务器采用的是统一合理的规则，应用软件的开发者不必害怕地理数据和地理处理的复杂性。

6）可移植。开放 GIS 规范独立于软件环境、硬件平台和网络。开放 GIS 规范软件一般具有“即插即用”的组件式地理处理软件，无论数据库大小，它都可配置到任何地理处理应用软件或标准计算环境中。

7）共用。开放 GIS 规范支持共享的计算和共享的数据源。

8）可扩充。开放 GIS 规范可以兼容新的地理处理软件和地理数据类型，对新技术毫无排斥，相反开放 GIS 规范正是依赖于这些新技术的，如分布式计算平台。

9）兼容。开放 GIS 规范为用户提供了无缝集成技术，保护了用户在传统数据和软件上的投资，现有地理处理软件和地理数据以及相关的信息技术与开放 GIS 地理处理软件对用户来讲在某种形式上是透明的。同时，开放 GIS 规范是兼容的，与支持信息技术不重复，尤其是分布式计算平台和数据库管理系统。

7.2.2　GIS 互操作

随着现代科学技术的迅速发展，GIS 越来越广泛的运用到各个领域，并随之出现了许多优秀的 GIS 软件，它们各具特色，在数据格式、数据处理、数据显示等方面都有独到之处，因此被不同的单位、部门应用。特别是随着网络、通信技术的迅速发展及 Internet 的出现，大量的异构分布式数据库中数据需要处理。各个不同的 GIS 软件之间，以及异构分布式数据库的数据共享被提到议事日程，GIS 中的互操作成为 GIS 研究领域的一个重要分支。

1. GIS 互操作的概念

数据转换方法仅仅是从数据角度考虑互操作，是数据的集成，而没有考虑数据处理方面，因此还不能达到真正的互操作。GIS 互操作是在异构数据库和分布计算的情况下出现的。对系统而言，系统能彼此更安全地获取和处理对方的信息；对用户而言，用户能方便地查询到所需的信息，并能方便地使用各种不同类型和格式的数据；对信息管理者来说，他们能很好地管理信息，为用户服务，并将资源充分地提供给用户。

在 GIS 领域，对互操作仍然具有不同的理解。在《计算机辞典》中，将互操定义为两个或多个系统交换信息并相互使用已交换信息的能力，它是衡量软件质量的一个重要指标，指一个系统接收和处理另一系统发送的信息的能力，反映该系统是否易于与另一软件系统快速接口。

1996 年 UCGIS 则认为互操作通常指自底向上将已有系统和应用集成在一起,它不是简单集成而是系统地组合,并需要多种 DBMS 和应用程序的支撑。

ISO/TC211 认为若两个实体 X 和 Y 能相互操作,则 X 和 Y 对处理请求 Ri 具有共同理解,并且如果 X 向 Y 提出处理请求 Ri,Y 能对 Ri 做出正确反应,并将结果 Si 返回给 X。OGIS 互操作性的定义是指系统或系统的构件的可扩展性,以及互相应用和协作处理的能力。

由此看出:互操作性强调将具有不同数据结构和数据格式的软件系统集成在一起共同工作。实际上,GIS 互操作在不同的情况下具有不同的侧重点,强调软件功能块之间相互调用时称为软件的互操作;强调数据集之间相互透明的访问时称为数据的互操作;强调信息的共享,在一定语义约束下的互操作称为语义的互操作等。一般地说,GIS 互操作是指不同应用(包括软、硬件)之间能动态地相互调用,并且不同数据集之间有一个稳定的接口。

2. GIS 互操作的实现状况

有一些比较活跃的 OGC 成员已经开始进行有关的实验,并在自己的软件产品中融入 Open GIS 规范,经过几年的努力,一些公司已经取得了一些成绩。ESRI 公司是较典型的代表,它在互操作解决方案中,针对三种不同的实施规范都有相应的产品予以支持,包括基于 SQL 的 SDE、基于 Internet 的 Arclns 等,Intergraph 公司将 GeoMedia 和 SICAD Geometics 联合,用统一的 OGIS 接口实现了地理信息的在线互操作。

3. GIS 互操作的困难

OGC 制定的互操作规范是实现地理信息共享的最有力的工具,同时应注意到,每年的 OGC 成员会议几乎都会有一些提案对已有的一些规范提出修改意见。当前 Open GIS 众多的技术规范还没有完全定型,OGC 成员对这些规范的实施积极性和实施程度有区别,互操作规范的推广和实现在时间上不能有一个明确的期限,这在一定程度上会影响成员和 GIS 用户的积极性。

4. GIS 互操作的层次结构

Bishr(1997 年)、Buehler 和 Mckee(1996 年)以及 Voisard 和 Schweppe(1998 年)都描述了 GIS 互操作的层次结构。Bishr 从网络设计者、操作系统设计者、软件应用工程师、用户及企业等角度来分析,将 GIS 互操作分为六个层次:网络协议、文件系统、远程过程调用、查询和获取数据、GIS 以及信息群。Buehler 将 GIS 互操作分为八个层次:网络、分布计算环境、数据存储、中间件、工具、应用、企业和信息群。可以看出,两种划分尽管具有不同的层次,但本质上是相似的,都可以将它们归纳到技术、应用和企业这三个不同的层次上。

从应用的角度出发，GIS 互操作应当强调在语义层次上的互操作，为了突出在互操作中语义的重要性，我们在上述三个层次的基础上将互操作进一步分为技术、数据、语义和企业四个层次。

如表 7.1 所示，网络、硬件、软件是指从技术上如何实现 GIS 互操作，它包括：网络协议、文件系统传输、远程过程调用、分布计算平台、软件规程等，它们的正确配置是实现 GIS 互操作的基础。

表 7.1　互操作的层次结构及其支持

<table>
<tr><th colspan="2">层次结构</th><th>支持</th></tr>
<tr><td>企业</td><td>信息</td><td>立法、政策、规范、标准、元数据等</td></tr>
<tr><td>应用</td><td>语义</td><td>标准、语义数据模型、规程、元数据等</td></tr>
<tr><td rowspan="2">数据</td><td>GIS 软件</td><td rowspan="2">DBMS、标准、规程、元数据等</td></tr>
<tr><td>数据库</td></tr>
<tr><td rowspan="2">技术</td><td>软件和网络协议</td><td>规程、协议、标准等</td></tr>
<tr><td>硬件和网络</td><td>标准、分布计算等</td></tr>
</table>

数据库和 GIS 层实现不同系统之间数据上的互操作，但是真正的信息互操作不仅仅应该是数据互操作，更应该是语义及含义上的互操作，客户对数据和处理资源的访问是实时的，并且所获得的结果是可以预测的。

企业层是 GIS 中最高层次的互操作，实际上也就是我们通常所称的信息共享。它包括企业之间和信息部门之间的互操作，涉及政策、法规、经济等因素。

5. GIS 互操作的基本组成

根据定义，GIS 互操作的基本结构如图 7.1 所示。一个 GIS 互操作事务完成的基本过程是：

1）在共同的网络协议（如 TCP/IP）及分布计算平台上，系统 A 向系统 B 发出请求 q，请求 q 的结构要满足规程 S 的要求；

2）系统 B 处理该请求；

3）在共同的网络协议及分布计算平台上，系统 B 将处理结果 r 返回给系统 A，r 的结构也必须符合规程 S 的要求。

从图 7.1 可知：决定一个互操作事务成功和失败的关键是在结构和语义上连接两个系统的规程，规程保证了发出的请求 q 和返回的结果 r 能被双方理解。在 GIS 互操作中，规程决定了互操作系统之间的通信协议，从一定意义上讲，规程是 GIS 系统之间互联的协议。在具体实现时，通常采用 Client/Server 或模式集成等思想。

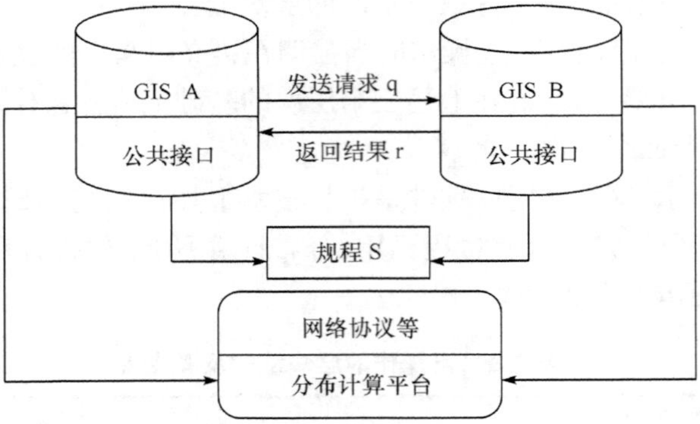

图 7.1 GIS 互操作的基本组成

7.3 GIS 数据库进一步研究探讨

7.3.1 空间数据仓库

数据仓库是 20 世纪 90 年代初提出的概念，到 90 年代中期已经形成潮流。它的目标是达到有效地决策支持。数据仓库技术解决了拥有大量业务数据，却很难及时有效地提取分析决策所需要的信息这一问题，能有效地组织大量数据，维护数据的一致性，方便用户访问。借助联机分析处理(online analysis processing, OLAP)技术，数据仓库技术为决策分析人员有效地组织信息提供了方便，使他们能通过数据仓库系统，做出正确的决策分析。世界上最早将数据仓库理论与技术引进 GIS 领域，并逐渐形成空间数据仓库理论与技术的贡献者是美国的 Edwards 教授和美国的 ESRI 公司。空间数据仓库就是将数据仓库与 GIS 结合的技术，这是当前 GIS 界的一个研究热点。

1. 空间数据仓库概念

(1) 数据仓库

数据仓库并不是一个新的平台(它仍然建立在数据库管理系统基础之上)，而是一个新的概念。数据仓库概念创始人 Inmon 把数据仓库定义为:数据仓库是支持管理决策过程的、面向主题的、集成的、稳定的、不同时间的数据集合。

(2) 空间数据仓库及特征

空间数据仓库就是实现对分散的、各自独立的现有多种地理 GIS 数据库系统进行统一集成和管理，形成用户获取测绘数字产品的统一模式、界面和标准，然后按照相应的主题查询数据仓库得到多种测绘数字产品，再根据用户需求通过各种专业模型关联多种专题信息，从多维角度进行分析，满足用户空间辅助决策分析信息的需求。空间数据仓库对于决策用户来说是透明的，用户无需了解系统的内部结构及数据的来源和组织方式，而只需通过空间数据仓库系统提供的统一的界面，进行面向主题的信息查询和分析。空间数据仓库具有以下几个特征：

1）面向主题。传统的 GIS 数据库系统是面向应用的，只能回答很专门、很片面的问题，它的数据只是为处理某一具体应用而组织在一起的，数据结构只对单一的工作流程是最优的，对于高层次的决策分析未必是适合的。空间数据仓库为了给决策支持提供服务，信息的组织应以业务工作的主题内容为主线。主题是一个在较高层次将数据归类的标准，每一个主题基本对应一个宏观的分析领域。

2）集成性。空间数据仓库是为决策提供支持服务的，它的数据应该是尽可能全面、及时、准确的，为此空间数据仓库以各种面向应用的 GIS 系统为基础，通过元数据刻画的抽取和聚集规则将它们集成起来，从中得到各种有用的数据。由于空间数据仓库的数据是来自于多数据源的，存在着数据冗余及格式的不统一等问题，不能把这些数据直接搬入空间数据仓库，而应该对其进行增值与变换，根据主题的分析需要，对数据进行必要地抽取、清理和变换，以提高数据的可用性。空间数据仓库的建设过程中最关键、最复杂的工作就是将分散在众多数据源中的数据，按照面向主题的要求集成到空间数据仓库中来。

3）综合性。数据库中积累了大量的细节数据，用户并不对细节数据进行决策分析。应按面向主题的要求将细节数据进行综合，再进到空间数据仓库中来。

4）时间相关性。自然界是随着时间而演变的，事实上任何信息都具有相应的时间标志。为了满足趋势分析的需要，每一个数据必须具有时间的概念。这也符合 GIS 向时空系统方向发展的趋势。

5）面向空间。自然界是一个立体的空间，任何事物都有自己的空间位置，彼此之间有着相互的空间关系，因此任何信息都应具有相应的空间标志。一般的数据仓库是没有空间维数据的，不能做空间分析，不能反映自然界的空间变化趋势。这也是空间数据仓库与一般的数据仓库之间的显著差别，即空间数据仓库应该是面向空间，应用于空间分析的。

2. 空间数据仓库体系结构

空间数据仓库是储存、管理空间数据的一种组织形式，由于使用目的不同，其存储的数据在量和质以及前端分析工具上与传统 GIS 应用系统有所不同。空间数据仓库按照功能分为以下几部分。

（1）源数据

空间数据仓库为了支持高层次的决策分析需要大量的数据，这些数据可能分布在不同的已有的应用中，存储在不同的平台和数据库中。空间数据仓库的基本数据源来自国家空间基础设施框架数据，包括大地测量控制网、数字正射影像、DEM、交通、河流、行政边界、地籍信息等数据，也包括特定应用领域的专题要素信息。可以通过卫星影像、观测数据、扫描、数字化和现有的不同平台的数据等方式获得。空间数据的采集、分发和管理，一般采用通用 GIS 软件模型进行处理。

(2) 数据变换工具

为了优化空间数据仓库的分析性能，源数据必须经过变换以最适宜的方式进入空间数据仓库。变换主要包括提炼、转换、空间变换。数据提炼主要指数据的抽取，如数据项的重构、删去不需要的运行信息、字段值的解码和翻译、补充缺漏的信息、检查数据的完整性和相容性等；数据转换主要指统一数据编码和数据结构、给数据加上时间标志、根据需要对数据集进行各种运算以及语义转换等；空间变换主要指空间坐标和比例尺的统一、赋予一般数据空间属性。数据转换工具为数据库和空间数据仓库之间架起了一座桥梁，使源数据得到了增值和统一，最大限度地满足了空间数据仓库高层次决策分析的需要。元数据是数据仓库的核心，它是关于数据的数据，定义了数据的存储模型和数据结构以及转换规则和控制信息等。

(3) 空间数据仓库

源数据经过变换进入空间数据仓库。空间数据仓库以多维方式来组织数据和显示数据，维是人们观察现实世界的角度，但多维数据库中的维并不是随意定义的，它是一种高层次的类型划分。为了获得较高的系统性能，维屏蔽掉了许多原始数据，决策分析所需的综合数据预先已被统计出来放在其中。空间维和时间维是空间数据仓库反映现实世界动态变化的基础，它们的数据组织方式是整个空间数据仓库技术的关键。在实际分析过程中，可按需要把任一维与其他维进行组合，以多维方式显示数据，供人们从不同角度来多方位地认识世界。空间数据仓库的数据组织方式可分为基于关系表的存储方式和多维数据库存储方式。基于关系表的数据模型主要有星型和雪花模型；多维数据库数据模型主要是超立方体结构模型。空间维数据的具体表现形式为空间对象的名称和指向空间对象的指针。空间数据仓库的大多数计算分析主要集中于空间多边形的融合和分离。

(4) 客户端分析工具

空间数据仓库的目标是供决策支持，它不仅需要一般的 GIS 查询和分析工具，更需要功能强大的分析工具，它是空间数据仓库的重要组成部分。客户端分析工具按照功能可以划分为查询型、验证型、挖掘型，主要采用旋转、嵌套、切片、钻取和高维可视化分析技术，以多维视图的形式展现给用户，使用户能直观地理解、分析数据，进行决策支持。

根据这一思想，可以将空间数据仓库系统体系设计，如图 7.2 所示。

测绘数据库系统处于空间数据仓库系统的最底层(底层虚线部分)，这些测绘

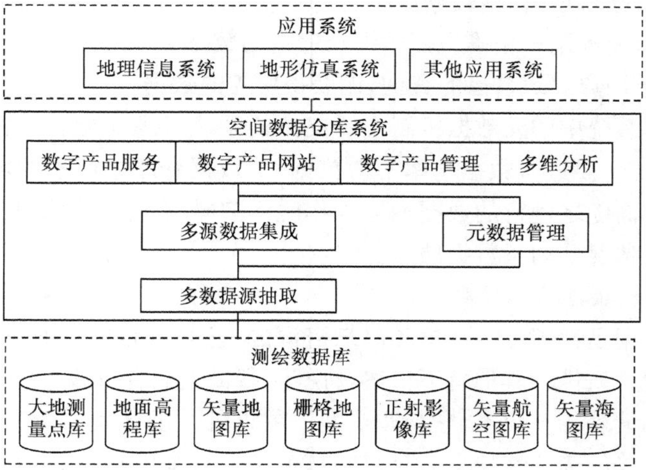

图 7.2　空间数据仓库结构

数据库分别由不同的单位在不同的时间研制出的软件系统或采用商品化软件系统进行管理，它们各自独立，形成了各式各样的异质异构测绘数据库系统，它们为空间数据仓库提供数据源。应用系统处于空间数据仓库系统的最上层(顶层虚线部分)，它通过一个标准的接口从空间数据仓库中提取测绘数字产品为多种应用系统服务。这些应用系统包括 GIS、地形仿真系统以及其他应用系统等。空间数据仓库处于测绘数据库系统和应用系统的中间，它从测绘数据库系统抽取数据，经过空间数据仓库的集成、融合，提交给应用系统使用。因此空间数据仓库实际上就是一个多源数据的共享和处理机制。在该机制中，用户通过空间数据仓库这个统一的界面访问多个测绘数据库，最终获取单个或集成的测绘数字产品。

3. 元数据

(1) 数据仓库中的元数据

元数据是联系数据仓库各部分的纽带，其内容反映数据仓库存储的数据内容及其与数据源之间的关系。元数据实现是数据仓库技术实现的核心，其组织管理、功能的实现与数据仓库的成功应用有直接的关系。元数据技术必将成为分布式信息计算的核心技术之一。通过元数据库，数据管理员可以实现对数据仓库的全面管理维护，终端用户可以对仓库数据的内容有一个系统的了解。在系统环境中，元数据几乎代表了整个数据仓库系统的逻辑结构，数据仓库中元数据的作用主要有以下五个方面：

1) 把数据源系统映射到数据仓库中的表。

2) 记录关于数据抽取、转换和装载的过程的信息。

3) 记录数据整理(包括数据更新、转存等操作)的有关信息,如时间安排等。

4) 有助于业务用户正确识别数据仓库中的数据。

5) 有助于用户组织自己的查询,以获得所需的数据。

数据仓库系统中的元数据机制主要支持的系统管理功能有:描述哪些数据在数据仓库中、定义要进入数据仓库中的数据、从数据仓库中产生的数据、记录根据业务事件发生而随之进行的数据抽取工作时间安排、记录并检测系统数据一致性的要求和执行情况及衡量数据质量。

(2) 地理元数据信息提取

地理元数据是地理相关数据和信息资源的描述性信息,它通过对地理空间数据的内容、质量、条件和其他特征描述与说明,帮助人们有效地定位、评价、比较、进行获取和使用地理相关数据,它与非空间元数据的主要区别在于其内容包含大量与空间位置有关的描述性信息。对空间数据某一特征的描述为空间元数据项,某一空间数据的所有元数据项构成一个元数据记录。空间元数据是一个由若干复杂或简单的元数据项与记录组成的集合。采用 Arc/Info 提供的 Map Objects,可进行信息自动提取,这为系统数据的使用提供了一个理想的接口。Map Objects 是一个提供制图与 GIS 功能的 OLE 控件,它包含多个可编程 OLE 对象。Map Objects地图控件可以直接插入到许多标准开发环境的工具集中。可通过属性页操纵地图,这些属性页是在诸如 VB 之类的开发环境中建立的,或者通过其他程序化相关对象来控制地图。这些对象为应用开发人员提供了有力的制图与 GIS 功能支持,为 Map Objects 可自动提取的元数据内容。通过对 Map Objects 的对象和元数据内容标准内容项的比较,可发现元数据内容标准中的标识信息、数据质量信息、空间数据组织信息、空间参考信息、实体和属性信息中涉及空间数据位置、状态、描述方面的信息可通过该接口获得,实现自动提取。

(3) 地理元数据查询

元数据查询是元数据软件的基本功能,也是数据仓库功能实现的基本环节,对于元数据查询,FGDC 定义了元数据最小查询集,即由 What、Where、When、Who、Why 和 How 六部分组成(表 7.2),每一部分又详细定义了一个查询项所必需的内容。元数据查询用到全局索引和本地索引,其中全局索引负责站点的管理,解决搜索算法中如何快速找出与要查询数据相关的站点的问题以及加入站点的便宜性问题。本地索引是对本地单个元数据库中各个类型的元数据按照最小查询集内容进行的索引。

表7.2 元数据最小查询集与相应元数据内容对照表

查询项	查询项内容	对应元数据内容
What	主题(subject)	标识信息、空间数据表示信息
	规格(size)	空间数据表示信息、发行信息
	分辨率(resolution)	数据质量信息、空间参照信息
Where	空间范围(bounding coordinates)	标识信息
	位置(place)	标识信息
When	数据集时间范围(data set time period)	标识信息
	数据源有效时段(source time period)	数据质量信息
Who	出版者(publisher)	标识信息
	生产者(producer)	标识信息
Why	目的(purpose)	标识信息
How	格式(format)	发行信息
	价格(cost)	发行信息
	使用限制(use constraints)	标识信息

4. 空间数据仓库发展

空间数据仓库产品的研制已得到蓬勃发展,目前已出现一些成熟的空间数据仓库产品,但只有美国、加拿大等很少数几个发达国家具备研制空间数据仓库产品的能力。美国的ESRI于1998年在世界上首先推出了空间数据仓库产品ARCSDE。美国的MapInfo公司于1998年在世界上推出了其空间数据仓库产品Spatial Ware 。美国的Intergraphy公司于1998年在世界上推出了其空间数据仓库产品GeoMedia。美国最大的软件公司Microsoft于1999年在世界上推出了其空间数据仓库产品TerraServer。于1996年成立的加拿大CubeWerx公司,推出了自己的拳头产品空间数据仓库CubeSTOR。空间数据仓库理论、技术及产品已在许多领域取得较为明显的经济效益,尤其在美国,空间数据仓库理论与技术已在许多领域取得实质性应用。美国正在启动一个空间信息处理项目(earth overview system,EOS),该项目的主要组成部分之一就是基于空间数据仓库的空间数据联机分析和空间数据挖掘的研究。美国纽约的长岛铁路系统是全美最大的由计算机控制的铁路系统,它建立了一个全企业范围内的空间数据仓库,用于为每个部门提供详细而精确的铁路基础设施信息。美国缅因州交通部建立了一个空间数据仓库,它将数据仓库和GIS技术完美地结合在一起,用于全部门信息的快速查询、分析和报告。美国还有许多部门正在建立自己的空间数据仓库,另外加拿大、苏格兰、澳大利亚等国家正在使用空间数据仓库技术。将空间数据仓库理论与技术引入到我国是 20 世纪 90 年代末期，北京大学遥感与 GIS 研究所在空间数据仓库学术方面做了不少工作，走在全国的前列。该所承继成、李琦、杨超伟等教授近几年在中国图象图形学报、北京数字地球国际学术会议上发表了几篇有关空间数据仓库论文，这些论文的发表开创了我国空间数据仓库理论与技术研究的新局面。但是，我国不具备研制空间数据仓库产品的实力，使用的都是美国的 ArcSDE、Spatial Ware、GeoMedia 等空间数据仓库产品。由于空间数据仓库理论与技术刚刚引入我国，因此空间数据仓库在各领域的应用实例还很少见。

空间数据仓库技术不论从理论上还是实践上都展示出在 GIS 系统中的巨大价值，它的目标是支持数字地球发展、空间数据集成、空间决策支持发展的需求。目前空间数据仓库技术远未发展成熟，仍有巨大的研究发展空间。应加强对空间数据仓库技术的研究，使我国的空间数据仓库研究与建立迈上一个新台阶，以支持我国空间数据基础设施建设。

7.3.2 智能 GIS 数据库

1. 智能 GIS 数据库的内涵

GIS 数据库由数据库软件、数据存储硬件、数据和数据库管理系统 DBMS 组成。智能 GIS 数据库是 GIS 智能化发展的一部分，主要是指在 GIS 智能化过程中，数据库技术方面的智能化发展，数据库与空间分析、可视化显示等部分的智能化发展，共同构成了 GIS 发展的智能化。由于数据库是 GIS 系统中非常重要的一部分，也是基础支持部分，因此 GIS 数据库的智能化在整个 GIS 智能化的过程中往往最先受到关注，优化数据库数据的存储、管理、查询、分析，数据库知识子库、模型子库的建立成为构建智能 GIS 系统的重要组成部分。

2. 20 世纪 90 年代以来 GIS 智能化研究的进展

20 世纪 90 年代初 GIS 的智能化研究内容主要包括四方面：①地理信息的模式识别。地理信息的模式识别包括统计模式和结构模式识别，统计模式识别的功能就是对卫星、航空影像或人口统计数据进行分类分级，变换成计算机可以接受的数据形式。如目前研究得较多的图像理解和计算机遥感图像分类等。地理信息结构模式识别的功能，就是对地图上表达地理要素的图形及其相互关系进行识别、结构化，以变换成计算机可以接受的数据形式，如自动识别山岭、河流、桥梁、居民地、汉字等。有人提出了一种识别汉字的软件匹配法。它虽然不能解决全部汉字识别问题，但可以作为汉字识别的预处理过程，可处理汉字识别过程的小形变问题，这也是该方法优于其他以图形匹配为基础的汉字识别方法的特点。②地理信息数据库管理。在地理信息数据库管理方面，主要是将智能化检索、自然语言理解、学习、推理等功能应用在地理数据库管理中。③地理决策支持系统。在地理决策支持方面，主要是将决策支持系统引入 GIS，以供决策者使用。④地图生产与专家设计系统。在地图生产与设计方面，智能化主要表现为地图学基础选择（如地图投影）、地图设计（符号、色彩、图名、图边等）、地图制图综合、地图印制方案选择。

根据我国 863 智能计算机系统主题项目发展计划纲要的规定，到 2010 年要实现的最终战略目标是研制成具有中国特色的高智能计算机系统。这一系统的主要特点是：具有计算、感知、记忆、推理与学习等功能；具有能以汉语语音、汉字图形和图像与系统交互的和谐人机环境；具有较丰富的软件设计与生产能力和智能应用系统的开发环境。

3. 当前智能 GIS 数据库研究热点

随着人工智能技术的发展和应用，智能 GIS 数据库的研究也得到了新的发展。进入 21 世纪以后，GIS 经过了 40 年左右的发展期（国内为 20 多年），智能 GIS 数据库将其自身的研究从地理信息、计算机科学本身扩展到了管理学、物理学许多学科领域。主要包括这几方面：

（1）数据库存储技术方面的智能化

GIS 是地理应用的必备技术辅佐，需要形成数字信息服务的智能与规模，在通过对各种不同技术手段获取的地理信息进行采集、编辑处理、存储，建成多种类型的数据过程中，需要建立高效的数据体系。随着数据类型的多样化，地理数据形式也在不断演进，于是多媒体 GIS 就应运而生。这些系统分为三维 GIS 和平面图形编辑系统。由于信息来源多种多样、数据类型丰富、信息量大，这种系统在数据的管理上采用了矢量数据和栅格数据等多种形式混合管理的数据结构，而且在任务上需要进行可视化操作，查询分析，图形输出等。因此现代化 GIS 对数据库数据存储就提出了智能化的要求。但随着地理应用的日益复杂，系统对数据存储产品与方案的应用要求越发严格，对提供存储与备份功能的磁带库产品及其解决方案更是如此。所以，作为承担数据存储与备份的生力军，磁带库就面临着重大的压力。在此方面，GIS 智能化希望磁带库能够为地理资源的勘探、开采、加工乃至运输等方面提供全面的数据保障与支持。具体而言，他们希望磁带库产品及方案必须具备灵活的扩展能力，能够随着客户的需求变化，动态地调整所采用的技术方案，同时需要磁带库可以充分发挥大规模的存储特性，为动态演进的地理数据提供大力支持。另外，由于地理系统需要跨空间、跨时间的协作，因此需要磁带库具备统一图形化远程管理和操作界面，便于管理远程监控磁带库，同时具备自我校准、在线更新微码、故障隔离、故障诊断和报警机制。而且，为了保障地理服务的连续性，最好是磁带中任何驱动器、控制器、电源和风扇模块必需可以热插拔，并且保证不影响主机系统的连续运行，从而保证地理数据的连续性，保障地理业务的顺利实施。这种存储智能化的需求,使得数据库存储技术面临着巨大的革新需求,在储存物理器材和数据物理结构上都需要进行改进和调整。

目前在这方面,全球领先的智能存储解决方案的提供商“ADIC”提出了一种较优的存储方案,它提供全面的磁带库存储,能够帮助地理系统实现经济高效的数据保护,保障长期高效的数据可用性。这些产品与方案中包括最新推出的智能化 Scalar i2000 磁带库、本机海量存储的 Scalar 10K 等磁带库产品及特性丰富的存储管理软件。

(2) 智能化决策支持系统:智能 GIS 数据库与专家系统的结合

GIS 发展的另外一个趋势,便是智能化的决策支持系统。传统的 GIS 主要侧重于解决复杂的空间数据处理与显示问题,数据分析能力相对来说比较薄弱。当前主要研究的重点在于开发具有一定智能的空间决策支持系统,它应该能够对结构化或非结构化的知识进行表达与推理。该系统应该以人工智能和知识工程作为知识表达和推理的手段;以软件工程作为系统开发和管理的工具;以空间信息系统作为数据处理和显示的基础框架,并使以上各部分以无缝衔接方式结合在一起,构成一个完整的系统——智能空间信息系统。

专家系统(expert system,ES)是人工智能与空间学、管理学的交叉科学,是管理专家经验数据的计算机软件,是管理专家的知识和利用知识对数据进行推理以得出具有一定专业水平的结论,它包括数据库、知识库和推理机三大部分。其中数据库是 ES 的数据管理模块;知识库是 ES 知识管理模块;推理机则是智能决策支持系统 ES 的推理控制策略的程序体现。ES 的核心就是将各分支学科的专家经验、现象加以指标化、量纲化,使问题走向定量化,所以专家系统是人工智能的一种应用。GIS 还存在许多局限。比如,不能表示知识、不能处理规则、不能进行启发式推理等;另外,许多空间问题不仅涉及大量图形计算和处理,也涉及经验知识的表示和处理,单靠 GIS 无法解决这些问题;GIS 与 ES 两者具有一定的互补性,它们的结合将有助于提高 GIS 整体功能。两者理想的结合方法是利用专家系统知识表示和推理机制等改造 GIS 内在的数据模型和数据结构,目前仍有一定的难度;另外一种方法是两者只是通过中间接口交互数据,并且拥有共同的界面。在这种结合中,GIS 用于基于 GIS 数据库的空间分析,专家系统用于基于知识库的启发式推理,两者实时的交换数据(集成方式如图 7.3 所示)。

(3) 智能化空间决策支持模型库

智能化空间决策支持模型库是以空间决策支持技术(SDSS)为基础,以模型为核心,以知识为驱动,集强大的模型管理、模型运行和智能分析功能于一身,将 GIS 与专业应用模型有机结合,无缝集成(如图 7.4 智能化模型库体系框架和图 7.5 智能化模型库流程所示)。SDSS 的发展使 GIS 系统的驱动机制发生了深刻的变化——从数据库及其管理系统的驱动机制转变成模型库及其管理系统的驱动机

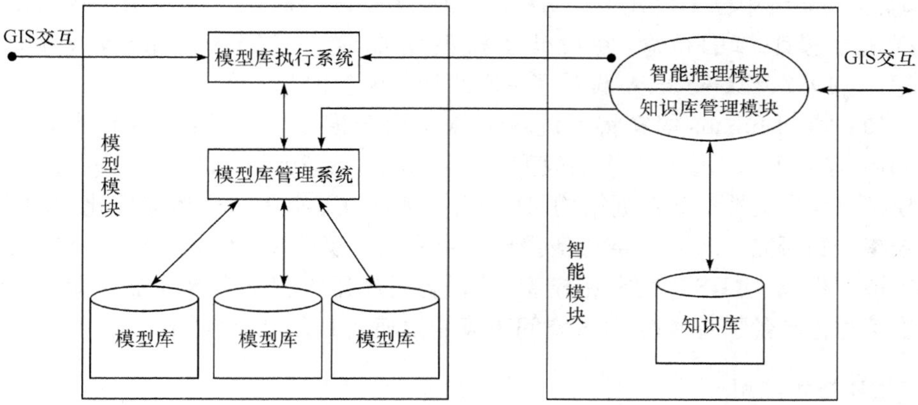

图 7.3　GIS 数据库与专家系统集成

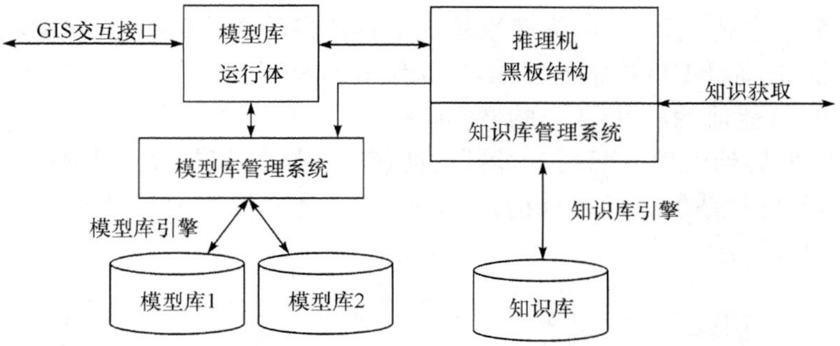

图 7.4　智能化模型库体系框架

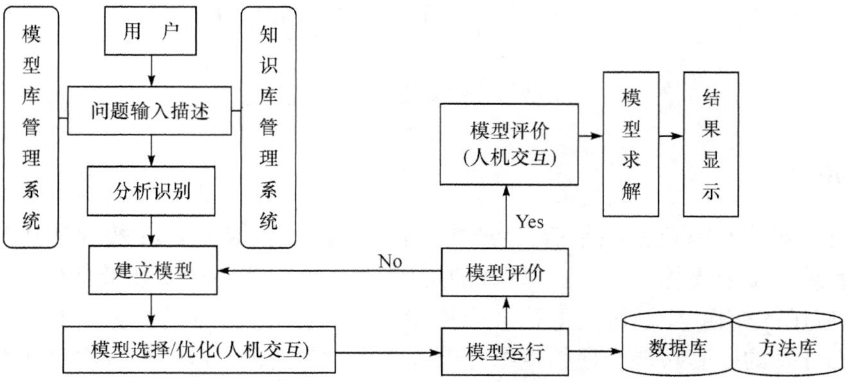

图 7.5　智能化模型库流程图

制,模型在系统中已不再处于从属地位,而成为系统的核心。1980年,Blanning首次提出了模型库的概念,并设计了模型库查询语言(model query language, MQL)。1987年,Geoffrion设计了一套结构化模型构造语言。

1988年,Muhana等又将系统论的概念用于模型管理系统;1993年,K. M. Vanhee建立了基于模型概念的模型运行环境系统。1996年,Wesseling设计了动态模型语言来支持空间数据结构,1999年,国内的王桥等对模型标准化问题进行了较深入的研究。2002年龚敏霞提出了智能化的模型库系统,在智能模型数据库的支持下集成了GIS应用分析模型,使得各类应用模型被高效地统一管理,并使得决策过程具备了智能性,GIS空间决策能力随之上升到新的台阶。

4. KDD技术应用

KDD(从数据中发现知识的技术)是隶属计算机学科范畴内的研究内容,是一种让机器能自我学习的技术。专家系统的引入只能说使GIS具有一定的智能性,但称不上为一个智能系统,因为专家系统不具备自动学习的能力,仅能利用原有的知识进行推导,而KDD技术的引入,使系统有自动学习的能力,能自动获取知识,使得GIS有可能成为一个真正的“智能系统”(图7.6)。从实际作用来讲,智能GIS数据库发展到引用KDD技术阶段,能使有限的知识扩充为无限的知识,数据可自动更新,更加精练。而目前应用KDD技术的方法主要是:归纳与演绎法、统计法和空间分析法。

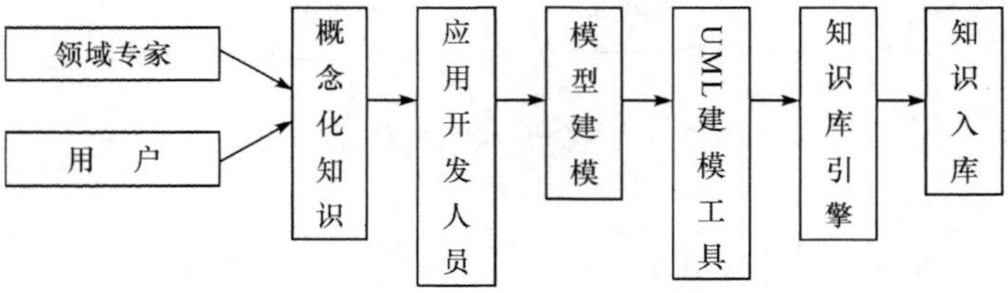

图7.6　知识获取处理流程

5. 应用实例

目前智能GIS已经在生活、生产中被广泛的运用,智能GIS数据库作为整个智能系统的重要支撑,也得到了广泛的运用,甚至独立为一个智能地理信息数据库系统,应用的交通、生活咨询等社会业务中。例如,广东省专门为公安交通指挥控制中心开发的一套智能交通信息综合管理平台软件(图7.7)。软件在城市数字化电子地图的主控界面下进行操作,在同一平台下集中实现路口信号灯控制、交通状况实时监控、交通诱导信息发布、交通流检测、闯红灯监测、车驾管及交通违章、事故管理、紧急事件救援等功能，并且系统资源可以在计算机网络上进行传递，实现多点、多方位、远程的现代化交通管理。

- ◆ 智能地理信息系统（EHL Smart GIS）
- ◆ 智能城市交通控制系统（EHL Smart UTC）
- ◆ 智能视频监控系统（EHL Smart CCTV）
- ◆ 智能交通数据采集分析系统（EHL Smart TFM）
- ◆ 智能可变标志系统（EHL Smart VMS）
- ◆ 智能全球定位系统（EHL Smart GPS）
- ◆ 智能紧急救援系统（EHL Smart EMS）
- ◆ 智能违章抓拍管理系统（EHL Smart PMS）

图 7.7　智能交通信息综合管理平台(CCS-ATMS)

智能 GIS(smart geographical information system，EHL Smart GIS)是针对公安交通指挥调度中的各种应用而开发的 GIS，也是公安交通指挥中心智能交通管理平台的基础，在此基础之上进行各种功能的集成和扩充。所有的操作都可以在电子地图上完成，使得系统的操作简单、直观。Smart GIS 与综合信息系统、指挥调度系统及其他各子系统相连，直观显示综合的交通地理信息，除具有传统的 GIS 系统的电子地图的全部功能外，还增加了多个指挥中心专用图层，用户可通过对专用图层操作对软件其他子系统信息进行调度和管理。该系统为公安交通管理宏观指挥调度及规划提供依据。

1）交通信息显示。分层显示道路、路口路段交通设施、重要场所、各级公安机关地理位置、交警警力动态等信息，具有图形无级缩放、漫游、平移、动态标注等功能。

2）定制视图显示。根据具体需要定制视图的显示属性，并可定制多种专题图。

3）地理信息查询。对以上信息能够按照警用标志、地名等名称及鼠标定位等多种复合手段进行查询，并显示详细信息。

4）信息维护。可增加、删除、修改各种地图对象。通过 GIS 电子地图对相关数据库进行维护。

5）事件触发机制。遇有预定的或突发事件，在地图中自动显示事件警报，并根据事件发生的地点，显示相关范围内的警力信息。

6）路径寻优。根据路网结构及当前交通状况找出两点间最佳路线，并与指挥调度系统结合使警用车辆能够快速到达现场。

广州市“广州指南”公交车查询系统便是智能 GIS 数据库独立应用的一个实例。该系统利用 Web GIS 技术，让用户通过互联网 www.gz33.com 查询广州市任何一条公交线路和任意两点之间的交通路径方式，用户只要在网页中输入框中填入起始点和终点，系统将首先识别离用户输入地点最近的公交站点，再搜索出从该站点到达用户目的地所能到达的所有公交路线，这些路线都带有唯一性，不重复，再将所有的路线显示给用户，提供决策支持(图 7.8)。当用户点击显示出的任何一个公交站点的名称时，会显示该站点的所在道路、途经路线、地理位置等，当继续点击“地理位置”时，系统会自动链接入 Web GIS 地图，显示站点所在空间位置，并提供相应的周边环境咨询服务(图 7.9)。

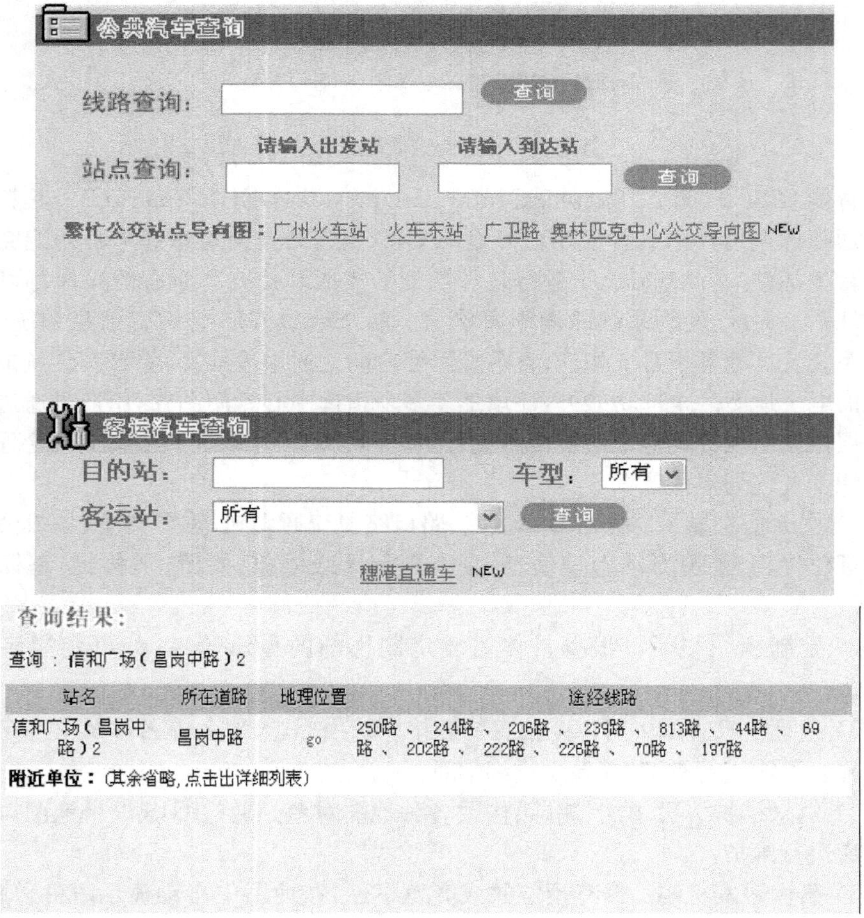

图 7.8 公交车查询系统

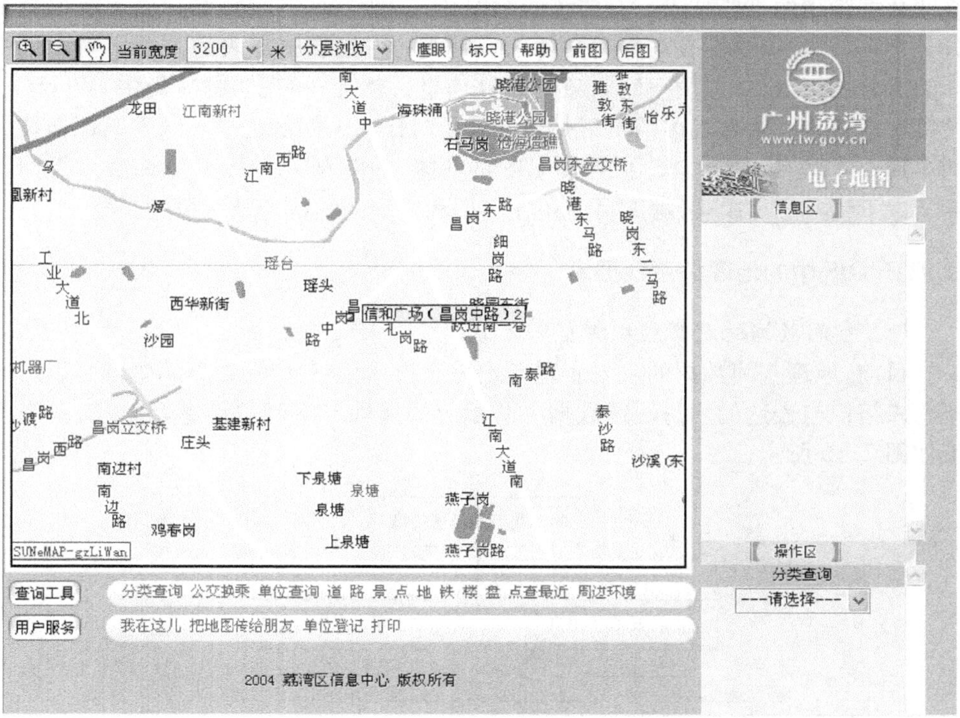

图 7.9　显示站点所在空间位置

7.3.3　定制 Web GIS 数据库

网络 GIS(Web GIS)是 Internet 和 WWW 技术与 GIS 相结合的产物，它改变了 GIS 数据组织、管理、传输和访问的方式，使得用户可以从 Internet 的任意节点浏览 Web GIS 站点中的数据。它使全球地理信息和 GIS 软件共享成为可能，使 GIS 从专业人员的手中解放出来，通过网络为越来越多的公众服务，成为社会最基本的信息服务之一。它代表了 21 世纪 GIS 的发展方向。

作为 Web GIS 系统重要支撑部分的数据库系统却是多种多样的。它们不仅运行的软硬件平台不同，其数据格式、存取方法等也大不相同。这些数据库系统共同构成了异彩纷呈的异构数据库世界。可以根据工作的实际需要，选择合适的数据库系统。但这也给 Web GIS 系统提出了新的挑战。目前关系型数据库管理系统已经相当成熟，商业化的 RDBMS 不仅支持 C/S 模式，而且支持数据分布，通过 SQL 语言和 ODBC，几乎所有 GIS 软件通过公共标识号都能和其协同运行。对象——关系数据库技术和面向对象的数据库技术正逐步成熟起来，成为未来 GIS

空间数据管理的主要技术。在传统的 GIS 中，一般是将空间数据与属性数据完全分开来存放，并以属性表与空间文件一一对应的方法和根据表的关键字与文件中空间对象的标识，来定位空间对象的属性信息。然而，在现实的应用中，Web GIS 的原有数据库技术在很多情况下是不能满足时代和人们的需求。随着其他新技术的出现，在一定程度上丰富了 Web GIS 的功能，并使 Web GIS 数据库技术得到发展。以下为 Web GIS 数据库目前正在应用和发展的结构与技术概述。

1. Web GIS 中的地理关系数据库

(1) 空间数据的逻辑组织模型

目前，地理空间数据的主要表现形式为地图，而且它们在数据库中都是以层的概念来组织与表达的。每一层数据有其相应的属性与空间等信息，其逻辑组织模型如图 7.10 所示。

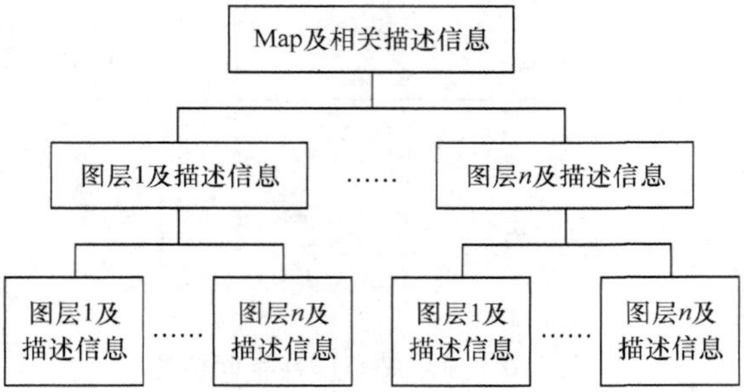

图 7.10 地理空间数据的逻辑组织模型

其中，Map 的组织具有一定的层次关系，而且由若干个空间数据图层及其相关属性数据组织而成，一个空间数据图层又是以若干个空间坐标的形式存储的。因此，这一逻辑组织模型可概括为坐标对—空间对象—图层—地图。一个空间对象及其属性信息在这一模型中属于最基础层次，而地图则是这个模型的最高层次。

(2) 基于关系数据库的空间数据模型

关系数据库的层次结构具有与地理数据逻辑组织模型相似的特点，而且关系数据库是建立在关系模型的基础之上的，它的基本组成是表，每个表由列(表字段)、行(表记录)组成，一个数据库则由许多个表组成，这些表之间采用一定的关系组织连接。按照层次模型及表之间的连接关系，地理关系数据库的数据组织模型如图 7.11 所示。

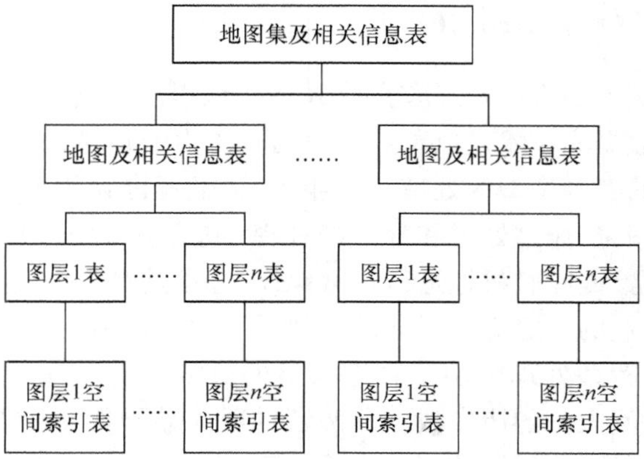

图 7.11　基于关系数据库的地理数据组织模型

2. JDBC 技术

JDBC(java database connector) 是 JavaSoft 公司设计的 Java 语言的数据库 API。JDBC 的出现是 Java 编程中最重大的突破之一。它使得 Java 程序与数据库服务器的连接更加方便。与其他的数据库存取技术相比,JDBC 继承了 Java 语言的所有特点,不仅具有独立于平台运行、面向对象、坚固性好的优点,而且具有多线程、内置检校器来防止病毒入侵等功能,更加适合网络应用。有专家预见:JDBC 技术必将成为 Internet 上最有应用前景的数据库存取技术。JDBC 的这些特点也特别适合于在 Web GIS 系统中实现对异构数据库的访问。JDBC 访问数据库的过程是这样的:用户通过浏览器浏览包含有 Java Applet 的 HTML 页面,如果其中的 Java Applet 调用了 JDBC,则浏览器运行的 Java Applet 通过 JDBC 与指定的数据库建立连接。JDBC 技术作为新崛起的数据库存取技术,已得到了众多数据库厂商的支持,包括 Oracle、Sybase、IBM 等在内的大多数流行数据库厂商都推出了各自的 JDBC 驱动程序。JavaSoft 公司最近又发布了 JDBC2.0,它较 JDBC1.0 作了一些改进,增添了一些新特性。相信随着 Java 语言和 JDBC 技术的发展与不断完善,必将为 Web GIS 系统异构数据库存取问题提供一个完美的解决方案。Web GIS 是分布式系统,必须支持数据分布和计算分布。JCBC 技术为分布式 GIS 数据库的建立提供了基础,分布式 GIS 数据库系统由若干个节点集合而成,它们通过网络连接在一起。每个节点都是一个独立的 GIS 数据库系统,它们都拥有各自的数据库和相应的管理系统及分析工具。整个数据库在物理上存储于不同的设备上,而在逻辑上则可以看作一个统一的数据库。在应用时,用户可以不考虑数据存储的具体物理位置,就像对集中式数据库一样来访问分布式数据库。

3. 基于数据仓库技术的 Web GIS

随着计算机技术的飞速发展和企业界不断地提出新的需求，数据仓库技术应运而生。传统的数据库技术是以单一的数据资源为中心，同时进行从事务处理、批处理到决策分析的各种类型的处理。近年来，人们逐渐认识到计算机系统中存在着两类不同的处理：操作型处理和分析型处理（或信息型处理）。操作型处理也叫事务处理，是指对数据库联机地进行日常操作，通常是对一个或一组记录的查询和修改，主要是为企业的特定应用服务的。对此，人们关心的是响应时间、数据的安全性和完整性；分析型处理则用于管理人员的决策分析。例如，DSS、EIS 和多维分析等，经常要访问大量的历史数据。两者的巨大差异使得操作型处理和分析型处理的分离成为必然。于是，数据库由操作型环境发展为一种新环境——体系化环境。体系化环境由操作型环境和分析型环境（数据仓库级、部门级、个人级）构成。数据仓库是体系化环境的核心，它是建立决策支持系统的基础。空间地理数据库的模式主要有两种，即混合型模式和关系型模式。混合型模式采用文件管理图形数据，利用关系型数据库管理属性数据，以关系表形式存储，通过关键字从外部进行图形和属性的连接；全关系型数据模式则利用空间数据引擎（如 SDE、SPECIAL WARE 等）将某一特定数据结构的空间图形数据和属性数据共同存放于关系型的二维表中，从内部对图形和属性数据进行管理。近年来一种新的模式——空间数据仓库正悄然而生，它面向主题、具有多维性（含时间维）、稳定性等特点，但在许多具体实现细节上，它远未有一般数据仓库技术那样成熟。

空间数据仓库的数据组织模式还有很长的一段路要走，但属性数据仓库（业界所称的数据仓库）技术已相对成熟。它主要应用在以下方面：①使用浏览分析工具在数据仓库（DW ）中寻找有用的信息；②数据仓库系统支持在 DW 上的应用，形成决策支持系统。对资源与环境网络系统等 GIS 应用系统而言，海量数据（不仅指空间数据）一直是影响运行效率的瓶颈问题。近十年来，数据仓库和基于其上的 OLAP 为数据库领域解决信息爆炸问题提供了一个很好的途径。GIS OLAP模型，即在数据仓库的基础上首先通过属性数据仓库的专业的分析工具——OLAP，产生属性数据的分析结果，然后通过数据绑定技术，把产生的分析结果与空间数据连接，再通过 GIS 的空间分析、空间定位以及可视化等功能，把综合分析的结果通过电子地图或其他形式直观地表现出来，其主要思想是通过对数据库内部的各种关联和映射关系的定义，充分利用属性数据仓库的 OLAP 和 GIS 的空间分析功能，使基于海量数据的 Web GIS 能得到快速的分析反应。

4. 基于 XML 三层 B/S 结构的 Web GIS

XML 是 SGML 的一个子集。XML 是结构化的文档，它分离了数据的内容和表现数据的形式,用户可以自己定义所需的标记和属性名,具有相当的灵活性。由于XML将SGML的丰富功能和HTML的易用性相结合,保留了SGML的可扩展功能,这使XML从根本上有别于HTML,解决了HTML简单、单一,依靠超链接,只注重Web显示所带来的许多问题。由于XML能够表达和描述具有复杂结构和丰富语义的信息,使得XML正成为当前网络空间中信息表达方面的主流技术。XML在实现数据互操作方面主要有以下几点优势:①良好的开放性。XML可以跨平台运行,能够很容易地将不同来源的结构化数据结合在一起。②提供应用逻辑接口。XML可以描述不同应用软件的数据,应用SAX和DOM定义应用编程接口,使应用程序能够访问和更新XML文档的样式、结构和内容。③提供对数据的直接存取访问。通过采用XQL等查询语言作为直接操作XML文档中数据的工具。④数据的多样显示。由于数据显示与数据内容分开,通过XSL(可扩展样式语言)、XML能够使同一数据内容具有多种显示模式,以满足特定设计要求或不同用户的应用需求。

因此,将XML和B/S三层结构在处理异构数据和实现数据互操作方面的强大功能应用于Web GIS,可有效地解决Web GIS中分布式GIS数据库的互操作问题。在基于XML的三层B/S模型中,应用B/S三层结构作为网络信息的传输模型,应用XML这一结构化信息交换的表示方法,负责所有与数据元的通信,根据最终用户的需求,聚集和组织从多个远程数据库服务器上获得的数据,并用XML形式交互把数据源返回的消息传递给客户机。

5. 在Web GIS建库过程中注意的问题

(1) 数据标准

为了保证数据库的一致性、可操作性,数据库采用统一的坐标系、统一的编码体系和统一的属性数据。统一的坐标系是指无论是地理坐标系还是平面坐标系都要求统一,以保证地物要素的连续;统一编码体系是指相同的地物要素用相同的编码,否则数据库间、图幅间会出现无法接边的逻辑错误;统一属性数据是指相同的地物要素在不同比例尺上有不同的表示方法,但应有相同的属性。数据库所有空间数据采用高斯-克吕格投影,1954年北京坐标系、1956年黄海高程系。大地模型采用克拉索夫斯基椭球,长半轴参数为6 378 245.0,扁率为1∶298.3。编码采用原则是:优先采用国家标准编码,没有国家标准编码的再考虑使用行业或部门编码,没有国家标准编码和行业(部门)编码,就按照规范格式自定义编码。采用的主要标准有:国家标准《国土基础信息数据分类与代码》(GB/T13923—92)、《行政区划国家标准代码》(中华人民共和国国家标准GB/T2260—1995)、《国家基本比例尺地形图分幅和编号》(GB/T13989—92)等。

(2) 元数据库的建立

元数据是说明数据内容、质量、表示方式、数据来源、空间参照系及其他有关特性的背景信息,是实现空间数据共享的核心内容之一。其主要作用有:帮助数据生产单位有效地管理、组织和维护数据。提供有关数据内容、质量等方面的基础信息,便于用户比较不同的资料,确定所需用信息。便于用户查询和检索信息,以及进行数据处理和转换。另外,根据内部系统维护和外部用户需求分别建立内部和外部元数据,设计不同的元数据内容。内部元数据兼有系统数据字典的作用,其内容在外部元数据的基础上,还增加数据字段描述、专题地图描述、图层风格描述等面向系统管理的内容。为了保证元数据的统一性和减少数据冗余,在元数据项的定义中增加类别定义,以便内部和外部元数据共享相同的数据内容。

(3) 质量控制

数据质量是建立 GIS 数据库成败之关键,数据质量控制是一项集管理和技术于一体的综合性工作。质量是产品的属性,但质量是形成于产品的生产过程中的,为生产高质量的数据产品,就必须使影响产品质量的全部因素,在生产全过程中始终处于受控状态。同时,质量的检查和评价是质量控制的重要依据。

(4) 数据安全管理

在早期的大型 GIS 应用中,客户端一般采用文件共享的方式访问服务器上的空间数据文件。从客户端极其容易盗取数据文件,带来重大的安全隐患。安徽省资源环境 GIS 数据库采用关系数据库存储空间数据,系统管理员可以在服务器端定义每一个客户端的访问账号、密码和权限,每个客户端完全在服务器端定义好的权限下操作 GIS 数据库,而不是直接访问服务器上共享的可能被随时拷贝的文件夹。客户端系统则只能按照规定的方式访问 GIS 数据库,从根本上解决了传统 GIS 数据存取模式上的数据安全问题;另外,在网络设计上较多采用网关和防火墙技术,尽力防止外部攻击。限于当前数据库技术的发展水平,关于空间数据与属性数据统一管理的 GIS 数据库的研究还不完善,而且随着空间信息系统的进一步发展,还可能提出对多种信息集成的要求。因此,空间数据模型方面的研究还有待进一步深入,以满足不断增长的空间信息与超媒体信息集成的需要,Web GIS 的技术也将随之得到更广泛的应用。

7.3.4 面向对象 GIS 数据库

数据库技术出现于 20 世纪 60 年代。在 40 多年的发展过程中,数据库技术主要经历了网状数据库、层次数据库、关系数据库、新一代数据库技术几个阶段,其中面向对象数据库属于新一代数据库技术。所谓面向对象是一种认识、描述事物的方法论,它起源于程序设计语言,并迅速渗透到计算机科学的各个领域。面向对象方法以客观世界中存在的实体对象为基本元素，通过类和继承来表达事物之间具有的共性和关系，并采用一种比较直接的映射方式很好地实现了抽象、封装、复杂性控制、信息隐蔽等机制。作为面向对象方法在数据库领域中实现和应用，面向对象数据库技术现在仍处于不断发展和创新的阶段，在概念、原理和技术上都还没有达成广泛的共识。

1. 面向对象数据库

面向对象数据库(object oriented database，OODB)是其行为和状态以及关系等都是根据面向对象数据模型定义的对象的汇集。面向对象数据库系统(object oriented database system，OODBS)是支持定义和操作 OODB 的数据库系统。面向对象的概念已经包括了传统数据库语言中的某些数据模型概念，比如，把对象组合成类(对应于将记录组合成记录类型，将元组组合成关系)，对象间的聚集关系(嵌套对象)，对象类之间的泛化关系等。因此，面向对象的概念是新一代数据库应用所需数据模型的坚实基础。面向对象数据模型包含聚集和概括关系，意味着面向对象数据库系统为定义和操作对象间的练习提供了用户接口。应用程序员无需显示编程和管理这些联系。此外，面向对象数据模型能够有效地表示复杂对象，通过封装和信息隐藏概念可提供模块化机制，通过封装和继承概念可提供软件重用机制，通过滞后联编等概念可提供系统扩充能力。

与传统的 GIS 数据库相比，以面向对象数据模型为核心的面向对象数据库具有以下基本特征：

1) 对象。面向对象数据模型将客观世界模拟成由各个相互作用的称为对象单元组成的复杂系统。对象的定义包括状态和行为两个方面，状态由一组属性值组成；行为由一组方法组成。系统中所有对象的状态共同构成系统的状态。对象之间的相互作用可以改变对象的状态，对象之间的相互作用通过发送消息来实现。

2) 对象类。具有相同属性和方法的对象组成对象类。对象只属于某一个类并作为该类的实例，类是元类(metaclass)的实例。面向对象数据模型允许同一个方法有多个实现并存，称为多态(polymorphism)。

3) 继承。在面向对象数据模型中，定义子类时只要定义不同于超类的属性和方法，子类对象可以使用超类的属性和方法，这称为子类对超类的继承(inheritance)。

4) 持久性、对象标识。在大多数程序设计语言中，对象是临时的，随着进程的终止而消失。但是，在面向对象数据库中对象在被删除之前是永久存在的。一个对象的对象标识在系统中是唯一的，它独立于对象的状态和行为，在对象生成时由系统赋予，在整个生存期是不变的。

5) 并发控制。事务是对数据库进行读和写的一个序列，事务处理主要包括两个方面:并发控制和恢复。面向对象数据库系统的并发控制有如下特点:①面向对象数据库进行存取的最小逻辑单位是对象而不是类。②类不仅是一个实例集,而且保持这些实例的各种聚合特性。所以从加锁的角度来看,一个类对象应分裂成两个类实例对象:实例集对象和实例聚合对象,数据库系统对其中的一个对象加锁或对两个对象加锁均取决于用户要求。③子类可以继承超类的属性和方法,超类的属性和方法的改变也会影响到其子类的属性和方法。因此,当一个事务存取一个类的实例时,另一个事务不能修改该类或其超类的任何定义。

6) 阻抗失配。数据查询语言是由系统自选查询路径的非过程性语言。非过程性语言的面向集合的操作方式与高级程序设计语言的面向单个数据的操作方式之间会产生不协调现象,俗称阻抗失配。阻抗失配的根本原因在于数据库的数据模型和程序设计语言不一致,因而对所有嵌入式数据库语言来说,阻抗失配是不可避免的。面向对象数据模型的有关对象的概念来自面向对象高级程序设计语言。因此,如果选择一种面向对象高级程序设计语言,扩充它的数据库功能,使其成为面向对象数据库语言,则从根本上解决了阻抗失配的问题。

地理信息数据也有着其特殊之处,面向对象数据库的这些特征很好地适应了GIS的应用要求:

面向对象数据库技术能为GIS的复杂模型建模,能够有效地描述其复杂的结构特征和行为特性,并对复杂模型进行有效的管理。这是关系数据库技术不可比拟的;面向对象数据库技术能够大大提高项目开发效率,特别是源程序的可重用性。能够在庞杂的图像数据中快速准确定位所需要的图像,并且对图像数据进行描述时可以进行灵活的属性设置。这对于地理信息中的三维和二维图像的处理以及快速定位有着极大的帮助。地理信息存储和管理的数据庞大,传统的数据库技术难以快速有效的管理;面向对象数据库技术通过对象的封装和分类能够适应PB级的数据管理。

现代数据库管理系统的体系结构可以划分为两种基本类型:主从(Host/Slave)结构和客户机/服务器(C/S)结构。主/从结构将应用服务器集为一体,是一个单一的进程;客户/服务器结构是在局域网络(LAN)技术和价格低廉的工作站及个人计算机高度发展的背景下产生的。作为数据庞大,存取调用点分散的特点地理信息数据,C/S结构更为合适。一个典型的C/S体系结构:KDOODB系统面向对象数据库的存储管理(图7.12)。

一个面向对象数据库系统包括若干个磁盘卷(disk volume),每个磁盘卷包括若干个页面,对象存储在页面上。页面包含一个页首(header)和一组页槽(slot),它们分别位于页面的开始处和结尾处。一个页槽与一个对象对应,用于记录该对象在页面中的位置,也就是距离页面开始处的偏移量。当向一个页面中插入第一个对象(对象0),对象0紧接页首放置,其位置由页槽0记录。后面插入的对象紧

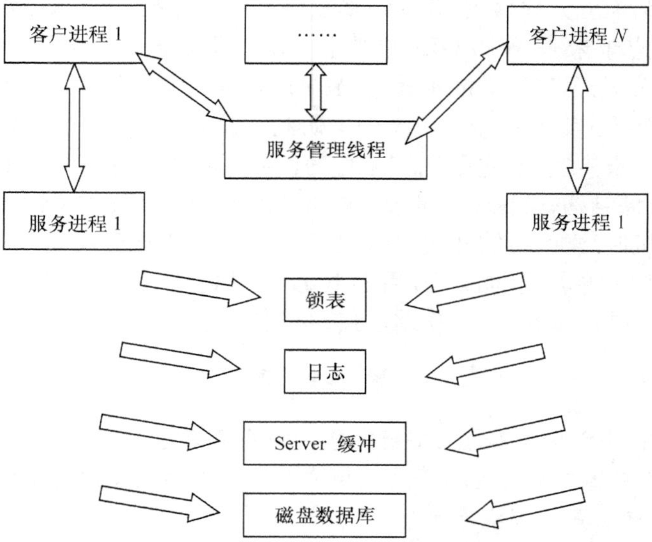

图 7.12　面向对象数据库的存储管理

接前面的对象放置,它们的位置由后续的页槽记录。所以页面是有效管理和存储的基础,而聚簇是主要的快速高效存储的方法。聚簇就是将逻辑上相关的对象分配在同一页面上,从而使给定应用的缺页数降低到最低限度。实际上,聚簇问题就是要寻找一个最优的对象分配方案。

2. 面向对象数据库查询语言

面向对象数据库查询语言(object query language,OQL)是 ODMG 标准的重要组成部分,它支持 ODMG 对象模型,并试图将 SQL 的描述性变成模式与面向对象变成模式融合在一起。参照 ODMG3.0 标准,并且 OQL 以 SQL 为基础,遵循以下原则:

1) OQL 不是计算完备的语言,是能灵活访问面向对象数据库的查询语言;
2) OQL 支持对对象的说明性访问;
3) OQL 依赖 ODMG 对象模型;
4) OQL 有抽象语法;
5) 能够比较容易地定义 OQL 地形式语义;
6) OQL 地具体语法与 SQL 类似,还包括与程序语言结合的其他语法;
7) OQL 提供高层原语言有效处理集合(set)、结构(structure)和列表(list)等;
8) OQL 不提供显示的更新操作等,而是借助于定义在对象上的操作;
9) OQL 是说明性语言,易于优化。

面向对象数据库的高效存储管理模式,同时加上并行数据库、分布式数据库、远程数据库等模式,能高效存储管理数据量庞大的资料,而且能够在逻辑结构上统一管理，物理结构上分地存放，并可以多点调用修改数据，是 GIS 数据管理的较好形式，尤其适应于未来 Web GIS 的要求。现在主要的面向对象数据库有：美国 Servio Logic 公司开发的 GemStone 是最早的面向对象数据库的 1 个系统，C/S 结构，用 C 语言实现；美国 Objectivity 公司研制开发的 Objectivity/DB 分布式系统，支持聚簇，用 C＋＋实现，它是比较流行的面向对象数据库开发工具，具有良好的数据模型和存储结构；美国 Ontologic 公司利用 C＋＋开发的 Ontos 系统，C/S 结构，采用聚簇机制、索引机制和缓存机制；美国 Symbolics 公司用 Common-Lisp 语言开发的多客户/单服务器结构，用 B 树索引提高性能；法国 Altair 公司开发的 O2，O2 是用 C 语言在 SUN 工作站上按 C/S 体系实现的。

思　考　题

1. 目前在国外 GIS 数据库的主要研究包括哪些方面？
2. GIS 数据库在国内应用包括哪些主要方面？存在的主要问题是什么？
3. Open GIS 标准具有哪些特点？
4. GIS 互操作的层次结构包括哪些？它们分别涉及哪些方面内容？
5. 空间数据仓库具有哪些基本特征？
6. 当前智能 GIS 数据库研究热点主要包括哪几个方面？
7. 请简略概述 Web GIS 数据库目前正在应用和发展的结构与技术特点。
8. 与传统的 GIS 数据库相比，面向对象数据库具有哪些基本特征？

主要参考文献

毕硕本，王桥，徐秀华. 2003. 地理信息系统软件工程的原理与方法. 北京：科学出版社
陈述彭等. 2001. 地理信息系统导论. 北京：科学出版社
何建邦，闾国年，吴平生. 2003. 地理信息共享的原理与方法. 北京：科学出版社
蒋景瞳，刘若梅. 2001. 国外 GIS 标准进展和我国的对策. 北京：国家基础地理信息中心
刘颖，李树军. 2001. GIS 数据库与普通地理数据库. 海洋测绘，(3)：56-59
宋现锋. 1998. WWW 的空间数据发布. 地理信息科学，(4)：25-28
田朋轩，杨斌，朱仲英. 2003. 智能化地理信息系统的若干研究. 微型电脑应用，19(10)：29-33
修文群，池天河. 1999. 城市地理信息系统(GIS). 北京：北京希望电子出版社
伊尧国. 2003. 关于地理信息系统发展趋势的探讨. 天津城市建设学院学报，9(3)：54-60
张新长，曾广鸿，张青年. 2001. 城市地理信息系统. 北京：科学出版社
朱光，季晓燕等. 1997. 地理信息系统基本原理及应用. 北京：测绘出版社
McCormack J E，Hogg J. 1997. Virtual-memory tiling for spatial data handling in GIS. Computer and Geoscience，23(6)：659-669